油气长输管道大型穿越工程典型案例

詹胜文　胡　颖　张文伟◎主编

U0254620

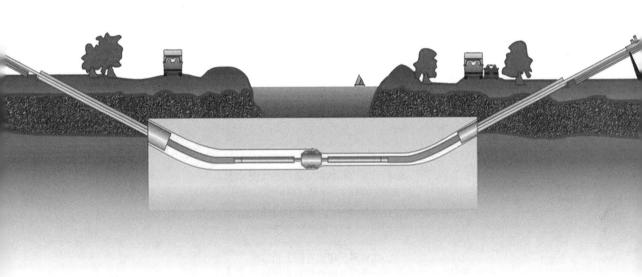

中国石化出版社

内 容 提 要

本书整理和收集了油气长输管道近 20 年典型的穿越工程案例，包括开挖、定向钻、顶管隧道、盾构隧道、直接铺管、水下钻爆隧道等穿越工法。所有案例经过精挑细选，具有代表性或技术先进性。每一个案例对其主要地质条件、设计方案、施工方案、重难点及解决措施、经验教训等进行了介绍和总结。

本书可供油气长输管道工程设计、施工技术人员、生产管理人员、科研人员使用。

图书在版编目(CIP)数据

油气长输管道大型穿越工程典型案例/詹胜文，胡颖，张文伟主编 . —北京：中国石化出版社，2022.1
ISBN 978 - 7 - 5114 - 6530 - 6

Ⅰ.①油…　Ⅱ.①詹…②胡…③张…　Ⅲ.①油气运输 - 长输管道 - 管道穿越 - 工程施工 - 案例　Ⅳ.①TE973.4

中国版本图书馆 CIP 数据核字(2022)第 019373 号

中国石化出版社出版发行
地址:北京市东城区安定门外大街 58 号
邮编:100011　电话:(010)57512500
发行部电话:(010)57512575
http://www.sinopec-press.com
E-mail:press@ sinopec.com
北京科信印刷有限公司印刷
全国各地新华书店经销
*
787 × 1092 毫米 16 开本 23 印张 490 千字
2022 年 2 月第 1 版　2022 年 2 月第 1 次印刷
定价:118.00 元

前 言

PREFACE

世间万物，生生不息，相生相克，既有矛也有盾。地球上的大好河山，既是人类赖以生存的美好家园，也是长输能源通道的必经之路。如果说管道的非开挖穿越是河流的矛，那么河流的地基和堤防就是河流的盾；如果说水土压力是隧道的矛，坚固的隧道衬砌（环片）就是隧道的盾。

中国石油天然气管道工程有限公司（CPPE）创建于20世纪70年代，承担了国内80%以上的长输管道工程勘察设计业务。CPPE拥有一支独特的特种部队——越壑先锋，专门从事油气长输管道穿跨越技术研究、课题研发、工程设计、工程咨询、标准制定等业务。越壑先锋既研究穿过河流的矛，也研究抵抗水土外力的盾。在矛与盾之间，寻求平衡，故穿跨越方案没有绝对，穿跨越技术发展永无止境。

中国油气长输管道建设始于20世纪70年代初，东北"八三"管道工程的建设，被认为是长输油气管道建设开始的标志性工程。

长输油气管道建设发展50年的历程中，油气管道各项技术得到了长足的发展，管道穿越大江大河等障碍物的穿越技术，也伴随着油气长输管道技术的发展而发展。

开挖穿越是最常见的穿越方式，20世纪70、80年代，长输管道非开挖技术，如定向钻、顶管、盾构等工法技术不成熟，管道通过江河通常采用开挖方式，季节性河流一般在枯水期施工，非季节性河流，要么想办法围堰导流，要么就采用水下开挖，在开挖的方式和设备上，借鉴了水工施工相关设备，如挖泥船、吸泥设备、开挖犁等。开挖穿越破坏堤防、影响水体、污染河道、影响行洪、影响通航，同时，开挖穿越由于受限于水文数据的准确性和不确定性，在非正常洪水或河流形态变化情况下，特别是山区管道，事故频发。随着国家对环保和安全的重视，以及非开机技术的进步，大江大河采用开挖方式越来越少。

1986年，中国引进第一台RB5定向钻机，在黄河穿越中首次采用此工艺进行管道穿越，之后，定向钻穿越技术逐渐进入了管道人的视野，随着定向钻穿越技术30多年的发展，定向钻已经成为管道非开挖穿越中的主要穿越方式，单次穿越距离已经突破

5000m，各种复杂地层、200MPa以上硬岩、D1422mm以上大管径等都已经有成功案例，钻机吨位也已经突破1500t，陀螺仪精准控向、导向孔对接、不良地层处理、轻量化钻具、特种泥浆配置、正扩技术等配套技术也得到同步发展和提升。

顶管法是指管道穿越铁路、道路、河流等各种障碍物时采用的一种暗挖式施工方法。在施工时，通过传力顶铁和导向轨道，用支撑于基坑后座上的液压千斤顶将工具管压入土层中，同时挖除并运走管正面的泥土。当第一节管全部顶入土层后，接着将第二节管接在后面继续顶进，这样将一节节管子顶入，做好接口，建成涵管。顶管按挖土方式的不同分为机械开挖顶进、挤压顶进和人工开挖顶进等。

顶管法施工是继盾构施工之后发展起来的地下管道施工方法，最早于1896年美国北太平洋铁路铺设工程中应用，已有百余年历史。20世纪60年代在世界各国推广应用；近20年，日本研究开发土压平衡、水压平衡顶管机等先进顶管机头和工法。中国从20世纪50年代从北京、上海开始试用，主要应用于市政行业。顶管技术应用于长输油气管道是在21世纪初西气东输一线郑州黄河穿越中，采用了1800mm钢制管道作为顶管套管，输送一根1016mm天然气管道，随后，在西气东输二线大量应用此工法，但是由于钢管的防腐、阴极保护屏蔽及施工成本等问题，顶管套管现在大部分采用混凝土管。目前，在中俄东线、浙江管网、西三线等项目中广泛采用。考虑顶管设备的限制及穿越风险，顶管的长度基本限制在1000m以内。

盾构法是暗挖法施工中的一种全机械化施工方法，将盾构机械在地中推进，通过盾构外壳和管片支承四周围岩防止发生往隧道内的坍塌。同时，在开挖面前方用切削装置进行土体开挖，通过出土机械或泥浆管路运出洞外，靠千斤顶在后部加压顶进，并拼装预制混凝土管片，形成隧道结构。

盾构机于1847年发明，它是一种带有护罩的专用设备。利用尾部已装好的衬砌块作为支点向前推进，用刀盘切割土体，同时排土和拼装后面的预制混凝土衬砌块。20世纪30~40年代，仅美国纽约就采用气压盾构法成功建造了19条水底道路隧道、地下铁道隧道、煤气管道和给水排水管道等。从1897—1980年，在世界范围内用盾构法修建的水底道路隧道已有21条。德国、日本、法国、苏联等国把盾构法广泛使用于地下铁道和各种大型地下管道的施工。

中国于第一个五年计划期间，首先在辽宁阜新煤矿，用直径2.6m的手掘式盾构进行了疏水巷道的施工。盾构法隧道具有如下优势：在盾构的掩护下进行开挖和衬砌作业，有足够的施工安全性；地下施工不影响地面交通，在河底下施工不影响河道通航；施工操作不受气候条件的影响；产生的振动、噪声等环境危害较小；对地面建筑物及地下管线的影响较小。目前，盾构法在市政、地铁等行业应用较多。盾构隧道引入长输管道建设是在21世纪初，忠武输气管道工程红花套长江穿越中，采用了2.44m内径盾构机穿越长江，是真正长输油气管道第一盾。从此之后，盾构法隧道穿越在长距离复杂地质条件下，是首选的穿越工艺。

　　直接铺管法是德国海瑞克公司 2006 年开发的一种集顶管和定向钻技术于一身的非开挖敷管方法。2007 年，随着国际首条直接铺管项目在德国 WORMS（沃尔姆斯市）成功穿越莱茵河，标志着大口径直接铺管法投入应用。2016 年直接铺管法及设备引入中国，西气东输镇江改线工程（管径 1016mm 长度 280m）及陕京四线输气管道工程（管径 1219mm 长度 464.1m）中直接铺管法的成功应用，为直接铺管法在大口径管道工程中的推广应用提供了宝贵的经验。

　　矿山法（钻爆法）水下隧道，是基于矿山法山体隧道发展起来的一种河流穿越施工工艺，采用超前支护、炸药爆破、人工出渣方式，形成过江通道的一种施工工艺。此工艺适合于围岩完整性较好、强度较高的岩石地层穿越，由于河流穿越浅层地层很少有较好的岩石层或稳定岩石层埋深较深，会导致两侧的竖井较深，这样会加大施工难度，增加工程造价，增长施工工期。同时，矿山法隧道受到炸药的制约以及人工作业量较大等因素影响，水下矿山法隧道应用并不多见。

　　本书主要遴选了近 20 年来长输管道建设的典型穿越案例，每一个案例主要分为工程概况、工程主要基础条件、主要设计方案、主要施工方案、现场主要施工难点和问题分析，最后都有一个小结。本书没有高深的理论，主要对典型案例进行了介绍，并收集到一些重点难点问题，以及现场问题的处理，有些经验和教训是难能可贵的，可供同行参考。

　　本书编制过程中，得到了国家管网集团工程技术创新有限公司桑广世副总经理的指导，得到了中国石油天然气管道工程有限公司王学军总经理的指导，得到了国家管网集团公司李志勇处长的指导和支持，得到了管道四公司常喜平副总经理、王乐经理等的支持，得到了中国石油天然气管道工程有限公司成都分公司王麒副经理的支持，得到了设计院很多同事的支持和帮助，在此一一表示感谢。

　　由于编者水平有限，错误和不妥之处在所难免，请广大读者朋友批评指正。

目录
PREFACE

第一章 开挖穿越工程

开挖穿越是最传统的管道通过河流穿越方式,在长输管道建设初期,是主要的河流穿越方式。早期的中开线黄河穿越、十堰支干线的汉江穿越等大江大河穿越,均采用开挖方式通过。

西气东输二线的沙河穿越,由于地质条件不适合非开挖穿越以及工期影响,采用了开挖穿越方式,地层主要为透水性大的卵砾石,现场抽水设备最多的时候,采用 200 多台水泵集中排水,是典型的开挖案例。

冀宁联络线的大汶河穿越,采用了水下开挖、漂管浮拖过河、沉管下沟的开挖穿越方案,为带水开挖的典型案例。

中缅油气管道瑞丽江穿越,采用围堰导流,分段开挖方式,堰体采用了钢板桩,管道配重采用了预制混凝土连续浇筑,管道上方设置了混凝土板,可以为类似工程提供参考。

第一节 西气东输二线沙河开挖穿越

一、工程概况

西气东输二线管道西起新疆的霍尔果斯,经西安、南昌,南下广州,东至上海,由 1 条干线及 8 条支线组成。途经新疆、甘肃、宁夏、陕西、山东、河南、湖北、湖南、江西、广西、广东、浙江、上海、江苏、香港等 15 个省、自治区、直辖市和特别行政区,连续穿越新疆内陆湖、长江、黄河、珠江四大流域,沿途翻越天山、江南丘陵等山区地带。

西气东输二线管道在河南省鲁山县辛集乡白村南穿越水源地沙河,采用开挖穿越方案,穿越工程等级为大型。穿越处设计压力为10MPa,地区等级为二级,穿越段钢管采用 $D1219 \times 22mm$ X80 直缝埋弧焊钢管,采用普通固化型三层 PE 加强级防腐层。

沙河穿越经过昭平台水库和白龟山水库之间的水源地,原方案为顶管隧道穿越,穿越长度为903.5m。后因沙河南岸出现了个人承包的采砂场,加之非法挖砂,南岸大面积防护林被破坏,水面宽度增至 1.4km,顶管穿越长度增至 1.6km,穿越风险过大,最后更改为开挖穿越。

沙河穿越段水平长 1804.9m,一般线路段水平长 213.3m。

二、基础条件

1. 河流概况

沙河是淮河的最大支流。干流西临黄河支流伊洛河，南毗汉江支流唐白河，管道穿越处位于水源地沙河上游河南省鲁山县辛集乡白村南。

沙河源于豫西伏牛山区鲁山县境内二郎庙西石人山，流经平顶山市、漯河市，在周口市与颍河交汇，经项城、沈丘流入安徽省，在正阳关入淮河，全长620km，流域面积39880km²，其中河南境内河长418km，流域面积34440km²，是淮河最大支流。西气东输管道在河南省鲁山县辛集乡白村南与水源地沙河相交，交叉断面以上干流河长103km，控制流域面积2161km²。管道位置上游28km处建有昭平台水库，总库容$6.85 \times 10^8 m^3$，控制流域面积1430km²。管道位置下游约3.8km为白龟山水库库区，下游约18.5km为水库坝址，白龟山总库容$6.49 \times 10^8 m^3$，控制区间流域面积1310km²。

2. 河流水文

沙河交叉断面以上控制流域面积2161km²，昭平台水库以上面积1430km²，占交叉断面以上面积的66%，沙河白龟山水库以上面积2740km²，交叉断面以上面积占白龟山以上面积的79%，故采用昭平台以上和白龟山以上设计洪量按面积一次方缩放后的平均值，作为交叉断面以上设计洪量，即穿越断面百年一遇洪峰流量为8560m³/s。对应的设计洪水位高程为106.48m。

3. 地形地貌

穿越场区位于沙河冲积平原区，沙河北岸地表植物为麦田，分布有墓群；南岸为树林，局部在采砂，地势整体较为平坦，海拔绝对标高介于98～106m之间。穿越处河床整体较为平缓、开阔，河道较为顺直。勘察期间河道内穿越处采砂船正在采砂，河道中央整体分布有厚约5m采砂后遗弃的松散卵石，局部堆积有成堆的砂、卵石，地势有起伏；河床内因采砂而曲流发育，属季节性河流。两岸岸坎明显，北岸有土质堤坝，高约1.8m；南岸稍陡，坎高约9.9m。两岸地表植被较多。因采砂的影响，河流穿越处地表标高时刻在变化，勘察时的地表标高与测量图的地表标高局部存在不同。

4. 地质条件

根据钻探揭露、原位测试及室内试验成果综合分析，场地地表均为第四系覆盖，场区地层自上而下岩性特征描述如下：

①层卵石(Q_4^{ml})：灰褐色，呈松散状态，湿～饱和，浑圆～次圆棱形，母岩成分主要以砂岩、灰岩、花岗岩为主。粒径一般介于2～10cm，最大粒径可达20cm。局部揭露为圆砾。骨架颗粒排列交错、杂乱，为采砂后回填的，磨圆度较好，分选性好，级配差。该层主要分布在河道中的4#～7#勘探孔，最大揭露厚度5.10m。

②层粉质黏土(Q_4^{al})：褐黄色，呈可塑～硬塑状态，无摇振反应，干强度中等，韧性中等，该层主要分布在河北岸的ZK20#、ZK21#、ZK22#、1#、2#勘探孔，最大揭露厚度6.20m。

③层中砂（Q₄ᵃˡ）：褐色，呈松散状态，湿～饱和，矿物成分以云母、石英、长石为主，该层仅分布在河床上的 3#勘探孔和河南岸的 ZK12# ～ZK19#勘探孔，最大揭露厚度5.80m。

④层卵石（Q₄ᵃˡ）：灰黄色，呈稍密～密实状态。浑圆～次圆棱形，母岩成分主要以砂岩、灰岩为主。粒径一般介于2～15cm，最大粒径可达20cm。骨架颗粒排列交错、杂乱，空隙间主要以杂粒砂及粉黏粒充填，磨圆度较好，分选性差，级配良好。该层分布普遍，局部未揭穿该层，最大揭露厚度39.20m。

④－1层粉质黏土（Q₄ᵃˡ）：褐黄色，呈可塑状态，无摇振反应，干强度中等，韧性中等，该夹层仅在河道内5#勘探孔有所揭露，揭露厚度1.00m。

④－2层粗砂（Q₄ᵃˡ）：褐色，呈稍密～中密状态，饱和，矿物成分以云母、石英、长石为主，夹有零星卵石，该夹层仅在河道内 ZK21#、ZK25#勘探孔有所揭露，最大揭露厚度1.80m。

④－3层粉砂夹粉质黏土（Q₄ᵃˡ）：褐黄色，该层以粉砂为主，呈中密状态，饱和，夹可塑状态的粉质黏土，该夹层仅在南岸的 8#及 ZK16#、ZK19#勘探孔有所揭露，最大揭露厚度1.90m。

⑤层黏土（Q₄ᵃˡ）：褐黄色，主要呈硬塑～坚硬状态，局部呈可塑状态。局部揭露为粉质黏土、粉质黏土夹砂。局部混卵石，无摇振反应，干强度高，韧性高，该层分布普遍，局部未揭穿该层，最大揭露厚度30.30m。

⑤－1层中砂（Q₄ᵃˡ）：褐黄色，呈中密～密实状态，饱和，矿物成分以石英、长石为主，该夹层在 1#、2#、ZK21#、3#、4#勘探孔有所揭露，揭露处层底板埋深15.30～22.90m，揭露厚度0.90～3.80m。

⑤－2层圆砾（Q₄ᵃˡ）：褐黄色，呈中密～密实状态。浑圆～次圆棱形，母岩成分主要以砂岩、灰岩为主。局部揭露为卵石、粗砂。骨架颗粒排列交错、杂乱，空隙间主要以杂粒砂及粉黏粒充填，磨圆度较好，分选性差，级配良好。该夹层在 4#、5#、8#、ZK24#、ZK23#、ZK7#、ZK25#、14#勘探孔有所揭露，揭露处层底板埋深23.10～33.60m，揭露厚度0.90～7.50m。

⑤－3层中砂（Q₄ᵃˡ）：褐黄色，呈密实状态，饱和，矿物成分以云母、石英、长石为主，该夹层仅在河道内 ZK25#、5#勘探孔有所揭露，揭露处层底板埋深35.00～37.50m，揭露厚度5.00～8.20m。

⑥层圆砾（Q₄ᵃˡ）：浅黄色，呈中密～密实状态，饱和，浑圆～次圆棱形，母岩成分主要以砂岩、灰岩为主。局部揭露为细砂、中砂。骨架颗粒排列交错、杂乱，空隙间主要以砂质及粉黏粒充填，磨圆度较好，分选性差，级配良好。该层仅在 ZK23#、ZK24#、ZK25#勘探孔有所揭露，揭露处层底板埋深45.90～51.20m，揭露厚度5.90～13.20m。

⑦层黏土（Q₄ᵃˡ）：灰褐～棕红～灰绿色，主要呈可塑～硬塑状态。无摇振反应，切面光滑、干强度高，韧性高，含铁锰质斑点等，局部夹砂质。该层在 ZK23#、ZK24#、ZK25#勘探孔有所揭露，本次勘察最大钻孔深度51.40m，最大揭露厚度4.10m，未揭穿该层。

三、河势洪评结论

穿越处沙河两岸地势较为平坦，河床整体较为平缓、开阔，河道较为顺直，河床内因采砂而曲流发育，冲沟明显，河道中央整体分布采砂后遗弃的松散卵石，局部堆积有成堆的砂、卵石，地势有起伏。两岸岸坎明显，北岸有土质生产堤，高约1.8m，南岸稍陡，坎高约9.9m。

沙河河床见图1-1。

图1-1 沙河河床

沙河主槽在各频率洪水过后主槽均有不同程度冲刷，滩地基本不冲，100年一遇主槽一般冲刷深度2.34m，一般冲刷线在93.89m，滩地一般冲刷深度0.47m，一般冲刷线在104.42m。

通过对河道历史和近期演变趋势分析，近年来，管道穿越处河段主流线发育为南北两条，河身整体趋向基本稳定。但河道采砂等人为因素影响未来河势演变趋于复杂。

四、设计方案

沙河穿越采用开挖方式穿越，主河槽采用水下开挖，管道牵引发送就位，连续混凝土压重块稳管。

1. 管道埋深及管沟开挖

管道穿越段河床底起伏较小，水流急，穿越段河床底主要由卵石组成，河流最低冲止高程93.89m，穿越段河床稳定性较差。河床下管顶最小覆土厚度约为2.79m；最大季节性冻土深度为0.6m。

由于穿越处预留一根管线，两根管线的中心距为14m，穿越地层为卵石，施工时水流速度、回淤量不明，考虑每根管道单独漂浮底拖法过江，故管底宽度取18m，边坡比取1:3.0。管沟尺寸根据施工季节及现场条件适当调整。

2. 管道组焊及回拖

由于穿越长度长、管道自重大，为了降低牵引力，故采用曲线小平车发送管道。发送管道时注意保护防腐层，小平车轨道选用轻轨。发送管道后为了回收小平车，采用小平车串联法，即在管道入水前端设置一接收坑，管道牵引前，将小平车用钢丝绳连接，以便小平车成串回收。在牵引头两侧各安置同形式的浮筒，以保证管道牵引头入水后不扎入泥层。浮筒需安装充气装置，以防止浮筒在水下可能被压瘪。将浮筒用钢丝绳连接，以防止拆除后的浮筒顺水漂移。

主管线下水前，在北岸分为每根长约850m两部分，分别进行组装焊接，焊接完成后，先将其中一部分延管沟方向进行回拖，待末端预下水前，与另一部分进行焊接，然后进行整体的回拖、漂管就位。

预留管线与主管线的回托、漂管方法一致。

五、施工总体方案

1. 总体方案

沙河大开挖穿越工程主要由主河道穿越施工和北岸滩涂施工组成；其中主河道穿越两条管线采用带水大开挖，控制负浮力底拖法施工，每条管线分两段进行，第一段牵引完成即与第二段进行连头，然后进行第二段牵引施工，完毕后，重复进行第二条管线牵引，每条管线长为1805.4m；北岸滩涂采取沟上焊一般施工方法，长度为213.3m。

主河道带水大开挖分四步进行：第一步，用挖掘机与推土机对主河道场地进行简单平整；第二步，用单斗挖掘机对河床表面厚度3m左右粗砂、卵石进行清理，形成3m深、78m宽的人工河流；第三步，水下3～6m采用小型链斗式挖砂船进行开挖；第四步，水下6～11m采用大型链斗式挖砂船进行开挖。同时北岸发送轨道修筑，进行管线预制，利用小车进行管道发送；南岸采用YP350定向钻进行牵引，管道加装浮筒控制负浮力底拖法进行施工。

河道现场开挖施工见图1-2～图1-5。

图1-2　沙河穿越现场实施照片（一）

图1-3 沙河穿越现场实施照片(二)

图1-4 沙河穿越现场实施照片(三)

图1-5 沙河穿越现场实施照片(四)

2. 现场情况及处理

沙河穿越施工存在施工环保要求高、卵石地质渗水性强、开挖成沟及预制管线下沟困难等难点,故在施工中采用了以下措施。

1）围堰导流后清理作业区域

为了降低作业区对周边水域的影响，在管道穿越位置上、下游分别进行围堰，堰体距离管道中心线65m，堰体长960m、顶宽16m、高6.5m，坡比1:3。围堰通过主河道时，为保证水流正常通过，在主河道上、下游围堰中心位置加铺过水涵管。在堰体的迎水面铺设柔性止水材料。对堰体内的积水采用分级机泵明排降水。

2）管沟分步开挖

首先对主河道场地进行简单平整，然后采用挖掘机对河床表面厚度3m左右粗砂、卵石进行清理，形成3m深，78m宽的人工沟槽，之后对水下3~6m深地层采用小型链斗式挖砂船进行开挖，最后对水下6~11m深地层采用大型链斗式挖砂船进行开挖。

3）管道回拖就位

管道采用沟下焊完成铺设后，安装镯式配重块（图1-6），主河道管道采用带水开挖，管道底拖牵引法过河就位。管道回拖期间为了控制管道浮力，对管道顶部安装浮筒，管道就位后拆除。共安装浮筒162个。

图1-6　待牵引的预制管道

六、小结

沙河穿越由于现场出现大范围的人为采砂，导致了设计方案的变化，在工期紧迫的情况下，采用了带水开挖的方式穿越了沙河。经过本次穿越，获得了以下经验：

（1）受投产工期、穿越地层和穿越长度的限制，沙河穿越作为首个水源地的开挖穿越，其采取的多级围堰后带水开挖的方式，为今后类似工程穿越提供了示范；

（2）对于强透水性地层开挖穿越，对不同地下水埋深的地层采取了不同的开挖方式，降低了施工成本；

（3）对于敏感地区穿越，穿越方式应首选非开挖，可以规避环境风险，减小影响，故类似的穿越应提前做好准备，充分论证方案的可行性，留出足够的施工工期。

第二节 冀宁联络线大汶河开挖穿越

一、工程概况

西气东输冀宁管道工程是一条纵贯华北、华东，连通环渤海和长江三角洲两大天然气干线的能源大动脉，是继西气东输和陕京二线之后的又一条国家干线输气管道。作为西气东输的后备保障线工程，它的建设不仅可以向沿线地区输送清洁、优质、高效的绿色能源，同时，可以实现陕京二线与西气东输的联络调配，使长江三角洲和环渤海两大区域管网实现气源多元化、输气网络化、供气稳定化和管理自动化。

大汶河穿越作为冀宁支线四大控制性工程之一，从建设、设计、施工等方面进行了精心设计、精心组织。根据多次现场踏勘、调研及方案论证和评审，最终确定大汶河采用带水开挖穿越方案。而此方案中的管沟开挖、管道稳管、就位是我们要集中阐述的内容。

二、工程水文地质概述

大汶河是黄河下游最大支流，又称汶河，属于季节性山洪河道，洪水流量大，来势猛，冲刷力强，造床能力强。全长208km，年均净流量18.83亿 m^3，自然落差362m，6月底踏勘目测水流量为 $160\sim210m^3/s$。该河段河砂储量丰富，地层以含砾中粗砂为主，储砂层大于10m。近年来，河道全河段采砂规模逐年加大，并已形成全河性的河床下降趋势，采砂活动与河床的冲淤突变，已造成部分河段河床基岩外露。河床不甚稳定，河床以冲刷为主，局部有小方量坍塌现象。河槽内由于人工挖砂不断，河水深浅不一，深处有 $2\sim3m$，且局部有流砂现象。

三、水下管沟开挖

大型河流穿越工程采用沟埋敷设是将管道埋设在河床冲刷以下的稳定地层内。而水下管沟开挖能否达到设计深度，始终是穿越工程的决定因素。采用的水下开挖方法有以下几种：

(1)挖泥船为主体的施工方法；

(2)爆破管沟施工方法；

(3)气举法和液化法；

(4)挖沟犁法。

根据目前国内外的这几种施工方法，对其进行比较，见表1-1。

表 1-1　水下管沟开挖方案比较

施工方法	技术描述	适应性	优、缺点
挖泥船施工	常用的施工方法，利用挖泥船直接开挖管沟	适应于较软的地层；不适于回淤很快的河流和浅水河床	施工方法成熟，能够保证管沟挖深和穿越质量，但工作面大船只多，造价较高
爆破施工	将钢管桩打入河床，内装硝铵炸药，爆破管沟	国外多用于岩石地层的河床，国内广泛地应用于土质河床	造价低且施工进度快，但是爆破成沟的边坡角度大于土壤的安息角，再由于流水和牵引过程中的扰动，必使管沟的斜坡坍塌回淤，沟深达不到设计要求
气举法和液化法	将管道牵引过江，使用气举泵从管道两侧吸出泥沙排走，使管道下沉至设计埋深	适应河床为淤泥、砂土、粉细砂的地层	优点是不怕回淤、工期短、省投资；缺点是埋深浅，不宜用于黏土或较硬的河床
挖沟犁法	用重型挖沟犁，以大功率动力牵引进行管沟开挖	适用于海底管沟、河流穿越的开挖	挖沟的深度一般在 2m 左右，还须针对不同水文地质情况设计和穿越要求制造专门的挖沟犁

　　通过以上比较，结合大汶河工程地质情况，设计确定大汶河穿越采用以挖泥船为主体的带水施工作业方法。但是由于大汶河在枯水季节时的水深很浅，为了达到施工船舶的吃水深度，在挖砂船开始挖砂前，采用单斗在岸边靠近水面位置倒退式开挖，开挖出 1.5 ~ 2m 深的挖砂船作业带，并用吊车吊装挖砂船主件，在水上完成挖砂船的组装、调试。挖砂船的开挖作业面形成后，使挖砂船向河道中心方向开挖，形成其他挖砂船的开挖作业面，并最终使所有挖砂船全部投入挖砂。

四、管道就位

　　水下管沟开挖是大型江河穿越的重要环节，而管沟开挖成形后的管道就位是关键环节。管道就位的核心问题是管道牵引与管道发送，通常的管道牵引与管道发送方法分为以下几种：

　　(1) 管道牵引方式：①滚管、②浮拖、③底拖、④水力发送；

　　(2) 管道发送方式：①小轨道平车发送、②辊轮发送。

　　通过各方案的综合比选，确定了大汶河管道就位采用小平车轨道发送、控制负浮力、管道底拖法穿越的设计方案。在这里就底拖牵引与轨道发送及这些方案中的相关技术要点进行详细阐述，其他几种就位方式不做细致说明。

　　小平车轨道发送就是在发送侧的河岸上顺管沟方向铺设一条小轨道，每 10m 左右安置一辆小平车（图 1-7），将焊好的管段吊放在小平车上，牵引管段时小平车滚动前进，待管道入水后，将通过回收坑对小平车进行回收。这种

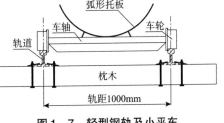

图 1-7　轻型钢轨及小平车

方法的优点是起动牵引力小，并可多次利用，较为经济。

底拖法是将要牵引过江的管段沉入江底管沟内再进行牵引。这种方法要计算好管道的牵引力和在水中的负浮力。因为只有管道在水中获得一定的负浮力，才能使整个管道沉入河底并沿管沟牵引过江，但如果负浮力太大，则牵引力会太大，应加浮筒以减少负浮力；如果负浮力太小，管道容易浮出沟外或产生水平位移，应增强配重。这种底拖牵引方案非常平稳，安全可靠，进度快、拖力单一，对管道本身的强度影响较小，受河流自然条件影响和对通航影响也最小，在出现淤积或已经成沟易堵塞的情况下非常适用。本文着重对底拖牵引方案中涉及的以下关键设计参数进行详细阐述。

（1）管道配重块及浮筒的设置及计算；

（2）负浮力计算；

（3）管道牵引力计算；

（4）管道配重块及浮筒的设置。

水下管道与陆上管道不同，水下管道要考虑水流影响的因素。管道穿越大型河流时，依靠自身重量往往不能使其稳定，因而要采取其他的措施以达到稳管的目的。我们现在惯用的方法是用砼压重块盖压在管道上，增加管道在水下的重量，以保持管道在水下的稳定。

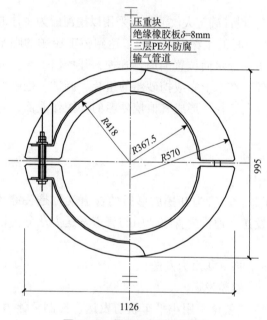

图1-8 镯式压重块剖面图

而在本工程中，压重块不止是起到稳管的作用，由于底拖法施工工艺的要求，管道必须沉到沟底才能进行牵引，而靠管道自身的重量不可能下沉，所以必须布设压重块对管道进行配重沉管以满足施工工艺的要求。

基于以上两点确定管道采用整体装配式连续布设的镯式压重块，见图1-8。

如前所述，由于管道的沉管和稳管的需要，管道设置了连续覆盖的砼压重块，这样就使管道沉入水底的负浮力相当大，引起牵引力过大，所以考虑用增设浮筒的方法以减少负浮力，进而减小管道回拖时的牵引力。浮筒按照间距每12m一个布设。浮桶结构形式见图1-9。

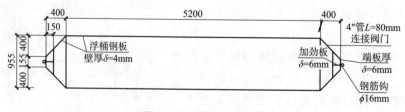

图1-9 浮筒结构简图

　　主河道管道预制完成后，在管道外侧安装硅管套管，硅管套管采用 $D140 \times 4.5\text{mm}$ 钢管。为使硅管安装牢固，套管采用抱箍固定方式，将套管紧紧固定在穿越管道压重块上。其硅管套管安装形式如图 1-10 所示。

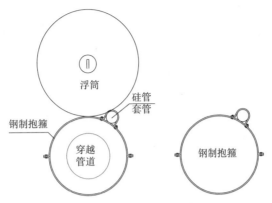

图 1-10　硅管套管安装图

现场回拖实施照片见图 1-11~图 1-15。

图 1-11　大汶河回拖图（一）

图 1-12　大汶河回拖图（二）

图 1-13　大汶河回拖图（三）

图 1-14　大汶河回拖图（四）

图 1-15 大汶河回拖轨道图

管道实际所需的牵引力按照下式确定：

$$F = MAX(F_1, F_2)$$

式中　F_1——管道在轨道上总的牵引力；

　　　F_2——管道在水中牵引力。

以大汶河为例，应用以上公式计算牵引力。大汶河回拖管道的长度为830m，管道顶挂70个浮筒，采用138个(6m/个)小平车轨道进行发送。利用这些参数分别计算出管道在轨道上总的牵引力 $F_1 = 82.3tf(1tf = 9.8kN)$ 与管道在水中牵引力 $F_2 = 62.02tf$，再通过上式可得到大汶河回拖的实际牵引力82.3tf。

五、小结

带水开挖成沟、小平车轨道发送、控制负浮力、管道底拖法穿越的方案是开挖穿越特殊地质条件下大型河流的一种稳妥可行的方法，比较成熟。选择好开挖方式及回拖方案是穿越成功的关键因素，文中系统地阐述了这几个主要环节，合理优化了此方案。该方案在冀宁管道工程大汶河穿越中保证了沟埋深度，具有进度快、拖力单一、易于控制等优点。同时在以后的工程中还应该对地质测量勘查工作、牵引力的准确计算、管沟断面形状及管道就位后的测试手段进行深入的研究。这些做法和经验都值得今后的管道穿越设计和施工借鉴。

第三节　中缅油气管道瑞丽江开挖穿越

一、工程概况

中缅油气管道工程是中国油气管道四大能源通道之一，分为境外段和境内段。干线管道从云南省瑞丽市进入中国境内，与气管道并行至贵州安顺，油气管道分离，油管道终点为重庆炼厂。

中缅管道入境后，遇到的第一条大河就是瑞丽江，根据线路总体走向，干线在云南省瑞丽市穿越瑞丽江。瑞丽江穿越处地形地貌见图 1-16。穿越处输油管道设计压力为 8MPa，穿越管段采用 $D813 \times 11.7mm$ L485 螺旋缝埋弧焊钢管；穿越处输气管道设计压力为 10MPa，穿越管段采用 $D1016 \times 17.5mm$ L555 直缝埋弧焊钢管。穿越设计范围内油气管道线路水平长度为 870.54m。

图 1-16 瑞丽江河流穿越地貌图

考虑输油管道和输气管道并行敷设，故穿越方案设计时输油管道和输气管道一并考虑，并且考虑输油管道和输气管道同时施工。

穿越场区交通便利，西岸穿越场区位于瑞丽市勐卯镇勐嘎村，距 G320 国道约 0.8km；东岸穿越场区位于瑞丽市勐卯镇弄片村，距 G320 国道约 1.5km。场区属瑞丽江冲洪积平原地貌，地形平坦，两岸均为农田，以种植甘蔗、西瓜及水稻为主。

通过方案比选，瑞丽江最终采用围堰导流开挖方式通过。

二、地质条件

根据钻探揭露、工程物探及室内试验等结果对场区进行工程地质分层如下：

①层耕土：主要由粉质黏土、粉砂组成，混砂粒，含植物根系，灰褐色，稍湿，松散~稍密。层厚 0.50~0.80m，层底标高 769.19~770.30m，土石等级为Ⅰ级，于两岸分布。

②层粉砂：灰黄~浅灰色，稍湿，稍密，矿物成分主要为石英、长石、云母等，等粒结构，颗粒级配差，含砾石约 5%，无胶结。层厚 0.50~2.50m，层底标高 767.39~769.50m，土石等级为Ⅱ级，仅见于 RLZK3、RLZK4 和 RLZK5 孔。

③层中砂：浅灰，湿~饱和，中密，矿物成分主要为石英、长石、云母等，亚圆形，颗粒级配好，见水平层理和黏性土条纹，无胶结。层厚 3.20~6.70m，层底标高 762.70~766.30m，土石等级为Ⅱ级，仅见于 RLZK3、RLZK4、RLZK5 和 RLZK6 孔。

④层粉质黏土：黄褐、灰褐色，可塑，切面稍光滑，无摇振反应，干强度、韧性中等，含氧化铁条斑，混少量砂粒，含量 10%~20%，局部夹细砂薄层。层厚 3.70~7.40m，层底标高 762.90~764.11m，土石等级为Ⅱ级，仅见于 RLZK1、RLZK2 和 RLZK7 孔。

⑤层圆砾：浅灰、杂色，饱和，中密，母岩主要成分为花岗岩、石英岩、砂岩等，中风化，颗粒呈亚圆形，颗粒级配好，交错排列，一般粒径 5~20mm，含量约 60%，卵石含量约 10%，中、粗砂充填，局部夹中砂、卵石薄层，无胶结。该层厚度为 1.80~10.10m，层底标高 752.80~762.89m，土石等级为Ⅲ级，除 RLZK6、RLZK7 孔外，场区

均有分布。

⑥层卵石：浅灰、杂色，饱和，中密～密实，母岩主要由花岗岩、砂岩、灰岩等组成，中风化～微风化，亚圆～圆形，锤击不易碎，颗粒级配好，粗细颗粒交错排列，一般粒径20～60mm，含量约60%，中、粗砂和浅灰色黏性土充填，局部夹粗砂薄层，无胶结。该层最大揭露厚度为14.10m，场区普遍分布，土石等级为Ⅲ级，RLZK1和RLZK7孔未揭穿。

三、设计方案

1. 穿越长度

开挖穿越方案穿越段水平长度687.28m，一般线路段水平长度183.26m，共870.54m。

2. 穿越地层

根据地质资料，管道穿越断面上部覆盖层主要为粉质黏土、砂层、圆砾、卵石层。穿越管道在两岸埋设在粉质黏土、砂层，在河床内主要埋藏在圆砾、卵石层中。穿越纵断面图见图1-17。

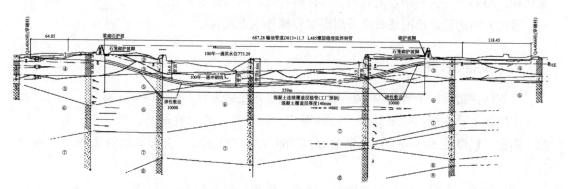

图1-17　瑞丽江穿越方案图

3. 水下管沟开挖尺寸

对于河床内，100年一遇的冲刷深度为2.63m。根据设计规范，管道管顶埋设深度应在冲刷线以下1.5m。但考虑到此河道有非法挖沙行为，本工程增大管道埋设深度，管顶埋设深度距离100年一遇最大冲刷线不小于2.5m，管道顶部最小埋深5.1m，考虑超挖，管沟最小挖深6.2m。

对于大堤堤脚，为尽量减小对大堤基础的破坏，设计管顶埋深为2.0m。

根据《油气管道并行敷设设计规定》的规定，"同期建设并行管道采用挖沟法穿越河流时，并行间距应满足：（1）基岩河床，不小于1.5m；（2）非基岩河床，采用排水挖沟方式时，不小于6m。"本工程两条管道中心间距取7m，净距6.15m。管沟底宽10m。

由于大部分地段管沟深度大于5m，管沟主要为圆砾和卵石，根据设计规范，管沟边坡取1:3，每隔3～5m设一平台，考虑到管道吊装，管沟设吊装平台，平台宽度不小于8m。管沟的尺寸可根据施工季节和现场试挖情况进行调整。

4. 围堰导流

开挖选在枯水期进行，采用围堰导流施工，采用两次围堰进行施工。

采用挖掘机修筑截水堰堤分别从岸边分段实施、合拢，筑堤过程按要求敷设防水布。筑堤尽量用挖掘机取堤外侧土，如果水较深，则采用外运土，堤面高于水面 0.5m 以上。围堰内边线应距离沟槽边线距离大于 5m，防止沟边荷载承受过大荷载而坍塌，甚至使堰体滑动。

围堰采用土围堰，梯形断面，顶宽 2~4m，迎水面边坡 1：3，背水面边坡 1：2。

筑堤完成后，堤内排水采用浮船泵等大机泵明排，然后进行管沟开挖。由于渗水较大，管沟开挖过程中，根据实际渗水量不间断排水。

5. 管道就位

管沟开挖完成后，进行管沟测量，保证管沟的深度，合格后对沟底进行平整，然后铺200mm 的沙袋，避免沟底不平对管道的损害，然后尽快进行管道的下沟回填，避免管沟回淤。

6. 稳管措施

由于管道在河床内主要地层为卵石层，考虑到稳管和保护防腐层作用，推荐采用工厂预制混凝土连续覆盖层进行稳管，混凝土连续覆盖层厚度 140mm，抗浮系数 1.32。

河床内管道采用混凝土连续覆盖层浇筑，然后直接回填原状土。对于未采取混凝土覆盖层地段管道周围先采用土工布袋进行包裹回填，然后采用原状挖土回填并夯实。

7. 混凝土盖板警示带

由于河道内非法采砂较为严重，为保护管道，河床内穿越管道顶部以上 500mm 加一层混凝土盖板警示带，起警示作用并起到对管道保护的目的，但混凝土盖板警示带应在冲刷线以下。

8. 大堤穿越

大堤穿越采用开挖穿越，回填时候采用分层后填夯实，应满足堤防技术要求和河道管理部门的要求。对于破坏大堤的迎水面应做护坡，护坡宽度原则上应延伸出被松动过的管沟开挖宽度外 1m，且不小于 30m。护坡应与原岸坡衔接好，基础坐在稳定的地基上，且基底在冲刷线以下，坡脚采用石笼进行防护。

9. 管沟回填

河床内管道采用混凝土连续覆盖层稳管段直接回填原状土。对于未采取混凝土覆盖层地段管道周围先采用土工布袋进行包裹回填，然后采用原状挖土回填并夯实。

10. 水工保护

对于破坏的陡峭河床岸坡应进行护岸，护岸宽度原则上应延伸出被松动过的管沟开挖宽度外 1m，且不小于 30m，对于护岸基础采用抛石笼进行保护。

另外对于开挖过程中破坏的水利工程导流坝按原形式进行恢复。

四、施工实施方案

1. 施工工艺流程

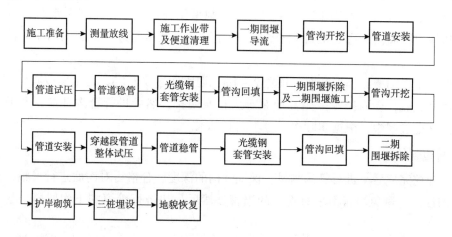

2. 分段围堰实施

枯水期穿越位置江心岛宽度约140m，高程自768.62～769.8m不等。左(东)岸施工段为水平里程(0+370)～(0+889.3)，管道安装施工水平长度517m。在水平里程0+320～0+608m之间围堰，即纵向围堰位置为0+320m处，利用右侧河道导流；右(西)岸施工段为水平里程0+020～0+370m，管道安装施工水平长度353m，在水平里程0+247～0+420m之间围堰，即纵向围堰位置位于里程0+420m处，利用左侧河道导流；里程0+320～0+420m为左右施工段连头区，两次围堰的交叉区。先进行左(东)岸施工段的施工，然后进行右(西)岸施工段的施工。

综合考虑管沟开挖开口宽度、围堰底宽，且由于河床表层土质为沙，为保证围堰体和管沟间有足够的空间，避免管沟开挖影响围堰体的稳定性，上、下游围堰距双管管沟中心线不小于110m。围堰内施工平面布置见图1-18。

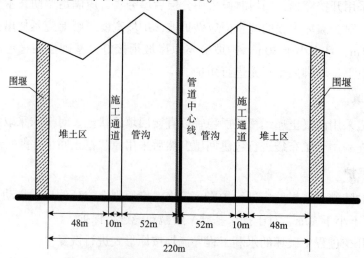

图1-18 围堰导流示意图

3. 地下水处理

现场施工时，实际采用了钢板桩堰体。在堰体内侧打锁扣 U 形钢板桩以阻隔地下水（钢板桩长 12m／根），钢板桩正反相扣，所有钢板桩连成一体起到阻水和稳固堰体的作用，从而减少堰体外侧地下水的渗入，并防止河床砂层受地下水冲刷及围堰体压力而流失造成围堰体垮塌。钢板桩围堰图见图 1 – 19。

图 1 – 19　钢板桩围堰加固图

在堰体外侧铺垫玻纤防水布，防水布上以编织袋装土堆码，减少堰体外侧河道水的渗入。

用大排量抽水设备持续排水，同时保证排水量大于渗水量。

4. 降排水

围堰后用水泵排出围堰内的积水，试验河床的承载能力，如河床承载能力不能满足挖掘机行走的需要，则在靠近河岸的位置挖降水坑降水，使地下水位降低，并采取铺垫木排的措施，然后进行管沟开挖。

在管沟开挖过程中，用挖掘机开挖降水井，降水井低于开挖作业面不小于 2m，沿管沟两侧布置，每间隔 40m 一个，施工时根据实际降水效果增减降水坑数量。用水泵将降水坑内渗透水排放至下游围堰的堰体外，以起到降水的作用，降水井布置见图1 – 20。

降水井与挖掘机开挖工作位置错开，并随着开挖深度的加深，增加降水井深度并调整降水坑的位置，水泵抽排的积水用排水管引至围堰下游排放。

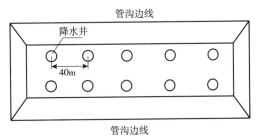

图 1 – 20　降水井布置示意图

5. 管沟开挖

管沟开挖见图 1 – 21。

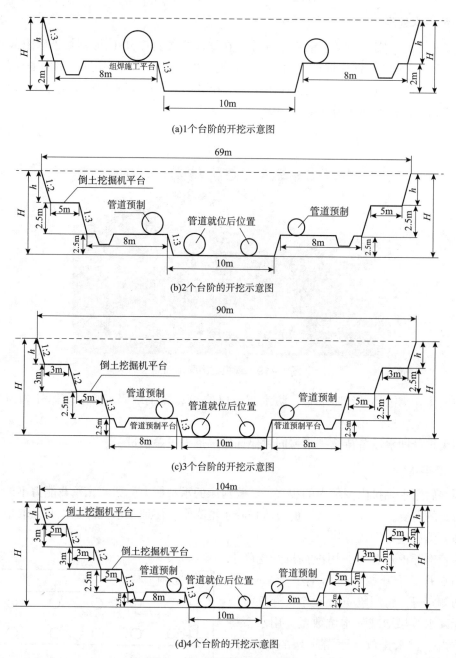

(a)1个台阶的开挖示意图

(b)2个台阶的开挖示意图

(c)3个台阶的开挖示意图

(d)4个台阶的开挖示意图

图1-21 放台阶开挖示意图

6. 连头布置

在左岸施工段稳管完成后,在左岸施工段围堰堰体与管沟的交叉位置,用袋装沙土从管沟底砌筑挡墙,以避免地下水自管沟回填土渗入。挡墙结构为:左右两侧为袋装土,中间用素土夯实做隔水层,素土隔水层厚度不小于5m,袋装土挡墙与管口之间间距应≥10m,然后才能进行管沟回填,穿越分段围堰连头区袋装土挡墙砌筑见图1-22。

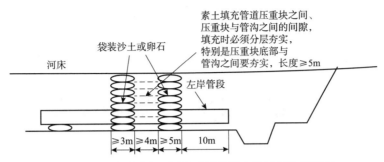

图1-22　穿越分段围堰连头区袋装土挡墙砌筑示意图

五、小结

本穿越在项目前期进行过桁架跨越和开挖的详细比选，由于穿越地层大部分为卵石，顶管和盾构方案长距离穿越卵石层，造价高、工期长，其风险也很大，最后选择了开挖方案。此开挖穿越有如下几点创新：

（1）考虑到地层松散，透水性强，管沟内降水困难，难以实现管沟无水施工，故设计采用了混凝土连续覆盖的配重方案，类似于海管的配重层做法，主要考虑管道下沟时可以直接下沉到位，同时考虑万一在非正常的洪水作用下，管道的配重层不失效，可以作为管道最后一道保护；

（2）河道内管道上方冲刷线下，设置了一层混凝土盖板，主要考虑此河段有非法采砂的迹象，一旦有非法采砂的情况，采砂设备将先破坏盖板，起到警示和保护下方管道的作用；

（3）瑞丽江穿越施工根据穿越处水文及地质特点，做了针对性的施工组织，采用了二次围堰、钢板桩组合堰体，可供类似工程借鉴。

第二章 定向钻穿越工程

西部管道黄河定向钻穿越，是黄河上游第一条定向钻穿越；兰郑长成品油管道工程长江穿越，是油气长输管道第一条长距离岩石定向钻穿越；西气东输二线彭家湾水闸穿越，是第一条 $D1219\text{mm}$ 管道超过 1200m 的定向钻穿越；西气东输二线渭河穿越，是第一条 $D1219\text{mm}$ 管道长距离穿越中粗砂的定向钻穿越；某输油管道穿越，是第一条跨境复杂破碎岩石定向钻穿越；江阴长江穿越，是第一条长度超过 3km 的定向钻穿越，如东 – 海门 – 崇明岛长江穿越，穿越长度约 3.5km；兰成石亭江穿越是第一条穿越全卵石层的定向钻穿越；中俄东线讷谟尔河穿越，是国内长输管道第一条 $D1422\text{mm}$ 管径定向钻穿越；唐山 LNG 纳潮河穿越是 $D1422\text{mm}$ 管径穿越距离首次超过 1250m 的定向钻穿越突破 1300m；中俄东线滹沱河穿越，$D1219$ 管道首次突破 1700m，该工程于 2021 年已经顺利施工完成，是目前 $D1219\text{mm}$ 管道穿越距离最长的穿越。

本章就国内近年来典型定向钻穿越进行介绍，主要介绍其工程概况、设计方案、特殊的施工过程、出现的问题及解决方案，每一个案例都有一个小结，以供参考。

第一节 西部原油成品油管道黄河定向钻穿越

一、工程概况

西部原油成品油管道工程是"稳定东部，发展西部"的重要战略举措之一，它的建设不仅能缓解西部资源与西南消费地区石油产供销的矛盾，而且有利于油品安全、平稳、高效运输，并为国家的能源安全战略部署提供保障。

原油及成品油管道干线起于乌鲁木齐，终于兰州市，其构成为乌鲁木齐至鄯善的原油支干线、鄯善至兰州的原油干线、乌鲁木齐至兰州的成品油干线共 3 部分。

管道在兰州市西固区附近通过黄河，该段管道参数为：原油管道管径为 $D711 \times 17.5\text{mm}$，设计压力为 14MPa；成品油管道管径为 $D508 \times 12.5\text{mm}$，设计压力为 14MPa。

穿越处河床地形地貌见图 2 – 1、图 2 – 2。

过河断面位于兰州炼油总厂输水管桥上游约 1.0km 处，北岸属安宁区安宁堡乡宝兴庄，南岸属西固区陈坪乡白滩村。穿越断面南岸有南滨河快速路直达穿越断面，北岸亦有乡村公路可达，交通较为方便。

穿越断面所处河段位于黄河上游，河床宽浅，河段基本顺直。黄河水流向为 NW ~

SE。河段两岸发育Ⅰ、Ⅱ级阶地，地形呈阶梯状向河床递降。阶地面较为平坦、开阔，左岸阶地上植被发育，右岸阶地上则民房密布。

图2-1　西部管道黄河穿越河床（一）

图2-2　西部管道黄河穿越河床（二）

穿越断面与地质断面关系图见图2-3。

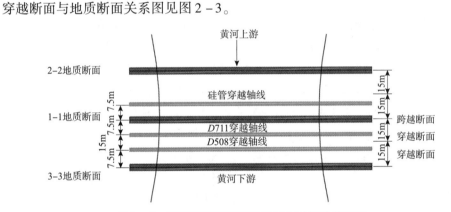
图2-3　西部管道黄河穿越断面与勘探孔关系图

二、地层岩性

勘察揭示，穿越断面场地内的地层岩性主要为人工填土、第四系河流冲洪积卵石、圆砾、砂和粉土、粉质黏土，第四系下更新统五泉山组河湖相半胶结沙砾岩层，以及下伏基岩地层：第三系中新统咸水河组泥岩、粉砂质泥岩、砂岩、沙砾岩。

按照形成原因、时间、组成物质和结构，将穿越断面场地内地层岩性进行分层描述如下：

①层粉土（Q_4^{pl}）：地层分层代号①。分布于黄河南北两岸阶地上部。黄褐色，稍密，稍湿~湿，土质不均，夹粉质黏土和粉细砂薄层，大部地段下部含卵、圆砾，径粒5~150mm，质地坚硬，含量占3%~5%。层厚0.40~5.30m不等。

②层卵石层（Q_4^{al+pl}）：地层分层代号②。分布于整个断面。组成物质以卵石、圆砾为主，含砂和粉土、粉质黏土，灰白色~浅黄色，中密~密实。卵石粒径一般为50~80mm，最大达150~200mm。骨架物总含量一般占60%~75%，磨圆度好，母岩成分主要为花岗

岩、闪长岩、片麻岩和石英岩等，中等～微风化，质地坚硬。砂的矿物成分主要为石英，轻微胶结。局部夹含砾砂土和圆砾薄层。河床中该层厚 1.30～6.90m，两岸阶地该层厚 4.00～13.20m。层底标高 1523.50～1516.40m。

含卵石的典型地质柱状图见图 2-4。

图 2-4　西部管道黄河局部含卵石地层

③层沙砾岩（Q_1^{pl}）：地层分层代号③。仅见于北岸 1#、2#和 23#钻孔，分布于②层卵石下部，与第三系（N_1^x）岩层呈断层接触。灰褐～灰黄色，半胶结，中等风化，岩芯呈散状或碎块状。骨架物粒径 5～30mm 的占 30%～40%，30～60mm 的约占 20%，60～80mm 的约占 10%，最大的为 110mm。磨圆度较好，母岩成分主要为花岗岩、闪长岩、石英岩和砂岩等，中等～微风化，质地坚硬。胶结物为砂和钙质。该层揭露厚度 6.50～21.50m，未揭穿。

④层泥岩、粉砂质泥岩、砂岩、沙砾岩（N_1^x）：地层分层代号④。其中泥岩、粉砂质泥岩分布于整个断面。岩性主要为红褐色泥岩、泥质粉砂岩，黏土矿物胶结，层状～块状构造。岩体较完整，节理和裂隙不发育，线裂隙率小于 1 条/m。裂隙发育段挤压、滑动镜面发育。岩石含水量高，岩质软，岩芯呈柱状，节长 10～110cm。钻孔岩芯失水后，常沿裂隙镜面裂开。其中：

砂岩的分层代号为（④-1）和（④-2）。主要分布于南岸滨河路及以南地段下部，见于 9#、11#、19#、20#、21#、22#、CZK04#、CZK05#钻孔；北岸见于 12#、24#、CZK01#钻孔。黄褐～红褐色。主要以细粒和中粒砂岩为主，局部夹粗砂岩和沙砾岩，岩质不均，层状结构。由于胶结程度较差，岩芯呈散状、碎块状或短柱状。不同层位，普遍含有角砾级颗粒，粒径一般 2～10mm 不等，含量 5%～30% 不等；局部含卵石级颗粒，如 CZK01#、CZK04#钻孔，粒径一般 20～80mm，最大 100mm，含量 5%～8% 不等。砂岩厚度分布不均，呈透镜体状分布于泥岩层中，有的钻孔中厚度 0.5～1.5m，有的钻孔中揭露厚度大于 20m，未揭穿。详见各钻孔的工程地质柱状图。

沙砾岩的地层分层代号为（④-3）和（④-4）。勘察深度内见于 3#、10#、11#、12#、20#等钻孔，呈透镜体状分布于泥岩层中。灰黄色～红褐色，由于胶结程度较差，岩芯呈散状、碎块状或短柱状。其中骨架物粒径以 2～5mm 为主，占 30%～50% 不等，5～10mm 的约占 20%，10～20mm 的占 5%～10%，偶见最大的为 30mm，次棱角形～亚圆形，母岩成分主要为闪长岩和石英岩等，质地坚硬。胶结物为砂和钙质。其中（④-3）层见于 10#、11#、12#钻孔，厚度 2.10～8.70m，（④-4）层见于 3#、20#钻孔底部，揭露厚度 4.50～

5.30m，未揭穿。

取岩石试样进行物理力学试验，从试验结果看，深度20m以上泥岩、砂质泥岩的天然状态下单轴抗压强度一般为0.50~2.60MPa之间；深度20~30m的一般为1.0~4.2MPa之间，局部达到5MPa。

局部泥岩的自由膨胀率为40%~60%，具有弱膨胀性。

泥岩的天然含水量在10%~20%之间，密度2.10~2.37g/cm³。

三、方案选取

21世纪初，定向钻穿越技术处于前期发展阶段，设备能力、钻具、控向技术、泥浆等均不能与目前的技术同日而语，国内更没有推管机或夯管锤辅助设备，防腐层的防护也没有应用过。在西部管道黄河穿越项目设计前，在兰州地区建设的长输管道有涩宁兰输气管道项目及其支线，两次过黄河，由于定向钻技术的制约，两次过黄河均采用跨越方案。

西部管道黄河，基于涩宁兰两次黄河跨越的经验，且为了躲避三条次生断裂带，以及规避地层资料中的卵石层、卵砾石层穿越风险，初步设计采用了跨越方案。经过对跨越断面的地质初步勘察以及跨越方案比选，跨越方案推荐采用斜拉索跨越形式。方案中间主跨为178.2m，两边跨均为97.2m，总跨度为550.8m。

黄河跨越方案图见图2-5。

图2-5 西部管道黄河初期跨越方案图

根据地方要求，跨越必须考虑兰炼的两根输水管道。这样，管桥上将布置5根管道（原油+成品油+光缆管+两根水管），荷载较大，造价较高。由于以上原因，穿越的可能性进入了大家的视野。西部管道原油成品油设计联合体花费了大量的人力、物力、财力和几个月时间，对穿越断面作了详细的地质勘察、论证，经过对详细勘察资料的多次深入分析和讨论，最终确定定向钻穿越方案有风险，但是还是可行的。

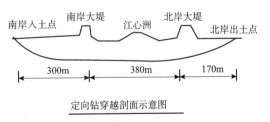

定向钻穿越剖面示意图

图2-6 西部管道黄河定向钻穿越示意图

定向钻方案示意图见图2-6。

定向钻穿越考虑穿三次，共穿两条管道和一根光缆硅管，管道一条711mm，一条508mm，两条管道相距15m。

从详勘情况看，两岸地层上部为卵石层，厚度一般为 6～10m，最大粒径 200mm 左右，其下部为硬度较低的软泥岩和砂岩；河床下部也是硬度较低的软泥岩和砂岩(饱和单轴抗压强度最大的仅为 5MPa)。此层软泥岩和砂岩适合定向钻穿越，易钻进、易成孔，且不塌孔，是定向钻穿越比较理想的地层。

地质结构示意图见图 2-7。

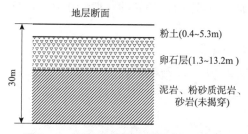

图 2-7　西部管道黄河主要地层示意图

对于两岸的卵石层，根据目前两岸的钻探结果，出入土点均可选在卵石层厚度为 6～7m 的地方，局部较厚的卵石层在定向钻穿越范围之外，对定向钻穿越没有影响，两岸出入土端可采用顶套管或大开挖方式，开挖深度为 6～7m，局部 9m 左右，将卵石全部挖出，然后在泥岩和砂层进行定向钻穿越，从北岸现场采石开挖的沟来看，沟深约 6～7m，边坡很陡(接近 90°)，没有放坡，且沟底几乎没有水，这说明两岸土的直立性很好，地下水位也不高，定向钻施工如果在枯水季节，地下水位会更低，两岸挖沟无需采取任何降水、护坡等施工措施，挖沟非常容易。因此，兰州黄河采用定向钻穿越方案从技术上是可行的。

现在看来这种地层，会毫不犹豫地选择定向钻穿越，但是当时可是经过了大半年、十多次研讨之后才确定的方案，这也是技术进步过程中有代价的尝试。

四、设计方案

1. 定向钻穿越的入、出土点以及角度

黄河定向钻穿越入土点位于南岸，距南岸大堤约 300m；出土端位于北岸，距北岸大堤约 170m。出、入土角应根据穿越地形、地质条件和穿越管径的大小确定，入土角定为 11°，出土角定为 7°。

2. 曲率半径

本次穿越采用曲率半径为 1500D。即 D711mm 管径，曲率半径 1067m，D508mm 管径，曲率半径 762m。

3. 定向钻穿越长度

两岸大堤间距离约 380m，定向钻穿越长度约 850m。

4. 定向钻穿越深度

穿越管线埋深一般不小于 6m(最大冲刷线下)，本工程穿越管线埋深位于最大冲刷线下 7m，主要从软泥岩层内通过，局部通过砂岩层，河床下最小覆土厚度约为 18m，管顶设计标高约为 1504m。南岸大堤下管道埋深为 28m(南滨河路路面以下)，管顶设计标高约为 1504m，北岸大堤下管道埋深约 15m(自然地坪以下)，管顶设计标高约为 1512m。

5. 防腐

钢管外防腐涂层采用常温型三层 PE 加强级防腐。补口段涂层高出管体涂层表面，是承受摩擦力最大的部位，为保护防腐层，穿越管段补口采用定向钻穿越专用(耐磨)补口热

收缩带补口。

6. 卵石层处理

根据出、入土两端卵石层厚度和埋深，本工程入土端采用夯套管法，$D711 \times 17.5mm$ 的管道采用 $D1219 \times 23.8mm$ 钢套管，$D508 \times 12.5mm$ 的管道采用 $D1016 \times 20.6mm$ 钢套管，卵石层厚度按10m考虑，入土角度为11°，套管长度为81m；出土端采用开挖的方法进行卵石层穿越，开挖深度为7m，每米断面81m^3卵石方，出土角度为7°，大开挖长度为63m，考虑两条管道相距15m，两条管道沟槽分开挖，总的卵石方量约为14000m^3，施工时，分两层开挖，上面3m垂直管道轴线用推土机推，下面4m可以考虑用单斗挖掘机挖，用汽车装运至管道轴线附近的临时堆渣场，开挖工期按两个月估计。

两岸卵石层处理方案见图2-8、图2-9。

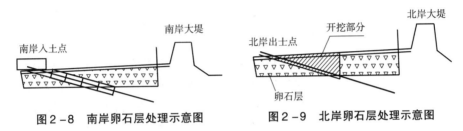

图2-8　南岸卵石层处理示意图　　图2-9　北岸卵石层处理示意图

五、方案实施

1. 主要施工流程

黄河穿越钻进长度较长且地质情况复杂，出、入土端通过含卵砾石的地层，需要对出、入土端的卵砾石层进行处理，然后采用定向钻进行穿越。开钻前要仔细认真、全面掌握地质资料，为使工程能够成功，施工中严格执行设计要求和规范规定，各工种、各岗位认真负责，密切配合，做好充分准备，仔细分析各种可能发生的情况，制定相应的处理措施，控向、司钻制定钻进方案，保证导向孔曲线平滑，泥浆岗位全面掌握地质资料按地层配制，保证钻孔需要，使成孔良好。

主要施工流程如下：

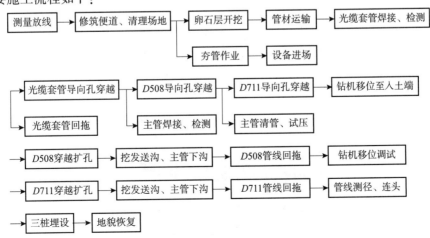

2. 套管隔离卵石

采用夯管机夯入套管法隔离卵砾石层，$D711mm$ 管道采用 $D1219mm$ 钢套管，$D508mm$ 管道采用 $D1016mm$ 钢套管，套管顶进长度为81m。套管夯进施工流程如下：

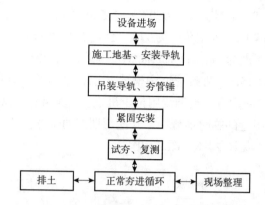

将夯管工作底面进行夯实，上铺20mm渣石垫底层，保持倾角11°，下面均匀垫上18根长2m枕木（10cm×20cm），再在上面铺设预先割好的45#工字钢按照800mm的间距以"工"形平行放置在工作坑的地基上，铺设45#工字钢两根单根的长度为2m，根据交接桩和实际测量，制定出两条导轨的中心线，放置导轨后再精确找正，测量是否达到预制角度要求，再将45#工字钢两侧分别夯入1m长的地锚两根，地锚入土不能低于700mm，测量无误后再与45#工字钢焊接牢固。由于钢管轨迹设计为水平，因此，槽钢作为导向轨道（图2-10），自身必须平直无弯曲。用水准仪多点测量控制槽钢的水平，在根据需要的水平角度调节导轨的倾角。

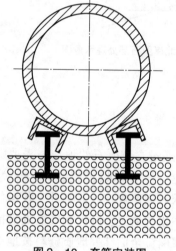

图2-10　套管安装图

按工作平台长度，将 $D1219mm$ 钢管第一根前端安装好切削环。将第一根钢管和夯管锤安放在轨道上，用张紧器将夯管锤通过锥套与钢管连为整体。安装完成后，检查钢管所需的倾角、垂直位置。送风后夯管锤即开始工作。第一根管操作上应缓慢开启注油器，控制空气量，采用"轻锤慢进"，防止钢管和夯管锤一起往复串动。钢管夯进土层30~50cm后，停锤校核钢管位置，无误后，再继续轻锤夯进2~3m，再次校核钢管位置，继续采用"轻锤慢进"参数将第一根管夯入土层。

夯管锤结构见图2-11。

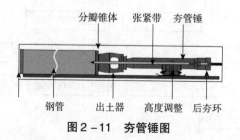

图2-11　夯管锤图

校核导轨位置无误后，吊装第二根钢管，钢管之间采用"V"形剖口焊缝焊接。焊接前，应检查两钢管的倾角、垂直位置及两管的同轴情况。钢管焊接好后，夯管锤送风工作，此时，完全打开注油器阀进入正常参数夯管，直至第二根管进入土层，校核导轨位置，吊装第三根管，再校核钢管对接情况，焊接、夯管，如此循环，直至钢管进入到岩石层。

3. 曲线钻进

首先钻光缆套管导向孔及回拖光缆套管，再进行主管线导向孔钻进。导向孔的钻进是整个定向钻施工的关键，采用 DD – 990 水平定向钻机进行本次穿越工程的施工。其钻导向孔的钻具组合是：9⅞″钻头 + 7″无磁钻铤 + 6⅝″钻杆。

泥浆马达见图 2 – 12。

图 2 – 12 泥浆马达

控向设备采用英国 Sharewell 公司生产的 MGS 定向系统，在整个穿越过程中采用地面信标系统(Tru – Trucker system)配合 MGS 系统进行准确跟踪定位，确保出土位置准确无误，曲线平滑。并针对岩石地层穿越采用泥浆马达钻进工艺。

4. 扩孔回拖

为了整个穿越万无一失，使用岩石扩孔器。D508 管线穿越整个预扩孔过程采用两级扩孔，扩孔级别依次为 22″、30″，从第二级扩孔开始使用合适的中心定位器。D711 管线穿越整个预扩孔过程采用四级扩孔，扩孔级别依次为 22″、30″、36″、42″，从第二级扩孔开始使用合适的中心定位器。

回拖时采用的方式是：岩石扩孔器 + 200t 回拖万向节 + D711/D508 穿越管线。在回拖时进行连续作业，避免因停工造成阻力增大。

泥浆是定向穿越中的关键因素，穿越经过地层有：泥岩、粉砂质泥岩、砂岩、沙砾岩。针对不同的地层采用了不同的泥浆，泥浆添加剂有：降失水剂、提黏剂、万用王和防塌润滑剂等。所加添加剂采用环保型添加剂，符合环保要求。

六、小结

(1)西部管道黄河定向钻穿越，是兰州地区第一条定向钻，也是黄河上游第一条定向钻穿越黄河河道，在此之前，管道通过黄河上游，首选跨越方式通过，跨越造价高、工期长、运营成本高。定向钻方式具有明显的工期短、造价低、对河道影响小、运营成本低等优势。西部管道黄河定向钻穿越是一个开创性的穿越项目，其意义深远。

（2）定向钻穿越方案出、入土点距离大堤较远，主要是为了躲过较厚的卵石层而选择的。定向钻到目前为止，穿越卵石层还是一个难以克服的禁区。限于当时定向钻对卵石层和对岩石层穿越的经验和认识，当时做出这个方案的决定，是经过了深入的研究和科学的决策，现在看来，这个决策是英明的。

第二节　兰郑长成品油管道长江定向钻穿越

一、工程概况

兰州—郑州—长沙成品油管道工程在湖北省武汉新洲区双柳镇（左岸）与鄂州白浒镇（右岸）之间穿越长江，一共穿越三次，前两次在覆盖层（砂层）中穿越，第三次在岩石中穿越。长江前两次穿越分别于 2008 年 5 月和 2009 年 6 月完成，均经过一个汛期后，线路整体扫线、试压发现管道破漏。经分析得出，两次漏管均是由于河床扰动致使管道破裂。为保证兰郑长按期安全投产，长江第三穿设计采用岩石定向钻对穿方案。

第一次穿越采用 $D610 \times 11.1mm$ L450 直缝埋弧焊钢管，第二次穿越选用 $D610 \times 11.1mm$ L450 直缝埋弧焊钢管（200m）和 $D610 \times 11.9mm$ L450 螺旋缝埋弧焊钢管。第二次穿越位于第一次穿越上游 15m，平行第一次穿越，穿越曲线与第一次穿越曲线一致。

硅管套管穿越轴线位置位于第一次成品油管道穿越轴线位置，成品油管道穿越轴线（第三次）位于硅管套管穿越轴线上游 15m 处，即在成品油管道第二次穿越轴线位置处对穿。

穿越轴线与地质断面关系见图 2 – 13。

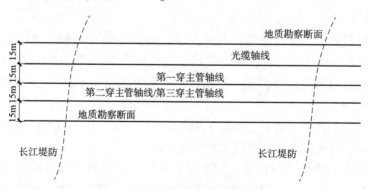

图 2 – 13　兰郑长长江穿越轴线图

穿越处设计压力为 8MPa，第一穿和第二穿定向钻穿越水平长度为 1899.75m，第三穿定向钻穿越长度为 2070m。

二、地质条件

依据土体形成的地质时代、成因、岩性、物理力学性质等特性对场区的地层进行工程地质分层，自上而下共分为 10 大层和 5 个亚层，分别描述如下：

①层粉土(Q_4^{al+pl})：灰黄～灰褐色，湿，稍密，土质均匀，含有铁锰质斑点，摇振反应中等，无光泽，干强度低，韧性低，局部夹 0.3～1.0cm 薄层粉质黏土，具水平层理。揭露厚度 1.65～8.20m，层底标高 12.9～20.89m，本层在岸边揭露。

②层粉质黏土(Q_4^{al+pl})：黄褐～灰褐色，可塑～软塑，土质较均匀，上层 30cm 含植物根茎，含少量铁锰质斑点，摇振反应无，稍有光泽，干强度中等，韧性中等，局部夹黏土薄层，具水平层理。揭露厚度 2.20～10.10m，层底标高 12.20～20.20m，本层在岸边揭露。

③层粉砂(Q_4^{al+pl})：灰色，饱和，松散～稍密，土质均匀，分选性好，含云母碎片，局部夹 5cm 粉质黏土薄层，具层理。揭露厚度 0.70～9.50m，层底标高 5.10～18.59m，本层在岸边、河床均有揭露。

④层粉质黏土(Q_4^{al+pl})：灰色，可塑～软塑，土质均匀，摇振反应无，稍有光泽，干强度中等，韧性中等，局部夹 0.3～1.0cm 薄层粉砂，具水平层理。揭露厚度 1.00～15.4m，层底标高 -2.40～14.60m，本层在岸边、河床均有揭露。

⑤层粉砂(Q_4^{al+pl})：灰色，饱和，松散～稍密，局部为中密，土质均匀，分选性好，含云母碎片，具层理。揭露厚度 0.75～17.30m，层底标高 -20.68～10.95m，本层在岸边、河床均有揭露。

⑥层细砂(Q_4^{al+pl})：灰色，饱和，中密～密实，土质较均匀，分选性较好，含云母碎片，局部含少量砾石粒径颗粒，一般粒径 2～3mm，局部夹薄层粉质黏土，厚度 20cm，具层理。揭露厚度 1.80～27.15m，层底标高 -31.72～3.10m，本层在岸边、河床均有揭露。

⑦层卵石(Q_4^{al+pl})，杂色，饱和，密实，土质不均，分选性差，级配较好，骨架物含量约 75%，亚圆形，一般粒径为 20～50mm，砂土充填。揭露厚度 0.35～6.20m，层底标高 -32.97～1.30m。

⑧层粉质黏土(Q_4^{el})：棕红色，可塑～硬塑，土质不均匀，摇振反应无，稍有光泽，干强度中等，韧性中等，为砾沙质土，夹少量碎石和疏松状沙砾岩团块，砾石成分复杂、坚硬、含量少、大多磨圆较好、少量棱角状。揭露厚度 6.20～30.05m，层底标高 -8.4～9.44m，本层在岸边揭露。

⑨层白垩系 - 第三系东湖群组($K_2 - E$)^{dn}：该层岩性以浅灰白色沙砾岩为主，夹紫红色黏土质砂岩、砾岩、泥岩与沙砾岩，多呈薄层状，少量中厚层状，岩层平缓，倾角 8° 左右；多为钙泥质或泥质胶结，呈半胶结状态，岩质多呈半疏松状，手掰即散。砾岩中砾石含量不均，一般为 40%～60%，少量为 20% 左右，成分多为坚硬的灰岩、砂岩、石英等，粒径一般为 0.5～2cm，部分大者粒径为 3～7cm，钻孔揭露少量大于管径(9cm)。总体属软至极软岩类，属软化岩石。本组在钻孔内揭露主要是泥质砂岩、泥岩、沙砾岩、砂岩和砾岩，分述如下：

泥质砂岩[($K_2 - E$)^{dn}]，棕褐色，砂质结构，块状构造，极软岩，沉积物颗粒以中砂为主，局部夹杂砾石颗粒，粒径为 5～30mm，含量约 5%，泥质胶结，胶结程度低，手可掰动，钻进容易，岩芯采取率 87%～100%，呈柱状。场区强风化层揭露厚度 1.85～2.00m，层底标高 -24.80～-23.20m。中等风化层揭露厚度最大为 4.9m，未揭穿。

泥岩[($K_2 - E$)^{dn}]，棕褐色，泥质结构，层状构造，极软岩，沉积物以粉土为主，泥质胶结，胶结程度低，锤击易碎，钻进容易，岩芯呈长柱状。场区内分布中等风化层，未见强风化层，以夹层出现。

含砾砂岩[$(K_2-E)^{dn}$]，灰白色，砂质结构，块状构造，极软岩，沉积物颗粒以砾砂为主，砾石颗粒粒径为 3～20mm，最大可见 50mm，含量约 25%，钙质胶结，胶结程度低，岩芯呈柱状，锤击易断。场区内强风化层揭露厚度 1.9～5.1m，层底标高 -29.95～-28.70m；揭露中等风化层厚度 3.10m。

砂岩[$(K_2-E)^{dn}$]，棕褐色，砂质结构，块状构造，软岩，沉积物颗粒以粉砂为主，局部夹杂少量砾石颗粒，粒径为 5～20mm，含量约 3%，泥质胶结，胶结程度低，锤击易碎，呈长柱状。场区内仅揭露中等风化层厚度 5.3m，未揭穿。

沙砾岩[$(K_2-E)^{dn}$]：灰白色，砂质结构，块状构造，较软岩，沉积物颗粒以砾砂为主，砾石含量不均，一般为 40%～60%，少量为 20% 左右，成分多为坚硬的灰岩、砂岩、石英等，粒径一般为 5～20mm，部分大者粒径为 30～70mm，钻孔揭露少量大于管径（90mm）。强风化层揭露厚度 2.7m，层底标高 -34.8m；揭露中等风化层厚度 5.1m，岩芯呈短柱状，未揭穿。

砾岩(D_3^W)：棕红色夹灰绿色，岩质坚硬，砾石结构，块状构造，沉积物以圆砾、卵石为主，粒径为 5～40mm，最大可见 100mm，颗粒形状以棱角状为主，含量约 50%～60%，钙泥质胶结，胶结程度好，岩芯呈短柱状，锤击声脆。揭露强风化厚度为 3.9m，揭露中等风化厚度 7.65m，未揭穿。砾岩地质柱状图见图 2-14。

图 2-14　兰郑长长江穿越轴线砾岩层典型岩心照片

⑩层泥盆系上统五通组 D_3^W：泥盆系上统五通组 D_3^W 岩性主要为砂岩夹沙砾岩薄层，浅灰色，薄至中厚层状，岩层倾角 41°～50°，岩质坚硬；局部夹薄层粉砂岩、泥岩，棕红色，岩质较软。该地层属坚硬岩夹较软岩类。本组钻孔揭露主要为泥岩、砂岩、沙砾岩，分述如下：

泥岩(D_3^W)：棕褐色，泥质结构，层状构造，坚硬岩，沉积物以粉土为主，钙质胶结，胶结程度较好，锤击易沿裂隙断开，岩芯呈短柱状。场区内分布中等风化层，未见强风化层。

砂岩(D_3^W)：青灰色，砂质结构，块状构造，坚硬岩，岩层倾角 45°～60°，沉积物颗粒以粉细砂为主，钙质胶结，胶结程度较好，裂隙发育，锤击易沿裂隙断开，锤击声脆，岩芯呈短柱状。场区内强风化层揭露厚度 1.0～1.2m，层底标高 -29.3～-10.80m；中等风化层揭露厚度 2.10～9.30m。

沙砾岩（D_3^W）：棕褐杂灰白色，砂质结构，块状构造，岩层倾角40°~50°，坚硬岩，沉积物颗粒以砾砂为主，砾石颗粒粒径为5~40mm，最大可见60mm，亚圆形及次棱角状，含量约25%，钙质胶结，胶结程度较好，裂隙发育，岩芯呈碎块状，锤击声脆。场区内仅揭露中等风化层厚度5.10m，未揭穿。

炭质砂岩（D_3^W）：黑灰色，砂质结构，块状构造，较软岩，沉积物以粉砂为主，泥质交接，裂隙发育，岩芯呈碎块状，锤击声响，刀可削动。场区内揭露强风化层厚度0.6~9.9m，层底标高-4.4~-13.0m；中等风化层最大揭露厚度7.85m，未揭穿。

综上所述，穿越区基岩主要涉及东湖群（$K_2 - E$）^{dn} 与五通组 D_3^W 地层，岩石种类多，软硬程度差异大。

三、河势洪评结论

（1）通过对长江中游阳逻至泥矶河段，长度约30km的河段进行历史变迁、近期河床演变分析认为：拟建工程所在河段受两岸边界条件控制，河道外形上总体稳定；河段内冲淤交替变化较为明显，其中1959—1998年河段平均淤积1.4m，1998—2007年平均冲刷0.9m，冲淤变化较大的区域有-5~0m高程的岸坡坡脚和10~20m高程的坎边附近河床；沐鹅洲冲淤变化相对较大，近几年来，由于三峡工程蓄水导致下游河道水流含沙量减小，沐鹅洲洲缘冲刷较大。长江穿越河势见图2-15。

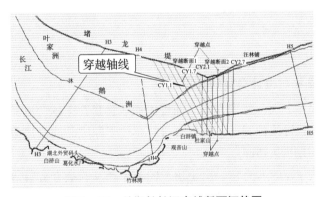

图2-15 兰郑长长江穿越断面河势图

（2）拟建工程位于观音山节点下游，且穿越断面两岸岸坡为二级阶地，抗冲能力相对较强。两岸岸线总体上变化较小，工程区域河势条件基本合适。

（3）断面左右岸滩地均比较发育，有进行定向钻穿越的场地条件；断面右岸上游约1.2km即为观音山节点，限制了穿越断面附近岸线的摆动；左岸为沐鹅洲洲尾区域，近几十年来，岸坡坎顶位置变化较小；穿越断面两岸滩地冲淤交替，一般情况下淤积抬升或者冲刷下切最大变幅在3m左右；本断面主河床冲刷下切与淤积抬高变化较大；最大变幅12m左右。

最高水位为1954年8月18日的27.745m（1985国家基准高程），江水深45m，最大流速3m/s，江底沙砾层一般厚25m。

工程河段河床冲刷深度的分析涉及两方面的内容：一是正常水沙条件下穿越断面河床

本身的正常冲淤变幅;二是未来三峡水库建成蓄水运用后,由于水库拦沙所引起的坝下游河床系统冲刷下切,穿越断面可能引起的冲刷下切深度。前者可通过河段河床演变分析确定(见河势分析内容),后者由于问题的复杂性,则需通过多种途径分析计算综合研究解决。

三峡水库蓄水运用后,在水库未淤积平衡前,由于水库拦沙,将改变下泄水流的含沙量及其含沙级配,从而引起坝下游河道长距离的系统冲刷下切,但冲刷下切不是无止境的,它将受到河道侵蚀控制基面和河床粗化保护层的限制。一般可根据河段河床质(非均匀沙)的级配,在河床中取单位柱体,由床面向下按最大粗化粒径的厚度,逐层向下冲刷计算,每冲刷一层,将留下一些级配曲线中冲不走的粗颗粒泥沙;当留下的粗颗粒泥沙在床面上形成一定厚度的粗化保护层时,河床便不再向下冲深,此时便可求出河床的可能最大冲深。

此处按三种不同公式计算长江100年一遇冲刷深度:

(1)按集中水流局部冲刷坑lacey公式计算,集中水流局部冲刷坑深度为5.9m;

(2)按谢鉴衡公式进行粗化计算,河床最大冲刷的幅度为7.9m;

(3)按《公路工程水文勘测设计规范》(JTG C30—2018)修正公式计算,河床冲刷厚度为11.8m。

基于保守的考虑,设计按《公路工程水文勘测设计规范》(JTG C30—2018)修正公式计算数据11.8m考虑。

四、设计方案

1. 穿越地层的选择与设计参数的确定

本工程第三穿共穿2次,分别为成品油管道和硅管套管穿越,成品油管道穿越位于原成品油管道第二次穿越轴线位置处,硅管套管穿越位于原成品油管道第一次穿越轴线位置处,2条管道穿越轴线相距15m。

综合考虑定向钻穿越的入土角、出土角、曲率半径及两端夯套管等因素,穿越管中心高程选在-50.41m,穿越主要在沙砾岩、砾岩中通过。

主钻机入土点选择在南岸(右岸),辅钻机入土点选择在北岸(左岸,回拖管道端)。穿越的入土角选择为16°,出土角为14°。

本穿越弹性敷设曲率半径为915m(1500D)。

总体布置图见图2-16。

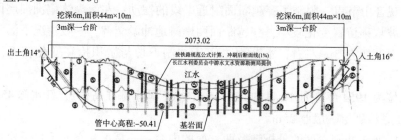

图2-16 兰郑长长江穿越方案图

2. 覆盖层的处理

两端覆盖层考虑夯隔离套管，北岸覆盖层厚度约为40m，南岸覆盖层厚度约为37m。隔离套管主要考虑：

（1）岩石扩孔时间长，细砂层容易塌孔；

（2）防止泥浆在覆盖层中流失；

（3）防止磨碎的颗粒堆积在覆盖层与基岩面交界处，造成扩孔与回拖时卡钻。

由于覆盖层较深，为了减小夯套管长度，拟采用表层开挖，下层夯套管方式。出土端开挖深度为8.4m，上开口面积为78m×20m，钢套管为$D1219×27.5$mm L415 螺旋缝埋弧焊钢管，夯进长度为157m，接长至原地面长度为34m。入土端开挖深度为6m，上开口面积为70m×20m，钢套管为$D1219×27.5$mm L415 螺旋缝埋弧焊钢管，夯进长度为118m，接长至原地面长度为21m。

夯套管施工时套管前端应采取措施，防止卷边现象的发生。如果套管夯进困难，还可以采用如下方法：

（1）采用套管壁注浆、涂工业蜡减阻；

（2）采用两台 TT600 夯管锤同时使用方法提高夯击力；

（3）采用大套管套小套管方案；

（4）采用钻机正扩方案。

五、现场事故情况及处理

1. 事故情况

长江定向钻穿越，一共穿了三次，前两次在覆盖层中穿越，施工顺利，最后一次在岩石层中穿越，出现的事故情况描述如下：

1）第一次定向钻穿越

第一次定向钻穿越时间表见表2-1。

表2-1　第一次穿越时间表

2008 年 5 月 23 日	完成长江主河道的管道焊接、试压、回拖，当时试压情况正常
2009 年 3 月底	连通两岸返平段
2009 年 4 月 3 日	时隔 11 个月后，注水试压过程中发现管道异常，存在泄漏

经采用水推球的方式，通过管容量推算出泄漏点位于距北岸（出土点）711m 处。

2）第二次定向钻穿越

第二次定向钻穿越时间表见表2-2。

表2-2　第二次穿越时间表

2009 年 6 月 4 日	完成主河道的焊接、试压、回拖，当时试压情况正常
2009 年 6 月 17 日	完成了回拖后包括返平段的焊接、清管、测径、整体严密性试验，试压情况正常
2010 年 1 月 16 日	时隔 7 个月后（整个汛期），投产前进行注水工作，发现管道异常，存在泄漏

2010年2月28日，采用水推球的方式，通过管容量推算出泄漏点位于距北岸（出土点）733.9m处。

2. 原因分析

经核查穿越长度、方案、位置符合地方堤防要求；穿越深度在冲刷线下6m以上，满足规范要求。穿越管材选用、壁厚计算、曲线设置、焊接检验均满足规范规定要求。

穿越曲线、施工场地满足规范和施工要求。

计算从管材壁厚、径向屈曲失稳分析、管线安装应力校核、管线运营应力校核、管线试压应力校核、钻杆扭矩校核均符合规范或规程要求。

通过原穿越断面河床多次测量结果对比可知，穿越处河床断面动态变化，且变化幅度较大，无变化趋势和规律可循。

通过勘察验证结果可知，标贯击数升降有变化，但是也没有规律。

通过现场调研得知，穿越处存在不规则非法采砂作业现象，而且在三峡蓄水后存在定期和不定期放水现象，导致江底变化和江水流速不确定。

由于两次管道泄露位置基本一致，且两次管道施工完成时是完好的，经过一次汛期后，管道泄露，初步判断长江管道泄露与汛期洪水的非正常冲刷有直接关系。

3. 解决方案

由于穿越处水文条件复杂，管道在覆盖层穿越存在风险，第三次穿越，穿越管道将埋设在岩石中，管中心标高选在 −50.41m，穿越大部分在沙砾岩、砾岩中通过。

穿越长度2070m，出、入土端砾石层采用套管隔离措施，保证管道回拖顺利。

综合考虑定向钻穿越的入土角、出土角、曲率半径及两端夯套管等因素，穿越管中心标高选在 −50.41m，穿越部分在沙砾岩、砾岩中通过。

入土点选择在南岸（右岸），出土点选择在北岸（左岸，回拖管道端）。穿越的入土角选择为16°，出土角为14°。

本穿越弹性敷设曲率半径为915m（1500D）。

4. 实施方案

长江穿越工程穿越距离长、地质复杂、施工风险大。为了减小施工风险，先进行光缆套管穿越，积累砾岩穿越经验，进一步了解穿越地质。认真总结分析光缆套管经验后进行主管穿越作业。

1）光缆套管穿越

光缆套管穿越，导向孔采用P2控向系统，在穿越两岸铺设交流磁场，提高导向孔精度。采用10½″钻头，钻进至岩石地层，然后安装 D323.9 × 12mm 套管至岩石层，冲洗套管内岩屑后，采用泥浆马达工艺继续钻进导向孔直至出土。然后回拖光缆套管，光缆套管内预留一根电缆线。

2）主管穿越

穿越两端安装 D1219 × 27.5mm 套管至岩石层，采用夯管工艺安装。入土角16°，地表开挖5m后，夯套管116m。出土角14°，地表开挖5m后，夯套管131m。

导向孔：采用对穿作业。主管导向孔穿越时，利用光缆套管内预留的一根电缆线提供交流人工磁场，供对接穿越用。

扩孔：采用20″、30″、38″三级扩孔，扩孔器采用美国 INROCK 公司扩孔器。根据扩孔情况，及时进行清孔作业。

回拖：采用桶式扩孔器进行回拖作业。回拖过程中，在泥浆中添加润滑剂，较小回拖阻力，有效保护防腐层。由于出土角大，为了调整管线入洞角度，采用4台吊车吊篮为主、入洞端开挖为辅调整管线入洞角度。

第一级扩孔：20″岩石扩孔器；

第二级扩孔：30″岩石扩孔器 +18″中心定位器；

第三级扩孔：38″岩石扩孔器 +28″中心定位器；

岩石扩孔器见图2-17。

图2-17　兰郑长长江穿越岩石扩孔器

3）砾岩地质穿越风险及措施

砾岩，岩质坚硬，砾石结构，块状构造，沉积物以圆砾、卵石为主，粒径5～40mm，最大可见100mm，颗粒形状以棱角状为主，含量约50%～60%，钙泥质胶结，胶结程度好，岩芯呈短柱状，锤击声脆。天然抗压强度最大值37.2MPa，平均29.6MPa。

截至此项目，长输管道定向钻还没有穿越过800m长砾岩，没有这方面经验。从砾岩的结构来看，岩石的完整性较好，不会塌孔，但卵砾石含量大，卵砾石强度远大于胶结物强度，在钻进及扩孔过程中，卵砾石不易研磨碎，钻屑粒径大，泥浆携带困难，对钻具磨损严重。

措施1：采用正电胶泥浆体系；

措施2：采用大排量、高黏度、高压力泥浆；

措施3：两端夯套管；

措施4：出土端钻机配合施工；

措施5：泥浆回收利用；

措施6：泥浆对注。

4）地质断裂带风险及措施

穿越断面共有12个地质断裂带，其中水下7个、陆地5个。断裂带处，岩石破碎，不易成孔，有泥浆漏失风险。

措施1：进一步了解地质钻探时泥浆漏失情况；

措施2：进一步调研穿越轴线地质断裂带的构造；

措施3：采用泥浆堵漏剂。

5）套管安装风险及措施：

设计安装 $D1219 \times 27.5mm$ 套管长度157m，从目前的夯管设备、施工能力来看，$D1016mm$ 套管安装长度约140m。

措施1：采用套管壁注浆、涂工业蜡减阻；

措施2：采用高材质、大壁厚、长套管；

措施3：两台TT600夯管锤同时使用提高夯击力。

六、小结

兰郑长长江穿越，从2008年开始第一次穿越完成后，经历过一个汛期，2009年初，投产前发现管道泄漏。经过符合性分析和排查，第一次穿越泄漏，认定为第三方事故。2009年上半年，第二次穿越实施，第二次穿越与第一次穿越轴线、深度一致，2010年初，投产前，再次发现管道泄漏，且泄漏位置基本一致。再一次经过多次测量、勘察和专家认证，认定穿越管道是受到非正常洪水冲刷后，受损。第三次穿越加深了穿越深度，埋设在岩石中。兰郑长长江穿越是长输管道第一条长距离岩石定向钻穿越，为岩石定向钻穿越积累了宝贵经验。

这次事故后，对于大型定向钻穿越得出了如下经验教训：

（1）对于复杂水文处穿越，目前水文分析技术对于洪水的规律还不能完全掌握，需要考虑多方面的因素，并适当留有余量；

（2）大型穿越管道在穿越完成后、投产前，还需要进行一次严密性试验，确保安全；

（3）定向钻穿越管段属于不可维修区段，其设计本质安全要保证，应采取可靠的方案和措施；

（4）岩石定向钻长距离穿越，设备配置、钻具组合、泥浆系统很关键，此穿越的成功，开创了长距离岩石定向钻的先河，为后续类似工程建设积累了宝贵经验，长江穿越完成后，长距离岩石定向钻穿越项目不再是定向钻穿越的禁区。

第三节　兰成原油管道安昌河穿越隐患治理

一、工程概况

兰成原油管道工程安昌河穿越位于四川绵阳市安州区黄土镇平桥村和柴育村，因河流冲刷，造成穿越管线管顶埋深不足2.5m，不能满足规范要求，存在安全隐患，一旦管道冲毁，油品将排入安昌河，造成严重的环境污染事故，其后果是不可接受的，同时管道经过居民区，若管道发生事故，将对附近居民的生命和财产安全造成威胁。鉴于兰成管道的重要性以及发生事故后对环境和安全的影响，采用定向钻穿越方式进行隐患整治。

原穿越处兰成原油管道设计压力为 8MPa，穿越段钢管为 $D610 \times 9.5mm$ X65 螺旋缝埋弧焊钢管，防腐采用三层结构聚乙烯加强级外防腐层。

安昌河穿越改造管线穿越轴线与原管道交叉。改造段穿越管线钢管选用 $D610 \times 12.7mm$ X65M 直缝埋弧焊钢管，防腐层采用三层结构聚乙烯加强级外防腐层 + 光固化型玻璃钢外防护层。穿越水平长度为 823m，定向钻穿越完成后，需将安昌河定向钻穿越段连接至原运营管线，连接段水平长度为 531m。

二、地质条件

依据钻探揭露和地质测绘，场地区地层主要为第四系全新统人工填土层（Q_4^{ml}）、第四系全新统冲洪积层（Q_4^{al+pl}）、第四系上更新统冲洪积层（Q_3^{al+pl}），以及下伏的白垩系下统剑门关组（K_1^j）的砂泥岩和砾岩。主要揭露地层如下：

（1）全新统人工填土层（Q_4^{ml}）

①层杂填土：褐黄色、灰色、杂色等，稍湿，稍密~中密，主要为修建河堤、房屋等填筑，成分多为卵砾石土、混凝土等。该层主要位于房屋建设处和两岸河堤处，在 ZZK10 中揭露，揭露厚度 0.8m。

（2）第四系全新统冲洪积层（Q_4^{al+pl}）

②层粉质黏土：褐黄色，可塑，干强度中等、韧性中等，稍有光泽，摇振反应，主要由粉黏粒和砾石、卵石组成，砾石含量 5%~35%，粒径在 5~20mm 之间，分布不均匀、无局部层段砾石、砂粒等粗颗粒含量较高，黏粒含量较少，呈粉土状。该层主要分布于一级阶地表层，揭露厚度为 1.0~2.9m。

③层中砂：褐黄色，饱和状，稍密~中密状，矿物成分以石英、云母、长石、岩屑为主，颗粒均匀，分选好，土质纯，顶部与卵石层接触带见少量卵、砾石，该层仅在 ZZK1 中有揭露，分布于 16.1~17.2m 孔段，层厚 1.1m，局部富集，呈透镜状产出。

④层卵石土（Q_4^{al+pl}）：灰、褐色，稍湿，稍密~中密状。漂、卵、砾石等粗颗粒含量约占 60%~75%：其中漂石约占 5%~15%，粒径一般在 200~350mm，大者可达 400mm 以上；卵石约占 50%~60%，粒径一般为 20~180mm；砾石约占 10%~15%，粒径 5~20mm 的。其余为中~粉砂充填。卵石土组成颗粒分选差，多呈亚圆及浑圆状，母岩成分多为灰岩、石英岩、石英砂岩、岩浆岩等硬质岩类，较为坚硬，中等风化为主。该层大面积下伏于粉质黏土层，钻探揭露层厚 8.5~20.2m。

⑤层卵石土（Q_3^{al+pl}）：灰、褐灰、褐黄色，主要由漂石、卵石、砾石和细~粉砂及少量黏粒组成，卵石组成粒径一般较小，其中长石石英砂岩、粉砂岩质粗颗粒为全~强风化状，根据其是否含钙质弱胶结层进一步分 2 个亚层；

⑤-1 层卵石土：不含钙质胶结卵石土，呈灰、褐黄等杂色，饱和，中密~密实状，漂、卵、砾石含量约占 70%~80%，漂石约占 5%~20%，粒径一般在 200~300mm，大者可达 500mm；卵石约占 50%~60%，粒径一般 20~110mm；砾石约占 10%~15%，粒径一般在 5~20mm。其余为粗~粉砂级少量黏土充填。卵石土颗粒分选性差，多呈亚圆及

浑圆状,其母岩成分以灰岩、石英岩、石英砂岩等硬质岩类为主,多为微~中等风化状,其中部分长石石英砂岩呈强风化,轻击易碎。漂、卵、砾砂分布(充填)不均匀,局部砾砂层,层厚0.2~0.4m。根据钻探揭露,该层下伏于第四系冲洪积卵石土层(Q_4^{al+pl}),钻探揭露厚度1.8~20.3m。

⑤-2层卵石土:黄、灰等杂色,饱和,密实,含弱钙质胶结层,胶结程度不均匀,单层胶结厚度一般在0.2~1.3m,分布不连续,呈透镜状、团块状、带状、不规则状分布。漂、卵、砾石含量约占75%~80%:其中漂石约5%~15%,粒径200~320mm,大者大于500mm;卵石约占50%~60%,粒径一般在20~120mm;砾石约占15%~25%,粒径5~20mm。其余为粗~粉砂和少量的黏粒充填,黏粒呈侵染状分布,厚度小于15mm。卵石土颗粒分选性差,多呈亚圆状,母岩成分以灰岩、石英岩、石英砂岩等岩类为主,灰岩、石英岩、脉石英等坚硬岩类多呈微~中等风化;长石石英砂岩、粉砂岩呈全~强风化状,手可掰断,少量呈砂土状。含胶结层孔段岩芯多呈短柱、长柱状,节长一般0.10~1.2m不等,轻敲易断,断口处多见粉黏粒相对集中分布。层中含溶蚀孔洞,孔径一般在5~30mm,骨架颗粒亦有溶蚀。未胶结层段填充物以灰绿、浅黄色粉粒充填,岩芯呈碎散块状,层中局部夹砾砂层(透镜体),厚度0.05~0.8m不等。该层多下伏于④-1层卵石土,钻探揭露厚度2.7~30.3m。

地层典型柱状图见图2-18~图2-20。

图2-18　⑤-1层卵石土(Q_3^{al+pl})

图2-19　钙质弱胶结卵石土(Q_3^{al+pl})

图2-20　钙质胶结卵石土层中溶蚀孔洞(Q_3^{al+pl})

（3）白垩系下统剑门关组（K_1^j）

在场地河流西岸（右岸）以及河床钻孔中均有揭露，揭露深度内主要由粉砂质泥岩和泥质粉砂岩组成，局部含透镜状粉砂岩、砾岩，其中泥质粉砂岩比例较大。上述地层在本次所有钻孔中均有揭露。

⑥层泥质粉砂岩：砖红色，主要由长石、石英和少量的黏土矿物组成，粉粒结构，泥钙质胶结，中厚～厚层状构造，局部泥质含量相对较重，失水开裂。揭露深度内根据风化程度差异划分为强风化层和中等风化层。

⑥-1层强风化泥质粉砂岩：夹薄层状砂岩，岩体风化裂隙、构造裂隙，其中构造裂隙呈垂直状，裂隙面不光滑，有泥膜附着，岩芯破碎，岩芯多呈短柱、碎块状，$RQD=0$；岩石颜色不新鲜，岩质极软，锤击易碎。

⑥-2层中风化层泥质粉砂岩：岩体裂隙较不发育，岩芯较完整，岩芯多呈柱状、长柱状，少量短柱状，$RQD=75\sim90$；岩石颜色新鲜，岩质软，岩石质量等级为较好～好的。

⑦层砂岩：浅灰、紫灰色，主要由长石、石英、岩屑等组成，细粒结构，钙质胶结，中厚层状，层中夹泥质粉砂岩，分布不均匀，厚度不均匀，局部富集；岩体裂隙不发育，岩芯整体较完整，岩芯呈柱状、长柱状，$RQD=85\sim93$；岩石颜色新鲜，岩质较硬，锤击声较脆，为中等风化状。钻探揭露层厚3.5m。

⑧层砾岩：浅灰色，主要由砾石、粗细砂等组成，颗粒母岩成分为石灰岩、石英岩、岩浆岩等，砾状结构，钙质胶结，中厚～厚层状构造。岩体构造裂隙弱发育，共两组：一组为沿层面分布，近水平状；另一组近垂直状，裂隙面多有溶蚀孔洞，不平整。岩芯整体较完整，岩芯呈柱状、长柱状，近裂隙面处为碎块状，$RQD=83\sim90$；岩石颜色新鲜，岩质硬，锤击声脆，为中等风状。钻探揭露层厚1.2～4.4m。砾岩分布不统一，厚度不均匀，多成透镜状。仅在ZZK4、ZZK5、ZZK11、ZZK12钻孔中出露。

⑨层粉砂质泥岩：紫红、棕红色，主要由黏土矿物和少量的长石、石英组成，泥质结构，泥钙质胶结，厚层状构造；岩体裂隙较不发育，岩芯较完整，岩芯呈柱状、长柱状，$RQD=80\sim95$；岩石颜色新鲜，岩质软，失水开裂，遇水易软化，为中等风化状，局部砂质含量中，该层未揭穿。

穿越地层剖面见图2-21。

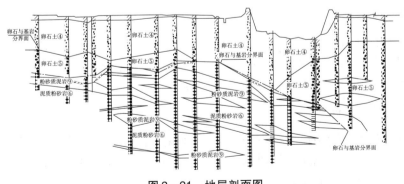

图2-21　地层剖面图

三、河势洪评结论

天然情况下，工程河段河床及河岸边界约束较强，河床冲淤变化不明显，滩槽稳定。本穿越工程管道采用定向钻穿越安昌河，将管道置于河床冲淤变化层以下一定深度，管道施工不会破坏河道及两岸堤防，不会对河势稳定产生影响。

依据防洪评价报告，最大洪水冲刷后河槽最大水深为15.95m，冲刷深度为3.79m，最低冲止高程为513.05m，揭示河床上覆卵石土遭受冲蚀下切。

四、设计方案

1. 出、入土点选择

穿越右岸为定向钻穿越入土点（主钻机端），左岸为定向钻穿越出土点（辅助钻机端）。

2. 穿越地层选择

穿越地层主要选择在泥质粉砂岩和粉砂质泥岩中穿越，管中心高程为465.0m。

3. 穿越曲线设计

本工程左、右两岸定向钻出、入土角均取14°（对穿）。穿越曲线水平长度为823m，穿越曲线水平段长度134m，穿越管道实长836.8m。穿越管段的曲率半径取$1200D$（D为穿越管段外径：610mm）。

4. 卵砾石处理

在主、辅助端采用开挖加夯钢套管处理卵石层，基坑开挖下开口尺寸均为4m×6m。主钻机端上开口尺寸均为30m×43m，基坑开挖深度为7.4m，夯套管长度101m，角度14°；辅助钻机端上开口尺寸86m×59.5m，基坑开挖深度为14.5m，夯套管长度125m，角度14°。基坑分台阶开挖，台阶宽度2～4m，主、辅助钻机分别靠近坟、堤坝一侧局部坡度适当调整，并采用喷射混凝土及挂钢筋网坡面保护措施，确保主钻机端基坑开挖不占用坟地，辅助钻机端基坑开挖距堤坝坡脚20m以上，基坑南侧设置吊管平台。

5. 硅管套管穿越

考虑到穿越风险较大及场地限制，本项目光缆穿越不再单独穿越，采用硅芯管（光缆）与主管道一同回拖。硅管套管采用$D114×6.0$mm 20#无缝钢管同孔穿越，硅管套管内预穿6X7-8-1570-FC钢丝绳便于硅芯管的后期穿放。

6. 线路连接段设计

线路连接段管线长531m，管道应适当增大埋深，管顶覆土厚度不小于1.5m。管顶上方设置警示带。因管材用量小，线路段采用的管道壁厚与穿越段相同，为$D610×12.7$mm X65M直缝埋弧焊钢管，总体布置图见图2-22。

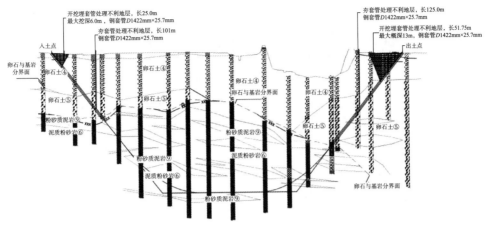

图2-22 安昌河穿越纵断面图

五、现场事故情况及处理(一)

1. 事故情况

入土侧夯套管施工完之后，进行了导向孔钻进施工，此时出土侧夯套管因地层差异需加大夯进深度，施工中通过出土侧夯管情况预判加大入土侧钻进深度，两侧导向孔对接时发生偏差，存在一定角度无法顺利对接。

2. 原因分析

经施工方全面复核现场数据，并提供实际穿越平面图及剖面图，与原设计存在如表2-3所示的主要差异，设计曲线与实际曲线对比见图2-23~图2-25。

表2-3 施工与设计参数差异统计表

序号	项目	实际穿越参数	原设计穿越参数
1	套管倾角	入土侧14.6°、出土侧12.6°	均为14°
2	套管总长度	入土侧113.9m、出土侧190.1m	入土侧126m、出土侧178m
3	曲线曲率	入土侧小于1200D，出土侧1200D	1200D(D为724mm)
4	曲线水平段长度及标高	约50m，管中心高程460.6~461.2m	135m；管中心高程465m
5	穿越水平长度	814.7m	823m

图2-23 实际曲线与原设计曲线纵断面曲线
位置关系图(中间下方为实际曲线)

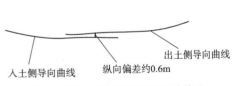

图2-24 导向曲线纵向位置关系

图 2-25　导向曲线平向位置关系

夯管位置、角度未能严格按照设计文件提供的参数确定。此外，施工方根据出土侧套管出渣情况判断，需加大夯管长度，故加大了入土侧直线段钻进进尺与其相匹配。以上因素导致定向钻曲线水平段长度由原来的 134m 缩短至 50m 左右，对接区空间受限。当对接时，对于单根钻杆转角要求非常高，如果调整角度未能达到预设角度，则对接时两侧钻铤将存在夹角。由于姿态不正且两侧钻孔存在 0.6m 左右的高差，导致钻头交错而出，无法顺利对接。

3. 解决方案

考虑到当前穿越曲线预留的对接区空间过小，故解决措施主要从抬高水平段位置，增加对接区长度方面考虑。两侧夯套管施工已经完毕，尽量利用，导向孔曲线由于偏差和曲率半径不能满足规范要求，需对导向孔进行注浆处理，重新钻进。具体穿越方案如下：

（1）两岸出、入土点布置不变，钻机位置保持不动，穿越右岸为定向钻穿越入土点（主钻机端），左岸为定向钻穿越出土点（辅助钻机端）；

（2）按照已完成的套管位置和倾角布置穿越曲线，穿越曲线水平长度为 814.7m，穿越曲线水平段长度 129m，保证对接区长度在 100m 以上。穿越管道实长 818.5m。穿越管段的曲率半径取 $1200D$（D 为穿越管段外径：610mm）；

（3）抬高水平段位置，尽量加大曲线水平段长度，标高设置为 468m。

方案调整见图 2-26。

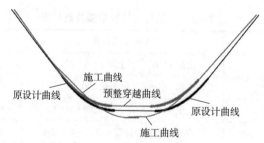

图 2-26　方案调整示意图

4. 实施方案

（1）将原推进的钻杆抽回地面，拆卸泥浆马达、钻铤等导向系统。

（2）将钻杆推至注浆改孔点即夯管套管与岩石接缝处。

（3）泵车注浆管与钻杆连通。

（4）采用 C35 商品水泥沙浆为封堵材料。

（5）泵车注浆达到一定压力（推荐压力不少于 10MPa），停止注浆，抽回钻杆，并及时冲洗钻杆。

（6）两侧注浆量约 32m³，根据导向孔计算：$(0.28 \div 2)^2 \times 3.14 \times 520 \approx 32m^3$（导向孔直

径为 0.28m)。

(7)预计混凝土凝固时间不低于 24h。

(8)注浆完成孔洞视为原始地层,重新按照更改后设计曲线施工。具体措施如下:

①重新钻进导向孔,曲线段采用 22 根钻杆进行调整完成,根据地层软硬度不同,每根钻杆调整角度不同,每根钻杆角度控制在 0.6°~0.7°;

②钻进曲线按照设计曲线进行调整,根据现场条件用 GPS 采集数据并布置长方形的人工磁场(宽 75m×长 85m×4 个),用电瓶及导向系统进行采集电流,导向仪感应人工磁场并输入电流数据进行计算,多次测量进行计算并多次分析数据,满足设计曲线要求;

③采用导向系统及对穿旋转磁铁精度数据达到厘米级。

六、现场事故情况及处理(二)

1. 事故情况

2020 年 7 月 20 日至 8 月 1 日由入土端至出土端完成一级扩孔(13.5″);

2020 年 8 月 2 日至 8 月 7 日由出土端至入土端完成二级扩孔(26″);

2020 年 8 月 8 日出土端至入土端进行三级扩孔(32″),当三级扩孔离出土端约 240m 时,扩孔器上的两个牙轮脱落至孔内。

2. 原因分析

钻井过程中设备老化,检修不及时。

3. 解决方案

采用桶式打捞器进行牙轮打捞。

4. 实施方案过程分析

(1)完成 32″扩孔

为便于下放打捞器打捞牙轮,首先实施完成穿越段剩余部分三级扩孔(32″)。

(2)打捞筒制作

打捞桶的主体采用一根长 2.5m,直径为 711 的管材,连接一根长 9.5m 钻杆,在管材周围开直径为 27cm 的圆洞,共 20 个,在尾段焊接 4 个加强版,在 4 个加强板上分别开一个直径为 15cm 的圆洞。

打捞筒见图 2-27。

(3)打捞实施第一阶段:将打捞桶安装在入土端定向钻机上,从入土端植入打捞器并开始打捞,打捞器行进至里程约 615m(出土侧套管端部附近)附近卡死后,回退打捞桶至入土端。分析如下:

图 2-27 打捞筒照片

经清洗打捞器观察发现打捞器内侧一块筋板发生扭曲并根部撕裂,筋板上留有大量弹坑式印记，表明是受筋板受重物撞击或挤压所致，由此推测牙轮已进入打捞器，由于筋板两高两低，牙轮在两块高筋板之间随打捞器旋转，在重力作用下不断撞击其中一侧筋板（图2-28），至其发生扭曲，并在一侧筋板面上留下击痕，而另一侧不受撞击而没有明显痕迹。

图2-28　打捞器被牙轮撞击照片

由于前期导向孔需注浆重新钻进对接导向曲线，推测注浆量过多，部分浆液进入 $\Phi1219mm$ 钢套管，并在扩孔施工中在套管端部形成台阶。钻进及打捞过程见图2-29。导向孔[图2-29(a)]→填充混凝土[图2-29(b)]→第一级扩孔[图2-29(c)]→第二级扩孔[图2-29(d)]→第三级扩孔[图2-29(e)]→打捞筒拖卡环形混凝土[图2-29(f)]。

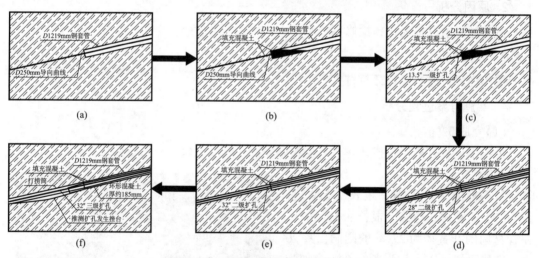

图2-29　钻进及打捞过程分析流程图

（4）打捞实施第二阶段：在出土点用谷登280钻机推进外径550mm洗孔器，推送至距离套管端部约9m处卡死，推测与套管内混凝土发生刮卡，无法前进后退出洗孔器，利用出土点钻机拖拉直径710mm扶正器由入土点进洞，扶正器由出土点出洞，并携带大块混凝土至地面，由于三级扩孔尺寸为32″（约813mm），与710mm扶正器环形空间相差103mm，空间相对较小，故推测扶正器携带牙轮进 $D1219mm$ 钢套管后由于环形空间加大脱落至套管内。

洗孔器、扶正器见图2-30。

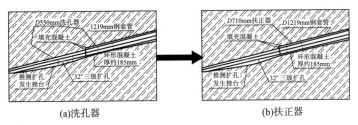

|(a)洗孔器|(b)扶正器|

图2-30　洗孔器及扶正器施工示意图

（5）打捞实施第三阶段：施作四级扩孔，扩孔尺寸为38″，扩孔器由出土点携带一个牙轮至地面，后采用刮板式打捞器(图2-31)将第二个牙轮由出土点携带出洞。

图2-31　刮板式打捞器牙轮打捞出洞照片

七、小结

（1）此穿越是西南地区改造的一处穿越，对于西南地区，由于水文参数的复杂性和不确定性，设计方案在前期需要充分考虑其方案风险，优先考虑非开挖方案，确保管道运营安全。

（2）此穿越地质复杂，对于需要对穿的定向钻方案，要考虑对接的方便性和可靠性，尽量将留出一段较长的水平段，笔者建议不少于50m，用于对接。

（3）对于地质条件复杂的穿越，建议钻杆钻具、设备均留出一定的余量，采用可靠的设备。同时，要做好应急预案，要充分准备施工过程中出现事故后需要的应急设备。

第四节　西气东输二线彭家湾水闸定向钻穿越

一、工程概况

西气东输二线干线在江西省九江市柴桑区港口镇彭湾村穿越彭家湾水域。采用定向钻穿越方案，穿越工程等级为中型。穿越处设计压力为10MPa，地区等级为二级，穿越段钢

管采用 $D1219 \times 22$mm X80 直缝埋弧焊钢管，采用普通固化型三层 PE 加强级防腐层。

彭家湾定向钻穿越水平长为 1347.60m，实际穿越长度为 1351.2m。硅管套管采用定向钻单独穿越，位于输气管道上游 15m。

二、地质条件

在钻探揭露深度内，场地范围地层岩性主要有人工填土（Q_4^{ml}）①层素填土、全新统冲湖积相（Q_4^{al}）②层粉质黏土、全新统冲积相（Q_4^{al}）③层粉质黏土、④层中砂、⑤层圆砾及中更新统冲积相（Q_2^{al}）⑥层粉质黏土。现分述如下：

①层素填土：灰~褐黄色，松散~稍密，稍湿。组分以黏性土为主，混少量砂、砾石，局部少许砖瓦碎片。该层仅 ZK5、ZK8、ZK9、ZK11、ZK15 及 ZK17 孔见及，层厚 2.30~4.90m。

②层粉质黏土：青灰~灰绿色，软~流塑状，组分以黏粒、粉粒为主，局部粉粒含量偏高，含少量腐殖质及贝类残壳。切面较光滑、韧性低、中等干强度、摇振反应中等，局部夹 0.5~2cm 粉砂薄层。该层全场地分布，顶板埋深 0.0~4.90m、顶板标高 10.11~15.00m、厚度 10.90~25.10m。标贯锤击数（实测，以下同）2~5 击，渗透系数水平（3.48~5.37）$\times 10^{-5}$cm/s、垂直（1.25~2.34）$\times 10^{-5}$cm/s。

③层粉质黏土：褐黄~黄绿色，可塑状（局部含水量偏高呈软塑状）。组分以黏粒、粉粒为主，局部具透镜状粉砂薄层或含砾，底部砂感渐强。切面较光滑，中等韧性，中等干强度，无摇振反应。该层仅 ZK9、ZK17、ZK18 孔缺失，顶板埋深 12.20~19.50m、顶板标高 -6.44~2.20m、厚度 2.95~9.50m。标贯击数 5~6 击，渗透系数水平（4.28~8.68）$\times 10^{-5}$cm/s、垂直（3.15~7.45）$\times 10^{-5}$cm/s。

④层中砂：浅黄~灰黄色，饱和，稍密。粒径 0.5~2mm 约占 17%~21%，粒径 0.25~0.5mm 约占 32%~39%，余者为细粉粒及黏粒，上段黏粒含量稍高。该层仅 ZK8、ZK9、ZK17 及 ZK18 孔见及，顶板埋深 15.30~25.10m、顶板标高 -11.68~0.02m、厚度 3.50~5.80m。标贯击数 15~16 击，渗透系数 2.40$\times 10^{-2}$cm/s。

⑤层圆砾：浅黄~褐黄色，饱和，稍密~中密。粒径 10~20mm 的占 5.5%~9.9%、5~10mm 约占 10.6%~11.2%、粒径 2~5mm 约占 40.5%~48.5%、粒径 0.5~2mm 约占 14.2%~21.4%、粒径 0.25~0.5mm 约占 8.7%~9.9%，余者为细粒，局部砾石含量偏少为砾砂层，砾石成分以石英、长石、砂岩为主，呈次圆状。该层仅 ZK9、ZK17 及 ZK18 孔缺失，顶板埋深 19.30~24.80m、顶板标高 -9.76~-5.00m、厚度 5.30~13.10m。重Ⅱ锤击数（经杆长修正）7.2~10.3 击，平均 8.6 击，渗透系数 5.10cm/s。

⑥层粉质黏土：褐黄~棕黄色，硬塑状（上段局部呈可塑状），组分以黏粒、粉粒为主，手捻砂感较强（局部石英砾石含量较高），韧性中等，干强度中等，无摇振反应。该层分布全场，顶板埋深 21.10~33.60m、顶板标高 -21.00~-5.78m、最大揭露厚度 14.40m。标贯击数 13~20 击，渗透系数水平（5.11~8.68）$\times 10^{-5}$cm/s、垂直（3.15~6.95）$\times 10^{-5}$cm/s。

三、设计方案

本工程采用定向钻穿越彭家湾水闸及附近的水塘，其中定向钻穿越水平长度为1347.60m，实际穿越长度为1351.2m。经计算不注水降浮时回拖力计算值为2656kN，推荐选取回拖力大于5311kN的钻机即可进行本次穿越。

综合考虑穿越处的地质条件，定向钻穿越的入土角、出土角、曲率半径等因素，穿越水平段管底标高选在 −4.5m，主要在②层粉质黏土和③粉质黏土中通过，可以满足定向钻穿越的深度要求，且穿越水闸过水道大提下埋深满足水务管理部门的要求。

定向钻穿越轴线基本垂直穿越彭家湾水闸渠道，穿越位置位于彭家湾水闸下游295m左右处。入土点位于水闸渠道南侧390m处的田地中，出土点位于水闸北侧938m处的田地中，穿越的入土角为7°，出土角为5°。本穿越曲线段曲率半径为1828.5m(1500D)。

彭家湾水域定向钻穿越总体布置见图2−32。

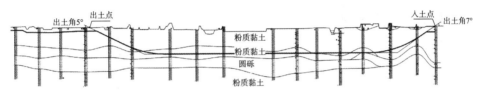

图2−32 西气东输二线彭家湾水域穿越方案图

四、工程实施方案

1. 钻导向孔

本次穿越工程，选用9⅝″牙轮钻头+7″无磁钻铤+6⅝″S−135钻杆的钻具组合，控向采用目前国际最先进的P2控向软件和地面信标系统进行精准控向。当地面信标系统使用的电缆接通交流电后产生交变磁场，P2软件即通过四次采集交流线圈收集并分析这些频率，对导向探头和线圈之间进行矢量计算，筛选和取平均值后，最后得出导向探头精确位置。同时，在施工中严格按照施工规范，确保每根钻杆的操作符合设计所规定的曲率半径范围。

2. 扩孔

主管穿越当钻头沿着出土点准确出土后，卸下控向用钻具，连接扩孔器，喷射泥浆检查合格后，同时入土端安装中心限位装置后开始扩孔作业。

本次穿越采用4级扩孔+多级洗孔，选用高强度6⅝″S−135钻杆。

扩孔、洗孔级别如下：

第一级：采用30″飞旋式扩孔器于2010年11月22日至11月24日进行扩孔，最大扭矩2000psi。

第二级：采用42″浮桶式扩孔器于2010年11月24日至11月26日进行扩孔，最大扭矩2500psi。

采用42″浮桶式扩孔器于2010年11月27日至11月30日进行洗孔，最大扭矩 2500psi。

第三级：采用 52″浮桶式扩孔器于 2010 年 11 月 30 日至 12 月 1 日进行扩孔，最大扭矩 210psi。

第四级：采用 60″浮桶式扩孔器于 2010 年 12 月 2 日至 12 月 3 日进行扩孔，最大扭矩 2500psi。

采用 56″桶式扩孔器于 2010 年 12 月 4 日至 12 月 5 日进行洗孔，最大扭矩为 2500psi。

采用 60″桶式扩孔器于 2010 年 12 月 5 日至 12 月 7 日进行洗孔，最大扭矩为 2200psi。

泥浆排量为 1.5m³/min 左右，添加剂为纯碱、烧碱、CMC、水基润滑剂。在每次扩孔至 200m 左右时，扩孔速度缓慢，扭矩明显增大，主要采用泥浆添加剂的加入比例作微调并加大润滑剂的加入量，泥浆排量增大等措施进行扩孔。

回拖：采用 56″桶式扩孔器于 2010 年 12 月 7 日至 12 月 8 日进行，最大扭矩为 2000psi，回拖速度正常，扭矩等各种情况在设计之内，回拖顺利。

五、现场情况及处理

1. 两穿变一穿

原初步设计方案为定向两次穿越方案，东段定向钻穿越水平长度为 868m（出、入土点之间的距离），西段定向钻穿越水平长度为 558m。后由于两穿的连头点处出现大量积水，给工程现场施工造成较大的困难，根据现场会议要求，取消了两次定向钻穿越的连头点，将彭家湾水域定向钻两次穿越改为一穿方案，以原东岸出土点作为入土点，原西岸出土点附近作为出土点，变为一穿之后的穿越水平长度为 1347.6m。

2. 扩孔施工情况

1）发现问题

司钻在操作回扩时发现，当扩孔至 200m 左右时，回扩速度出现明显下降，每回扩 1 根钻杆需要 1h 左右，是正常情况回扩用时的好几倍，扭矩也比正常扩孔时明显增大，通过之后则扩孔情况明显好转。

2）原因分析

经过与图纸对比，扩孔困难点位于穿越曲线返平位置点附近，该处穿越的主要是粉质黏土层，轴线下方为中砂和圆砾层。该处距离地层分界面约 5m，且地层分布较为均匀，故认为出现地层突变的可能性较低。而导向孔阶段在 200m 处并未出现钻进缓慢现象，且该处位于水平段与曲线段的交接点附近，故初步分析认为泥浆返浆时，钻屑在钻孔起弯点附近出现了堆积。

3）解决措施

根据上文中对出现的问题进行分析，采取了以下应对措施：

(1)提高泥浆黏度，加大泥浆配比中的中黏 CMC 添加量；

(2)加大泥浆中润滑剂的添加量；

(3)加大泥浆排量，增至 1.5m³/min；

(4)为了防止扩孔器出现不均匀切削造成孔洞的不规整，采用了浮筒式扩孔器

（图 2 - 33）；

(5)对回拖管道采用了注水降浮措施。

图 2 - 33　浮筒式扩孔器

采取上述措施以后，扩孔速度和扭矩都出现了明显的下降，改进效果明显，大大降低了扩孔的风险。2010 年 12 月 7 日至 12 月 8 日，彭家湾水域穿越顺利完成回拖，最大扭矩为 2000psi，回拖速度正常，扭矩等各种情况在设计之内。

六、小结

彭家湾水域穿越长度 1351m，采用了回拖力为 600t 的美国 DD1330 奥格定向钻机进行穿越施工。由于穿越地层较好，加之当时西气东输二线已有多处定向钻穿越开工或完工，对于大口径管道回拖降浮积累了一定的经验，故彭家湾水域穿越仅仅用时 40d，就顺利完成了主管道和光缆套管的定向钻穿越的施工，创造了当时 $D1219mm$ 管道定向钻穿越距离的新纪录。

彭家湾水闸水平定向钻工程为粉质黏土穿越，施工难度大，技术风险高，在施工过程中，结合实际情况，在扩孔时使用浮桶式扩孔器，洗孔用桶式扩孔器，改进了施工工艺和施工器具，降低了施工的风险系数。浮桶式扩孔器在使用过程中起到了很好的防止沉降的作用，使用 52″和 60″的大级别浮桶式扩孔器，存在切削能力不足、使用过程中扭矩偏大的问题。

第五节　西气东输二线渭河定向钻穿越

一、工程概况

西气东输二线干线在陕西省渭南市境内穿越渭河，穿越处北岸位于临渭区信义乡陈北村、新光村，南岸位于华县赤水镇台台村。西气东输二线渭河穿越轴线位于兰郑长渭河穿越轴线下游 80m。穿越处管道设计压力为 10MPa，管径为 $D1219mm$，为西气东输二线管道工程干线的控制性工程,采用两次定向钻+爬堤方式通过。

渭河穿越位于第 17 标段,设计范围为:桩 DXZ01 ~ DXZ02,起、终点里程为 0 + 000.0(相当于线路里程 21km + 276.3m)、2km + 287.5m(相当于线路里程 23km + 530.3m),水平长度为 2287.5m。其中滩地大开挖段长度为 427mm,主河槽定向钻穿越水平长度为 1240m,滩地定向钻穿越水平长度为 900m,两次定向钻重叠段水平长度为 279.5m。

二、地质条件

依据现场钻探揭露地层的描述对场区的地层进行工程地质分层,确定场区可分为 5 个工程地质层及 17 个工程地质夹层,分别描述如下:

①层粉土(Q_4^{al+pl}):黄褐色,稍湿 ~ 湿,稍密,局部中密,摇振反应中等,无光泽反应,干强度及韧性低,手捻有砂感,表层富含植物根系。河漫滩普遍揭露,分布较为均匀,层厚 1.5 ~ 10.2m,仅在 B16 号钻孔缺失该层。

本层含有 2 个夹层:

① -1 层粉质黏土(Q_4^{al+pl}):黄褐 ~ 灰褐色,可塑,无摇振反应,切面具光泽,干强度及韧性中等,见铁锰质结核及有机质,含蜗牛壳碎片。层厚 1.0 ~ 3.7m,分别见于 B02、B04、B05 和 B06 孔。

① -2 层粉砂(Q_4^{al+pl}):褐黄 ~ 灰黄色,饱和,松散 ~ 稍密,颗粒次圆状,级配较差,矿物成分以石英、长石为主,含少量云母碎片。含粉粒量约为 5% ~ 10%,局部夹粉质黏土薄层。层厚 0.9 ~ 4.8m,仅见于 B07、B12、B13、B16 和 B17 钻孔。

②层中粗砂(Q_4^{al+pl}):黄褐 ~ 灰白色,局部灰褐、灰黑色,饱和,稍密 ~ 密实,颗粒次圆状,中砂级配差,粗砂级配良好,矿物成分以石英、长石为主。局部含粉粒量较高,岩芯短柱状,手触不易碎。局部夹粉质黏土及粉土、砾砂及圆砾薄层,粉质黏土薄层内含铁锰质结核,土质不均,常见腐殖质及贝类碎片。卵砾石颗粒呈零星分布,一般粒径 2 ~ 15mm,卵石颗粒最大粒径约 40mm,局部圆砾颗粒含量较高,达 5% ~ 10%。局部夹黏土团块,混卵砾石颗粒,偶见朽木等腐殖质及贝类碎片;层厚 33.1 ~ 59.7m。该层场地均有分布。

本层含有 5 个夹层:

② -1 层砾砂(Q_4^{al+pl}):灰褐 ~ 灰白色,饱和,中密 ~ 密实,颗粒次圆状,级配良,矿物成分以石英、长石为主,卵砾石颗粒含量 5% ~ 10%,颗粒最大粒径约 40mm。层厚 1.0 ~ 10.0m,该夹层见于 B01、B02、B04、B05、B07、B08、B10 ~ B12、B14、B18、B20 和 B21 号钻孔。

② -2 层淤泥质粉质黏土(Q_4^{al+pl}):灰褐色,流塑 ~ 软塑,无摇振反应,切面具光泽,干强度及韧性中等,土质不均,见腐殖质,具腐臭味,层厚 1.7m,见于 B14 钻孔。

② -3 层粉砂(Q_4^{al+pl}):灰褐 ~ 灰白色,饱和,中密 ~ 密实,颗粒次圆状,级配差,矿物成分以石英、长石为主,含泥量较高,偶见圆砾颗粒,最大粒径约 15mm。局部夹粉质黏土薄层,偶见腐殖质及贝类碎片。层厚 2.7 ~ 8.0m,见于 B01、B10、B18 和钻孔。

② -4 层粉质黏土(Q_4^{al+pl}):灰褐色,可塑 ~ 硬塑,无摇振反应,切面具光泽,干强

度及韧性中等，见铁锰质结核及有机质，局部土质较均匀，夹粉土、粉砂薄层。层厚1.3～5.7m，该夹层见于B04、B11、B16、B19和B201钻孔。

②-5层粉土（Q_4^{al+pl}）：灰褐色，很湿，稍密～中密，摇振反应中等，无光泽反应，干强度及韧性低，见铁锰质结核，局部具腐臭味，层厚1.2～8.0m，该夹层见于B18、B20和B201钻孔。

③层粉质黏土（Q_4^{al+pl}）：灰褐色，可塑～硬塑，无摇振反应，切面具光泽，干强度及韧性中等，见铁锰质结核及有机质，局部偶见贝类碎片，局部土质不均，夹粉土、粉细砂薄层。偶见圆砾颗粒，粒径4～15mm；层厚1.5～9.5m，本层场地内基本上有分布，在B05、B06、B09和B18钻孔缺失该层。

本层有1个夹层：

③-1层粉土（Q_4^{al+pl}）：灰褐色，很湿，稍密～中密，摇振反应中等，无光泽反应，干强度及韧性低，见铁锰质结核，局部具腐臭味，层厚1.2～3.1m，见于B05、B06、B09和B18钻孔。

④层中粗砂（Q_4^{al+pl}）：灰褐～灰白色，密实，颗粒次圆状，级配良好，矿物成分以石英、长石为主。含粉粒量低，岩芯短柱状，手触不易碎。局部夹粉质黏土及粉土、粉细砂薄层，粉质黏土薄层内含铁锰质结核，土质不均，常见腐殖质及贝类碎片；层厚1.9～22.6m。该层场地均有分布，B07和B19钻孔未揭穿此层。

本层有2个夹层：

④-1层细砂（Q_4^{al+pl}）：灰白色，饱和，密实，颗粒次圆状，级配较差，矿物成分以石英、长石为主，偶见圆砾颗粒，最大粒径约15mm，层厚1.9～8.8m，见于B01、B04和B18钻孔。

④-2层粉土（Q_4^{al+pl}）：灰褐色，很湿，稍密～中密，摇振反应中等，无光泽反应，干强度及韧性低，见铁锰质结核，局部具腐臭味，层厚0.9m，见于B13钻孔。

⑤层粉质黏土（Q_4^{al+pl}）：灰褐色，可塑～硬塑，无摇振反应，切面具光泽，干强度及韧性中等，见铁锰质结核及有机质，局部偶见贝类碎片，局部土质不均，夹粉土、粉细砂薄层，层厚0.9～12.8m。本层场地内基本上有分布，B07和B19钻孔未见此层。

本层有2个夹层：

⑤-1层粉土（Q_4^{al+pl}）：灰褐色，很湿，稍密～中密，摇振反应中等，无光泽反应，干强度及韧性低，见铁锰质结核，局部具腐臭味，层厚2.8～4.4m，见于B06和B14钻孔。

⑤-2层中粗砂（Q_4^{al+pl}）：灰褐～灰白色，密实，颗粒次圆状，级配良好，矿物成分以石英、长石为主。局部夹粉质黏土及粉土、粉细砂薄层，层厚6.8m，仅见于B15孔。

⑥层中粗砂（Q_4^{al+pl}）：灰褐～灰白色，密实，颗粒次圆状，级配良好，矿物成分以石英、长石为主。含粉粒量低，岩芯短柱状，手触不易碎。局部夹粉质黏土及粉土、粉细砂薄层；最大揭露厚度26.9m。该层场地均有分布，只是在B04、B08、B12、B16、B18和B21钻孔揭穿此层，其余钻孔未揭穿。

本层有1个夹层：

⑥-1层细砂（Q_4^{al+pl}）：灰白色，饱和，密实，颗粒次圆状，级配较差，矿物成分以

石英、长石为主，偶见圆砾颗粒，最大粒径约 15mm。见于 B14 钻孔，最大揭露厚度 3.9m，未揭穿。

⑦层粉质黏土（Q_4^{al+pl}）：灰褐色，可塑~硬塑，无摇振反应，切面具光泽，干强度及韧性中等，见铁锰质结核及有机质，局部偶见贝类碎片，局部土质不均，夹粉土、粉细砂薄层；层厚 0.9~12.8m。本层仅见于 B04、B08、B12、B16 和 B21 钻孔。

本层有 2 个夹层：

⑦-1 层中砂（Q_4^{al+pl}）：灰白色，饱和，密实，颗粒次圆状，级配较差，矿物成分以石英、长石为主。偶见朽木等腐殖质及贝类碎片。局部含泥量较高，岩芯呈短柱状，手触不易碎，弱胶结；层厚 1.1m，仅见于 B04 钻孔。

⑦-2 层粉土（Q_4^{al+pl}）：灰褐色，很湿，稍密~中密，摇振反应中等，无光泽反应，干强度及韧性低，见铁锰质结核，具腐臭味，仅见于 B18 钻孔，层厚 2.9m。

⑧层中粗砂（Q_4^{al+pl}）：灰白色，密实，颗粒次圆状，级配良好，矿物成分以石英、长石为主。含粉粒量低，岩芯短柱状，手触不易碎。局部夹粉质黏土及粉土、粉细砂薄层。仅见于 B12 和 B18 钻孔，未揭穿，最大揭露厚度 12.9m。

三、河势洪评结论

（1）管道穿越工程为大型穿越工程，设计洪水频率为 1%。经计算，穿越断面 100 年一遇设计洪水流量为 11700m³/s，相应洪水位 345.70m。

（2）经分析计算，100 年一遇洪水时，穿越断面河槽一般冲刷水深为 16.28m，局部冲刷深度为 2.14m，河槽最大冲刷水深为 18.42m；河滩最大冲刷水深 6.38m。按 100 年一遇洪水位 345.70m 计算，河槽最低冲刷线高程为 327.28m，河滩最低冲刷线高程为 339.32m。管道穿越位置在最大冲刷深度以下，覆盖层厚度较深，冲刷对穿越管道无影响。

（3）河势分析。渭河下游赤水河口以下约 2.3km 的渭淤 13 断面附近。在 1960—2005 年 45 年间，工程穿越点河段三个断面中，无论工程穿越断面上游的渭淤 14 断面还是下游的渭淤 12 断面，主槽游离不定，摆动频繁，而工程穿越断面渭淤 13 断面，主河槽靠右岸且位置相对稳定，只是随着来水、来沙条件的变化，主河槽宽度在发生变化。

工程穿越断面主河槽相对稳定，受来水、来沙条件的影响，主河槽的摆动宽度在 1500m 的范围以内，床面有冲有淤，滩地逐年淤积抬高，可以预测今后该断面的平面形态不会发生大的变化。

穿越河段未来 50a 的年平均淤积速度为 0.022m/a，从长期的演变趋势来看，该河段的淤积仍将呈现持续发展态势。

在《三门峡库区渭洛河下游近期防洪续建工程建设可行性研究报告》中，渭河下游河道整治的目标是从防洪需要出发，理顺中水流路，改善现有河势，减少河道摆动的范围，防止河势发生不利的变化。其中西气东输二线管道穿越的赤水河口至渭河入黄口段，整治的目标是，方山河以上以防洪为主，控导主流，稳定河势，防止新险，保证夹槽地带防洪安全，方山河以下以防止塌岸、稳定渭河口为主，保护返库移民区的安全；设计治导线宽度为 500m，整治流量为 3000m³/s。在《三门峡库区渭洛河下游防洪续建工程可行性研究报告》中，安排对台台工程下延续建 320m，坝垛数 4 座。根据黄河水利科学研究院编制的

《渭河下游防洪规划治导线修订报告》，管道工程穿越河段规划治导线方案有两套方案，主槽变化较大的方案为新建陈家滩工程，该工程距左岸大堤695m。

渭河主河槽治导线规划图见图2-34。

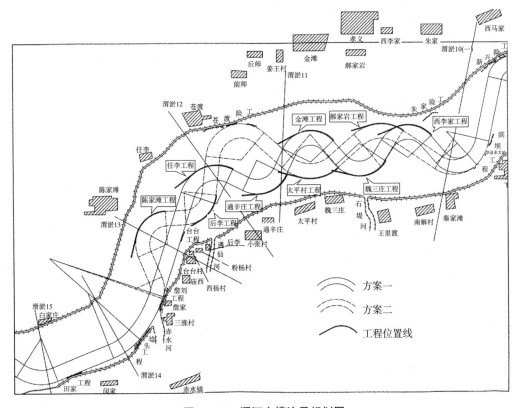

图2-34　渭河主槽治导规划图

四、设计方案

1. 定向钻设计

分两次定向钻穿越渭河，其中滩地段定向钻穿越轴线与主河槽定向钻穿越轴线间距为4m。

综合考虑穿越处的地质条件及定向钻穿越的入土角、出土角、曲率半径等因素，本工程两次定向钻穿越水平段管底标高均选在301m，管道在中砂、粗砂层中通过。河床下管顶最小埋深为26.3m，位于冲刷线以下16.1m。

考虑管道组装场地，滩地段定向钻入土点位于主河槽左岸，出土点位于左岸大堤内侧，入、出土角均为8°；主河槽段定向钻入土点位于右岸大堤内侧，出土点位于主河槽右岸，入土角为10°，出土角为6°。穿越管段的曲率半径为2150m。

定向钻穿越段水平长度共为2287.5m，其中滩地段定向钻穿越水平长度为900m，实长为906.2m，主河槽段定向钻穿越水平长度为1240m，实长为1245.9m。

2. 爬堤段

1）堤防加高

首先需要对堤防进行加高培厚。根据《堤防设计规范》（GB 50286—98），结合水利部黄河水利委员会对《西气东输二线管道爬越渭河工程防洪评价报告》审查意见和埋设管道深度要求，确定设计堤顶高程为352.05m。

加高后的堤顶水平段长度根据埋设管道横向长度和防汛抢险交通道路以及结构设计等要求，确定左岸水平段长度为77m，右岸水平段长度为50m。另外，从水平段两端点开始采用1.5%的坡比与原堤衔接。其中左岸衔接段长度为543m，总长620m；右岸衔接段长度为539m，总长589m。

2）管道保护结构

管道爬越的渭河防洪大堤为重要的防洪设施，管线采取爬越的方式通过，堤顶采用钢筋混凝土盖板＋混凝土侧墙方式作为管道保护结构，盖板上面恢复为泥结白灰碎石路面，以适合行车需要。两侧边坡采用钢筋混凝土盖板＋浆砌石侧墙结构保护管线，在管线施工完成后，对边坡采取植草措施，恢复原貌。

对于大堤迎水面管道入堤处采用石笼和格宾网格对管道进行保护。

3. 连头坑

定向钻穿越后，在定向钻接头处开挖一个宽12m，长35m的矩形基坑，两次定向钻间距为4m，在基坑内采用两个叠加热煨弯管对两次定向钻进行连接。由于100年一遇冲刷线高程为326.89m，距滩地地面约15.9m，按照规范要求，水平连接段管顶应埋设在325.89m以下，基坑深约19m。

由于管道埋深很大，位于地下水位线以下约13m，且开挖土体主要为中砂、粗砂，透水性强，需对基坑底部的土体进行改良并采用支护措施。

五、现场事故情况及处理

1. 事故情况

渭河主河槽定向钻越2010年3月5日开钻，施工情况如下：

（1）3月10日导向孔完成；

（2）第一级扩孔24″板式（3月11日—3月14日）正常；

（3）第二级扩孔30″板式（3月16日—3月19日）正常；

（4）第三级扩孔42″板式（3月19日—3月22日）正常；

（5）36″桶式洗孔（3月22日—3月25日）；

（6）第四级扩孔48″板式（3月25日—3月29日）出现异常，从第50～63根钻杆（以出土点为参考点），扩孔扭矩和速度异常，最大扭矩6.3万N·m，单根钻杆扩孔最长时间3h20min（第51根钻杆），板式扩孔器外圈磨掉（图2-35）；

图2-35　48″板式扩孔器扩孔前后对比

(7)40″桶式洗孔(3月29日—3月31日)正常;

(8)第五级52″板式+44″桶式扩孔(3月31日—4月3日)正常;

(9)第六级56″板式+48″桶式扩孔(4月4日—4月7日)至第104根钻杆时钻杆断裂,其中前73根钻杆扩孔正常,从第74~104根钻杆扩孔期间相继出现扭矩摆动大(4.8~6.1万N·m)、扩孔时间长以及几次卡钻。

出现断杆后,拖出出土端的钻杆,另一侧由于钻孔局部塌孔,扩孔器卡在钻孔中,无法取出。首先考虑取出扩孔器,继续利用原钻孔。故采用套洗的方式取出扩孔器。套洗沿原钻孔推了不到100m左右,由于推力太大,导致套洗的钻杆也于10日折断,套洗器也断在了钻孔中。

钻杆断裂见图2-36。

图2-36　抽出的断裂钻杆

2. 原因分析

1)穿越管径大、穿越长度长,设计、施工经验不足

作为西气东输二线较早开工的穿越工程,当时$D1219mm$管道穿越中粗砂地层还没有超过1000m的先例,设计、施工经验不足。

2)砂性地质成孔条件较差

由于56″扩孔孔洞大,泥浆支护性能较差,造成局部塌孔,致使扩孔器近端钻杆扭矩大产生扰动,出现应力集中、疲劳而脆性断裂。

3)大级别钻孔扭矩大,扩孔缓慢,需保孔时间长

在西气东输二线渭河穿越施工中,主要穿越地层为中粗砂,大级别(48″及以上)扩孔时,扭矩大且摆动范围大,扩孔速度相对较慢(单根钻杆3h以上),保孔时间较长,易塌孔、卡钻。

4)钻具组合不尽合理,造成钻杆断裂

扭矩大、回拖力大和钻具结构及组合形式有很大的关系,通过分析造成扩孔器磨损的原因、钻杆断裂的原因,及分析扩孔器的受力状态,研究制定一套适合在大口径砂层穿越中的钻具配置方案。

图2-37　孔洞形状

5）扩孔参数有待优化

大口径管道扩孔后并不是理想的圆形，而是形成了倾斜的葫芦形状。从渭河施工的情况来看，穿越轴线上距离入土点约30m范围内严重塌孔，在出土点侧，开挖8m深的位置发现孔高达4m。理论上计算，扩孔56″时孔高应为1.42m，实际验证孔高达到4m（图2-37）。

6）泥浆配置参数有待优化

结合地质条件及成孔直径大的特点，选用合理的泥浆配比，提高泥浆护壁保孔及携渣能力。

3. 解决方案

为保证按期投产，经建设单位批准，首先启动 D660mm 临时投产应急管道穿越。在 D660mm 应急管道穿越完毕保证西气东输二线按期投产后，在原断面下游35m处进行渭河 D1219mm 管道新位置穿越，轴线关系见图2-38。

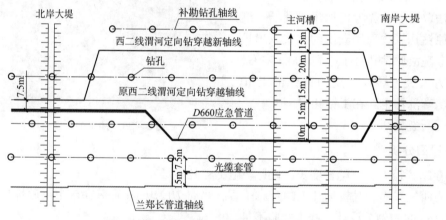

图2-38　西气东输二线渭河穿越轴线关系图

此外，为保证主管新位置穿越成功，开展"西气东输二线东段渭河 D1219mm 大口径管道砂层地质定向钻穿越技术研究"，对砂层孔洞稳定性和钻具组合受力分析进行专项研究。

4. 实施情况

2010年6月27日，应急投产管道定向钻管道一次回拖成功。滩地段开挖和爬堤段施工陆续展开，确保了9月30日西气东输二线东段投产。

2011年1月23日渭河主河槽定向钻穿越开始回拖，在回拖至500m后，现场出现问题。由于中粗砂层摩擦力过大，回拖暂停，经过讨论和研究，安装夯管设备进行助力。夯锤助力后，施工进展仍较为缓慢，管道回拖至750m左右，向管道中增加100t水，以减小摩擦力，夯进速度明显加快。在2011年1月28日零时，渭河主河槽定向钻穿越回拖成功。

六、小结

作为首个大口径中粗砂层的定向钻穿越，西气东输二线渭河穿越先后经历了断杆停工、应急管道穿越、新位置管道回拖卡管等一系列问题。经过两年多的渭河穿越施工和技术研究，对于大口径中粗砂层定向钻穿越得到了以下的经验：

（1）泥浆中的滤失水进入钻孔孔壁附近岩土，将会造成岩土水化、浸泡，强度降低、垮塌、孔眼失稳，泥浆失水造成岩土强度降低是发生砂层定向钻钻孔稳定性问题的重要原因；

（2）大口径定向钻穿越的回拖力大，管道回拖时的配重降浮至关重要；

（3）砂土地层的扩孔至较大孔径时易出现上小下大的葫芦形断面，因此需要采用轻量化的扩孔器。

第六节　西气东输二线赣江定向钻穿越

一、工程概况

西气东输二线赣江定向钻穿越位于江西省南昌县岗上镇石湖村与新建区厚田乡龙王庙村之间，采用定向钻方式穿越。管道管径为 $D1016mm$，穿越水平长度1750m，采用了定向钻对穿技术进行穿越。

本工程初步设计方案采用"竖井＋平巷＋竖井"的钻爆隧道设计方案，竖井直径为 $D7.5m$，深度为47.5m和44.5m，设计水平长度为1771m。隧道断面尺寸为3.5m×3.5m，敷设1条 $D1016mm$ 管道和1条 $D114mm$ 光缆套管，并为麻丘储气库管道（ $D1016mm$ ）预留位置。

详细勘察资料与初步勘察资料变化较大，初步设计推荐的钻爆隧道方案难以实施，将钻爆隧道穿越方案调整为定向钻穿越方案。

二、地质条件

穿越地层：场地岩土层由第四系全新统冲洪积层（ Q_4^{al+pl} ）及第三系下统新余群（ E_{1-2} ）组成，穿越水平段管底标高选在 $-22.8m$，主要在⑩－1层微风化泥质粉砂岩、⑩－2层微风化砂岩、⑩－3层微风化松散砂岩中通过，各地层特征值如下：

1）第四系全新统冲洪积层（ Q_4^{al+pl} ）

场地第四系全新统冲洪积层（ Q_4^{al+pl} ）地层由①层中砂、②层粉质黏土、③层淤泥质粉质黏土、④层中砂、⑤层粗砂、⑥层砾砂、⑦层圆砾等组成。

①层中砂（ Q_4^{al+pl} ）（①为地层编号，下同）：灰黄、黄褐色，稍湿，松散，组分以中砂粒为主，含少量泥质，矿物成分以石英、云母、长石等为主。强透水，实测标贯击数为7～9击。经取扰动样进行颗粒分析，各级组分分别为：5～2mm 颗粒约占3.1%～3.7%，

2.0～0.5mm颗粒占18.1%～19.3%，0.5～0.25mm颗粒占41.7%～42.9%，0.25～0.075mm颗粒占24.5%～31.1%，<0.075mm颗粒占5.4%～9.6%。局部分布，分别于ZK1～ZK3、ZK7、ZK19～ZK25、ZK28～ZK29钻孔见该土层。主要分布于场地河流两侧，层厚2.50～5.50m，层顶标高为19.41～28.42m，一般为21.00m左右。

②层粉质黏土（Q_4^{al+pl}）：灰黄、黄褐色，稍湿，可塑状，局部灰褐色，偏软，成分以粉黏粒为主，含Fe、Mn质，干强度中等，韧性中等，压缩性中等，切面较光滑，无摇振反应。实测标贯击数为6～8击。微透水～弱透水。局部分布，分别于ZK4～ZK7、ZK25～ZK34钻孔见该土层。主要分布于河流两侧。层厚1.00～6.10m，大部分顶部覆盖约0.30m耕植土，层顶埋深0～4.40m，层顶标高为15.21～21.44m。

③层淤泥质粉质黏土（Q_4^{al+pl}）：灰色、青灰色，湿，流塑状，成分以粉黏粒为主，含部分中细砂及有机质，干强度中等，韧性中等，压缩性较高，切面较光滑，无摇振反应，实测标贯击数为3击。微透水～弱透水。局部分布，分别于ZK1～ZK3、ZK6～ZK7、ZK17～ZK24、ZK29钻孔见及该土层。层厚1.30～6.00m，层顶埋深0～6.95m，层顶标高为9.18～23.42m。

④层中砂（Q_4^{al+pl}）：灰黄、黄褐色，稍湿～湿，松散，组分以中砂粒为主，含少量泥质，矿物成分以石英、云母、长石等为主。强透水，实测标贯击数为8～10击。经取扰动样进行颗粒分析，各级组分分别为：5～2mm颗粒约占3.9%～4.9%，2.0～0.5mm颗粒占16.1%～20.3%，0.5～0.25mm颗粒占38.7%～41.3%，0.25～0.075mm颗粒占24.5%～33.6%，<0.075mm颗粒占4.2%～11.6%。局部分布，分别于ZK4～ZK5、ZK8、ZK26～ZK27、ZK29～ZK34钻孔见该土层。层厚1.20～3.50m，层顶埋深0.00～8.30m，层顶标高为11.81～20.24m。

⑤层粗砂（Q_4^{al+pl}）：黄褐、黄色，饱和，中密，组分以粗砂粒为主，含少量细砾，矿物成分以石英、云母、长石等为主。强透水，实测标贯击数为16～19击。经取扰动样进行颗粒分析，各级组分分别为：5～2mm颗粒约占15.7%～22.3%，2.0～0.5mm颗粒占31.4%～40.2%，0.5～0.25mm颗粒占22.1%～27.4%，0.25～0.075mm颗粒占12.6%～18.7%，<0.075mm颗粒占3.8%～8.1%。局部分布，分别于ZK7、ZK14～ZK15、ZK23、ZK25～ZK28、ZK30～ZK34钻孔见该土层。层厚2.00～6.40m，层顶埋深0.00～10.30m，层顶标高为6.06～16.26m。

⑥层砾砂（Q_4^{al+pl}）：为第四系全新统冲积成因，黄褐、黄色，饱和，中密，组分以粗砂粒为主，次为砾石，砾径在2～5mm之间，个别达到20mm以上，磨圆度较好，呈次圆状，矿物成分以石英、云母、长石等为主。强透水，实测重(2)击数为17～20击。经取扰动样进行颗粒分析，各级组分分别为：20～10mm颗粒占0.9%～2.1%，10～5mm颗粒占12.1%～13.7%，5～2mm颗粒占30.3%～32.9%，2.0～0.5mm颗粒占18.6%～20.9%，0.5～0.25mm颗粒占15.6%～17.9%，0.25～0.075mm颗粒占13.7%～15.2%，<0.075mm颗粒占2.8%～5.1%。场地大部分分布，分别于ZK3～ZK8、ZK10～ZK13、ZK16、ZK19～ZK22、ZK24、ZK26、ZK30～ZK32、ZK34见及该层，层厚2.30～10.20m，埋深0.00～11.70m，层顶标高为5.96～18.84m。

⑦层圆砾（Q_4^{al+pl}）：黄褐、黄色，饱和，密实，组分以卵砾石为主，次为粗砂粒，卵

砾石直径在2~10mm之间，个别达到25mm以上，磨圆度较好，呈次圆状，矿物成分以石英、硅质岩等为主。强透水，实测重(2)击数为31~37击。经取扰动样进行颗粒分析，各级组分分别为：>20mm颗粒占5.1%~7.6%，20~10mm颗粒占7.1%~8.8%，10~5mm颗粒占13.8%~16.7%，5~2mm颗粒占24.7%~26.9%，2~0.5mm颗粒占16.4%~18.1%，0.5~0.25mm颗粒占10.3%~14.3%，0.25~0.075mm颗粒占10.0%~12.7%，<0.075mm颗粒占2.1%~4.6%。场地大部分分布，分别于ZK2、ZK5~ZK9、ZK17~ZK19、ZK21~ZK29、ZK33见及该层，层厚2.50~9.30m，埋深0~16.00m，层顶标高为6.40~14.57m。

2）第三系下统新余群（E_{1-2}）

拟穿越场地，第三系新余群（E_{1-2}）按其岩性的差异可分为泥质粉砂岩、砂岩及松散砂岩。

泥质粉砂岩：紫红色，泥质胶结，粉砂质结构，厚层状构造。遇水易软化，干燥易崩解，遇水稳定性差，岩石完整，节理裂隙不发育。局部夹薄层钙质泥岩，钙质泥岩呈青灰色。

砂岩：紫红色，局部灰白色，泥质胶结，砂质结构，厚层状构造，成分以中细砂粒为主，遇水易软化，干燥易崩解，遇水稳定性较差。

松散砂岩：紫红色，泥质胶结，砂质结构，厚层状构造，成分以中细砂粒为主，岩石胶结性差，多呈松散砂土状，部分柱状，柱状手折易断，遇水稳定性较差。本次勘察未能采取该层岩样。

按照其岩性及风化程度的差异可分为强风化泥质粉砂岩、强风化砂岩；中风化泥质粉砂岩、中风化砂岩、中风化松散砂岩；微风化泥质粉砂岩、微风化砂岩、微风化松散砂岩。

⑧-1层强风化泥质粉砂岩：风化裂隙发育，岩芯以风化土状及碎块状为主，手折易碎，钻孔揭露厚度0.50~1.70m，层顶埋深3.30~20.70m，层顶标高0.23~20.92m。

⑧-2层强风化砂岩：风化裂隙发育，岩芯以风化土状及碎块状为主，手折易碎，钻孔揭露厚度0.60~2.80m，层顶埋深3.70~22.00m，层顶标高0.07~6.83m。

⑨-1层中风化泥质粉砂岩：风化裂隙较发育，岩芯以柱状为主，锤击声哑，岩体较完整，$RQD=70~80$，岩石饱和单轴抗压强度标准值为3.97MPa，属极软岩，岩体基本质量等级为Ⅴ级。部分钻孔该层呈互层状，钻孔揭露厚度0.60~10.40m，层顶埋深3.80~30.80m，层顶标高-9.87~20.02m。

⑨-2层中风化砂岩：风化裂隙较发育，岩芯以短柱状为主，锤击声哑，岩体较完整，$RQD=50~70$，岩石饱和单轴抗压强度标准值为2.55MPa，属极软岩，岩体基本质量等级为Ⅴ级。部分钻孔该层呈互层状，钻孔揭露厚度0.50~9.95m，层顶埋深4.50~30.70m，层顶标高-9.92~13.72m。

⑨-3层中风化松散砂岩：风化裂隙较发育，岩石胶结性差，岩芯以松散砂状为主，手捏可碎，部分柱状，手折易断，属极软岩，岩体基本质量等级为Ⅴ级。钻孔揭露厚度1.00~7.20m，层顶埋深7.80~27.80m，层顶标高-6.88~4.58m。

⑩-1层微风化泥质粉砂岩：风化裂隙稍发育，节理面可见风化特征外，岩质较新

鲜，岩芯以长柱状为主，部分短柱状，锤击声较脆，岩体较完整，$RQD = 85 \sim 95$，岩石饱和单轴抗压强度标准值为 9.19MPa，属软岩，岩体基本质量等级为Ⅳ级。绝大部分钻孔该层呈互层状，钻孔揭露厚度 0.80 ~ 20.50m，层顶埋深 15.10 ~ 54.10m，层顶标高 −37.24 ~ 1.02m。本次勘察未揭穿该层。

⑩−2 层微风化砂岩：风化裂隙稍发育，节理面可见风化特征外，岩质较新鲜，岩芯以柱状为主，部分短柱状及块状，锤击声较脆，岩体较完整，$RQD = 80 \sim 90$，岩石饱和单轴抗压强度标准值为 9.14MPa，属软岩，岩体基本质量等级为Ⅳ级。绝大部分钻孔该层呈互层状，钻孔揭露厚度 0.70 ~ 17.17m，层顶埋深 15.50 ~ 52.60m，层顶标高 − 36.77 ~ − 1.58m。本次勘察未揭穿该层。

⑩−3 层微风化松散砂岩：风化裂隙稍发育，岩芯较完整，岩石胶结性差，岩芯以松散砂状为主，部分柱状，手折易断，属极软岩。部分钻孔见及该层，钻孔揭露厚度 0.60 ~ 15.60m，层顶埋深 19.50 ~ 50.30m，层顶标高 −28.21 ~ −3.98m。本次勘察未揭穿该层。

三、设计方案

1. 穿越地层的选择与设计参数的确定

本工程定向钻穿越包含 2 条管道，分别为输气管道 $D1016 \times 21.0$mm、硅管套管 $D114 \times 6.4$mm，硅管套管位于输气管道上游30m。

综合考虑穿越处的地质条件，定向钻穿越的入土角、出土角、曲率半径等因素，穿越水平段管底标高选在 − 22.8m，主要在⑩−1 微风化泥质粉砂岩、⑩−2 微风化砂岩、⑩−3微风化松散砂岩中通过，可以满足定向钻穿越的深度要求。

赣江定向钻穿越两侧采用开挖地表下4m 加夯套管过卵砾石层方法，两向对穿的施工工艺，西岸位于自然堤的土坡上，距离自然堤150m 左右，东岸位于赣东大堤堤脚外236m处。两侧对穿，为了减少夯套管的长度，两侧入土角都定为10°。本穿越曲线段曲率半径为1828.5m(1500D)。

总体布置图见图 2 −39。

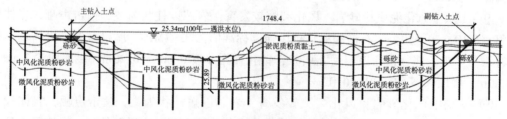

图 2 −39 西气东输二线赣江定向钻穿越方案图

2. 覆盖层的处理

赣江穿越两端均需处理圆砾层及砾砂层。西岸主钻端采用开挖并夯套管处理圆砾层，开挖地表以下4m，之后夯套管，套管采用 $D1524 \times 26$mm L415MB 螺旋缝埋弧焊钢管，长度为76m。东岸副钻端同样采用开挖并夯套管处理砾砂层，开挖地表以下4m 之后夯套管采用 $D1524 \times 26$mm L415MB 螺旋缝埋弧焊钢管，长度为77m。

夯套管施工时套管前端应采取措施，如设置铸钢切削环，防止卷边现象的发生。

一般线路段的圆砾层段应回填细土至管顶以上0.3m，其他地层可用原状挖土回填（钢管周围0.2m范围内严禁卵石回填）。回填土必须分层夯实，恢复原地貌，并高出地面0.3m。

因地下水位较浅，出土端开挖处理圆砾层及一般线路段开挖到地下水位时，可采用机泵明排地下水。

四、现场施工问题及处理

2011年5月13日，赣江定向钻穿越光缆管穿越开工，同年7月1日，主管道穿越开工，2012年2月4日主管回拖完成，工程施工历时约9个月。

本工程施工较为顺利，施工中主要特点如下。

1）夯套管卵砾石隔离技术

由于定向钻穿越卵砾石地层时，极易出现扩孔卡钻、穿越断杆、穿越回拖遇阻等风险，所以卵砾石地层一直被列为定向钻穿越技术的禁区。

随着定向钻穿越技术的应用和发展，定向钻技术取得了长足的发展，技术人员在设计和施工实践中，总结出了一些处理卵砾石层问题的有效措施，把对穿越不利的卵砾石隔离起来，以保证钻导向孔、扩孔和回拖的顺利进行。隔离卵砾石层的措施主要有开挖换填和套管隔离两种技术，其中套管隔离又分为开挖＋套管隔离、夯套管隔离、顶管隔离等方式，夯套管隔离和顶管隔离方式一般与开挖方式结合应用，以减少套管的长度。

夯套管隔离技术是通过采用夯管锤将钢套管夯入卵砾石，直至透过卵砾石层，进入下伏的基岩中，起到套管隔离的作用。优点是适用于卵砾石层埋藏较深、厚度较大、地下水位较高的情况。

赣江定向钻穿越出、入土点侧均存在砾砂层、圆砾石层，均采用了夯套管隔离卵砾石层技术。

据了解，施工过程中夯套管施工较为困难，第一次夯套管没有调整到位，经过调整方案后，采用了注润滑泥浆等技术，第二次夯套管顺利完成。

2）定向钻对穿技术

在水平定向钻穿越中，钻头和钻杆在进行导向孔施工过程中，会受到穿越地层的阻力，且随着钻深的加大，阻力矩也增大，对于一定的设备，它的穿越长度也受到局限。如果能够在出土点一侧预先钻好导向孔，让入土点钻机的钻杆进入已经钻好的出土点侧导向孔，则钻杆和钻头所受到的阻力和阻力矩就会大大减小，则穿越长度将会大大增加；赣江的穿越长度较长，且在出、入土点两侧均进行套管施工，确定赣江采用定向钻导向孔对穿技术进行施工，即在出土点一侧预先钻好导向孔，然后引导入土点钻机的钻杆进入已经钻好的出土点侧导向孔内，使入土点钻机的钻杆沿着出土侧导向孔顺利通过套管，使导向孔施工难度大大降低。

对接成功后，辅助钻机逐步回退钻杆；同时，主钻机采集辅助钻机的信号，并根据它控制钻进方向，使之逐步向辅助钻机已形成的导向孔平缓趋进，直至沿辅助钻机已形成的导向孔出土，完成整个导向孔穿越。

对穿工艺示意图见图2-40、图2-41。

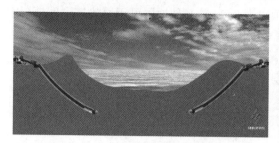

图2-40 两台钻机同步对穿示意图

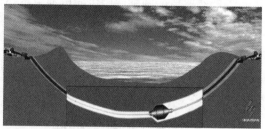

图2-41 两台钻机同步扩孔意图

五、小结

赣江定向钻施工曾是当时西气东输二线最长的大管径穿越岩石层定向钻,结合当时举水、沙河、府河等西气东输二线大管径定向钻穿越的经验教训,赣江穿越采用了长距离夯管施工技术优化、泥浆配比优化、长距离穿越软岩层施工、轻量级扩孔器的使用等技术,赣江定向钻穿越成功完成。

但针对当时的施工能力,国内管道行业对大管径、长距离的定向钻穿越存在的风险依然缺乏足够的认识,对定向钻穿越研究深度相对不足,例如:缺乏定向钻方案选择的风险评价机制;出入土端卵砾石等不良地层的隔离措施能力不足;入土端土层与岩石交界处成孔不规则问题处理技术不成熟。

第七节　西气东输二线举水定向钻穿越

一、工程概况

西气东输二线干线在湖北省武汉市新洲区境内穿越举水,穿越处东岸为辛冲镇胡仁村,西岸为刘集乡占桥村。穿越处设计压力为10MPa,管径为$D1219\text{mm}$,采用定向钻方式穿越,为大型穿越工程。

举水穿越位于第23标段,包含2条管道,分别为输气管道$D1219 \times 22\text{mm}$、硅管套管$D114 \times 6.4\text{mm}$,间距为10m,硅管套管在输气管道上游一侧。定向钻穿越水平长为954.4m,实长为957.5m。

二、地质条件

依据现场钻探揭露地层的描述对场区的地层进行工程地质分层,确定场区可分为4个工程地质层及4个夹层,分别描述如下:

①层粉细砂(Q_4^{al}):灰黄色~灰褐色,稍湿~湿,松散~稍密,主要矿物成分为石英、长石、云母等,粒径大于0.075mm的颗粒约占70%~90%,级配良好,黏粒含量约占5%~10%;局部夹粉质黏土薄层。本层层厚0.7~4.8m,层底标高14.3~19.8m,本

层除 ZK9、ZK10、ZK14、ZK15、ZK20、ZK21、ZK22 外，其他钻孔均有揭露。

②层粉质黏土（Q_4^{al}）：黄褐色~深灰色，硬塑~可塑，局部软塑，主要成分为黏粒，含少量淤泥质及粉砂质，无摇振反应，干强度中等，韧性中等。本层层厚 1.0~10.6m，层底标高 6.2~17.3m，本层除 ZK18 号钻孔外，场区内其他钻孔均有揭露；本层含有一个夹层。

②-1 层粉细砂（Q_4^{al}）：灰黄色~灰褐色，饱和，中密，主要矿物成分为石英、长石、云母等，粒径大于 0.075mm 的颗粒约占 70%~90%，级配良好，黏粒含量约占 5%~10%；局部夹粉质黏土薄层。层厚 0.8~0.9m，层底标高 14.6~15.7m，本层仅见于 CK05、CK04 号钻孔。

③层粉细砂（Q_3^{al}）：灰黄色~浅灰色，饱和，稍密~中密，主要矿物成分为石英、长石、云母等，粒径大于 0.075mm 的颗粒约占 70%~90%，级配良好，黏粒含量约占 5%~10%；局部夹卵、砾石薄层。层厚 3.8~14.7m，层底标高 -0.1~9.3m，本层穿越场区内均有分布；本层含有 3 个夹层。

③-1 层粉质黏土（Q_3^{al}）：黄褐色~深灰色，软塑~可塑，局部流塑或硬塑，主要成分为黏粒，含少量淤泥质及粉砂质，无摇振反应，干强度中等，韧性中等。本层层厚 0.6~6.5m，层底标高 4.0~10.8m，本层除 CK04、CK03、ZK07、ZK17、ZK18、ZK19、ZK20、ZK21 号钻孔外，场区内其他钻孔均有揭露。

③-2 层圆砾（Q_3^{al}）：灰黄色，饱和，中密，母岩成分为石英岩、石英砂岩和少量硅质岩，粒径以 1~20mm 为主，其中粒径大于 2mm 的颗粒含量约占 70%，多呈亚圆形，中等风化，充填为砂土和粉质黏土。层厚 0.6~5.1m，层底标高 1.5~6.1m，本层仅见于 ZK1、ZK9、ZK10、ZK16、ZK20、ZK21、ZK22 号钻孔；

③-3 层卵石（Q_4^{al+pl}）：浅灰色，密实，母岩成分为石英岩、石英砂岩，含量约占 50%~55%，一般粒径 10~60mm，亚圆形，中等风化，充填物为砂土和粉质黏土。层厚 0.8~3.6m，层底标高 -0.1~7.3m，本层仅见于 ZK3、CK04、ZK13、ZK18、ZK22 号钻孔。

④层泥质粉砂岩（K）：棕红色，厚层状构造，泥质粉砂结构，主要成分为粉砂质及黏土质，局部含有 10% 的石英细砾，粒径以 5~10mm 为主，岩心多呈柱状，节长 10~90cm，最大可达 150cm，局部见裂隙发育，岩石较软，脱水后产生龟裂而易碎，RQD 值为 85~95。局部夹粉砂岩薄层及含砾泥质粉砂岩，其中粉砂岩见于 CK03、ZK9、ZK10、ZK17、ZK20、ZK21 号钻孔，含砾泥质粉砂岩见于 CK03、ZK6、ZK13、ZK16 号钻孔，岩质呈半坚硬状，锤击声脆。本层最大揭露厚度 31.5m，未揭穿，穿越场区均有分布。

三、河势洪评结论

（1）拟建工程位于举水下游河段，工程附近河床主要由细砂、中砂等抗冲能力较差的土层组成，而另一方面，洪峰流量对应的流速较大，因此工程河段属于容易冲刷下切的河段。参照分析拟建工程上游柳子港水文站测验断面历年的变化情况，拟建工程穿越断面在今后一段时期内仍将总体表现为一定幅度的冲刷下切。

（2）拟建工程采用定向钻穿越方案穿越举水，出、入土点位于两岸大堤背水侧堤脚以外100m以上，工程布置基本合理。

（3）工程建成后不会对举水河道行洪和河势稳定造成不利影响，对两岸大堤渗透稳定和抗滑稳定不会造成明显不利影响。工程施工过程中以及建成后对目前正进行的河道整治工程影响较小，对防洪抢险影响不大，不会对第三人合法水事权益造成影响。

四、设计方案

综合考虑穿越处的地质条件及定向钻穿越的入土角、出土角、曲率半径等因素，水定向钻穿越水平段管底标高选在 -9.0m，管道基本在泥质砂岩中通过。河床下管顶最小埋深为25m，位于冲刷线以下20m。

穿越处西岸场地开阔，交通便利，便于管道组焊，因此出土点设在西岸，入土点设在东岸。考虑防洪大堤的重要性，定向钻入土点距东岸大堤堤脚120m，出土点距西岸大堤堤脚225m。入土角为9°30′，出土角为6°30′，弹性敷设曲率半径为1828.5m（1500D）。定向钻穿越实长957.3m。

举水穿越在出土侧采用大开挖 + 夯套管方式处理复杂地层。先沿穿越轴线开挖，然后夯 D2064 × 32mm 钢管至岩石层，最后采用对穿方式进行施工。夯管作业坑深6m，累计开挖长度45m，开挖土方量约2700m³，夯管长度约38m，采用了注浆对夯管未达到的地层进行地质改良。

穿越总体布置图见图2 - 42。

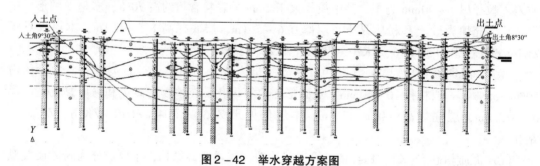

图2 - 42　举水穿越方案图

五、现场问题及处理

1. 施工过程

1）导向孔施工

举水定向钻施工采用6⅝″S - 135 钻杆，钻杆壁厚为9.19mm，钻杆长度在9.5 ~ 9.7m之间。导向孔钻进过程中的钻具组合为：

9⅝″牙轮钻头 + 直径165 泥浆马达 + 7″无磁钻铤 + 6⅝″S - 135 钻杆。

穿越使用 HK - 450 钻机进行施工，最大回拖力450t。光缆套管穿越于2009 年12 月28 日开钻，2010 年1 月8 日完成。主管导向孔穿越于1 月12 日开钻，于2010 年1 月21 日导向孔钻进完毕，共用时10d。

钻杆在开钻后，在岩石层中的钻进时间为20 ~ 60min 左右，一般为30min 左右，最长为 1h 左右，图 2 – 43 为钻杆钻进用时情况。

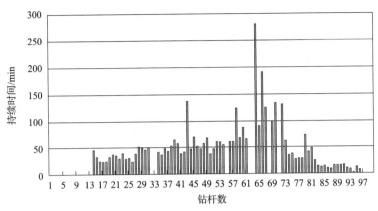

图 2 – 43　导向孔钻杆钻进时间表

2）扩孔施工

导向孔钻进完毕后，开始进行扩孔施工。扩孔主要使用岩石扩孔器，其主要时间如下：

22″扩孔：2010.01.24—2010.01.29

30″扩孔：2010.01.29—2010.02.01

36″扩孔：2010.02.02—2010.02.07

30″洗孔：2010.02.07—2010.02.10

42″扩孔：2010.02.10—2010.02.18

48″扩孔：2010.02.18—2010.03.08　（中途钻杆断裂）

54″扩孔：2010.03.21—2010.03.29

60″扩孔：2010.03.29—2010.04.08

在 48″扩孔过程中，在扩至第 12 根钻杆时，钻杆发生了断裂，在将钻杆拔出后，发现与扩孔器后连接的钻杆从距母接头 1m 左右处断裂，最后采用了继续扩孔的方式将扩孔器拉出。

3）洗孔施工

在 60″扩孔作业施工完毕后，在 60″扩孔过程中发现最大扭矩达到约 47kN·m，进行了多次洗孔作业，洗孔采用桶式扩孔器，便于将孔内的钻屑带出，以下是施工记录：

48″洗孔：2010.04.08—2010.04.11

52″洗孔：2010.05.30—2010.06.02

56″洗孔（1）：2010.06.02—2010.06.05

56″洗孔（2）：2010.06.06—2010.06.08

56″洗孔（3）：2010.6.8—2010.06.11

52″洗孔（2）：2010.06.12—2010.06.14

4）管道回拖施工

举水定向钻施工过程经历了多次扩孔与洗孔，并于 2010 年 6 月 17 日和 2010 年 7 月 5 日分别进行了两次回拖施工，均未成功。

2010年10月5日对举水重新开展定向钻穿越，经过多级扩孔和洗孔，2010年12月20日成功实施回拖。

2. 原因分析

从穿越地层可以看出，定向钻穿越曲线穿越地层复杂，地质软硬不均，因而穿越过程中存在难点较多：

（1）控向比较困难。由于在导向孔钻进过程中，通过控制钻杆的旋转与否来实现穿越方向的改变。当钻杆受推力及扭矩共同作用时，钻杆不改变方向；当钻杆只承受推力时，通过钻头本身的倾斜度实现钻进方向的改变。穿越地层的软硬不均，极易造成钻杆折角改变较大，造成导向孔曲线不圆滑，使得扩孔及回拖遇到困难。

（2）在扩孔过程中，由于穿越管径为 $D1219mm$，需要最少扩孔至 1500mm 以上才能满足管线的回拖要求，需要多级扩孔。由于出、入土端两侧的覆盖层标贯击数较低，扩孔从覆盖层到基岩，经历了软硬地层的交界面。岩石扩孔器重量大，多次扩孔使砂层和岩层交界面处形成了台阶。在回拖至此处时，由于管道刚度大，出现回拖管道难以进入岩层钻孔。

（3）外在48″扩孔时出现了断杆，扩孔器未取出继续扩孔，扩孔器仅在扩孔前端有钻杆连接，后端完全释放，也容易受地层软硬变化而变向，钻孔易出现"S"形。

3. 处理措施

在第二次穿越举水之前，施工单位采用了钢套管对软弱地层进行隔离，并采用高压旋喷桩注浆对交界面处土体进行改良。加固范围为轴线上方4m、下方6m、左右各5m，加固水平长度68m，加固剖面图见图2-44。

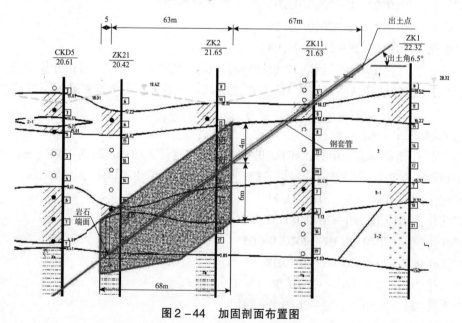

图2-44　加固剖面布置图

高压旋喷施工后，钢套管与岩层之间的土体得到改良，扩孔时交界面处形成台阶的情况得到了遏制。

六、小结

作为西气东输二线干线首条开工的岩石定向钻穿越工程，共进行了两次定向钻，才完成管道回拖。从 2009 年 12 月 28 日第一次定向钻导向孔开钻，至 2010 年 12 月 20 日第二次定向钻回拖成功，出现并解决了扩孔断杆、回拖卡管等一系列问题，历时 1 年时间。经过举水穿越，获得了以下的岩石定向钻穿越经验：

（1）对于岩石地层定向钻穿越，应注意基岩上覆覆盖层是否存在软硬交接情况，如果上覆地层是淤泥或标贯击数低的软弱地层，应采取措施避免在软硬交接处出现台阶；

（2）岩石定向钻穿越钻屑颗粒较为破碎，采用正电胶体系的泥浆，携渣效果较好。

第八节　某输油管道黑龙江定向钻穿越

一、工程概况

某输油管道黑龙江穿越工程位于中俄两国边境，是从俄罗斯某泵站到中国漠河泵站石油管道系统的组成部分，连接着俄罗斯境内从某泵站到入土点的管段与中国境内从出土点到漠河泵站的管段，是某输油管道的控制性工程。

根据中俄国界分为两部分，俄罗斯境内为第一部分，位于阿穆尔州，中国境内为第二部分。第一部分和第二部分的长度根据中俄双方业主合同约定为俄罗斯占穿越长度的54%，中国占穿越长度的 46%。

中俄双方专家就黑龙江穿越方案进行过多次技术交流，最终确定穿越方案为定向钻方案。管道设计压力 6.4MPa，管径 D820，壁厚 15.9mm，材质采用 K60 级直缝埋弧焊钢管。双管同管径平行敷设，一条为主管道，另一条为备用管道，平行间距 25m，备用管道在主管道的下游。定向钻穿越采用对穿方案穿越，穿越长度 1052m。

黑龙江穿越位于中国最北端，气候寒冷，地质条件极其复杂，上覆盖 8～18m 不等的卵砾石，下部为变质砂岩。

二、自然条件

黑龙江蜿蜒在中国东北的边境上，是世界重要的国界河流之一。黑龙江上游冰冻期，据黑河水文站测定，1950—1990 年，历年平均为 164d。冰封日期平均在 11 月 11 日，开江日期平均在次年 4 月 28 日。上游平均冰层厚 1.28m，最大冰层可达 2.5m 以上。

黑龙江穿越河床见图 2-45。

拟建穿越场区在勘探揭示的深度范围内，场地地层共分 5 层：①层土壤植被层；②层细砂；③层圆砾；④层变质中细粒长石砂岩；⑤层变质中粗粒长石砂岩。各层岩土的岩性特征描述如下。

①层土壤植被层：0.1～0.3m。

②层细砂：黄褐色，冲积成因，颗粒较均匀，以石英长石为主要矿物成分，含有少量

图2-45　黑龙江穿越处河床

暗色矿物，稍密~中密，很湿；仅在岸上钻孔中出现；层厚 6 ~ 7m，层底标高在 251.0m 左右。

③层圆砾：杂色，冲积成因，中密~密实，湿~饱和，最大粒径 80mm；粒径大于 20mm 的颗粒含量为 20% ~ 30%，粒径大于 2mm 的颗粒含量为 50% ~ 60%，黏性土含量小于 10%；局部夹有砾砂、粉砂夹层；层厚 5 ~ 7m，层底标高在 245.0 ~ 242.5m。

④层变质中细粒长石砂岩：青灰色~灰黑色，沉积作用形成，砂状结构，块状构造，长石含量约 30% 左右，砂粒之间有绢云母细小集合体，基质数量较少。从基质已全部转变为绢云母来看，有些轻微变质；全风化，较破碎；层厚 1.0m 左右，层底标高在 244.0 ~ 241.5m。

⑤层变质中粗粒长石砂岩：灰色，机械沉积作用形成，砂状结构，块状构造，长石含量约 30% 左右，砂粒之间有绢云母细小集合体，基质数量较少，从基质已全部转变为绢云母来看，有些轻微变质；强风化，较破碎，岩石完整性差，发育有多组节理；岩层中夹有薄层钙质绢云绿泥板岩（钙质绢云绿泥板岩：灰色，强风化，显微~隐晶质变晶结构，稍有定向的板状构造，轻微变质，未重结晶，较完整。矿物成分：隐晶质的方解石，其集合体稍有定向分布，含量 40% 左右；细粒白云母及绢云母，细小片状，干涉色达二级，平行消光，含量为 10% ~ 15% 左右；绿泥石，浅绿色片状，有灰绿色异常干涉色，含量为 20% 左右；细小粉砂质的石英，含量为 20% ~ 25% 左右）。

典型穿越地层见图 2-46 ~ 图 2-48。

图2-46　黑龙江穿越处地质

图 2 −47　典型破碎变质砂岩

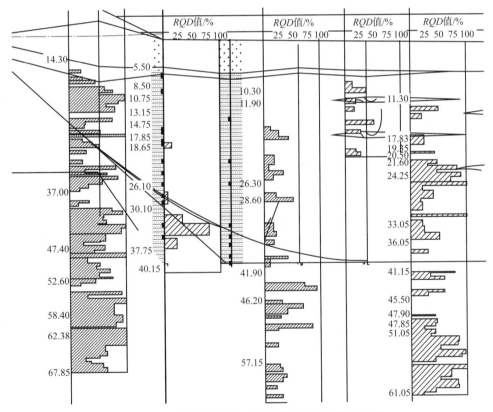

图 2 −48　中国侧探孔 *RQD* 值分布示意图穿越方案

1. 穿越地层

穿越管线在中国境内主要穿越层位为中风化变质中细粒长石砂岩层；俄方境内主要穿越层位为卵石层和变质中粗粒长石砂岩层（俄方地质资料描述：基本岩层形状为碎石 – 残积层的、较少带有亚砂土夹心的风化砂岩层）。

2. 出、入土点选择及场地布置

北岸(俄罗斯境内)作为入土点,在俄罗斯境内;南岸作为出土点,为管道回拖场地,布置在中国境内。

入土端摆放一台钻机以及钻杆、膨润土、泥浆罐等。管线组装焊接场地在出土端,占地范围为1200m×35m;另外出土端一侧布置一台钻机以及泥浆罐等和营地,具体临时征地见表2-4。

表2-4 黑龙江穿越临时征地图

序号	占地项目	所在国家	单位	数量	长×宽
1	临时营地	俄罗斯	m^2	4000	50×80
2	钻机场地	俄罗斯	m^2	6400	80×80
3	钻机场地至黑龙江岸边	俄罗斯	m^2	16560	207×80
4	临时营地至钻机场地便道	俄罗斯	m^2	3664	229×16
5	河道	俄罗斯	m^2	33600	420×80
6	施工便道	俄罗斯	m^2	7800	1300×6
	合计	俄罗斯	m^2	72024	
7	钻机场地	中国	m^2	5600	70×80
8	钻机场地至黑龙江岸边	中国	m^2	9120	114×80
9	河道	中国	m^2	22560	282×80
10	焊接作业带	中国	m^2	43750	1250×35
11	国防公路至焊接作业带尾部施工便道	中国	m^2	10500	1750×6
12	临时营地	中国	m^2	6400	80×80
	合计	中国	m^2	97930	

为保证出土端管道回拖要求,需要对出土端管道延长线上的岸边陡坎阶地进行10°放坡处理,出土点场地也需进行平整。

为保证入土端钻机施工场地雨季正常工作,需要对钻机场地进行加高处理,使得场地地表标高在260m以上位置。

3. 设计曲线参数

本工程定向钻穿越共穿两次,均为$D820×15.9mm$直缝埋弧焊钢管,两条管道水平间距25m。

穿越曲线入土点角度为12°,出土点角度为10°。弹性弯曲段曲率半径均采用1500m。穿越曲线最低点深度距离河床最低点38m。设计曲线详见图2-29。

穿越曲线出、入土点之间水平长度1052m。

穿越纵断面图见图2-49。

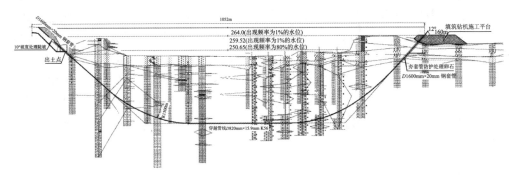

图 2 - 49 黑龙江穿越纵断面图

4. 出、入土点两侧卵石层处理

由于入土端卵石层较深，在钻机入土前沿穿越轴线夯入 $D1600 \times 20mm$ 钢套管进行卵石层隔离，然后取出套管内卵石，再进行定向钻穿越，套管长度为 70m，两条管道共计 140m。

出土端卵石层也放置 $D1600 \times 20mm$ 套管，隔离开卵石层，再进行定向钻穿越。套管长度 65m，两条管道共计 130m。

5. 施工技术要求

(1)由于本次穿越地层复杂，建议采用两台钻机协同工作。出、入土点两侧各布置一台钻机。

(2)定向钻穿越施工完毕后，废弃的泥浆、油污及其他杂物要装车运走，场地要干净，并平整到原地貌形式。

(3)施工中应根据实际地层条件，调整泥浆压力和泥浆稠度，防止膨润土泥浆进入周围水域，必要时采取适当的施工技术措施。

(4)冬季施工出、入土点场地应考虑保暖措施。雨季制定雨季施工措施，保证施工工期。

(5)施工过程中俄方专家对管道穿越定向钻施工进行技术监督。

(6)施工中俄方专家参与对供货厂家的管材、防腐、阴保材料等进行验收，符合以上所提的俄方技术规范。

6. 施工道路

为保证施工机具的正常进入通行，保证施工道路通畅，在出土端一侧修筑施工便道，施工便道长度约 2km，连接出土端和兴安乡国防公路。

7. 管材

定向钻穿越段管道采用 $D820 \times 15.9mm$ K56 级直缝埋弧焊钢管。钢管需符合俄罗斯技术规范《大口径输油管道技术要求》中的要求和二级质量的管子。

8. 管道防腐

黑龙江穿越段应采用出厂带三层聚乙烯加强级防腐层的特制管子，出厂防腐层厚度不小于 3mm。

定向钻穿越补口采用特制的抗拉拖和抗磨蚀的聚合物热收缩套，加在液态环氧沥青上。每一道口考虑3个热收缩套，一个用于补口，另外两个用于定向钻拖拉过程中防止补口的收缩套被拉坏。

根据《馈电法检查输油干线防腐状态》指导文件的要求，在定向钻穿越阿穆尔河的管道回拖后，应用馈电法对管道进行防腐检查；如果馈电法检查防腐不合格，则对穿越管道段采用 WM 和 CDL 超声波仪进行内测径诊断，同时增加牺牲阳极作为以后运营过程中的防护措施。

9. 管道焊接及检测

穿越设计范围内管道焊接采用半自动焊方式，焊条、焊丝选择根据焊接工艺评定确定。

穿越段管道全部环向焊缝先进行 100% 目测方法检查，然后 100% 超声波检查；施工中先进行 100% 射线照相自检，然后技术监督部门对焊缝进行 100% 二次检查。

10. 试压、清管、干燥

本穿越属大型穿越工程，管道应单独进行试压，试压包括强度试验和严密性试验。根据俄罗斯试压标准，分三阶段进行试压，见表 2-5。

表 2-5　管道试压

强度和严密性 试验阶段	压力			时间	
	强度试验时		严密性试验时	强度试验时间	严密性试验时间
	最大值	最小值			
第一阶段：定向钻施工段焊接后（但在焊缝防腐前）	—	$P_{\text{зав}}$	$P_{\text{раб}}$	6h	管道检漏所需时间，但不大于 12h
第二阶段：管道拖入后试验阶段	$1.5P_{\text{раб}}$	$P_{\text{зав}}$	$P_{\text{раб}}$	12h	管道检漏所需时间，但不大于 12h
第三阶段：与相邻段连接后同时试验	$1.25P_{\text{раб}}$	$P_{\text{зав}}$	$P_{\text{раб}}$	24h	管道检漏所需时间，但不大于 12h

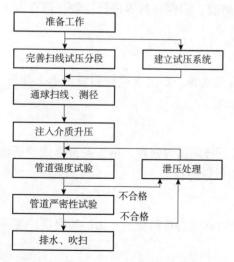

试压介质采用无腐蚀的洁净水，管道无异常变形，无渗漏为合格。

在河床段管道拖拽与河滩段管道连接后，应通过内测径方法对水下穿越管道进行清管和内测径。

根据要求，用清管装置通过空气将穿越管道中的试压水排出。

通球、试压工艺流程：

管道清管施工方法：利用压缩空气推动清管器，清除管内杂物。

管道测径施工方法：利用压缩空气推动带测径板的清管器在管内行走，通过测径板的变形程度，实现检测管道内径目的。

11. 管道回拖方案

俄境内钻机完成扩孔作业后，根据两条管线的施工进度先后执行试回拖和正式回拖。

1）试回拖

试回拖的目的是检查成孔是否通畅。试回拖完全按照管线回拖时的连接方式进行连接，即：42″桶式扩孔器＋万向节＋"U"形环＋两根同等材质的 $D820$ 钢管。

试回拖如果顺利则立即进行正式回拖，如果试回拖过程中出现拉力过大、卡钻、泥浆憋压或较大扭矩波动现象，则在正式回拖前必须对孔洞再次进行清洗，争取把钻屑最大限度地携带出孔，为正式回拖提供安全保障。

2）正式回拖

（1）回拖前检查

按设计和规范要求对穿越段管线进行电火花检漏，以规定电压不击穿为合格，管道入土前设专业人员对管线进行全线分段检查，若发现防腐层有破损要及时进行专业补伤，并使其达到标准要求。

（2）正式回拖

将检验合格的穿越段管线放入发送道，发送道上每隔15m安装1只辊轮架并固定。仔细检查拖拉头、"U"形环、万向节、扩孔器的连接，确认连接牢固、水嘴通畅、泥浆压力合适后进行回拖。回拖入洞见图 2－50。

回拖连接方式为：42″桶式扩孔器＋万向节＋"U"形环＋穿越主管线。

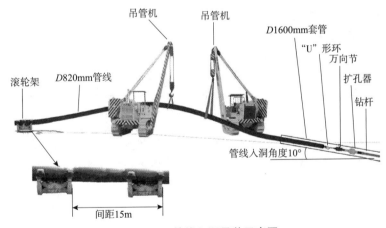

图 2－50　管线入洞吊装示意图

三、施工组织

钻机场地及夯套管施工程序：开钻前，两条管线出、入土点分别夯入 $D1600mm$ 套管各70m，用于隔离卵砾石地层，防止地面冒浆。

施工流程如下：

1. 夯套管作业

分别在两条管线出、入土点夯入 $D1600mm$ 钢套管，夯入角度俄方为 12°，中方为 10°，夯入长度均为 70m。夯管前先挖一个操作坑，两个入土点按顺序分别挖筑一次，坑道平面与水平地面夹角为 12°，用挖掘机平整压实，作为夯管锤的作业平台。出土点工序同上，坑道平面与水平地面夹角为 10°，见图 2-51，图 2-52。操作坑夯管的工艺流程见图 2-53。

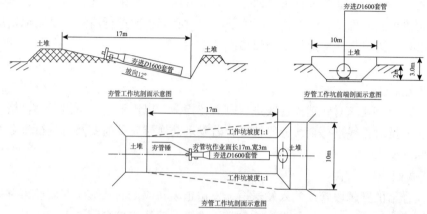

图 2-51 入土点夯管示意图

图 2-52 夯管锤作业图

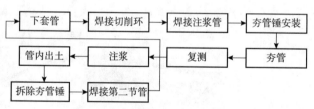

图 2-53 夯管施工工艺流程

2. 导向孔作业

钻具组合：$9\frac{1}{2}''$ 镶齿钻头 $+7''$ 泥浆马达 $+7''$ 无磁钻铤 $+5\frac{1}{2}''$ 钻杆。

两台钻机相互协调工作，使主钻机的探头与辅助钻机的目标磁铁之间的间距控制在 5m 以内时，即可进行双方导向孔的对接（图 2-54）。

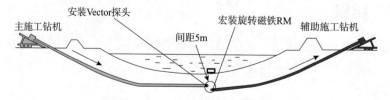

图 2-54 导向孔对穿施工示意图

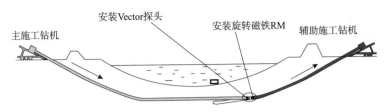

图2-54 导向孔对穿施工示意图(续)

对接成功后，辅助钻机逐步回退钻杆，同时，主钻机一边采集辅助钻机目标磁铁的磁信号，一边利用采集的磁信号控制钻进方向，使之逐步向辅助钻机已形成的导向孔平缓趋进，直至沿辅助钻机已完成的导向孔出土，完成整个导向孔的穿越。

3. 预扩孔

扩孔所用钻具为桶式扩孔器，扩孔级差、钻具组合如下：

第一级扩孔：20″岩石扩孔器；

第二级扩孔：30″岩石扩孔器 + 18″中心定位器；

第三级扩孔：38″岩石扩孔器 + 28″中心定位器；

第四级扩孔：44″岩石扩孔器 + 36″中心定位器。

每级扩孔若需要进行洗孔作业，则洗孔所用钻机尺寸和级别如下：

第一级洗孔：18″桶式扩孔器洗孔；

第二级洗孔：26″桶式扩孔器洗孔；

第三级洗孔：34″桶式扩孔器洗孔；

第四级洗孔：42″桶式扩孔器洗孔。

4. 管线试回拖

试回拖完全按照管线回拖时的连接方式进行连接，即42″桶式扩孔器 + 300tf 万向节 + 300tf"U"形环 + 两根同等材质的 D820 钢管。试回拖如果顺利则立即进行备用管线回拖，如果试回拖过程中出现拉力过大、卡钻、泥浆憋压或较大扭矩波动现象，则在正式回拖前必须对孔洞再次进行清洗，争取把钻屑最大限度地携带出孔，为正式回拖提供安全保障。

5. 管线回拖

将检验合格的穿越段管线放入发送道，发送道上每隔15m 安装1只辊轮架并固定。仔细检查拖拉头、"U"形环、旋转接头、扩孔器的连接，确认连接牢固、水嘴通畅、泥浆压力合适后进行回拖，回拖滚轮架见图2-55。

回拖连接方式为：42″桶式扩孔器 + 300tf 万向节 + 300tf"U"形环 + 穿越主管线。

图2-55 辊轮架安装照片

四、风险与控制

为提高穿越成功率，针对在本工程中不可预见的潜在风险，将采取以下控制和预防措施：

1. 浮力控制措施

本工程计划采用 PVC 管充水对 $\Phi820mm$ 预制管线的浮力进行控制，即管线焊接完成以后把前端封死的 PVC 管安装在 $\Phi820mm$ 钢管内部，根据回拖的速度和管线入洞长度进行加水。浮力控制见图 2-56。

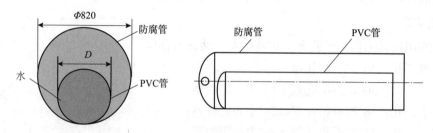

图 2-56　浮力控制措施图

根据现场施工经验，回拖直径 800mm 左右的管子时所采用的降浮 PVC 管直径应控制在 400~550mm 之间，本工程计划采用 $\Phi500mm$ 的 PVC 管。

2. 卡钻控制措施

(1)钻杆断裂预防措施：本工程将严格使用钻具，不让没有通过检测的钻杆、钻具进入施工现场，并挑选技术熟练、责任心强的操作人员进行操作。

(2)卡钻预防措施：认真研究穿越地质，了解地层的性质及风险所在；提高泥浆性能，即通过实验，配制出悬浮能力大、流动性强、pH 值合理等性能极佳的泥浆，同时加大泥浆排量；根据扩孔级差计算扩孔速度，并严格执行，最大限度地把钻屑带出孔外，保证成孔的畅通。

(3)回拖卡钻预防措施：扩孔结束后用 42″桶式扩孔器对 44″成孔进行反复洗孔，最大限度地把孔内的钻屑携带出来，直到钻机扭矩和推拉力完全满足回拖要求。

3. 冬季施工措施

由于工程量较大，时间跨度相应较长，并且穿越地点位于黑龙江漠河县内，冬季严寒，日照时间短。在该环境下施工，人员、设备、泥浆及其配制材料的防雨、防冻、保温等措施显得尤为重要，是关系工程能否按期完工的关键所在。

(1)搭建保温棚，抵御雨雪风寒。

(2)作业场地温度保证措施：在大棚内部配备必要的加热设备，把大棚内的温度控制在 0℃以上，以保障施工的顺利进行。

(3)泥浆的防冻、保温措施：泥浆池表面先铺垫一层隔热板，再覆盖保温膜；用加热设备对池内输送热量，防止泥浆结冰。

五、小结

1. 穿越设计完全遵循俄罗斯标准

根据俄罗斯标准，大型穿越工程必须有备用管，故黑龙江穿越一用一备，双管规格完全一样。

管材规格、防腐规格、试压、清管、干燥亦采用俄罗斯标准，特别是试压，俄罗斯标准跟中国标准差距较大。

2. 套管夯进隔离卵石层，对穿工艺

两端均采用大直径套管隔离卵石层，由于两端均设置套管，设计采用两岸均布置钻机，导向孔对穿工艺。

由于入土端卵石层较深，在钻机入土前沿穿越轴线夯入 $D1600 \times 20mm$ 钢套管进行卵石层隔离，然后取出套管内卵石，再进行定向钻穿越，套管长度为 70m，两条管道共计 140m。

出土端卵石层也放置 $D1600 \times 20mm$ 套管，隔离开卵石层，再进行定向钻穿越。套管长度 65m，两条管道共计 130m。

3. 加强的防腐层做法

对于防腐方案，中俄双方设计文件均规定如下：

黑龙江穿越段管道采用出厂带三层聚乙烯加强级防腐层，符合俄罗斯标准三层聚乙烯加强级外防腐标准要求，出厂防腐层厚度不小于3mm（考虑到安全，订货时候进行了加强，要求厚度不小于3.5mm）。

定向钻穿越补口采用特制的抗拉拖和抗磨蚀的聚合物热收缩套，符合俄标定向钻用聚乙烯热收缩套。每一道口考虑 3 个热收缩套，一个用于补口，另外两个用于定向钻拖拉过程中防止补口的收缩套被拉坏。

设计中充分考虑了定向钻穿越对 3PE 防腐层和热收缩套的影响，均采用了专门适用于定向钻穿越的防腐层和热收缩套，采办过程中还进行了加强。

对于施工过程中对防腐层可能受到破坏，设计文件规定如下：

中方设计文件规定：根据《馈电法检查输油干线防腐状态》指导文件的要求，在定向钻穿越黑龙江的管道回拖后，应用馈电法对管道进行防腐检查；如果馈电法检查防腐不合格，则对穿越管道段采用超声波仪进行内测径诊断，同时增加牺牲阳极作为以后运营过程中的防护措施。

俄方设计文件规定：水下铺设的油管线段电阻不应低于 $250k\Omega \cdot m^2$。在这种情况下当平均电流密度不高于 $1.3\mu A/m^2$ 时，相对于电源连接地的穿越末端的土壤自然电位的偏移应是 300mV。考虑到不可能通过开挖来消除阴极极化发现的缺陷，在区段电阻不符合设计值时定向钻区域需连接临时阴保装置（保护阳极）。

从中俄双方的设计文件看，如果防腐层遭到破坏，采用增加保护阳极的形式进行补充保护。

另外，在定向钻施工过程中，将尽量使导向孔符合设计轨迹，并进行四次扩孔和充分

的洗孔，保证定向钻孔洞圆滑，平缓过渡。

在穿越的施工方案中，设计考虑采用负浮力控制措施，让管道在回拖过程中保持悬浮状态，尽量减少孔壁对穿越管道防腐层的损伤。

4. 防腐层保护

1）管中管方案

此方案为俄方提出的建议方案。俄方建议先穿越一条钢套管或塑料管，然后输油管道从中间通过，以保护穿越管道防腐层，我们分析此方案存在以下问题：

(1) 钢套管或者厚壁塑料管对阴极保护具有屏蔽作用，如果后期防腐层出现漏点，无论是牺牲阳极还是强制电流均不能对管道防腐层漏点形成保护，使得这些措施完全失效；

(2) 采用钢套管或者塑料管需要增大定向钻扩孔直径，扩孔直径增大势必进一步增大了定向钻的穿越风险；

(3) 钢套管费用较高，大管径塑料管穿越的技术难度较大，缺少此类相关的穿越经验，可能遇到意想不到的风险；

(4) 采用管中管方案大大增加了施工和材料费用，也进一步增大了穿越风险，同时增长了施工工期。

2）光固化套方案

为了防止防腐层定向钻穿越过程中受到破坏，德国 PSI 管道配件有限公司生产的 Fiberatec 光固化套对防腐层加强后具有优异的耐磨性和抗打击性能。其制造根据欧盟标准《用于与钢管外防腐相接的外有机涂层带和可缩材料》（EN 12068/DIN30672C/50DVGW），加强后使得水平定向钻具有较强的抗机械外力冲击和较高的力学荷载。其抗压强度为 $150N/mm^2$，抗冲击强度 $57.5kJ/m^2$，抗剪切强度达到 $61.5N/cm^2$。

光固化套的施工方法采用缠绕式施工，然后采用自然光或者特种光源在规定时间内固化（-40℃以上工作）。在一定强度的自然光下，固化时间为 20min ~ 2h，在特种紫外光灯下固化时间为 2 ~ 20min。

此方案存在的问题：

(1) 在国内长输管道上缺少相关的使用经验，其保护效果缺少应用实例支持；

(2) 低温施工和工作性能需要进一步验证；

(3) 此方案是对原防腐层的加强措施，由于地下定向钻穿越工程的不确定性，穿越完成后地下漏点也不能保证完全排除，如存在漏点，需继续按原设计方案增加牺牲阳极进行保护。

经过中俄双方多次协调，最后双方达成意见，同意黑龙江穿越管道采用光固化套外保护方案。

第九节　江都—如东天然气管道长江定向钻穿越

一、工程概况

江都—如东天然气管道三期工程在江苏省靖江市与江阴市之间穿越长江（图 2 - 57），

穿越断面位于长江下游，江苏省靖江市东兴镇和江阴市利港镇之间。北岸位于靖江市东兴镇上四村，南岸位于江阴市利港镇立新圩村，穿越位置见图2-57。

江都—如东天然气管道三期工程采用 $D1016$mm 管道，在长江穿越处采用 $D711$mm 双管定向钻方案，即采用2根 $D711$mm 管道替代1根 $D1016$mm 管道，以降低穿越施工风险。因存在 $D1016$mm 管道变径为两根 $D711$mm 问题，两岸需各设置一座清管站。同时，成品油过江管道(靖江—江阴)工程也在此位置穿越长江，三条管道平行穿越，其中2根 $D711$mm 天然气管道之间间距为25m，$D711$mm 与成品油管道($D406.4$mm)间距为15m。为区分三条管道，2根 $D711$mm 天然气管道称之为A线、B线，$D406.4$mm 成品油管道称之为C线。

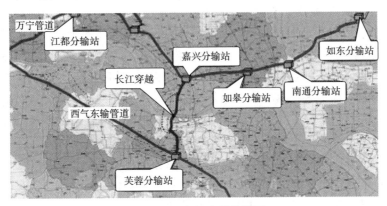

图2-57　长江穿越位置图

本段设计压力为10MPa，地区等级为四级，穿越工程等级为大型。长江穿越段采用 $D711 \times 20.6$mm L485 直缝埋弧焊钢管，采用3PE加强级防腐，防腐层外采用改性环氧玻璃钢防护。

二、地质条件

依据土体形成的地质时代、成因、岩性、物理力学性质等特性对场区的地层进行工程地质分层，自上而下共分为8大层、共17亚层，现自上而下分别描述：

①层素填土：灰、黄灰色，松散~稍密，成分以粉土及粉砂为主，含少量砾粒及碎石块，主要分布于两侧大堤附近，为近期人工堆填或吹填形成，仅 ZK5、ZK6 及 ZK63 孔揭露。土石等级为Ⅰ级。

②-1层淤泥质粉质黏土(夹粉砂)：深灰、青灰色，流塑，含少量腐殖质及贝壳碎片，夹单层厚2~5mm的粉砂薄层，局部与粉砂呈互层状，具层理。该层主要分布在ZK46孔以南的江底，大多地段缺失，其厚度为1.70~10.40m，平均为5.47m。主要物理力学指标：$W = 41.7$、$e = 1.234$、$I_p = 17.0$、$I_1 = 1.47$、$E_s = 2.67$MPa、$C = 14$kPa、$\varphi = 4.2°$、标贯实测击数 = 1.0 击，土层具高压缩性，工程性质极差。承载力特征值 $f_{ak} = 60$kPa，土石等级为Ⅰ级。

②-2层粉砂、局部细砂：青灰、黄灰色，饱和，松散，级配差，矿物成分以石英、长石为主，含云母碎屑及贝壳碎片，局部夹淤泥质粉质黏土薄层。该层主要分布于ZK47以北的江底，其层顶埋深0.00~2.10m、平均0.05m；层顶标高 -23.37~ -3.16m，平均

-13.17m；厚度 1.00~11.50m，平均 5.44m。标贯实测击数 = 7.2 击，具中高压缩性，工程性质极差。承载力特征值 f_{ak} = 60kPa，土石等级为 I 级。

③-1 层粉质黏土：黄灰、灰黄色，可塑，具铁锰质浸染，夹少量单层厚 1~10mm 的粉土及粉砂薄层。该层主要分布于长江两岸，并出露地表，其层顶埋深 0.00~3.35m，平均 0.48m；层顶标高 -5.74~2.68m，平均 -0.36m；厚度为 0.90~4.80m、平均为 2.81m。土层具中压缩性，工程性质一般。其主要物理力学指标：W = 26.5、e = 0.762、I_p = 16.1、I_1 = 0.39、E_s = 8.02MPa、C = 56kPa、φ = 12.3°、标贯实测击数 = 8.3 击，承载力特征值 f_{ak} = 140kPa，土石等级为 I 级。

③-2 层淤泥质粉质黏土夹粉砂：褐灰、深灰色，流塑，含少量腐殖质，夹单层厚 1~20mm 不等的粉砂薄层，层厚比（10:1）~（3:1），局部相变为淤泥质粉质黏土与粉砂互层。该层主要分布于 ZK13 孔以北，由北向南尖灰。其层顶埋深 1.40~8.80m，平均 4.39m；层顶标高 -12.49~1.28m，平均 -5.16m；厚度为 1.85~20.10m，平均为 8.92m。主要物理力学指标：W = 39.4、e = 1.127、I_p = 13.1、I_1 = 1.35、E_s = 3.42MPa、C = 24kPa、φ = 8.9°、标贯实测击数 = 5.6 击，土层具高压缩性，工程性质差，承载力特征值 f_{ak} = 80kPa，土石等级为 I 级。

③-3 层粉质黏土与粉土互层：灰黄色，粉质黏土可塑，粉土稍密，呈千层饼状，单层厚度 2~15mm，少量达 20~50mm，层厚比约为（1:1）~（3:1）。该层分布于北岸 ZK61 孔以南，仅 ZK61~ZK65 及 JZ1~ZK6 孔揭露，其层顶埋深 2.10~4.70m，平均 3.68m；层顶标高 -4.70~-2.76m，平均 -4.03m；厚度为 2.00~6.00m，平均为 3.51m。主要物理力学指标：W = 30.7、e = 0.863、I_p = 7.4、I_1 = 0.90、E_s = 8.70MPa、C = 8kPa、φ = 29.4°、标贯实测击数 = 9.4 击，土层具中压缩性、工程性质一般。承载力特征值 f_{ak} = 140kPa，土石等级为 II 级。

④-1 层粉砂（局部细砂）：黄灰、青灰色，饱和，稍密，级配差，矿物成分以石英、长石为主，含云母碎屑，夹少量粉质黏土及粉土薄层。该层主要分布于 ZK35 孔以北及 ZK60 孔以南，其层顶埋深 4.10~15.90m，平均 7.93m；层顶标高 -24.40~-5.70m，平均 -14.30m；厚度为 1.20~9.00m，平均为 4.93m。标贯实测击数 = 12.0 击，具中偏低压缩性，工程性质较差。大多地段缺失。承载力特征值 f_{ak} = 100kPa，土石等级为 I 级。

④-2 层粉砂（局部细砂）：黄灰、青灰色，饱和，中密，级配差，矿物成分以石英、长石为主，含云母碎屑，夹少量粉质黏土及粉土薄层，层底与粉质黏土接触处局部含厚 5~70mm 的块状钙质胶结砂礓。该层主要分布于 ZK24 孔以北及 ZK56 孔以南，其层顶埋深 4.80~20.20m，平均 12.66m；层顶标高 -23.14~-6.59m，平均 -16.29m；厚度为 1.20~17.60m，平均为 7.90m；标贯实测击数 = 20.6 击，土层具中偏低压缩性，工程性质一般。承载力特征值 f_{ak} = 160kPa，土石等级为 I 级。

④-3 层粉砂：黄灰、青灰色，饱和，密实，级配差，矿物成分以石英、长石为主，含云母碎屑，夹少量粉质黏土及粉土薄层，层底部与粉质黏土接触处局部含厚 5~30mm 的块状钙质胶结砂礓。该层仅分布于 ZK55~ZK61 孔附近，其层顶埋深 8.60~22.00m，平均 14.68m；层顶标高 -25.07~-17.47m，平均 -20.75m；厚度为 1.90~8.20m，平均为 4.85m；标贯实测击数 = 34.5 击，土层具低压缩性、工程性质较好。承载力特征值 f_{ak} =

200kPa，土石等级为Ⅰ级。

④-4层淤泥质粉质黏土夹粉砂：黄灰、深灰色，流塑，含少量腐殖质及贝壳碎片，夹单层厚 1~5mm 不等的粉砂薄层。该层呈透镜体状零星分布于④层粉砂中，仅见于 ZK11~ZK13、ZK17、ZK19、ZK20 及 ZK60 孔，其层顶埋深 11.20~21.80m，平均 15.56m；层顶标高 -24.19~-16.73m，平均 -21.17m；厚度为 1.70~4.10m、平均为 2.70m。主要物理力学指标：$W = 38.8$、$e = 1.142$、$I_p = 12.7$、$I_l = 1.55$、$E_s = 3.11$MPa、$C = 16$kPa、$\varphi = 4.5°$、标贯实测击数 = 5.8 击，具高压缩性，工程性质差。承载力特征值 $f_{ak} = 70$kPa，土石等级为Ⅰ级。

⑤-层粉质黏土：黄灰、青灰色，可塑，土质均匀，局部可见，具少量铁锰质浸染斑点，土质较均匀，局部含少量直径 5~50mm 不等的钙质结核。该层钻孔有揭露，在穿越区分布较稳定，其层顶埋深 2.00~31.20m，平均 14.87m；层顶标高 -26.97~-23.66m，平均 -25.20m；厚度为 6.00~12.00m、平均为 8.65m。主要物理力学指标：$W = 23.7$、$e = 0.658$、$I_p = 13.0$、$I_l = 0.57$、$E_s = 7.16$MPa、$C = 39$kPa、$\varphi = 13.2°$、标贯实测击数 = 13.2 击，土层具中压缩性，工程性质较好。承载力特征值 $f_{ak} = 200$kPa，土石等级为Ⅱ级。

⑥-1层粉砂(局部细砂)：灰黄、黄灰色，饱和，中密，级配差，矿物成分以石英、长石为主，含云母碎屑，含少量直径 5~40mm 的砂礓。该层在穿越区间段分布，大多地段缺失。其层顶埋深 8.80~37.00m，平均 20.26m；层顶标高 -37.16~-31.32m，平均 -33.91m；厚度为 2.10~15.80m，平均为 7.50m；标贯实测击数 = 24.1 击，具低压缩性、工程性质一般。承载力特征值 $f_{ak} = 180$kPa，土石等级为Ⅰ级。

⑥-2层粉砂、细砂：灰黄、黄灰色，饱和，密实，级配较差，矿物成分以石英、长石为主，含云母碎屑，层底与上部粉质黏土接触处局部含直径 5~50mm 的砂礓块，层下部含少量直径 2~20mm 砾粒。该层钻孔均有揭露，在穿越区普遍分布，其层顶埋深 10.70~43.70m，平均 28.04m；层顶标高 -47.60~-31.65m，平均 -38.97m；厚度为 5.20~25.80m，平均为 14.57m；标贯实测击数 = 47.9 击，具低压缩性，工程性质较好。承载力特征值 $f_{ak} = 300$kPa，土石等级为Ⅰ级。

⑥a层粉质黏土夹粉土：灰黄、黄灰色，可塑，粉质含量较高，夹粉土(粉砂)薄层，单层厚 2~10mm，含量约 1%~10%，局部含少量钙质结核或砂礓，直径一般在 5~30mm 之间，少量可达 50~70mm。该层在穿越区间断分布于⑥层粉细砂中，其层顶埋深 9.50~37.90m，平均 24.48m；层顶标高 -45.23~-31.40m，平均 -35.07m；厚度为 1.30~10.40m，平均为 5.31m。主要物理力学指标：$W = 30.5$、$e = 0.841$、$I_p = 11.6$、$I_l = 0.80$、$E_s = 6.51$MPa、$C = 30$kPa、$\varphi = 14.6°$、标贯实测击数 = 19.1 击，土层具中压缩性，工程性质较好。承载力特征值 $f_{ak} = 180$kPa，土石等级为Ⅱ级。

⑦层中砂：灰黄、黄灰色，饱和，密实，级配较好，矿物成分以石英、长石为主，含少量亚圆形砾粒及卵粒，粒径一般在 2~10mm 之间，个别可达 20~40mm。该层大多数孔有揭露，穿越区分布较广泛，其层顶埋深 27.50~58.30m，平均 42.05m；层顶标高 -57.01~-48.60m，平均 -52.81m；厚度为 1.65~10.00m，平均为 5.69m；标贯实测击数 = 75.4 击，具低压缩性，工程性质较好。承载力特征值 $f_{ak} = 400$kPa，土石等级为

Ⅰ级。

⑧层粉质黏土：青灰色，可塑~硬塑，夹少量单层厚1~4mm粉土及粉砂薄层，偶见直径10~15mm亚圆形砾粒。该层仅ZK8、ZK41、ZK43、ZK44、ZK46孔有揭露，其层顶埋深32.80~52.30m，平均38.53m；层顶标高-57.90~-55.55m，平均-56.88m；厚度0.92~2.65m，平均1.70m；标贯实测击数=35击，其中等偏低压缩性，工程性质较好。承载力特征值f_{ak}=350kPa，土石等级为Ⅱ级。

穿越地层分布见图2-58。

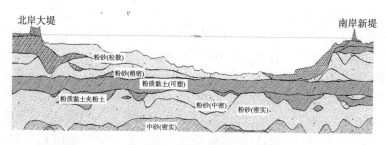

图2-58　长江地层分布图

三、河势洪评结论

1. 河道演变

江阴水道自界河口至鹅鼻咀，全长约28km。江阴水道进口端（界河口）河宽约2.1km，出口端（鹅鼻咀）河宽约1.3km，中部最宽处约4.4km。平面形态呈向右微弯，主槽靠右岸一侧。由于进口、出口端有天生港人工节点和鹅鼻咀天然节点控制，在近几十年来保持了相对稳定的态势。

2. 河道行洪对管道安全的影响分析

在100年一遇设计流量（108800m³/s）条件下，由河势分析中40多年来洪水冲淤结果得知，粉质黏土抗冲性较强，管线深埋在该层的厚度均大于6.0m，洪水不会对管道运行安全形成威胁，满足《油气输送管道穿越工程设计规范》（GB 50423—2013）规定的管道最小埋深大于设计洪水冲刷线以下6m的要求。

3. 对河势稳定的影响分析

工程位于江阴水道中部。工程河段1966年以来岸线变化较小，多年来河势保持相对稳定，由于管道从江底以下穿越，工程对河势稳定无影响。

4. 防洪评价结论

（1）有关规划对工程建设无影响，项目建设不影响现有的水利等有关规划。项目建设符合防洪标准、有关技术和管理要求。

（2）在100年一遇设计流量（108800m³/s）条件下，穿越断面主槽内各垂线冲刷后管顶以上覆盖层最小厚度在7.14m以上；由河势分析中40多年来洪水冲淤结果又知，粉质黏土抗冲性较强，天然气与成品油管线管顶深埋在该层的厚度均大于6.0m，洪水不会对管道运行安全形成威胁，满足《油气输送管道穿越工程设计规范》（GB 50423—2013）规定的管道最小埋深大于设计洪水冲刷线以下 6m 的要求。

（3）工程位于江阴水道中部。工程河段 1966 年以来岸线变化较小，多年来河势保持相对稳定；由于管道从江底穿越，工程对河势稳定无影响。

（4）天然气管道及成品油管道穿越入、出土点各距南岸大堤外侧坡脚和北岸大堤外侧坡脚均约 160m，满足《堤防工程管理设计规范》（SL 171—96）要求；由于在堤脚处管道埋深 22m 以上，施工对堤身稳定性影响不大；按所设定的渗流参数，长江穿越段南、北岸岸坡在各种工况下都满足渗流稳定要求和抗滑稳定要求；同时在设计方案中对两岸长江大堤与出、入土点之间进行了注浆加固处理措施；且由于管道从江底穿越，管道穿越长江路由亦为江阴、靖江两市规划部门查勘指定，与邻近的码头及规划的过江通道保持了安全距离；南岸水塘水体基本为静止状态，施工不会对水塘河床产生冲刷等影响。因此，项目建设对堤防、护岸和其他水利工程的影响微小。

（5）由于施工场地基本布置于入土点和出土点附近，远离大堤和岸线 100m 以上，堤上不过施工车辆，不影响汛期的防汛抢险车辆、物资及人员的正常通行，因此施工现场对防汛抢险影响微小。

（6）项目建设符合防洪标准及有关技术和管理要求，施工时按照有关施工规范及相关技术要求的规定严格进行，保证工程质量，因此建设项目防御洪涝的设防标准与措施是适当的。

（7）长江穿越北岸穿越轴线得到了靖江市规划局的批准，工程建设对北岸第三方影响甚小；南岸穿越轴线得到了江阴市规划局的批准，是江阴市规划部门根据其总体规划指定的路由。工程穿越入土点上、下游 200m 范围内无第三方水工程和水利规划。处于利港电厂所围的灰场中，但按最新的江阴市规划局批复的 50m 宽管道过江通道要求，已取得第三方的认可，工程建设对南岸第三方影响甚小。

（8）穿江管道用定向钻施工，技术方法成熟，我国自 1985 年以来，积累了丰富的实践经验，多次成功穿越黄河等多条特大型河道，施工方法可行；定向钻施工，具有不开挖地面、不破坏地层结构、不损坏河堤、不扰动河床、不影响通航、施工周期短、施工占地少、管道运营安全等优点；施工方案和施工组织设计可操作性强、施工质量有保证；定向钻穿越层选择⑤粉质黏土层是合适的。

四、设计方案

按江阴市规划局批复的 50m 宽管道过江通道要求，两根 D711mm 天然气管道位于下游，D406mm 成品油管道位于上游。两根天然气管道敷设中心间距 25m，成品油管道与天然气管道中心间距 15m。

1. 场地布置

主钻机入土点选择在南岸，辅助钻机入土点选择在北岸。

两岸穿越入土点距大堤背水侧坡脚 160m。主钻机场地为 80m（长）×80m（宽）（考虑放坡，征地范围为 90m×90m），因主钻机入土点位于鱼塘内，虽然水已经被抽干，但为防止施工期间积水，场地进行回填，回填高度 3m，回填平整后的场地标高为 +1.0m。为防止填土区北侧坡脚穿越轴线上方覆土厚度过薄发生冒浆，应对主钻机入土点向北 50m 范围内穿越轴线两侧各 5m 范围使用黏土回填并夯实，保证穿越轴线埋深不小于 6.5m。

辅助钻机入土点侧钻机场地 70m（长）×80m（宽），场地平整标高 2.12m。

穿越管道组焊、回拖所需场地约 3300m（长）×23m（宽）。回拖场地尽量采用美人港水道发送。

2. 穿越地层的选择

综合考虑穿越的可实施性和扩孔过程中孔洞的稳定性，穿越轴线主要在粉质黏土层和粉砂层中通过。

3. 穿越曲线设计

根据《油气输送管道穿越工程设计规范》（GB 50423—2013）的出、入土角的规定和国内施工承包商的定向钻钻机的施工能力，长江穿越入土点选择在南岸新堤背水侧坡脚 160m 处，入土角 10°，穿堤位置大堤迎水坡脚处管顶埋深约 23.5m；出土点距北岸大堤背水侧坡脚 160m，出土角 8°，穿堤位置大堤迎水坡脚处管顶埋深约 22m。定向钻穿越曲率半径为 1500D（管道外径），即 1067m。

天然气管道定向钻穿越水平段管道中心高程为 −40.0m，河床最低点管道中心最小埋深约 16.92m，管顶位于 100 年一遇设计洪水冲刷线以下 13.9m。

长江穿越入、出土点间定向钻穿越水平长 3279m。两条 711 管线穿越曲线完全一致。

五、施工难点及措施

1. 难度分析

本工程存在诸多难点，主要如下：

1）钻杆易断裂

江都—如东长江 3300m 的穿越长度，导向孔阶段钻杆轴向应力和扩孔阶段钻杆扭矩随着钻孔长度增长钻杆应力急剧增大，很难保证钻杆及钻具的稳定性和寿命，施工中发生钻杆断裂的风险很高。

2）导向孔对接难度大

管道穿越距离长，单穿技术在钻杆钻具方面已经无法达到施工要求，所以必须采用对接技术。在本工程实施以前世界上没有如此长距离定向钻的对接经验可以借鉴，采用何种外部引导磁场，对接区设置等都成了必须要解决的设计难点。

3）回拖场地受限

如东长江穿越两岸经济发达，人口众多，建筑物复杂，道路交通繁忙，回拖场地十分受限，如何能够在保证工期又节省费用且对当地人生活及环境产生较小影响成为又一个设计难题。

4）防腐层易破坏

管道采用加强级 3PE + 定向钻专用热收缩套的外防腐层，在如此长距离的回拖过程中，如何保证防腐层不被划伤，热收缩套不起皱、不脱落成为设计的重中之重。

2. 解决措施

1）钻具受力分析

长距离、大管径定向钻穿越施工在导向孔钻进和扩孔阶段，钻杆在疲劳应力作用下很容易发生断裂。如东长江穿越设计首次运用有限元通用计算软件 ABAQUS，建立了钻柱一孔洞全孔模型，综合考虑钻柱服役环境、岩土对钻柱的摩擦碰撞及泥浆的浮力等作用，分别对导向孔钻进、扩孔钻进两种工况下的受力情况进行有限元分析（图 2－59），对钻杆寿命进行了安全性评价。

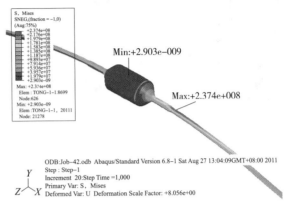

图 2－59　扩孔至 42″钻具应力云图

2）采用海缆布置磁场

导向孔钻进在长江河床下 1.5m 利用抗冲刷性强的海缆，布设生成数据反馈准确的磁场，并分段配置不同规格型号的钻杆，确保导向孔超长距离对接作业的成功实施。

3）管道回拖

江都—如东长江定向钻穿越设计水平长度为 3279m，长江两岸均有大片厂房和民房，常规的管道发送方案需要拆除多处房屋，且需要征用公路多处，对周围百姓生活和交通会造成重大影响，协调难度非常大，也会因此增加施工周期。经过多次实地调查和工作，结合当地自然地形，利用距离管道入土点附近美人港河作为主要发送沟，美人港河流之前部分采用陆地发送沟（图 2－60，图 2－61），通过制作过路钢箱涵穿越公路。管道通过河面桥梁时，在距离桥梁 10m 处，设置套管固定索，在桥墩或桥台上设计防撞层，以防止管道及其防腐层遭到破坏。河道转角处，设置固定索，使管道能够顺河敷设。

图 2－60　人工发送沟中的回拖管道

图 2－61　美人港河道中的回拖管道

4）管道防腐层防护

针对回拖过程管道外防腐层易被破坏，热收缩套容易起皱、脱落的问题，决定在外防腐层外侧增设保护层。考虑工程的适用性，如东长江定向钻穿越防腐防护层采用改性环氧

图2-62　改性环氧玻璃钢防护层制作

玻璃钢保护层（图2-62），环氧玻璃钢保护层结构为二布五胶，即环氧树脂（表干）+环氧树脂+玻璃布+环氧树脂+玻璃布+环氧树脂（表干）+环氧树脂，厚度≥1200μm。

3. 实施情况

2013年3月，D406mm成品油过江管道长江定向穿越工程一次回拖成功。

D711mm输气管道定向钻3月21日开钻，4月9日导向孔对接成功，5月19日15时管线具备回拖条件，5月21日4时回拖成功。

六、小结

江都—如东长江定向钻穿越一次回拖成功，历时不到5个月时间，创造了当时的管径711mm×长度3302m定向钻穿越世界新纪录。经过本次超长距离定向钻穿越，获得了以下经验：

（1）对于超长距离定向钻穿越，为了避免长时间的回拖对钢管防腐层产生磨损，钢管防腐层之外还应考虑防护层；

（2）当穿越距离长时，应重视定向钻钻具的疲劳和寿命分析，一般说来，与钻头或与扩孔器相连的钻杆宜采用加重钻杆，加重钻杆宜为两根。扩孔时钻进参数应均匀，变化不要过大、过于频繁；

（3）利用现有沟渠漂管回拖，可大大降低为了预制管道而产生的房屋拆迁；

（4）当河道宽度过大，需要在水下对接时，无法通过地上磁场定位导向孔对接时，可考虑铺设铠装海缆作为磁场线圈。

第十节　如东—海门—崇明岛天然气管道长江定向钻穿越

一、工程概况

如东—海门—崇明岛输气管道工程起于江都—如东输气管道的如东首站（如东县长沙镇洋口港开发区），终止于上海市崇明岛县新村乡；管道沿线经过江苏省南通市如东县、通州区、海门市及上海市的崇明岛县（图2-63）。

根据线路总体走向，输气管道在江苏省南通市所辖的海门市和上海市崇明区之间穿越长江，北岸穿越点位于海门市三厂镇中兴村，南岸位于崇明区新海镇新庄村。穿越处设计压力6.3MPa，穿越段钢管采用D610×15.9mm L485直缝埋弧焊钢管，防腐采用3PE加强级防腐+热收缩套（带）补口+环氧玻璃钢防护层结构，穿越工程等级为大型，地区等级为三级，采用水平定向钻方式穿越长江，长江定向钻穿越段水平长度为 3430m，实长 3440m。

图 2-63　如东—海门—崇明岛长江穿越位置

二、地质条件

根据本次勘查现场钻探揭露、原位测试、室内土工试验成果，结合前期勘察成果，穿越场地内地层以第四系全新统冲海积（Q_4^{al+fm}）粉砂、粉土、黏性土为主，根据地层时代、成因、岩性及物理力学指标特征等，在勘探深度内将岩土层划分为 4 个工程地质层，10 个工程地质亚层，各岩土层构成及特征自上而下分述如下：

①层粉砂（Q_4^{al+fm}）：灰色~青灰色、深灰色，饱和，松散~稍密，局部中密，主要矿物成分为石英、长石及云母等，次棱角状，级配不良，黏粒含量低，局部夹贝壳碎片。该层穿越场地内所有钻孔均有揭露，层厚 10.70~33.00m，层底标高 -11.35~-30.63m。土石等级Ⅰ级。该层有 4 个亚层。

①-1 层淤泥（Q_4^{al+fm}）：青灰色，流塑。该层在南岸鱼塘处 ZK46、ZK48、ZK50、ZK51、ZK53、ZK54 钻孔均有揭露，层厚 2.10~4.25m。

①-2 层粉土（Q_4^{al+fm}）：灰色，稍密~中密，局部密实，湿~很湿，局部夹粉砂薄层，表层覆 0.30~0.50m 厚耕土。该层在北岸及南岸除 ZK28、ZK31、ZK40、ZK46、ZK50、ZK51、ZK53、ZK54 钻孔外，其余钻孔均有揭露，层厚 0.70~7.00m。

①-3 层粉质黏土（Q_4^{al+fm}）：灰黄色，软塑~可塑，土质不均，局部夹粉土、粉砂薄层，偶见贝壳碎片。该层仅河床中 BK8、BK9 钻孔有揭露，层厚 2.50~3.10m。

①-4 层粉土（Q_4^{al+fm}）：灰色，稍密~中密，湿~很湿，局部夹粉砂薄层。该层穿越场地内 BK1、BK2、BK11、BK15、BK17~BK19、BK21~BK24、ZK45~ZK48、ZK50、ZK54 钻孔有揭露，层厚为 1.70~9.00m。

②层粉质黏土（Q_4^{al+fm}）：灰黄色，软塑~流塑，局部可塑，土质不均，局部夹淤泥质粉质黏土、淤泥质黏土、粉土、粉砂薄层，局部互层，含有机质，具腥味。该层穿越场地内除 BK1~BK4、ZK40、ZK41 钻孔外，其余钻孔均有揭露，层厚 2.30~15.30m，层底标

高 -25.31 ~ -39.36m。土石等级 I 级。该层有 3 个亚层。

②-1 层黏土(Q_4^{al+fm})：灰色，软塑 ~ 流塑，局部可塑，土质不均，局部夹淤泥质粉质黏土、淤泥质黏土、粉土、粉砂薄层，含有机质，具腥味。该层穿越场地内仅 BK1 ~ BK4 钻孔有揭露，层厚 4.00 ~ 8.90m。

②-2 层粉土(Q_4^{al+fm})：灰色，稍密 ~ 中密，湿 ~ 很湿，土质不均，局部夹粉质黏土、粉砂薄层，局部互层。该层主要分布在南岸 ZK29、BK21、BK23、BK24、ZK40 ~ ZK46、ZK48 ~ ZK54 钻孔及河床 BK15 钻孔中，层厚 2.10 ~ 10.30m。

②-3 层粉砂(Q_4^{al+fm})：浅灰色 ~ 深灰色，饱和，稍密 ~ 中密，主要矿物成分为石英、长石及云母等，次棱角状，级配不良，黏粒含量低，局部夹贝壳碎片。该层穿越场区内仅 BK18、BK20 钻孔有揭露，层厚 2.60 ~ 2.70m。

③层粉砂(Q_4^{al+fm})：灰色 ~ 青灰色，饱和，密实，局部稍密 ~ 中密，主要矿物成分为石英、长石及云母等，次棱角状，级配不良，黏粒含量低。该层穿越场地内除 BK1、BK2 钻孔外，其余钻孔均有揭露，未揭穿，最大揭露厚度 31.00m。土石等级 II 级。该层有 3 个亚层：

③-1 层粉土(Q_4^{al+fm})：灰色，稍密 ~ 中密，湿 ~ 很湿，多为粉砂与粉土互层。该层穿越场地内 BK3、BK8、BK9 钻孔有揭露，层厚为 3.50 ~ 5.70m。

③-2 层粉土(Q_4^{al+fm})：灰色，稍密 ~ 中密，局部密实，湿 ~ 很湿，多与粉砂互层或夹粉砂薄层。该层穿越场地河床内 BK6 ~ BK20 钻孔及南岸 ZK39、ZK51、ZK54 钻孔有揭露，层厚为 1.50 ~ 19.00m。

③-3 层粉土(Q_4^{al+fm})：灰色，稍密 ~ 中密，湿 ~ 很湿，局部夹粉砂薄层。该层穿越场地河床内 BK6、BK13 ~ BK15、BK19 钻孔及南岸 ZK43 ~ ZK45、ZK47、ZK48、ZK51 ~ ZK55 钻孔有揭露，层厚为 1.00 ~ 12.0m，其中 BK15 钻孔未揭穿该层，揭露厚度 14.00m。

④层粉土(Q_4^{al+fm})：灰色，稍密 ~ 中密，湿 ~ 很湿，局部夹粉砂薄层。该层仅北岸 BK1 ~ BK3 钻孔有揭露，未揭穿，最大揭露厚度 25.60m。土石等级 I 级。

三、河势洪评结论

1. 河势分析

(1)长江口北支已演变为涨潮流占优势的河段，其进流条件的恶化以及涨潮流占优势的水沙特性，决定了北支总体演变方向以淤积萎缩为主。但影响北支演变的因素较多，在自然情况下北支的自行衰亡仍然是一个漫长的过程。

(2)工程位于北支上段大洪河下游侧的弯曲河段，由于弯道环流的作用，凹岸冲刷、凸岸淤积。工程河段自 21 世纪以来发育了南岸的大边滩，致使北岸深槽冲深发展。

(3)根据穿江工程所在断面历年水深条件分析，考虑到所在水域的河势现状及水动力条件(处在弯顶)，拟建管道工程所在断面北侧深潭的最深点取为 -18.0m；南侧崇明岛西侧水域最深点取为 -5.0 ~ -6.0m。该结论基本符合工程所在水域的实际水深条件及其变化规律，历史水深包络线见图 2 -64。

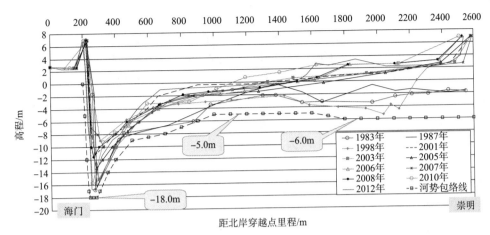

图2-64 历史最大水深包络线图

2. 防洪影响评价

(1)长江口北支已演变为涨潮流占优势的河段,其进流条件的恶化以及涨潮流占优势的水沙特性,决定了北支总体演变方向以淤积萎缩为主。但影响北支演变的因素较多,在自然情况下北支的自行衰亡仍然是一个漫长的过程。

工程位于北支上段大洪河下游侧的弯曲河段,由于弯道环流的作用,凹岸冲刷、凸岸淤积。工程河段自21世纪以来发育了南岸的大边滩,致使北岸深槽冲深发展。

近年来,拟实施的穿江工程所在水域,在北岸深槽以南水域,河床冲淤幅度较小,介于-0.5~0.5m,冲淤基本平衡;而在北岸深槽水域,河床有冲有淤,总体表现为冲刷,最大冲刷幅度约2.0m。

本工程管道线路纵断面设计充分考虑了历史上出现的最大水深和将来可能出现的最大冲深,拟建的管道埋设位置距离断面最大水深包络线大于16m,最大为40m;与现状床面的距离大于23m。一般情况下,管道不会因冲刷外露,管道的埋深是安全的。

(2)工程的建设符合《长江流域综合利用规划报告》《长江流域防洪规划》《长江口综合整治开发规划》《长江口航道发展规划》《上海市滩涂资源开发利用与保护"十二五"规划》《上海市水(环境)功能区划》及《江苏省地表水(环境)功能区划》等的要求,与有关技术要求和管理要求相适应。

(3)本工程在河床泥面以下穿越,工程的实施不改变工程河段的水动力条件,不会对河势稳定及行洪安全造成影响。

(4)在严控施工质量的条件下,拟建管道穿堤工程的实施对所在大堤的安全、稳定无明显影响。

(5)拟建工程的实施对邻近的大洪河闸等的安全运行无影响。

(6)本工程的建设对工程上游约1.1~1.8km处的水下光缆、海门穿堤段堤内的蒸汽管道、青龙港潮位站、拟建的崇海大桥及北支航道等均无影响。

3. 近年河段冲刷情况调研分析

经防洪评价单位搜集资料及现场调研,2008—2012年,长江穿越段南北两岸的冲淤情况为：

（1）穿越段面北岸，深潭逼岸，水深受深潭控制，没有明显的较大幅度的冲淤变化；各等深线变化幅度也较小，该水域近年来冲刷幅度在1.0～2.0m之间；

（2）穿越段面南岸，为广袤的滩涂，水深较浅；各等深线变幅相对较大，有进有退，但总体上是向外淤涨的，该水域近年来，除局部水域有所冲刷外（冲刷1.0～2.0m），河床整体表现为淤积，淤积幅度在1.0～2.0m之间。

另外，本穿越工程位于北支上段大洪河口下游侧弯曲河段的弯顶段，由于弯道环流的作用，凹岸冲刷、凸岸淤积，北岸形成了局部深槽。近年来，在北岸深槽以南水域，河床冲淤幅度较小，冲淤基本平衡，在北岸深槽的靠北岸水域，河床有所冲刷，但幅度较小；拟建管道工程所在水域各等深线的变幅较小，总体上基本稳定；工程所在河段的主泓线也稳定地偏靠北岸。因此，近年来，本工程穿越轴线水域的河床没有大的变化，其平面上也没有大的摆动。

四、设计方案

1. 穿越地层选择

综合考虑穿越处的地质条件，定向钻穿越主、辅的入土角，曲率半径等因素，长江定向钻穿越水平段管中心高程选在－56.0m，管道主要在粉砂层中通过。河床最低点处管顶最小覆土厚度约为43m，管顶距主河槽100年一遇冲刷包络线最小距离为20m。

2. 设计参数确定

穿越处北岸毗邻道路，交通便利，利于主钻机入场；南岸主要为鱼塘，场地开阔，便于管道组装焊接。因此主钻机入土点设在北岸，距堤防背水侧堤脚约154m；辅助钻机入土点设在南岸鱼塘外的果园里，辅助钻机入土点距离长江南岸大堤背水侧堤脚880m。主钻机入土角为12°，辅助钻机入土角为9°，弹性敷设曲率半径为915m（1500D），定向钻穿越水平长度为3430m，穿越纵断面图见图2-65。

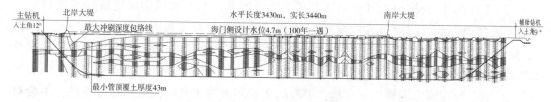

图2-65　穿越纵断面图

3. 地层隔离

南岸出土点距离鱼塘及塘边水泥路较近，为防止定向钻施工过程中出现冒浆，在扩孔前先安装隔离套管，套管采用$D1219 \times 33mm$ X52直缝埋弧焊钢管，套管长度100m。

五、现场情况及处理

1. 码头作业区规划

在开工前夕，主钻机的入土端场地与北岸码头作业区的规划发生了冲突，将管道主钻机入土点向长江上游微调了 100m（图 2 - 66），进入绿化带隔离区，以尽量减小对三厂作业区的影响。目前该处为养殖场内，因此北岸需考虑对养殖场进行拆迁。

2. 回拖场地

南岸管道组装焊接场地，由于管道长约 3440m，南岸管道组装场地有限，管道需采用水平弹性敷设至穿越点西南侧的农田中，管道水平弹性敷设的曲率半径不宜小于 1000D（图 2 - 67），考虑 18m 的作业带宽度。由于预置管道场地与一般线路段不在一个方向，故无法利用一般线路段作业带。

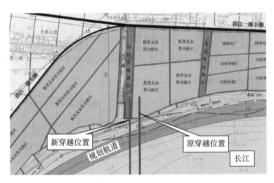

图 2 - 66 长江北岸入土点场地调整

图 2 - 67 长江南岸管道预制场地

六、小结

如东 - 海门 - 崇明岛输气管道长江定向钻穿越于 2014 年 12 月 8 日开钻，至 2015 年 1 月 29 日管道回拖成功，历时 53d。继 2013 年江都—如东长江穿越之后，再次刷新了定向钻穿越的世界纪录。

本次长江穿越合理采用了环氧玻璃钢防护层、铠装海缆布置磁场、钻具寿命控制等一系列在江都—如东长江穿越中成功应用的先进技术，有效规避了穿越超长距离粉砂地层摩阻大，携屑难易引发钻杆抱死、折断的等施工风险，顺利完成三级扩孔和回拖作业。

第十一节　兰成渝成品油管道石亭江改造定向钻穿越

一、工程概况

兰成渝输油管道是我国第一条长距离成品油输送管道，是国家实施西部大开发战略十大重点工程之一。工程于 1998 年 12 月 18 日开工，2002 年 6 月 30 日建成，9 月 29 日投产。管道全长近 1250km，途经甘肃、陕西、四川、重庆等 4 个省市的 40 个县市区，沿途设分输泵 3 座，分输站 10 座，独立清管站 1 座，全线共有 18 个油库，总库容量为 79.2 万 m³。兰成渝是一条长距离、高压力、大落差、自动化程度高、顺序密闭输送的成品油管道。兰州至江油段管径 508mm，江油至成都段管径 457mm，成都至重庆段管径 323.9mm。

石亭江穿越是兰成渝管道重要的河流穿越工程，位于四川省德阳市西约12km处，西岸（右岸）位于四川省什邡市金轮镇；东岸（左岸）位于四川省德阳市，距离德阳分输站约500m，设计压力7.84MPa。

石亭江发源于轿顶山东麓，全长122km，流域面积2879km²，山区呈"V"字形河谷，平原呈"U"字形河谷，年均径流量11.73m³/s。石亭江流量随季节变化较大。勘察期间（2013年9月）：水位高程为494.08m，水面宽度116.6m，流量约为148.8m³/s。枯水期（2月份）：该断面处河流接近干涸，流量较小，约为2~3m³/s。

穿越断面处位于石亭江主河及其支流射河的交汇口下游，河道呈"U"字形，宽度400m，两岸建设河堤。

2013年7月暴雨时：从上游高景关水文站收集到的资料，拟穿跨越位置断面处洪水水位高程为500.39m，水面宽度为394.5m，对应的洪峰流量为4070m³/s，主槽平均流速为3.07m/s，河滩的平均流速为1.46m/s。此次降雨和洪水频率约为50年一遇水平。

推算穿跨越断面处100年一遇最大峰洪流量为5000m³/s，相应最高洪水位为501.12m，最大水深为9.8m。主槽平均流速为3.38m/s，河滩的平均流速为1.43m/s。

二、工程地质分析

主要出露地层为第四系全新统人工填土层（Q_4^{ml}）、第四系全新统冲洪积层（Q_4^{al+pl}）、上更新统冰积层（Q_3^{fgl}），根据区域地质资料（成都幅），勘查区第四系覆盖层厚度在120m左右。现由新到老将各岩土层特征分述如下：

1. 第四系全新统（Q_4）

人工堆积层（Q_4^{ml}）

①-1层耕植土：棕褐，松散，湿；以粉土为主，夹少量砂土，含植物根系，仅在ZK1内揭穿此层。

冲洪积层（Q_4^{al+pl}）

①-2层砂土：褐，松散，湿；成分以石英长石为主，含少量云母，粉粒含量较高，级配不良，次磨圆状；分布高程为496.58m以上，厚度约为0~1.6m。

①-3层卵石土：灰，松散，稍湿－饱和，母岩成分以花岗岩、闪长岩、花岗闪长岩、石英岩、砂岩为主，微风化~中等风化，质硬，次磨圆状~次棱角状，分选性一般，含量约60%，粒径以3~8cm居多，最大粒径15cm，根据现场调查，夹少量漂石，漂石含量约占5%，粒径最大可达30~40cm。架空、岩心呈散体状，间隙充填细砂。该层分布高程在487.48~499.01m，位于砂层之下，厚度在3.4~7.7m之间。

2. 第四系上更新统冰积层（Q_3^{fgl}）

对于穿越层位的岩土分层主要依照其坚硬卵石的含量、其相对位置来划分：

②-1层卵石土：黄灰，稍密~中密，饱和；成分以花岗岩、闪长岩、花岗闪长岩、石英岩、砂岩为主，质硬，次磨圆状，分选性一般。坚硬卵石含量约10%~20%，粒径以2~5cm居多，最大粒径15cm；局部夹少量漂石，粒径20~30cm；强风化、全风化卵石含量约75%，成分以花岗岩为主，手捏呈砂状、土状；充填物为黏土、粗砂。

②-2层卵石土：黄，松散~稍密，饱和；成分以花岗岩、闪长岩、花岗闪长岩、石英岩、砂岩为主，质硬，次磨圆状，分选性较好，坚硬卵石含量约5%~10%，粒径以2~5cm居多，最大粒径16cm；局部夹少量漂石，粒径为20~30cm；强风化、全风化卵石含量约90%，成分以花岗岩为主，手捏呈砂状、土状；充填物为黏土、粗砂。

②-3层卵石土：黄灰，密实，饱和；成分以花岗岩、闪长岩、花岗闪长岩、石英岩、砂岩为主，质硬，次磨圆状，分选性一般，坚硬卵石含量约20%~40%，粒径以2~7cm居多，最大粒径18cm；局部夹漂石，粒径20~30cm；强风化、全风化卵石含量约55%，成分以花岗岩为主，手捏呈砂状、土状；充填物为黏土、粗砂。

②-4层砾砂：灰白，松散~稍密，湿；颗粒成分以石英长石为主，含少量云母，级配较好，夹少量黏性土。该层呈透镜体分布，仅出现在ZK6内。

②-5层粉质黏土：黄，软塑；含卵石约10%，粒径2~5cm，局部含有沙团，无摇振反应，光泽度好，刚强度中等，韧性中等。该层分布高程为476.50~480.98m，厚度0~3.3m，该层仅出现在ZK3、ZK4内，分布不连续，以透镜体的形式出现。

②-6层卵石土：黄灰，密实，饱和；成分以石英砂岩为主，质硬，次磨圆状，分选性一般。坚硬卵石含量约40%~50%，粒径以2~7cm居多，夹少量漂石，粒径为25~30cm，胶结较好，质硬；强风化、全风化卵石含量约40%，成分以花岗岩为主，手捏呈砂状、土状；圆砾含量约10%；充填物为黏土、粗砂（图2-68，图2-69）。

图2-68 钻孔表层卵砾石 　　　　图2-69 钻孔第四系上更新统冰积层卵石土

下伏基岩：据区域工程地质资料，穿越段下伏基岩为白垩系灌口组泥岩，埋深在120m左右。

冰水沉积和冰川发育密切相关，系由冰川融水造成的一种颗粒较细、磨圆较好、分选性好、有一定层理的沉积物，这种沉积地层大致可分为四类：(1)冰期中的冰缘冰水沉积；(2)冰期中阶段性气候转暖时形成的冰水沉积；(3)由冰期向间冰期转化过程中形成的冰水沉积；(4)间冰期中的冰缘冰水沉积。在四川盆地的河流地层中，主要以第三种冰水沉积地层为主，这种地层形成的原因是地球上大的气候波动形成全球性寒冷期与温暖期的交替变化，当从一个寒冷期（即冰期）向温暖期（即间冰期）转变时，由于温度逐渐升高，势必引起冰川的大量消融和退缩，甚至亦有可能使冰川完全消融，冰融水所携带的大量物质在原冰川分布区以至更远的地方沉积下来，形成大规模的冰水沉积。这种冰水沉积不仅厚度大，延伸的距离远，而且沉积物中还可能含有较粗大的颗粒成分，包括原来冰碛物中的特征冰漂砾等。

对四川盆地内某河流进行了详细的勘察，河床地质情况为：表层主要为第四系松散卵砾石层，厚度大约在6m左右，下层为第四系冰水沉积层，由黏土、风化的卵砾石以及未风化的卵砾石组成，其中未风化的卵砾石最大粒径约为16cm，同时还夹杂一定的漂石，物探结果显示其下伏第四系上更新统冰水沉积层密实卵石土为相对低阻层视电阻率10～150Ω·m，说明卵石间以黏性土充填为主，局部为砂充填。

物探结果及冰积层见图2-70～图2-72。

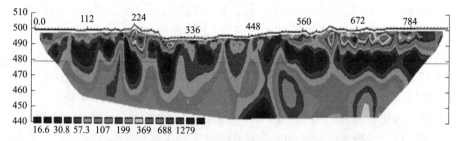

图2-70　河流地质物探成果

图2-71　冰水沉积卵砾石地层取芯

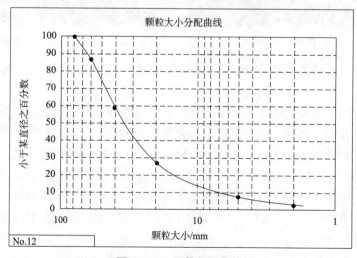

图2-72　颗粒级配曲线

通过对勘察结果和相关的地质资料分析，河流冰水沉积地层的物质来源主要为冰川搬运的碎屑物质，地层特点与地层沉积环境密切相关，最终形成的冰积物是由漂、卵、砾、砂和黏性土组成的混杂堆积体，结构疏松，分选性差，粒度相差悬殊。在颗粒组成、颗粒表面形态、矿物成分和沉积特征等方面都具有不同于其他沉积物的特征，主要存在以下特点：

（1）冰积地层颗粒大小混杂，地层经常突变，缺乏层理构造。

在冰川搬运过程中，由于碎屑物质在冰川中呈固着状态，除了某些大块颗粒局部摩擦、边缘颗粒可以和冰床基岩摩擦外，绝大多数搬运物在冰体内不能自由转动和位移，不能相互作用，在搬运过程中也难以受到改造，因此冰积地层颗粒大小混杂，分选性差，粗大的颗粒物和泥土碎屑混合分布，地层经常突变。

（2）冰积地层中经常夹有大粒径的漂石。

由于冰川是固体介质，尽管其流速慢，但搬运能力很强，因此在冰积地层中，经常可见大粒径的漂石。

（3）大部分骨架颗粒风化程度高，但依然存在一定比例的未分化卵砾石。

冰川的冰冻风化和冰川的刨蚀、掘蚀作用使大部分以花岗岩成分组成的卵石已呈中、强、全风化，但其中也有很多未风化卵砾石，含量为 20% ~ 40%。

三、设计方案

1. 出入土点选择

石亭江穿越两侧均有足够的施工场地，但北岸有一处堆沙场，相比而言，南岸场地更为平坦开阔，适合管道组装焊接和回拖，因此可作为出土端。北岸作为穿越入土端，根据定向钻穿越弹性曲线设计要求，定向钻入土点距北岸大堤堤角 77.8m，出土点距南岸大堤堤角 111.5m。

2. 穿越地层选择

石亭江穿越工程主要穿越地层为卵砾石层，虽然冰水沉积卵砾石层已经风化，但依然存在尚未风化的卵砾石，粒径以 2 ~ 7cm 为主，局部可能存在较大的漂石，针对本穿越工程的特点，结合兰成原油管道穿越经验，主要存在的风险是扩孔过程中，坚硬的、未风化的卵砾石可能造成定向钻卡钻，因此穿越地层要选择在未风化卵砾石含量最小的地层穿越。

对石亭江穿越位置处地层进行总分分析，见表 2 - 6。

表 2 - 6　穿越地层综合分析表

岩土名称	时代成因	地层编号	综合分析
耕土	Q_4^{al+pl}	① - 2	分布于表层，深度较浅
砂土		① - 2	分布于表层，深度较浅
卵石土		① - 3	结构稍密，微风化卵石含量高，夹有少量漂石，为不稳定层，定向钻穿越不具有可行性

岩土名称	时代成因	地层编号	综合分析
上更新统卵石土		②-1	结构稍密，坚硬卵石含量约10%~20%，粒径以2~5cm居多，最大粒径15cm；局部夹少量漂石，粒径20~30cm；全风化卵石含量约75%，成分以花岗岩为主，手捏呈砂状、土状；充填物为黏土、粗砂。定向钻穿越具有一定可行性，但同时也存在一定穿越风险
上更新统卵石土		②-2	结构松散，坚硬卵石含量约5%~10%，粒径以2~5cm居多，最大粒径16cm；局部夹少量漂石，粒径为20~30cm；强风化、全风化卵石含量约90%，成分以花岗岩为主，手捏呈砂状、土状；充填物为黏土、粗砂。此层位坚硬卵砾石含量较少，穿越风险相对而言最小
上更新统卵石土	Q_3^{fgl}	②-3	结构稍密，坚硬卵石含量约20%~40%，粒径以2~7cm居多，最大粒径18cm；局部夹漂石，粒径20~30cm；强风化、全风化卵石含量约55%，成分以花岗岩为主，手捏呈砂状、土状，充填物为黏土、粗砂。该层坚硬卵砾石含量较高，定向钻扩孔风险较大
粉质黏土		②-5	层位较薄，以透镜体形式出现
上更新统卵石土		②-6	坚硬卵石含量约40%~50%，粒径以2~7cm居多，夹少量漂石，粒径为25~30cm，胶结较好，质硬；强风化、全风化卵石含量约40%，成分以花岗岩为主，手捏呈砂状、土状；圆砾含量约10%；充填物为黏土、粗砂。该层坚硬卵砾石含量较高，定向钻扩孔风险较大

综合分析，选择在②-2和②-1稍密卵石土层位中穿越。

3. 穿越曲线设计

根据以往经验和地层情况，综合考虑穿越处的地质条件，勘探线位置，定向钻穿越的入土角、出土角、曲率半径等因素，设置入土角为12°，出土角为10°。穿越水平长度为606.3m，穿越管道实长为609.9m。

穿越管段的曲率半径为1200D（D为穿越管段外径：457mm）。

4. 上层冲洪积层卵砾石处理

在入土端采用夯套管和开挖方式相结合的方式处理卵砾石层，套管直径为1219mm，套管长度45m，开挖卵砾石约3000m³。

在出土端采用开挖方式处理卵砾石层，开挖土石方量为8000m³，考虑出土端隔离卵石需要，在开挖后放置套管，套管直径为1219mm，套管长度为50m。

开挖期间可能有地下水渗出，考虑采用机泵明排方式进行降水处理。

5. 管道回拖及光缆穿越

本工程场区内表层卵砾石含量较多，透水性大，不宜采用发送沟，因此采用管轮支架方式发送管道，考虑到南岸房屋的影响，回拖管线采用弹性敷设，弹性敷设角度为25°，曲率半径为457m（1000D），现场可根据具体情况调整。

考虑到穿越风险较大，本项目光缆穿越不再单独穿越，采用铠装海缆与主管道一同回拖，铠装海缆采用一用一备，光缆采用24芯。

6. 施工场地布置及材料运输

两岸穿越入土点距大堤背水侧坡脚77.8m。主钻机场地为100m（长）×80m（宽），按照500tf钻机场地考虑，此处位于一处堆沙场内，涉及临时房屋拆迁一处。钻机进场需要整修施工道路200m。

辅助钻机入土点侧钻机场地60m×60m，同时在辅助钻机前侧需要进行卵砾石开挖，考虑60m×80m场地，穿越管道组焊、回拖所需场地约600m（长）×6m（宽）。出土端无施工便道直接到达，需要修建150m施工便道。

设备材料考虑利用附近的省道运输到达穿越附近。

四、冰水沉积卵砾石地层穿越风险

1. 导向孔阶段的风险

钻导向孔是水平定向钻穿越的第一个施工步骤，在卵砾石地层进行导向钻进时，由于卵砾石颗粒大小不等，最大粒径达16cm，局部还存在漂石，地层结构松散，这使得导向钻头特别容易偏离设计的左右方向，即便最终通过控向到达设计出土点，也会导致钻孔弯曲，孔径不规则，影响扩孔和回拖施工，同时未风化的卵砾石强度较高，钻进难度较大，易发生钻杆断裂。

2. 扩孔阶段的风险

由于冰水沉积卵砾石地层结构松散，骨架颗粒大小不一，在扩孔阶段若泥浆黏度不够，极易发生垮孔事故，当穿越管径大于400mm时，很难一次成孔，需要多次扩孔，需要对钻进泥浆性能要求极高，既要满足护壁要求，形成薄而致密的泥皮，又要保证其流动性好，泵送容易，保证能够带出岩屑。如果泥浆的泵量、泵压过大，造成了对卵砾石及其周围胶结物（土）的过度冲洗，使土沿导向孔随钻进泥浆一起排出，孔壁也易发生坍塌。

3. 回拖阶段的风险

目前穿越管道一般采用3LPE防腐层结构，这种防腐层具有良好的耐磨性能，但是抗划伤性能较差，在钻孔过程中被部分研磨的卵石表面可能形成锋利锐角，在管道回拖时会持续划伤、划破管道防腐层，影响管道的使用寿命，如果孔洞内还有未被带出的卵砾石或钻孔轨迹与设计偏差太大，可能会在回拖时卡住管道，导致回拖力太大或回拖失败。

4. 其他风险

冰水沉积卵砾石层透水性较好，在钻进过程中若泥浆压力太大，可能会发生冒浆，泥浆一般为强碱性，对河流造成较大污染。

五、风险控制措施

1. 钻具组合

考虑到穿越工程的特殊性，选择合理的钻具组合直接影响穿越施工，在钻机的选取方面，首先根据现场地质情况，对管道的回拖力进行计算，某穿越工程的计算回拖力为50tf，根据国内外的经验，一般设计时取回拖力的值为计算回拖力的 1.5 ~ 3 倍，但本工程穿越地层为冰水沉积卵砾石层，地质极其复杂，为确保有足够的安全裕量，主钻机使用 500tf

钻机，同时考虑到扩孔过程中可能出现卡钻现象，在出土端设置一台 400tf 辅助钻机。

导向孔采用 17 ½″ 的大钻头、9 ⅝″（244mm）大泥浆马达、S135 级 6 ⅝″ 加厚钻杆进行导向孔施工，考虑到卡钻主要发生在扩孔阶段，扩孔器采用 30″ 特制双向岩石扩孔器进行扩孔，同时利用在出土端设置的辅助钻机，一旦卡钻，立即进行反方向回拖，在回拖前，采用 20″ 以及 26″ 桶式扩孔器进行测孔、洗孔。

硬质合金齿 30″ 特制双向镶齿岩石扩孔器见图 2 - 73。

图 2 -73　硬质合金齿 30″特制
双向镶齿岩石扩孔器

2. 数值分析

对定向钻穿越过程中的钻具受力进行分析，以确保穿越施工过程中钻具的完整性，数值分析动力学模型采用弹簧 - 质量 - 阻尼系统（K - M - C）模式（图 2 - 74），将钻柱系统振动简化为高维多自由度系统来分析，并充分考虑泥浆、孔壁及两端边界条件。根据穿越段钻柱系统的结构特性，建模时采用以下

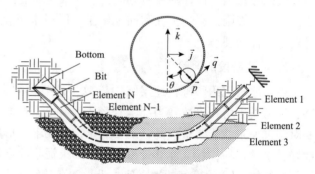

图 2 -74　钻柱离散单元图

假设：（1）钻柱系统为均质空间弹性梁，省略钻具单元间螺纹、局部孔槽等结构，钻具的几何尺寸、材料性质分段为常数，不考虑温度影响；（2）考虑泥浆、钻具与孔壁接触摩擦阻力的阻尼。

在卵砾石地层穿越扩孔过程中钻具受力最大，针对地层特点采用钻杆 +1 根钻铤 +17″中心定位器 +30″岩石扩孔器 +钻杆的钻具组合，其中扩孔器采用镶嵌硬质合金齿特制双向岩石扩孔器，以避免卡钻时能够及时解卡，对此钻具组合采用 ABAQUS 有限元软件进行数值模拟。

该钻具组合的 vonMises 等效应力最大值位于距离钻铤上端较远处（第三根钻杆的公扣处），值为 171.5MPa，考虑应力集中系数为 1.1；根据钻杆屈服强度 931MPa 可以获得其静力安全系数为 5.43，说明采用该方式的钻具组合能够满足工程需要。

钻具应力云分布见图 2 -75。

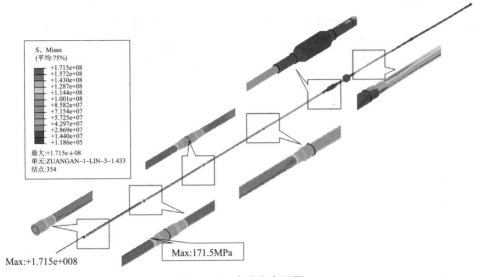

图2-75 应力分布云图

3. 套管隔离表层卵砾石

对于卵砾石含量超过40%的地层穿越风险极高，因此对于表层第四系冲洪积卵砾石层要采用套管隔离，经计算采用 $D1219\text{mm} \times 20\text{mm}$ 钢套管，同时为保证扩孔器回退时不被套管卡住，在套管的前端焊接安装锥形喇叭口，并且对出土端喇叭口周围做好封闭，以免地下水进入，引起泥浆性能变化，使泥浆黏度降低，破坏平衡，造成塌孔。

4. 大直径钻头和带有角度泥浆马达

由于冰水积地层含大块漂石及大量未风化、微风化卵石，在导向孔遇到这些坚硬块体时极难有效磨碎及用泥浆带出，需要利用冰水沉积地层结构疏松的特点将未磨碎的卵砾石挤到孔壁一侧，采用大直径钻头不易偏离设计轨迹，同时也有足够能力将坚硬块体挤到孔壁一侧，因此选用17.5″镶焊矮齿硬质合金耐磨钻头和2.25°大角度造斜泥浆马达，配合采用S135级6⅝″加厚钻杆进行导向孔施工。

5. 高密度、高黏度泥浆护壁

冰积卵石层结构疏松，易塌孔，且穿越地层含砂量大，要考虑砂侵、水浸对泥浆的影响，防止泥浆黏度降低，失水增大，从而造成孔壁失稳，因此在冰水沉积地层中钻进时要提高泥浆密度及比重，提高液柱压力，维持地层平衡；提高泥浆黏度，可以降低泥浆失水，控制泥浆含砂量以加强泥浆的护壁功能，增加井壁颗粒之间的胶结力；添加润滑剂来提高泥浆的润滑性，从而降低钻杆扭矩和摩擦力，防止卡钻。

6. 外防腐层防护措施

美国管道研究委员会PRCI关于定向钻穿越防腐层给出结论为：软土层、砂层或软性岩土(如页岩、泥岩)，不需考虑防腐层的磨损，硬岩(如花岗岩、石英岩、硬质砂岩)地层穿越，可以采取适当增加防腐层系统中的一种或多种材料的厚度，来消除防腐层磨损的影响。

常选用的防腐层有：聚氨酯/聚脲、帕罗特（Powercrete）液态环氧（一种聚合物混凝土涂料）、环氧聚合物（一种改性的环氧材料）、环氧粉末、环氧聚氨酯（epoxy urethane）、聚丙烯（polypropylene）、氨基甲酸酯（Urethane）、瓷性聚氨酯（Ceramic Urethane）。在本次穿越工程中，考虑到现场施工以及3PE防腐的要求，防护层采用改性环氧玻璃钢。

六、实施情况

石亭江定向钻穿越施工周期为两个月，其中从正式开钻至穿越工程结束周期为一个月左右，相比开挖穿越而言大幅缩短了施工周期。根据现场监测，施工期间导向孔钻孔及扩孔施工期间的监测结果见图2-76。由图可以看出：由于大量卵砾石的存在，在两个阶段单根钻杆钻进所需要花费的时间均较长，但总体情况稳定；除存在少量卡钻及施工辅助工种如泥浆制备等情况发生外，多数情况下导向孔阶段单根钻杆钻进时间小于30min，扩孔阶段单根钻杆钻进时间小于60min，体现了较高的施工稳定性。

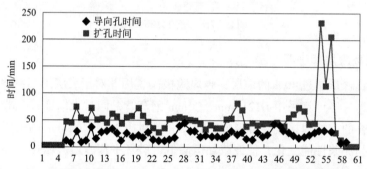

图2-76　导向孔（下层线）和扩孔施工阶段（上层线）单根钻杆施工花费时间

施工期间钻机推力监测结果显示：导向孔及扩孔施工阶段钻机最大推力均控制在250kN以下（图2-77）。

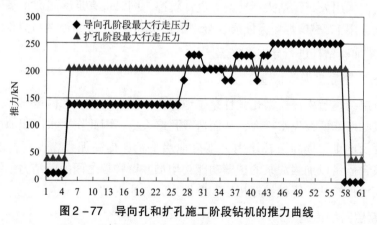

图2-77　导向孔和扩孔施工阶段钻机的推力曲线

施工期间钻机扭矩的最大监测值见图2-78，导向孔阶段最大值基本在30kN·m以下，扩孔阶段最大值基本在68kN·m以下。

环氧玻璃钢配合3PE防腐层在施工出土后的损伤程度见图2-79，未发现明显损伤，其防护效果很好。

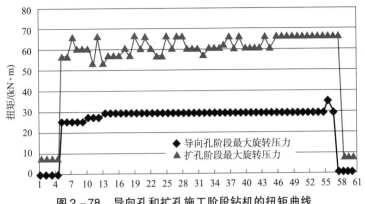

图2-78 导向孔和扩孔施工阶段钻机的扭矩曲线

图2-79 管线回拖完成

第十二节 中俄东线讷谟尔河定向钻穿越

一、工程概况

中俄东线北段，讷谟尔河穿越位于黑龙江省五大连池市向东村，穿越处管道设计压力为12MPa，地区等级为一级。穿越段钢管为$D1422 \times 30.8$mm X80M 直缝埋弧焊钢管，防腐采用普通固化型环氧粉末常温型3LPE加强级外防腐层。

穿越设计水平长度为752m，入土角6°，出土角5°，曲率半径1500D，管顶埋深26m。讷谟尔河定向钻穿越工程等级为大型。平行主管穿越一条硅管套管，采用$D114 \times 5$mm 焊接钢管。

二、地质情况

穿越断面地层从上到下依次分为9个主层、1个夹层，其分布情况叙述如下：

①层素填土（Q_4^{ml}）：主要成分为圆砾土，杂色，亚圆形，松散~稍密，稍湿，一般粒

径2~12mm，最大粒径30mm，颗粒级配不良，砂土充填，含量20%~30%，源自场地采砂，后经人工筛选，废弃的粗粒土。本土层主要分布于砂堆周边。

②层粉质黏土（Q_4^{al+pl}）：褐黄色，可塑~硬塑，切面稍光滑，韧性、干强度中等，中压缩性，局部混少量粗砂及圆砾，粒径0.5~5mm。层厚0.2~3.5m，层底标高266.28~270.16m，普氏分类为Ⅱ级，场地钻孔普遍揭露该层，主要分布于河床两岸及中间农田处。该层有一夹层：

②-1层黏土（Q_4^{al+pl}）：黑褐色，软塑~可塑，干强度、韧性中等，土质较均匀，含少量圆砾，有机质含量4.9%~12%，含少量植物根系。层厚1.0~1.2m。

③层细砂（Q_4^{al+pl}）：灰白色，稍密~中密，稍湿~饱和，主要成分为石英、长石、云母，粒径为0.5~3mm，土质较均匀，含少量砾石。层厚0.6~3.0m，普氏分类为Ⅱ级。

④层中砂（Q_4^{al+pl}）：灰白色，中密，稍湿~饱和，主要成分为石英、长石、云母，粒径0.075~2mm，土质较均匀，含少量砾石。层厚1.0~2.1m，普氏分类为Ⅱ级。

⑤层粗砂（Q_4^{al+pl}）：灰白色，稍密~中密，稍湿~饱和，主要成分为长石、石英，粒径0.5~2mm，含砾石20%，粒径为2~12mm。层厚0.8~6.1m，普氏分类为Ⅲ级。

⑥层砾砂（Q_4^{al+pl}）：杂色，稍密，稍湿~饱和，砂粒成分为长石、石英，粒径为0.5~3mm，含少量砾石，粒径为2~10mm。层厚1.0~2.9m，普氏分类为Ⅲ级。

⑦层圆砾（Q_4^{al+pl}）：灰色、灰黄色，级配良好，中密~密实，大粒径磨圆良好，多呈圆形及亚圆形，母岩成分以石英砂岩为主，中等风化，一般粒径2~15mm，最大粒径35mm，砂土充填，含量20%~40%。层厚1.3~8.0m。

⑧层全风化泥质砂岩（K）：灰褐色，岩芯呈砂土状、块状，泥质含量较高处呈短柱状，手可掰碎，砂质结构，泥质胶结，胶结程度一般，层状、厚层状构造，原岩结构基本破坏，局部含少量砾石，可见泥岩夹层，泥岩层厚不均，30~100cm，泥质结构，泥岩的矿物成分以黏土矿物为主。最大揭露厚度11.6m。

⑨层强风化泥质砂岩（K）：灰褐色，岩芯呈短柱状，砂质结构，泥质胶结，胶结程度一般，层状、厚层状构造，原岩结构大部分被破坏，局部含少量砾石，可见泥岩夹层，泥岩层厚不均，30~100cm，泥质结构，泥岩的矿物成分以黏土矿物为主。最大揭露层厚6m，普氏分类为Ⅴ级，场地均有揭露。

穿越地质断面示意图见图2-80。

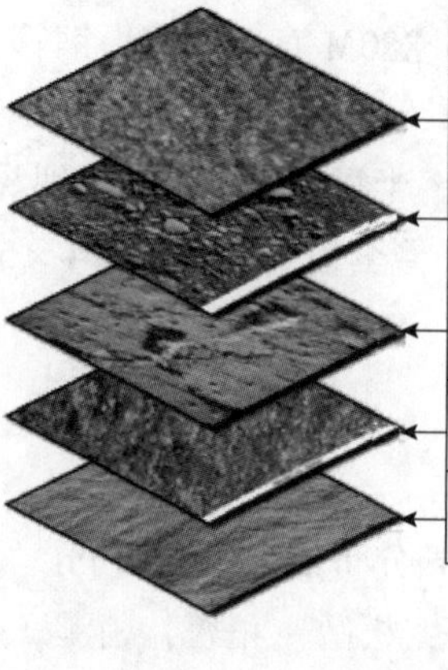

序号	地质名称	层面厚度	处理	描述
②	细砂（Q_4^{al+pl}）	层厚0.70~2.80m	—	—
③	圆砾（Q_4^{al+pl}）	层厚1.0~3.2m 位于4~7m	需挖除换填	卵砾石含量15%，直径10~30cm
④	全风化泥岩（K）	层厚3.60~9.90m	—	—
⑤	强风化泥质砂岩（K）	层厚6.00~13.70m 位于7m以下	主要穿越层位	硬度5MPa
⑥	强风化砂岩（K）	厚度3.60~32.00m	未揭穿	—

图2-80 穿越断面示意图

三、河势分析与水文参数

1. 河道近期演变分析

比较 2000 年、2014 年河势图可知，铁路桥上游河道继续发生冲刷后退情况，并向右侧偏移，牛轭湖消失。讷谟尔河大桥与铁路桥之间河道略有拓宽，变化较小。讷谟尔河大桥下游至黑吉高速之间，河道向左侧偏移，弯曲度增加。黑吉高速下游，受黑吉高速引路影响，使上游来流集中下泄，致使主槽冲刷拓宽，支汊萎缩，河势趋于稳定。

2. 河道演变趋势预测

工程所在河段为纵向稳定、横向欠稳定的分汊型河道。由河道历史变迁和近期演变分析可知，本河段河道基本以横向演变为主，河道演变总体趋势是弯道凹岸冲刷，弯曲度加大。近年来，由于河道多处修建节点工程，河势基本趋于稳定。

3. 工程水文参数

据《中俄东线天然气管道工程讷谟尔河穿越工程建设方案》，各频率洪水下讷谟尔河管道穿越断面主槽及滩地断面工程水文参数，详见表 2 - 7。

表 2 - 7　讷谟尔河穿越断面参数一览表

断面桩号	$p = 1\%$	$p = 3.3\%$
	$Q = 2735 m^3/s$	$Q = 1795 m^3/s$
主槽	1.83	1.55
滩地	0.45	0.41

从偏于安全角度考虑，穿越断面处 100 年一遇洪水的河槽最大冲刷深度为 1.83m，滩地最大冲刷深度为 0.45m。

四、设计方案

1. 穿越地层选择和设计参数确定

本工程共穿 2 次，分别为输气管道和硅管套管穿越，硅管套管穿越轴线平行于输气管道轴线，位于输气管道西侧 20m 处，穿越曲线与输气管道定向钻穿越曲线设计要求相同。

综合考虑定向钻穿越的入土角、出土角、曲率半径及两端圆砾层处理平等因素，穿越管中心高程选在 243.9m，穿越主要在黏土、砾砂、圆砾、泥质砂岩中通过。

主钻机入土点选择在东岸(右岸)，辅钻机入土点选择在西岸。考虑到降低大口径管道回拖入洞的风险和难度，本项目穿越的入土角选择为 6°，出土角为 5°。

本穿越弹性敷设曲率半径为 2133m(1500D)。

总体布置详见图 2 - 81。

2. 圆砾层处理

本工程入、出土点处的圆砾层采用开挖换填方式进行处理，基坑采用放坡方式开挖，

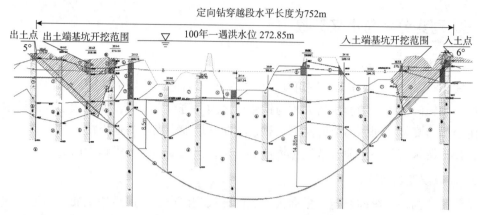

图2-81 讷谟尔河穿越纵断面图

坡率不大于1：3，中间留一级平台，平台宽4m，入土点侧基坑坑底标高为260.5m，出土点侧基坑坑底标高为259.2m。

3. 管道降浮处理

本工程管道的有效重力为8.49kN/m，为避免管道回拖的拉力过大导致管道回拖失败的风险，本工程采取降浮措施。经计算，本工程每延米管道配重不应小于6.49kN/m，设计配重7.75kN/m。施工采取PE管管外充水配重的措施，推荐采用PE管规格D900×42.7mm，长度755m，充水配重486m³。

五、施工方案

1. 设备参数

施工中主要有主钻机(图2-82)、辅钻机、泥浆泵、发电机、回收系统等大型机械设备。

DD-1100钻机	
发动机功率	500kW×2
最大推拉力	4903kN(500tf)
最大扭矩	136000N·m
最高转速	75(r·min⁻¹)
入土角调节范围	7°~18°
钻机结构	拖车式
钻机总重量	44t(拖车安装)
泥浆系统	
泥浆泵	3HS-280
最大流量	2838L/min
泥浆回收设备	处理能力2000L/min
DD-990钻机	
最大推拉力	4412kN(450tf)
最大扭矩	132000N·m

图2-82 主要设备图

2. 场地布置

两岸场地、管线预置带、保温棚、管线起焊点、安全便道等设备设施布置图（图2－83）。

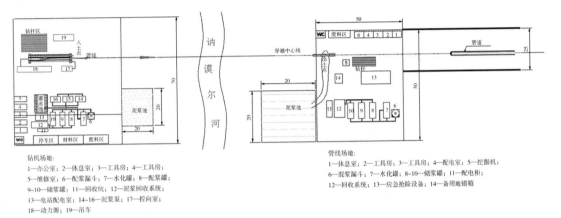

钻机场地：
1—办公室；2—休息室；3—工具房；4—工具房；
5—维修室；6—配浆漏斗；7—水化罐；8—配浆罐；
9~10—储浆罐；11—回收坑；11—泥浆回收系统；
13—电站配电室；14~16—泥浆泵；17—控向室；
18—动力源；19—吊车

管线场地：
1—休息室；2—工具房；3—工具房；4—配电室；5—挖掘机；
6—混浆漏斗；7—水化罐；8~10—储浆罐；11—配电柜；
12—回收系统；13—应急抢险设备；14—备用地锚箱

图2－83　入、出土点场地布置图

3. 导向孔施工

（1）导向孔施工流程见图2－84。

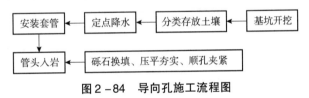

图2－84　导向孔施工流程图

（2）导向孔钻具组合见图2－85。

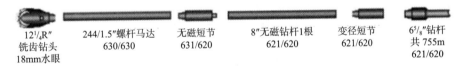

图2－85　导向孔钻具组合图

（3）导向孔施工曲率与设计曲率对比见图2－86。

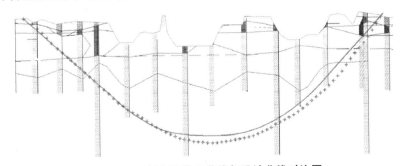

图2－86　导向孔施工曲线与设计曲线对比图

4. 预扩孔施工

（1）施工流程见图2-87。

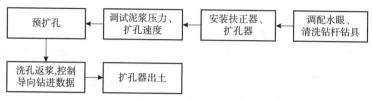

图2-87 扩孔施工流程图

（2）预扩孔钻具组合方案见图2-88。

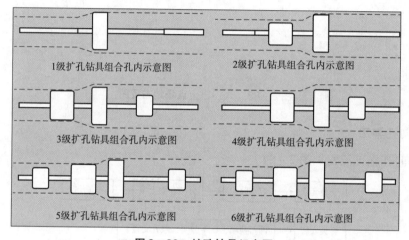

图2-88 扩孔钻具组合图

（3）双钻机扩孔施工工艺流程见图2-89。

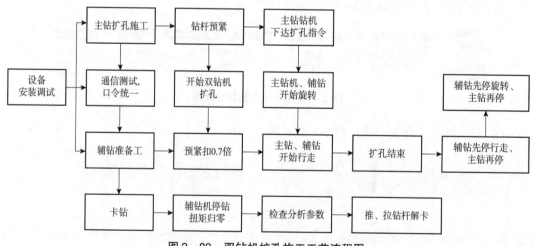

图2-89 双钻机扩孔施工工艺流程图

5. 回拖施工

回拖施工工艺流程见图2-90。

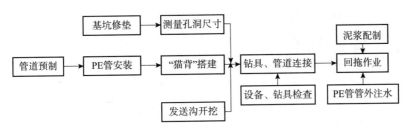

图 2-90　回拖工艺流程图

1）回拖入洞施工

由于讷谟尔河管径为 $D1422mm$，钢级为 X80，无论是管径还是钢级均是国内油气管道工程之最，因此，为避免回拖的风险，提高管道回拖成功率，本工程在出土端采用"发送沟 + 吊管机 + 猫背 + 预置坑"的组合发送方式（图 2-91）。

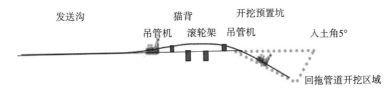

图 2-91　滚轮架管道回拖示意图

2）管道回拖降浮

本次讷谟尔河回拖过程中的浮力控制，采用回拖过程中 PE 管外同步注水的方式（图 2-92、图 2-93），通过精确计算和严格施工控制，重力与浮力的合力刚好使得整根管道在孔内达到悬浮状态，达到良好的降浮效果，回拖力为启动回拖力 30tf，最终回拖力 160tf。

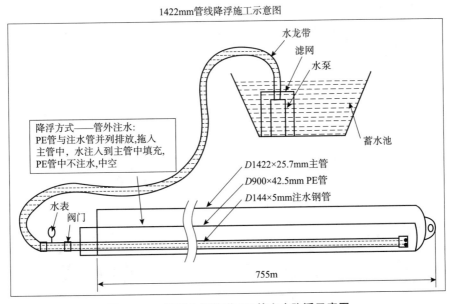

图 2-92　讷谟尔河管道 PE 管充水降浮示意图

图2-93　现场讷谟尔河管道PE管充水降浮图

6. 冬季极寒地区施工

1)施工场区保温棚

图2-94　讷谟尔河入、出土点
施工场区保温棚图

进行(图2-95)。

讷谟尔河地区冬季最低气温达到-42℃,冬季平均气温-24.3℃,本工程是属于极寒冬季施工,为确保冬季施工的可实施性,施工中入土点场地、出土点场地、管线预制带及管沟都搭建了保温棚(图2-94),保证人员、设备的安全和防冻。

2)管道试压保温棚

由于管道回拖时在最低温度-40℃的情况下,为确保回拖管线正常安全地上水、试压、稳压,本工程采用双层保温棚对回拖管道整体进行保温和升温,保证管道回拖的安全、顺利

图2-95　讷谟尔河管道现场入、出土点保温图

六、现场事故及处理措施

1. 钻杆失效事故

1）事故情况描述

在预扩孔阶段，发生两次钻杆黏扣事故，少则损坏 2~3 根钻杆（图 2-96），多则导致数十根钻杆粘结在一起而连续损坏，在钻机卸扣大钳无能为力的情况下，现场采用火焊将钻杆接头割开。

图 2-96 讷谟尔河钻杆失效图

2）原因分析

（1）由于穿越现场条件有限，在连接钻杆时不采用标准的扭矩仪，完全凭操作人员经验上扣，导致部分钻杆存在二次上扣的风险。

（2）由于扩孔器尺寸较大，预扩孔阶段造成钻杆扭矩过大，从而使钻杆之间接头处受力过于集中，从而使未达到上扣扭矩标准要求的钻杆发生二次上扣现象。

由于上述原因导致穿越钻杆的上扣扭矩远远达不到钻具厂家或设计要求的上扣扭矩值，从而使钻杆在施工过程中出现二次上扣现象，造成大量因黏扣无法卸下螺纹的钻杆失效事故。

3）处理措施

（1）采用钻机动力头或虎钳进行钻杆上扣，保证钻杆上扣扭矩达到厂家或设计要求上扣扭矩值。

（2）采用轻量化扩孔器（图2-97）及主钻机和辅助钻机双钻机多方案结合方式进行扩孔工艺施工（图2-98），避免扩孔阶段钻杆扭矩过大导致钻杆螺纹失效黏扣现象的发生。

图2-97　轻量化扩孔器图

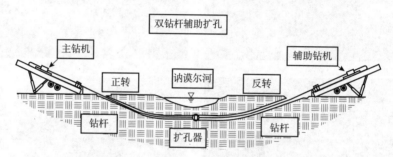

图2-98　讷谟尔河双钻辅助扩孔示意图

2. 回拖滚轮架失效导致管道防腐划伤事故

1）事故情况描述

讷谟尔河采用滚轮支架（图2-99）的方式进行管道回拖施工，在管道回拖施工过程中有一处滚轮架结构性损坏（图2-100）导致管道多处、大面积划伤防腐层问题的发生（图2-101），其中最大划伤长度为20m，划伤管道底漆3处。

图2-99　讷谟尔河 D1422mm 管道滚轮架图　　图2-100　D1422mm 管道滚轮架滚轮轴承断裂图

图 2 - 101　管道防腐层划伤图

2）原因分析

（1）D1422mm 管道滚轮架设计不合理及结构强度不够是导致滚轮架破坏失效划伤防腐层的主要原因。

（2）D1422mm 管道专用滚轮架数量准备不足，施工过程利用 2 个 D1219mm 管道专用滚轮架代替 D1422mm 滚轮架是间接原因。

顶管顶进曲线偏差，导致管道回拖过程中滚轮支架受力不均，出现局部滚轮架受力过于集中，最终导致滚轮架上部的滚轮轴完全断裂。

（3）滚轮架的安装就位计算不够精确，基础高程设置不合理，基地承载力不够等原因，导致在管道回拖过程时回拖猫背整体结构受力不均，荷载过于集中在单个滚轮架导致滚轮架上部的滚轮轴完全断裂，造成破坏的滚轮架损坏、划伤管道防腐层现场的发生。

（4）由于回拖期间现场 90t 吊管机数量不足，为了避免长时间钻孔发生塌孔的风险，施工方采用固定滚轮架猫背回拖方案代替原设计吊管机 + 吊篮的管道回拖方案，回拖猫背设计方案的更改也是造成管道防腐层划伤的重要原因。

3）解决措施

采用原设计方案吊管机 + 吊篮 + 发送沟的管道回拖方案替代固定滚轮架方案，根据现场场地条件和现有设备数量，设计通过精确分析计算，在确保安全的基础上确定了滚轮架设置间距、吊点高度、发送沟起始位置、管道回拖入洞点开挖范围和深度及管道内 PE 每分钟注水量等管道猫背回拖施工过程中的关键环节参数，确保了国内首条 D1422mm 定向钻穿越管道顺利回拖成功。

七、小结

讷谟尔河主管于 2017 年 12 月 13 日开钻，经过 113 个日夜连续奋战，在极寒冬季施工中，完成了两岸场地卵砾石开挖换填、一级导向孔、六级扩孔、七级洗孔、孔洞测量、主管回拖等施工任务。

本工程作为国内首条 D1422mm 油气管道定向钻穿越成功的工程，填补了国内同管径水平定向钻施工的技术空白，开创了国内最大管径 D1422mm 管道穿越的先河，是油气管道定向钻穿越史上的里程碑事件，为今后 D1422mm 管径及更大管径的水平定向钻施工提供了重大的借鉴和指导意义。

虽然讷谟尔河是国内首条 $D1422mm$ 管道穿越成功工程，其施工过程中的成功经验和事故教训值得我们总结和借鉴。

（1）入、出土点卵石层采用开挖置换及下工艺套管的方法解决了卵石地层孔洞坍塌、冒浆的风险问题。

（2）导向孔采用有线和无线控向技术优化措施确保了软硬地层穿越曲线的精准度，为后续扩孔工作提供了有力保障。

（3）采用新型轻型高扭扩孔器，前后搭配新式扶正器及柔性钻杆等新型、高性能钻具组合解决大扩孔器钻具下沉、台阶卡钻、扩孔器连接钻杆脱扣断扣的过渡性难题。采用新型高性能钻具及优化合理的钻具组合是本工程大级数扩孔成功的关键因素。

（4）采用双钻机扩孔方案不仅有效解决或规避钻杆扭矩过大导致钻杆断裂、钻具失效等施工风险，而且还达到缩短扩孔时间、提高施工工效的目的。

（5）优化扩孔级数，最大限度地减少孔洞的扰动时间，降低孔洞塌孔的风险，是确保穿越工程成功实施的关键因素之一。

（6）通过科学合理地设置管道入洞预制作业坑＋滚轮架猫背设计＋发送沟等组合方案解决大管径管道回拖入洞的难题，采取 PE 管外注水与管道回拖同步降浮方案大大降低了回拖阻力，确保了管道一次性成功顺利回拖。

（7）讷谟尔河穿越场地、管道试压保温大棚的搭建，大大地提升施工工效，为整个项目有序推进提供了最可宝贵的时间，为整个工程按期完工打下了坚实的基础。

（8）通过本工程固定式滚轮架结构破坏事故可知，可调节高度、适应不同管径的固定式滚轮架应是今后设计重点考虑的问题和研究方向，同时也是大管径猫背设计基础工作技术提升的重点。

第十三节　唐山 LNG 纳潮河定向钻穿越

一、工程概况

唐山 LNG 外输管线项目（唐山段）在河北省唐山曹妃甸工业区内穿越纳潮河，采用定向钻穿越方案。穿越处管道设计压力为 10MPa，介质输送温度为 $-3.6 \sim 20$℃，地区等级为二级。穿越段钢管为 $D1422 \times 30.8$ X80M 直缝埋弧焊钢管，防腐采用 3LPE 加强级外防腐层。穿越工程等级为大型。穿越设计范围内线路水平长度为 1250m，其中定向钻穿越段水平长度 1250m。

二、自然条件

1. 地形地貌

穿越场区地貌属于海相沉积平原地貌，地形稍有起伏，有较大的开阔地，地表平坦，局部低洼，两岸海拔在 0.59 ~ 6m，详见图 2 – 102。

图2-102　纳潮河穿越位置图

两岸为人工填方区，地表堆砌机械、石材等。穿越轴线上游10～50m范围内分布有3条油气管道。

穿越轴线河道与渤海湾相连，附近未见人工水产养殖设施，有渔船进行捕鱼作业，河道内定期有疏浚作业。

穿越位置地形、地貌情况见图2-103、图2-104。

图2-103　纳潮河穿越位置地貌

图2-104　纳潮河两岸地貌

2. 河势水文

纳潮河位于唐山市曹妃甸区，是当年在曹妃甸围海造地时候留下的一条1000m宽的地带，由于造地取砂，即形成了"河"。纳潮河是渤海湾中唯一不需要开挖航道和港池即可建成大型深水泊位的天然港址，是规划新建港口，钢铁、化工、装备制造、加工基地的工业新区。

纳潮河属于连通渤海湾的人工连通河，河流较宽，河流长度较短，其主要功能是促进海水循环，恢复海岸原有的海洋生态和动力平衡，保持曹妃甸洋流稳定，河流水位会随着海洋潮汐而发生变化。该河流目前已基本开挖完成，正在修整堤防。

纳潮河属于连通渤海湾的人工连通河，河流较宽，河流长度较短，河道平面位置稳定，无滚动迹象。

依据勘察报告资料，暴雨汇流产生的洪峰流量较小，河流水位及流量受潮汐影响较大。穿越位置河流常年水面宽度约 1016m，水深约 12m，水深受海水潮汐影响，随时间变化。考虑潮汐及疏浚影响，100 年一遇洪水冲刷深度为 3.83m，冲刷高程为 - 12.5m。

3. 地质条件

根据现场钻探、原位测试及室内试验成果可知：场地内地层主要由第四系全新统海相沉积层和部分人工填土组成。结合地层形成的地质时代、成因、岩性、物理力学性质等特性，场区的地层可分为 5 个工程地质层。描述如下：

①层杂填土：灰褐色为主，稍密湿，成分以建筑垃圾、碎石块及粉砂为主，碎石块一般直径小于 20mm，最大可见直径 60mm 石块。可见夹粉土团块土质不均，堆积年代大于 10a。层厚 1.00 ~ 3.40m，层底标高 0.14 ~ 1.49m，该场地 ZK01、ZK07、ZK08 三个陆上钻孔均有分布。土石等级为 II 级，普氏分类为 II 级。

②层粉质黏土：褐灰色，软塑，稍有光泽，含有机质，夹少量贝壳碎片和腐殖质，含有臭味。层厚 2.4 ~ 2.9m，层底标高 - 3.82 ~ - 9.52m，该层场区内普遍分布，仅陆上 ZK01、ZK07、ZK08 钻孔未见。土石等级为 I 级，普氏分类为 I 级。

③层粉砂：褐灰色，松散 ~ 稍密，饱和，颗粒级配差，矿物成分以石英长石为主，夹粉土互层。层厚 2.0 ~ 13.4m，层底标高 - 2.91 ~ - 12.42m。该层在场区分布普遍，仅 ZK03 钻孔未见。土石等级为 II 级，普氏分类为 II 类。

③-1 层粉质黏土：褐灰色，软塑，稍有光泽，含贝壳碎片，夹薄层粉土互层。层厚 2.3 ~ 2.4m，层底标高 - 3.06 ~ - 3.77m。该层分布于 ZK7、ZK8 钻孔。土石等级为 I 级，普氏分类为 I 类。

④层粉质黏土：褐灰色 ~ 褐黄色，软塑 ~ 可塑，稍有光泽，含有机质，夹粉土薄层，并夹少量贝壳碎片。最大揭露厚度 31.1m(5# 钻孔)，该层场区内普遍分布，所有钻孔均有揭露。土石等级为 II 级，普氏分类为 II 类。

④-1 层粉土：褐灰色，中密，很湿，土质不均，夹薄层粉质黏土互层，含云母。层厚 3.4m，层底标高 - 8.61m。该层为粉土夹层，分布于 ZK1 钻孔。土石等级为 II 级，普氏分类为 II 类。

④-2 层粉砂：褐灰色，稍密 ~ 中密，饱和，颗粒级配一般，颗粒形状以次棱角状为主，含云母，成分以石英长石为主。层厚 1.4 ~ 4.4m，层底标高 - 14.39 ~ - 23.42m。该层为粉砂夹层，分布于 ZK2、ZK3、ZK4、ZK5 钻孔。土石等级为 II 级，普氏分类为 II 类。

④-3 层粉土：灰褐色 ~ 灰黄色，中密 ~ 密实，湿，含云母，有机质，夹少量贝壳碎片，砂粒较高。层厚 3.6 ~ 3.7m，层底标高 - 18.64 ~ - 30.31m。该层分布于 ZK5、ZK6 钻孔。土石等级为 II 级，普氏分类为 II 类。

④-4 层粉砂：褐黄色，中密，饱和，颗粒级配一般，颗粒形状以次棱角状为主，含粉土，石英，云母，长石。层厚 1.2m，层底标高 - 24.59m。该层仅在 ZK3 揭露。土石等级为 II 级，普氏分类为 II 类。

④-5 层粉土：褐黄色，密实，湿，含云母，黏性大，夹螺壳碎片。层厚 0.8m，层底标高 - 41.02m。该层仅在 ZK4 揭露。土石等级为 II 级，普氏分类为 II 类。

⑤层粉砂：灰黄色 ~ 褐黄色，密实，饱和，颗粒级配一般，颗粒形状以次棱角状为主，含云母，成分以石英长石为主。最大揭露厚度 5.6m。该层在场区内仅 ZK4、ZK5 钻

孔有揭露。

三、设计方案

1. 设计层位

根据穿越规范，定向钻穿越管顶埋深应大于设计冲刷线以下 6m，本工程主河槽 100 年一遇冲止高程为 -12.5m。综合考虑以上因素及入、出土角，曲率半径等要求，选择穿越管道管主要从粉质黏土层中通过。

2. 入、出土点选择

纳潮河穿越位于曹妃甸工业园区内，河流两岸均有较好的道路通往穿越场地附近，均适合钻机组装施工。河流北岸场地更加宽阔，便于管道回拖施工，满足定向钻施工场地要求。因此定向钻入土点设置在南岸，出土点设置在北岸。

3. 穿越曲线设计

本工程入土点距离河流南岸 97m，入土角为 10°；出土点距离河流北岸坡脚 116m，出土角为 6°。本工程管道曲率半径等要 1500D（D 为穿越管段外径）。综合考虑以上因素及入、出土角，曲率半径等要求及地层特点，选择穿越管道管顶标高为 -41.3m，位于河槽设计冲刷线下 28.8m，河床最低点管顶埋深 29.6m。

4. 场地布置

为考虑定向钻入、出土点侧钻机施工场地，合理利用场地面积及减少征地费用，本工程定向钻穿临时征地进行统筹考虑。由于本处穿越河流两岸均为水域，因此需要对出、入土端场地及布管场地进行围堰，排水。对入土端场地采用碎石土进行铺垫。

入土侧施工场地约为 70m（长）×70m（宽）。

出土侧施工场地约为 50m（长）×50m（宽）。

出土侧泥浆池场地约为 20（长）×20m（宽）。

出土侧穿越管道组焊、回拖所需场地约 1307.5m（长）×30m（宽）。

5. 钻机选型

经计算，本穿越计算得到的回拖力为 1650kN，根据规范要求，最大回拖力取计算回拖力值的 3 倍，管道需最大回拖力为 4950kN。主钻机最大回拖力不应小于 495tf，推荐采用 500tf 以上钻机进行施工。

6. 降浮措施

当管道在钻孔中的净浮力为大于 2kN/m 的上浮力时，应采取配重浮力控制措施。本工程管道的净浮力为 8.49kN/m，应采取降浮措施。根据以往工程经验，推荐采用 PE 管外充水降浮。

经计算，管道的净浮力为 8.49kN/m，$D800 \times 30.6$mm PE 管道及外部充水总重力为 10.19kN/m，配重后管道合力为 1.7kN/m，方向向下，满足降浮要求。

7. 液化处理

按照《油气输送管道线路工程抗震技术规范》（GB/T 50470—2017），当管道穿越场地在设计地震动参数下具有中等或严重液化趋势时，宜通过计算液化场地中管道的上浮反应及其引起的管道附加应变对管道的抗液化能力进行校核。

管道的上浮反应状态按 $H - D/2 - \Delta \geq 0.5$ 进行核算，当不满足上式时应采取抗液化措施。经计算 $H - D/2 - \Delta = 14.2 \geq 0.5$，满足要求，因此不需要采取抗液化措施。

8. 穿越风险分析与技术措施

存在风险：成孔孔径大、扩孔级数多、成孔稳定性变差、易塌孔。

扩孔在定向施工过程中，$D1219mm$ 管道扩孔一般为 7 级，当管径增至 $D1422mm$ 时，按现有工艺扩孔级数将高达 9 级，扩孔级数的增多严重降低了施工效率，增加了施工成本，且较多的扩孔级数增加了孔洞的扰动次数，在不稳定地层易导致孔壁稳定性变差、成孔不规则。由于本工程穿越地层主要为粉质黏土和粉砂，多次扩孔扰动易造成钻孔塌方，导致卡钻或施工失败。针对上述问题和风险本工程应对措施及对施工要求：

（1）提高泥浆密度，以较高的液柱压力平衡地层压力；

（2）开泵、起下钻不要过猛过快，以减少钻具、钻头对孔壁的剧烈撞击和液柱压力激动，同时要防止钻头泥包和起下钻时抽吸；

（3）提高钻进速度，缩短施工周期，减少泥浆浸泡时间；

（4）同时要保持泥浆性能均匀稳定，严防泥浆性能大幅度变化；要根据地层情况做好钻孔轨迹设计和扩孔程序；

（5）泥浆性能方面，要控制泥浆 pH 值，减弱高碱性环境的强水化作用，并且适当降低失水量，提高泥浆滤液黏度，减少进入地层的水分含量；

（6）采用新型扩孔器，优化扩孔级数，最大限度缩短扩孔时间以利于成孔的稳定；

（7）采用轻量化扩孔器，降低扩孔器自身自重与浮力之差，使扩孔孔径保持圆滑；

（8）采用高质量和性能钻杆；

（9）配备应急推管机。

由于纳潮河穿越穿越细砂，同时穿越距离较长，如果塌孔一旦出现，可采用以下处理措施：

（1）提高泥浆的黏度、切力，适当升高密度，控制泥浆低失水，以小排量循环冲洗或钻进，使环形空间的泥浆呈平板型层流，将塌块带出；

（2）塌孔现象好转时可换用防塌泥浆，孔内情况正常时可以恢复使用正常钻进时的泥浆参数进行钻进。

四、工程实施及经验教训

1. 工程概述

纳潮河定向钻穿越入土角为 10°，出土角为 5°；管道曲率半径 1500D（D 为穿越管段外径）；穿越地层主要为杂填土、粉土、粉质黏土；河床最低处最大埋深 31m；定向钻穿越长度达 1289.93m，为本项目中最长的定向钻穿越，也是本项目的控制性工程，同时也是国内目前 D1422mm 大口径管道定向钻穿越最长的工程。2019 年 11 月 17 日，纳潮河定向钻穿越一次回拖成功。从导向孔开钻到回拖完成历时 61d。

2. 设计要求

在设计前期，充分参考和吸取了中俄东线讷谟尔河定向钻穿越（管径 $D1422mm$、穿越长度 $752m$）的经验，考虑在国内 $D1422mm$ 大口径管道定向钻穿越设计和施工的案例非常少，设计人员开展了针对性技术专题设计，主要体现在以下方面：

（1）搜集国内外类似工程的资料，吸取相关的经验；

（2）利用软件对钻杆、钻具组合等进行模拟分析、计算，为设计提供可靠的数据支持；

（3）对国内施工能力进行调研，以满足本工程实施的需要，使设计具有可实施性；

（4）针对施工中可能遇到的各种穿越风险（成孔孔径大、扩孔级数多、成孔稳定性变差、易塌孔等），制定详细的应对措施；

（5）针对纳潮河所处的位置为浅海滩涂区，根据地下水的特点特别提出了对泥浆性能的要求。

3. 现场措施

根据计算，纳潮河定向钻穿越一倍回拖力约为 $170tf$，考虑安全余量，设计提出了要求采用不小于 $500tf$ 回拖力的钻机，同时也要求备用推管机。穿越施工中，为了保证回拖顺利进行，施工中采用了一台 $500tf$ 回拖力钻机和一台 $500tf$ 推力的推管机，以及 $2000tf$ 夯管锤一台。

1）扩孔

扩孔采取 6 级扩孔达到设计要求，并增加洗孔次数，保证孔洞的成形。在钻孔及扩孔的过程中，没有出现塌孔现象，比较顺利，通过黏土地层出现扭矩较大的情况。图 2-105 为扩孔器。

图 2-105　纳潮河穿越用扩孔器

2）猫背设计

考虑 $D1422mm$ 管道重量太大，猫背造弧设计采取"开挖预制坑 + 垫土造弧 + 发送沟"的措施。

3）设备基础

$500tf$ 钻机基础采用现浇钢筋混凝土 + 钢板进行锚固，见图 2-106。钢板可以重复使用。

500tf 推管机的基础采用铺设钢板 + 拉森钢板桩进行固定，见图 2 - 107。钢板可以重复使用。

图 2 - 106　纳潮河穿越用钻机及地锚

图 2 - 107　500tf 推管机

4）降浮措施

降浮措施采用 $D800mm$ PE 管外注水的方法，和设计要求一致。PE 管现场施工照片见图 2 - 108、图 2 - 109。PE 管可以重复多次使用。

图 2 - 108　PE 管现场热熔对接

图 2 - 109　注水管与排气管

4. 施工经验与提升

（1）施工场地。纳潮河施工场地设计尺寸：入土端 $70m \times 70m$，出土端 $50m \times 50m$。在实际施工中分别调整为 $80m \times 80m$ 和 $60m \times 60m$。设计中场地大小需结合穿越实际长度来确定。场地大小区别主要考虑泥浆池、材料堆放场地，其他的设备占用场地都基本雷同。

（2）纳潮河的地层主要为杂填土、粉土、粉砂、粉质黏土、黏土等地层，设计选择了粉质黏土和黏土层作为穿越层位，非常有利于孔洞成形。

（3）定向钻在开始启动回拖时，回拖力约为160tf。回拖施工中，主钻机出现回拖力达到了400tf的情况。随后采用推管机助力，在推力到达150tf，主钻机拖力达到350tf后，管道开始移动。初步分析，出现回拖力过大，主要是由于管道正处在弹性曲线段起始位置，前面回拖速度过快，导致降浮措施注水速度没有跟上，管道与孔壁接触后导致摩擦力过大引起的。由于在穿越施工中，有些因素很难预料，因此，在大口径长距离定向钻穿越中，推管机建议作为必备的设备。

（4）由于抗海水型泥浆成本高，本次施工单位没有使用设计要求的抗海水型泥浆，而是通过自己的反复实验后，采用的淡水泥浆。从现场返浆情况，泥浆携带效果和长时间的稳定性较好，能满足施工要求。

图2-110 发送沟照片

（5）发送沟尺寸需要加宽加深。由于D1422mm管道自重大，现场采取地面焊接检测完成后，再挖沟沉管的方法。需按5m宽×2m深考虑，详见图2-110。

（6）猫背设计：对于大口径管道，由于设备吊着管道很难平稳行走，而且设备间很难达到同步配合，吊篮式猫背不适用。猫背设计建议采取"出土端预制坑＋垫土造弧＋发送沟"的方式，详见图2-111、图2-112。

图2-111 管道预制坑照片

图2-112 垫土造弧过渡到发送沟照片

五、小结

此项目是目前D1422mm穿越长度首次突破1250m的定向钻工程，此处总结此项目主要风险与对策，供类似项目参考。

（1）扩孔直径大，较松软地层，泥浆易漏失，孔洞易坍塌。

①泥浆措施：穿越地层为粉质黏土、粉砂层、砂层等松散地质，在进行大级别扩孔时有塌孔的风险。施工时选用高效能泥浆产生泥饼，泥浆流动时产生动失水，静止时产生静压力，对孔洞产生较强的护壁作用。

②扩孔钻具选择：选用板桶一体式低质轻扭扩孔器进行扩孔，可有效降低扩孔器在孔

洞内的下沉量，同时板桶一体式扩孔器对于此类地质的挤压式扩孔有很好的效果。挤压式扩孔可以增大孔壁的强度和密度，有效地降低塌孔风险。

（2）穿越管道距离已运行管道近，已运行管道准确位置较难确定，控向干扰大。

①准确测定运行管道位置：开钻前进一步分析掌握的已建管道导向孔数据，分析位移偏差，尽可能准确定位；

②选用高精度 P2 控向系统：使用高精度 P2 控向系统进行导向孔作业，同时辅以地面磁场校核系统和水下磁靶探测技术辅助控向，确保导向孔施工精度。

③关注磁场干扰数据：安排经验丰富的控向工程师实施导向孔作业，在施工中依据地磁强度和磁偏角的偏离数据及时测定钻头与运行管道等干扰远的距离，提前纠偏，确保运行管道安全。

（3）扩孔扭矩大，钻具易断裂。

①选用新型扩孔器：采用板桶一体式低质轻扭扩孔器进行扩孔，从而降低扭矩。

②选用 S – 135 6⅝″和 7⅝″加强级钻杆：采用高强度、高扭矩、大直径钻杆，并在施工前检测钻杆确保钻杆质量可靠。

③科学合理的钻具组合：板桶一体式低质轻扭扩孔器可以确保扩孔器在孔内为平直状态，减小扩孔器与钻杆连接处产生的弯曲应力，降低钻杆断裂风险。该扩孔器为可退式，一旦发生卡钻，可使用辅助钻机进行反拖，保证施工安全。

④辅助钻机及对扩工艺：出土点配备辅助钻机，采用双钻机对扩工艺，确保两侧钻杆分担扩孔扭矩和"对中"扩孔效果，同时解决单钻机扩孔扭矩不足问题。

（4）穿越管径大、距离长、管道回拖力大，连续作业要求设备完好性能。

①选用进口高性能大钻机：依据计算所需回拖力选用进口大拖力钻机，预留拖力空间，同时进口钻机稳定的性能可以确保回拖作业的连续性。

②降浮措施：在回拖管道内部安装 $D800 \times 30.6mm$ PE 管，在 PE 管与主管道内壁间充水，降低回拖管道浮力，从而降低回拖力。

③导向孔及扩孔措施：严格按照曲率半径进行导向孔施工，确保曲线平滑，扩孔采用大级差扩孔方式，减少对较松散地层的扰动次数，形成良好的孔形，减小回拖阻力。

④应急设备的采用：配备推管机、夯管锤和滑轮组助力设备，在需要时进行助力。

（5）近海岸作业，地下海水体系侵蚀泥浆，增加穿越风险。

①选用抗盐材料：增加抗盐材料，改善泥浆体系，增强泥浆防海水侵蚀能力。

②选用环保添加剂：采用碱性环保材料中和海水体系中的钙镁离子，加注 CMC，增加泥浆黏度和泥浆体系整体性。

③使用漏浆短接：导向孔和扩孔施工时每隔 300m 增设一个补浆短接，及时补充孔内泥浆，置换被海水侵蚀泥浆，确保孔内泥浆的性能，避免包钻和卡钻。

④连续作业和洗孔：确保连续作业，保证孔内泥浆循环流动，停工后复工时增加洗孔作业，指环孔内泥浆保证泥浆性能。

（6）大口径管道回拖入洞回拖力大。

采用发送沟、猫背、滚轮架、吊管机、吊篮及前段回拖引导沟入洞。

第十四节　中俄东线滹沱河定向钻穿越

一、工程概况

中俄东线天然气管道工程(安平—泰安)在河北省衡水市安平县城西北约5km处穿越滹沱河,采用定向钻穿越方案,穿越工程等级为大型。穿越处管道设计压力为10MPa,介质输送温度为25.4~48.5℃,地区等级为二级,穿越位于河北平原河湖滨岸带敏感生态保护红线,设计系数取0.4。穿越段钢管为$D1219 \times 27.5mm$ L555M 直缝埋弧焊钢管,一般线路段钢管为$D1219 \times 22mm$ L555M 直缝埋弧焊钢管,防腐采用3LPE加强级外防腐层。

本穿越工程为两次定向钻穿越,设计范围水平长度为4194.3m,两次定向钻穿越段水平长度依次为1738m、1757m,两次定向钻穿越的连头坑处管道水平长度为166.2m,穿越两侧一般线路段水平长度分别为112m、549.3m。

二、地质条件

1. 地形地貌

滹沱河穿越处堤间宽约3040m,主河槽宽约950m,漫滩宽约2090m,水深约0.5m。北岸地面高程约25.50m,南岸地面高程约25.80m;北堤高程约31.00m,南堤高程约29.80m,详见图2-113。

图2-113　滹沱河穿越场地概况

滹沱河穿越处水深约0.5m(勘察期间,2015年7月);左右堤内堤脚距离约为2945.7m,其中左滩地宽度1815.5m,主槽宽度385.7m,右滩地宽度744.5m。

穿越位置下游约2.5km为冀宁联络线(该工程起自陕京二线安平分输站,途径山东省,止于江苏省青山分输站,输气管线规格为$D1016mm$,钢管材质X70,设计压力10MPa),穿越北岸有地下管道,埋深4~5m(距离堤脚约170m),河槽内距离北岸迎水侧堤脚425m处为沧州输油管道,埋深2.7~2.9m。

穿越位置下游4.5km处为S231滹沱河大桥。

河两岸有规整大堤,堤顶均为县道。大堤坡度约15°,北侧大堤高约5.6m,南侧大堤高约4.0m,详见图2-114、图2-115。

图2-114　北侧大堤

图2-115　南侧大堤

2. 地层岩性

穿越处地层主要划分为11个大层，各层特征综述如下：

①层粉土：浅黄色，松散~稍密，稍湿，土质较为均匀，底部为粉砂，干强度及韧性低，无光泽反应，摇振反应迅速。该层在勘察场区均有分布，厚度3.90~10.00m，层底标高16.50~22.18m，层底埋深4.00~10.00m。土石等级（普氏分类）为Ⅱ级，定向钻穿越地质级别为Ⅰ级地质。

①-1层粉砂：黄色，稍密，稍湿，主要矿物成分为石英，级配一般。该层分布于025~003孔段，厚度1.50~3.10m。土石等级（普氏分类）为Ⅱ级，定向钻穿越地质级别为Ⅰ级地质。

②层粉质黏土：黄褐色，可塑，土质不均，干强度及韧性中等，含铁锰质氧化物，无摇振反应。该层在勘察场区大部分地段分布，在012~017孔段缺失，根据揭露该层的钻孔资料统计，厚度0.50~6.00m；层底标高12.93~19.92m；层底埋深6.00~13.10m。土石等级（普氏分类）为Ⅱ级，定向钻穿越地质级别为Ⅰ级地质。

③层粉土：浅黄色，中密，稍湿，土质较为均匀，底部为粉砂，干强度及韧性低，无光泽反应，摇振反应迅速。该层在勘察场区部分地段分布，在001~017孔段和024~034孔段缺失，根据揭露该层的钻孔资料统计，厚度0.70~7.10m，层底标高7.14~14.92m，层底埋深11.50~18.50m。土石等级（普氏分类）为Ⅱ级，定向钻穿越地质级别为Ⅰ级地质。

④层细砂：浅灰色，稍密~中密，湿，主要矿物成分为石英和长石，含少量云母，级配一般。该层在勘察场区大部分地段分布，在019~025孔段和039~049孔段缺失，根据揭露该层的钻孔资料统计，厚度1.40~9.70m，层底标高7.58~20.78m，层底埋深5.40~19.50m。土石等级（普氏分类）为Ⅱ级，定向钻穿越地质级别为Ⅰ级地质。

⑤层粉质黏土：黄褐色，可塑，土质较均匀，韧性中等，干强度中等，稍有光泽，絮状结构。该层在勘察场区仅在034孔附近缺失，厚度2.10~18.40m，层底标高-3.47~6.94m，层底埋深18.50~29.30m。土石等级（普氏分类）为Ⅱ级，定向钻穿越地质级别为Ⅰ级地质。

⑤-1层细砂：浅灰色，稍密-中密，湿，主要矿物成分为石英和长石，含少量云母，级配一般。该层仅分布于007~013孔段，厚度0.60~2.70m。土石等级（普氏分类）为Ⅱ级，定向钻穿越地质级别为Ⅰ级地质。

⑥层粉质黏土：黄色，中密~密实，湿，韧性及干强度低，无光泽反应，摇振反应中

等。该层在 006～011 孔段和 026～040 孔段缺失，根据揭露地段统计，厚度 1.10～7.20m；层底标高 -2.27～3.47m，层底埋深 22.10～29.00m。土石等级(普氏分类)为：Ⅱ级，定向钻穿越地质级别为：Ⅰ级地质。

⑦层细砂：黄色，密实，湿，主要矿物成分为石英和长石，级配良好。该层在 008～011 孔段、016 孔附近和 038～049 孔段缺失，根据揭露并揭穿钻孔资料统计，厚度 0.50～13.10m，层底标高 -6.68～2.07m，层底埋深 23.50～31.00m。土石等级(普氏分类)为Ⅱ级，定向钻穿越地质级别为Ⅰ级地质。

⑧层粉土：黄褐色，土质不均匀，近粉质黏土，密实，湿，韧性及干强度低，无光泽反应，摇振反应慢。该层分布于 007～018 孔段，该层个别钻孔未揭露，根据揭露并揭穿该层钻孔资料统计，厚度 1.30～14.70m，层底标高 -13.72～1.33m，层底埋深 24.70～39.90m。土石等级(普氏分类)为Ⅱ级，定向钻穿越地质级别为Ⅰ级地质。

⑨层细砂：灰色，密实，湿，主要矿物成分为石英和长石，含少量云母，级配一般。该层部分钻孔钻穿，厚度 2.40～10.90m，层底标高 -12.92～-2.37m，层底埋深 28.40～40.00m。土石等级(普氏分类)为Ⅱ级，定向钻穿越地质级别为Ⅰ级地质。

⑨-1 层粉质黏土：黄褐色，硬塑，土质不均匀，干强度中等，韧性中等，稍有光泽，絮状结构，含少量姜石。该层仅分布于 007～008 孔孔段、010 孔附近、012 孔附近和 040～046 孔段，厚度 1.00～3.40m。土石等级(普氏分类)为Ⅱ级，定向钻穿越地质级别为Ⅰ级地质。

⑩层粉质黏土：黄褐色，硬塑，土质不均匀，干强度中等，韧性中等，稍有光泽，絮状结构，含少量姜石。该层个别钻孔揭露且仅 039 孔揭穿，最大揭露厚度 9.40m，最深层底标高 -14.21m。土石等级(普氏分类)为Ⅱ级，定向钻穿越地质级别为Ⅰ级地质。

⑪层中砂：灰色，密实，湿，主要矿物成分为石英和长石，含少量云母，级配一般。该层仅 039 孔揭露未揭穿，揭露厚度 3.10m，层底标高 -13.97m。土石等级(普氏分类)为Ⅱ级，定向钻穿越地质级别为Ⅰ级地质。

三、设计方案

1. 定向钻穿越方案

滹沱河采用两次定向钻加中间开挖连头方式穿越(图 2-116)。第 1 次定向钻和第 2 次定向钻的出土点分别位于北侧、南侧大堤外侧，距离背水大堤堤脚分别为 306.7m 和 159.3m，两次定向钻穿越共用入土点，位于主河道北侧，距离主河道约 509m。

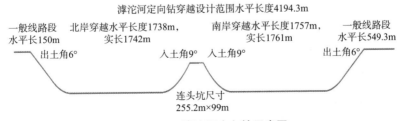

图 2-116 滹沱河定向钻示意图

穿越位置两岸地形较平坦，穿越地层主要为粉土、粉质黏土、细砂，穿越管径较大

（$D1219mm$），两次定向钻穿越入土角均为9°，出土角均为6°，穿越管段的曲率半径为1500D。两次定向钻穿越段水平长度依次为1738m、1757m，实长依次为1742m、1761m。

主河槽100年一遇冲刷深度为5.25m，100年一遇冲刷线高程为15.11m。第1次定向钻穿越水平段管线管顶设计标高约为−9.8m，主要穿越地层为粉土、粉质黏土、细砂；第2次定向钻穿越水平段管线管顶设计标高约为−9.8m，主要穿越地层为粉土、粉质黏土、细砂，管道在北岸大堤下埋深33.9m，在南岸大堤下埋深16.13m。两次定向钻水平段穿越地层均为粉土及细砂层。

主河槽冲刷线下埋深24.9m，滩地段冲刷线下埋深29.74m。

2. 连头坑方案

输气管道和光缆套管均采用两次连续定向钻加中间开挖连头方式，且输气管道和光缆套管的连头接点设置在滹沱河北侧滩地内，连接段管道长166.2m，为了方便安装对口，基坑开挖长度为171.2m；管线两次定向钻在同一轴线，管道与光缆套管中线间距10m，连头每侧保留2.5m裕量，输气管道与光缆共用连头基坑，则基坑开挖宽度按15m，管沟底部尺寸为171.2m×15m。

连头坑详见图2–117。

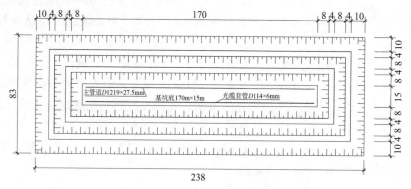

图2–117 连头坑平面图

根据《油气输送管道工程水域开挖穿越设计规范》（SY/T 7366—2017），确定连头处管道管顶位于滩地冲刷线下6.3m，连头处管道埋深12.7m。开挖土层为粉土和粉质黏土，基坑上口尺寸约为255.2m×99m。

基坑总深度15m，分4级开挖，高度为4m、4m、4m和3m，坡比均为1:2，由于施工机械作业需要，分阶处设置作业平台，管沟两侧作业平台宽度为4m。

开挖过程中产生的土方推荐临时堆放在管道两侧，距基坑上口边缘不小于5m。

为了加快施工进展，推荐采用车辆拉土方式将挖出的土方运送至指定地方临时堆放，土方临时堆放最大高度为4m。

3. 回拖吊装设计

设计采用开挖+吊装方案，详见图2–118。

（1）在出土端开挖吊装基坑，深度5.2m，长度64.3m，出土段粉土开挖放坡坡比为（1:1.25）~（1:1.5）。

（2）吊装高度为0.75m，起吊长度为76.7m，设置吊点不少于2个。

（3）施工期可根据吊装设备配备情况，调整吊点个数和开挖深度。

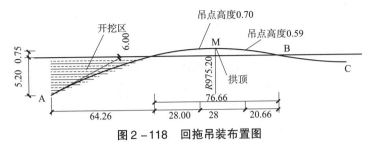

图2－118 回拖吊装布置图

现场回拖见图2－119、图2－120。

图2－119

图2－120

四、小结

中俄东线滹沱河穿越通过两次穿越＋滩地连头坑连头方案。设计过程中根据场地条件优化出、入土角，分析地层结构选择合理穿越层位，通过优化回拖吊装设计降低回拖入洞难度，采用推拖结合降低回拖风险，滹沱河定向钻穿越，突破了 $D1219mm$ 管道穿越长度超过1700m，是目前 $D1219mm$ 管道穿最长的记录，为后续类似工程积累经验方面具有实际意义。

第十五节 长呼线黄河定向钻穿越

一、工程概况

长庆油田—呼和浩特石化原油管道工程黄河穿越位于鄂尔多斯市达拉特旗和包头市土默特右旗交界处，属于黄河干流包头段。河道采用两次定向钻方式穿越方案，北岸定向钻水平长度为1711.7m，南岸定向钻水平长度为1604.7m，中间连头长20m。穿越段管线设计压力为8.0MPa，穿越段用管为 $D457 \times 8.7mm$ L415 螺旋缝埋弧焊钢管，通信光缆套管穿越用管为 $D114 \times 6.4mm$ 20#无缝钢管。定向钻穿越段的防腐层采用三层PE（高温型）加强级防腐层。

二、地质条件

1. 地形地貌

黄河大堤间距约 2700m，主河槽宽约 270m。穿越线路处地势较为平坦。黄河河漫滩两岸（大堤内）宽窄不一，南岸宽约 2070m，北岸宽约 360m。河漫滩地势平缓，地表出露岩性多为粉土及砂土，现多为滩头农田。黄河两岸有大堤约束，两岸一级阶地与河漫滩高程相差不大，高程一般 996～999m。

2. 地层岩性

穿越段场地内的地层岩性上部①～⑤层粉土、粉砂及粉质黏土由于受黄河河道摆动影响，沉积地层复杂，各层层位变化较大；下部⑥～⑨层为粉细砂局部夹黏性土。现将各层的岩土性状自上而下描述如下：

①层人工填土（Q_4^{ml}）：褐黄色，以黏性土为主，含少量粉细砂，稍湿，稍密，属黄河堤身土。该层分布在黄河两岸防洪大堤上。

②层粗砂（Q_4^{al+pl}）：褐黄色，矿物成分以石英、长石为主，云母次之，砂质较纯。颗粒形状为圆形～亚圆形，饱和，稍密为主，局部中密。该层主要在黄河河床段 ZK48～ZK53 钻孔附近分布，层厚 2.00～7.30m（主层统计厚度不含亚层，下同），层底标高 972.97～988.28m。

②-1 层粉砂（Q_4^{al+pl}）：褐黄色，矿物成分以石英、长石为主，云母次之。颗粒形状为圆形～亚圆形，饱和，松散。该层主要在黄河河床段 ZK49、ZK51～ZK52 钻孔附近呈透镜体状分布，层厚 3.60～5.40m，层底标高 987.87～991.17m。

②-2 层中砂（Q_4^{al+pl}）：褐黄色，矿物成分以石英、长石为主，云母次之，砂质较纯。颗粒形状为圆形～亚圆形，饱和，稍密～中密。该层主要在黄河河床段 ZK49～ZK52 钻孔附近呈透镜体状分布，层厚 2.50～8.00m，层底标高 978.87～988.67m。

③层粉土（Q_4^{al+pl}）：褐黄、黄褐色，上部含有少量植物根系，湿～很湿，稍密。摇振反应迅速～中等，光泽反应无，干强度低，韧性低，局部夹有粉砂及粉质黏土薄层。该层在 ZK01～ZK47、ZK54～ZK66 号钻孔附近分布。层厚 1.40～6.50m，层底标高 991.31～995.85m。

③-1 层粉砂（Q_4^{al+pl}）：褐黄色，矿物成分以石英、长石为主，云母次之。颗粒形状为圆形～亚圆形，湿～饱和，松散。该层在 ZK04、ZK15～ZK30、ZK34～ZK35 钻孔附近呈透镜体状分布，层厚 1.10～4.90m，层底标高 995.98～996.96m。

④层粉砂（Q_4^{al+pl}）：褐黄色，矿物成分以石英、长石为主，云母次之。颗粒形状为圆形～亚圆形，饱和，稍密～中密。该层在 ZK41～ZK48、ZK54～ZK58 钻孔附近分布，层厚 4.40～14.70m，层底标高 979.81～987.35m。

④-1 层粉质黏土（Q_4^{al+pl}）：黄褐色，含少量锈黄色斑点，可塑为主。无摇振反应，切面稍有光滑，干强度中等，韧性中等，局部夹有粉土或粉砂薄层。该层在 ZK41、ZK47、ZK48 钻孔附近呈透镜体状分布，层厚 2.40～5.00m，层底标高 980.46～990.76m。

⑤层粉质黏土（Q_4^{al+pl}）：黄褐～灰黄色，含少量锈黄色斑点，可塑～硬塑。无摇振反应，

切面稍有光滑，干强度中等，韧性中等，局部夹有粉土或粉砂薄层。该层在 ZK01 ~ ZK40、ZK53、ZK57 ~ ZK66 钻孔附近分布，层厚 1.00 ~ 11.20m，层底标高980.09 ~ 992.62m。

⑤ -1 层粉土(Q_4^{al+pl})：褐黄、褐灰色，上部含有少量植物根系，很湿，稍密。摇振反应迅速 ~ 中等，光泽反应无，干强度低，韧性低，局部夹有粉砂及粉质黏土薄层。该层在 ZK61 ~ ZK66 号孔附近呈透镜体状分布。层厚 1.60 ~ 7.80m，层底标高 983.30 ~ 991.42m。

⑤ -2 层粉砂(Q_4^{al+pl})：褐黄色，矿物成分以石英、长石为主，云母次之。颗粒形状为圆形 ~ 亚圆形，饱和，中密为主，局部稍密。该层在 ZK37、ZK64 钻孔附近呈透镜体状分布，层厚 1.90 ~ 2.20m，层底标高 986.61 ~ 986.99m。

⑥层粉砂(Q_4^{al+pl})：浅黄 ~ 浅灰，矿物成分以石英、长石为主，云母次之，砂质较纯。颗粒形状为圆形 ~ 亚圆形，饱和，密实为主，局部夹细砂薄层。该层普遍分布，层厚 1.40 ~ 17.10m，层底标高 969.87 ~ 983.71m。

⑥ -1 层粉质黏土(Q_4^{al+pl})：黄褐色，含少量锈黄色斑点，硬塑为主。无摇振反应，切面稍有光滑，干强度中等，韧性中等，局部夹有粉土或粉砂薄层。该层仅在 ZK7、ZK43、ZK44、ZK54、ZK56 钻孔附近呈透镜体状分布，层厚 1.10 ~ 4.40m，层底标高 973.48 ~ 975.63m。

⑥ -2 层中砂(Q_4^{al+pl})：灰褐色，矿物成分以石英、长石为主，云母次之，砂质较纯。颗粒形状为圆形 ~ 亚圆形，饱和，密实为主。该层仅在 ZK31、ZK62 钻孔附近呈透镜体状分布，层厚 2.20 ~ 4.10m，层底标高 977.02 ~ 978.46m。

⑦层粉砂(Q_3^{al+pl})：灰色为主，局部为灰黑色，矿物成分以石英、长石为主，云母次之，砂质较纯。颗粒形状为圆形 ~ 亚圆形，饱和，密实为主，夹细砂薄层或局部渐变为细砂，局部可见黑色、灰黑色有机质团块。该层仅在 ZK1、ZK66 钻孔揭露深度内未见到，其余钻孔普遍分布，层厚 6.60 ~ 13.10m，层底标高 960.11 ~ 968.19m。

⑦ -1 层粉土(Q_3^{al+pl})：灰黄色，很湿，中密。摇振反应中等 ~ 迅速，干强度，韧性低。该层仅在 ZK08、ZK26、ZK43、ZK54 钻孔附近呈透镜体状分布，层厚 0.90 ~ 2.10m，层底标高 962.83 ~ 966.99m。

⑧层粉细砂(Q_3^{al+pl})：灰色 ~ 浅灰色，以粉砂为主，局部渐变为细砂，矿物成分以石英、长石为主，云母次之。颗粒形状为圆形 ~ 亚圆形，饱和，密实为主，以粉砂为主，局部渐变为细砂，偶见黑色、灰黑色有机质团块。该层仅在 ZK1、ZK2、ZK65、ZK66 钻孔揭露深度内未见到，其余孔段普遍分布，层厚 1.40 ~ 21.00m，层底标高942.87 ~ 958.62m。

⑧ -1 层粉质黏土(Q_3^{al+pl})：灰褐色，硬塑为主。无摇振反应，切面稍有光滑，干强度中等，韧性中等。该层仅在 ZK08、ZK05、ZK13 ~ ZK16、ZK26、ZK28 ~ ZK31、ZK35、ZK40 钻孔附近呈透镜体状分布，层厚 0.50 ~ 5.00m，层底标高 944.48 ~ 965.70m。

⑨层粉砂(Q_3^{al+pl})：灰黄色为主，矿物成分以石英、长石为主，云母次之。颗粒形状为圆形 ~ 亚圆形，饱和，密实为主，夹细砂薄层或局部渐变为细砂。该层仅在 ZK1 ~ ZK5、ZK63 ~ ZK66 钻孔揭露深度内未见到该层，其余孔段普遍分布，该层未揭穿最大揭露厚度26.7m。

⑨ -1 层粉质黏土(Q_3^{al+pl})：灰褐色，硬塑为主。无摇振反应，切面稍有光滑，干强

度中等~高,韧性中等。该层仅在 ZK06、ZK09、ZK10 ~ ZK14、ZK16 ~ ZK17、ZK19、ZK22 ~ ZK23、ZK25、ZK34、ZK40 ~ ZK41、ZK44 钻孔附近呈透镜体状,层厚 0.60 ~ 3.30m,层底标高 930.31 ~ 942.09m。

3. 特殊冰情

黄河包头段为封冰河段,河道内有封河流凌和解冻流凌。解冻流凌一般发生在翌年 3 月中、下旬,多年平均解冻流凌天数为 9d。在黄河内蒙古段,凌汛期一般上游先开河,下游后开河。当上游开河形成凌峰,而下游还未达到自然开河条件时,冰层以下的过流能力不足以使上游的凌峰通过,冰块在水流强大的推动作用下向下游移动,在河道狭窄段或弯道、浅滩等地带,冰块上爬下插,阻拦冰水去路,容易形成冰坝。

三、设计方案

1. 定向钻穿越方案

本工程采用两次定向钻穿越,穿越包含两条管道,分别为原油管道 $D457 \times 8.7mm$ 和通信光缆套管 $D114 \times 6.4mm$。两次穿越的钻机入土点都选择在滩地,出土点在大堤外。

综合考虑穿越处的地质条件,穿越管线主要在⑦粉砂层中穿越,北岸定向钻管顶设计标高约为 965.0m,在主河槽最大冲刷线下 18.5m,出土点距离北岸大堤坡脚 30.6m;南岸定向钻管顶设计标高约为 965.0m,出土点距离南岸大堤坡脚 31.0m。北岸定向钻,入土角 12°,出土角 9°,出土点距离北侧大堤外坡脚约 231m,穿越大堤处管顶距大堤坡脚地面 31m,距离堤角定向钻实长 1716.6m。南岸定向钻入土角 12°,出土角 9°,出土点距离南侧大堤坡脚约 228m,穿越大堤处管顶距大堤坡脚地面 32m,定向钻实长 1610m。定向钻穿越曲率半径为 $1500D$(D 为管道外径)。

根据河段冰情资料,管道穿越处经常在流凌期间出现堆冰结坝现象,需要人为爆破炸冰。爆破炸冰的影响范围为地面以下 8.0m,穿越主河槽管道管顶埋深距河槽底部最深处 25m,中间开挖连头管道管顶埋深大于 14.7m,其他部分管顶埋深均大于 30m。

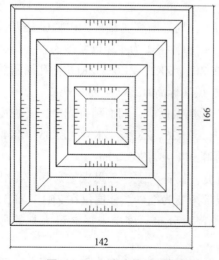

图 2 - 121 连头坑平面图

2. 连头坑方案

连头坑在南岸滩地范围内,地面标高约为 998.0m,南岸滩地最低冲刷点高程为 993.75m,主河槽最低冲刷点高程为 984.33m。根据黄委会要求连头坑按主河槽最低冲刷点高程控制。基坑底尺寸为 25m×25m,基坑上口尺寸为 142m×166m。基坑底标高为 982.00m,基坑挖深约 16.0m,管道连头的管顶标高为 983.26m,管顶埋深约 14.74m,距离管底约 0.8m。连头坑采用分台阶开挖,考虑长臂挖土机的机械性能和基坑稳定性,坡高控制在 4m 以内,平台宽度均为 5m。基坑在管道轴线 3m 范围内采用人工挖土,其余采用机械开挖。连头坑详见图 2 - 121。

由于连头坑开挖深度较大(图2-122),故采用深井井点降水和轻型井点降水相配合的降水方式。深井井点:井径为800mm,直径为500mm的无砂混凝土管,长度分别为19m、21m、23m,下部滤管长度不小于2m,直径350mm,最下端设1.0m的沉淀管,井管外滤料采用磨圆度好的硬质石料填充。轻型井点:井管直径55mm,长6m,滤水管长1m,间距为2m。

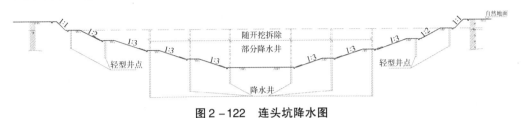

图2-122 连头坑降水图

四、小结

长呼黄河穿越通过两次穿越+滩地连头坑连头方案,降低了超长距离定向钻穿越风险,为后续类似工程积累了工程经验。

第十六节 中俄东线新沂河定向钻穿越

一、工程概况

中俄东线天然气管道工程(永清—上海)泰安—泰兴段在江苏省连云港市灌云县东王集乡春三村穿越新沂河,采用定向钻穿越方案,穿越工程等级为大型。穿越处管道设计压力为10MPa,介质输送温度为11.6~20.4℃,地区等级为三级,穿越新沂河(沂河淌)洪水调蓄区,设计系数取0.4。穿越段钢管为$D1219×27.5mm$ L555M 直缝埋弧焊钢管,一般线路段钢管为$D1219×22mm$ L555M 直缝埋弧焊钢管,防腐均采用3LPE 加强级外防腐层。

本穿越工程为两次定向钻穿越,设计范围水平长度为3223.2m,两次定向钻穿越段水平长度依次为1473.9m、1613.8m,两次定向钻穿越的连头坑处管道水平长度为70m,穿越两侧一般线路段水平长度分别为17.3m、48.2m。

二、地质条件

1. 地形地貌

穿越处位于江苏省连云港市灌云县春三村和灌南县长茂镇八庄村,属滨海平原区地貌单元,场地地形平坦、开阔,地面高程一般为2~3m,南北两侧防洪堤高程为10.00m左右。防洪堤河滩为荒地,两侧植被发育,河道中间漫滩旱季为小麦地,洪水季节被淹没。目前穿越区域农作物多为小麦、棉花、玉米、黄豆等。

新沂河穿越主要构成的河流为3条,自北向南分别为北偏泓、新沂河和南偏泓以及防洪堤外侧的 2 条小型河流，沂北干渠和沂南小河。其中北偏泓水面宽约 163.00m，勘察期间(2015 年 6 月)实测水面标高 2.05m，水深 1.10～1.70m，河底淤泥厚度 0.60～0.90m；新沂河水面宽度约 67.00m，实测水面标高 3.18m(第一次测为 2.60m，勘察后期水位上涨至 3.18m)，水深 2.10m，河底淤泥厚度 0.60m；南偏泓水面宽度 167.00m，实测水面标高 2.57m，水深 2.50～3.55m，河底淤泥厚度 0.50m。此外，北侧防洪堤北侧荷塘水面宽度约 69.00m，标高 1.83m，水深 0.40m，河底淤泥厚度 0.50m；南侧防洪堤芦苇荡水面宽度约 76.00m，水面标高 2.10m，水深 2.80m，河底淤泥厚度 0.50m。场区地貌见图 2－123。

图 2－123　穿越处地貌

新沂河属沂沭泗流域，始自江苏省骆马湖嶂山闸，途经徐州、宿迁、连云港三市的新沂、宿豫、沭阳、灌南、灌云五县(市)境，东至堆沟、燕尾二港，与灌河会合后并港出海，全长 146km。新沂河既是骆马湖的排洪出路，又是沂沭泗流域洪水两大出海通道之一，还是相机分泄淮河洪水，增加淮河入海出路的一条分洪道，直接关系到骆马湖周边、沂南、沂北 802 万亩耕地，570 万人民生命财产以及陇海铁路、连云港市区的防洪安全。

新沂河为漫滩行洪河道，堤内为泓道和滩地，滩面高程约 1.26～3.38m，滩地内为耕地。每年 6～9 月份为汛期，汛期与旱期的河水水位、径流量相差较小。

新沂河水流总的特点为沭西段水势湍急、流态紊乱，沭东段水流平顺、流速较缓。水面比降：沭西段为 1/3600，盐西段为 1/12800；盐东段为 1/21000。平均流速：沭西段为 1.08～2.80m/s，盐西段为 0.92～1.27m/s；盐东段为 0.58～0.95m/s。新沂河内有耕地 30 万亩，汛期行洪，汛后种麦，由沭阳枢纽负责控制排泄新沂河上游区间 2281km² 的桃汛来水，通过新沂河南、北偏泓经小潮河闸入灌河。

河道近期演变沭西段越向上游，水位低的就越多，根据分析，主要比降陡，砂质河床，加之群众采砂，致使泓道冲刷。各段泓道冲刷量不同，与各段的比降有关，越向上游，比降越陡，冲刷也就越厉害。这种趋势与现状水位的趋势一致。另外，群众采砂主要在龙堰以上，以下基本无采砂现象，所以龙堰以下的泓道断面扩大不是很多。沭东段河床断面变化不大，但主要是海口段淤积。根据调查与分析，现状偏泓上阻水建筑物增多，与 1974 年相比，生产桥、路坝共增加 94 座，其中坝桥结合，以坝代桥者多达 69 座(2000—2001 年清障拆除重建、接长了 45 座，拆除了 16 座)。滩地上农水设施增加及部分种植秋作。80 年代后，大搞农田水利，修建了大量的纵、横排灌沟渠和圩口闸，且 1988 年以后，滩地内种植秋作时有发生，尤以灌云、灌南两县较多。

随着沂沭泗洪水东调南下续建工程的实施，一期工程 20 年一遇，沭西段主要对河岸冲刷严重段采取了工程措施，河岸冲刷将得以控制；海口挖泓建闸控制，海口淤积得以改善，沿线病险涵闸、险工等进行加固治理后，有利行洪安全。

目前新沂河已按 50 年一遇防洪标准实施，扩建海口控制枢纽，开挖河道，加复堤防，扩大行洪过水断面，使设计洪水安全通畅入海。泓道扩挖方案采取全部沿南、北偏泓滩地一侧即沿南偏泓北侧、北偏泓南侧进行开挖，使水流流态平稳，避免对堤岸冲刷，保证行洪安全。海口控制工程基本解决了海口淤积问题，消除海口及偏泓淤浅造成芦苇生长的可能；通过滩面清障、生产桥改造等工程，河床阻水现象得到改善，有利于行洪安全。

设计单位已经根据 50 年一遇工程节点控制水位推求的 100 年一遇工程规划断面（南、北偏泓各向河道内扩挖 100m，泓道不浚深），预留了扩挖范围。

穿越处附近的中泓断面较大，过流能力远大于 90m³/s，新沂河尾水通道扩建完善工程实施时，该段中泓不需要扩挖。

根据平面二维水沙数学模型计算，对拟建工程河段附近的河势变化及河床冲淤变形进行了分析研究，得到以下几点认识：

（1）工程河段总体河势多年来基本稳定。拟选的中俄天然气新沂河穿越工程处在经历了较长时期的自然演变和人类活动后，由历史上的滩槽多变逐步形成了目前北偏泓、中泓和南偏泓三个洪道的河势现状。在两岸防洪工程及其他水利工程的控制下，该河段河势基本格局不会发生大的变化。具备兴建该工程的条件。

（2）本报告采用平面二维数学模型来模拟工程河段的水沙运动与河床冲淤变形特性，验证计算成果表明：水位、流速等计算成果与实测成果基本一致，表明本报告所采用的数学模型及计算方法是正确的，模型中相关参数的取值合理。

（3）新沂河工程穿越位置位于苏北滨海平原区，属海积平原堆积地貌，形成条件以淤积为主；根据设计提供的地勘资料，穿越处覆盖层以素填土、淤泥质黏土和黏土为主，具有一定的抗冲性。

（4）根据模型计算成果，结合工程处的地质条件，工程处深泓较为稳定，在上游来水来沙和河道边界条件无重大调整的前提下，北偏泓、中泓和南偏泓洪道位置不会有大的调整，北偏泓和中泓洪道不会摆动至连头坑（距离北偏泓河道边约 943m，距离中泓河道边约 206m）的位置。

2. 地层岩性

在勘察深度范围内，地层情况分述如下：

①-1 层素填土：灰黄色，灰褐色，稍湿～湿，结构松散。主要由软～可塑状粉质黏土组成，表层夹植物根茎，上部 30～50cm 为耕植土。在河道两侧防洪堤处厚度较大，且经过人工压实，该层全场分布，厚度 0.30～5.70m，层底标高 0.33～2.83m。土石工程分级为 Ⅰ 级，定向钻穿越地质级别为 Ⅰ 级。

①-2 层淤泥：灰黑色，饱和，流塑，高压缩性，含腐殖物。该层仅分布于河道底部，厚度 0.50～0.70m，层底标高 -1.48～0.93m。土石工程分级为 Ⅰ 级，定向钻穿越地质级别为 Ⅰ 级。

②-1 层黏土：灰黄色，黄褐色，灰褐色，可塑，局部软塑，中压缩性。刀切面稍光泽，韧性与干强度中等偏高，局部夹有薄层稍密状粉土，分布不均匀。该层全场分布，局部缺失，厚度 0.30～2.50m，层底标高 -0.67～1.50m。土石工程分级为 Ⅱ 级，定向钻穿越地质级别为 Ⅰ 级。

②-2层淤泥质黏土：灰色，流塑，高压缩性。无摇振反应，刀切面有光泽，干强度与韧性低。局部可见少量的腐殖物及贝壳碎片，具淤臭味，偶夹薄层稍密状薄层粉土，分布不均。灵敏度 S_t 为2.98，属中灵敏土。有机质含量7.9%，属有机质土。层厚6.00～11.70m，层底标高 -10.88～-5.67m。土石工程分级为Ⅱ级，定向钻穿越地质级别为Ⅰ级。

②-3层粉质黏土：灰黄色，灰色，可塑，局部软塑，中压缩性。刀切面稍有光泽，干强度与韧性中等。局部夹钙质结核，含量为10%～15%，粒径2～8cm，分布不均，局部夹薄层稍密状粉土。层厚0.70～6.50m，层底标高 -15.10～-8.13m。土石工程分级为Ⅱ级，定向钻穿越地质级别为Ⅰ级。

②-4层粉细砂夹粉土：黄灰色，灰黄色，饱和，稍～中密，中压缩性。主要由长石、石英和云母组成，颗粒级配不连续，局部夹少量姜结石，含量为5%～15%，粒径1～10cm，分布不均，底部局部夹有薄层中密状中细砂。厚度2.00～12.50m，层底标高 -24.48～-11.67m。土石工程分级为Ⅱ级，定向钻穿越地质级别为Ⅰ级。

③-1层粉质黏土：灰黄色，褐黄色，可塑，局部硬塑，中压缩性。刀切面有光泽，干强度与韧性中等。该层局部夹有少量的姜结石（钙质结核），含量为10%～30%，直径1～12cm，分布不均匀。厚度1.30～11.40m，层底标高 -22.75～-12.97m。土石工程分级为Ⅱ级，定向钻穿越地质级别为Ⅰ级。

③-2层粉土夹粉细砂：灰黄色，褐黄色，湿，中密，中压缩性。摇振反应迅速，无光泽反应，干强度与韧性低。局部夹少量姜结石，含量为5%～15%，粒径1～8cm，分布不均，局部夹有薄层中密状粉细砂，可塑状粉质黏土，分布不均匀，具水平层理。厚度0.30～8.80m，层底标高 -28.43～-18.27m。土石工程分级为Ⅱ级，定向钻穿越地质级别为Ⅰ级。

③-2a层粉质黏土：灰黄色，灰色，可塑，局部软塑，中压缩性。刀切面稍有光泽，干强度与韧性中等。局部夹薄层粉土和少量姜结石，姜结石含量为5%～20%，粒径2～6cm，分布不均。该层主要呈透镜状分布于③-2粉土夹粉细砂中，厚度0.40～6.90m，层底标高 -30.77～-17.67m。土石工程分级为Ⅱ级，定向钻穿越地质级别为Ⅰ级。

③-3层粉细砂夹粉土：灰黄色，黄灰色，褐黄色，饱和，中～密实，中压缩性。矿物成分由长石、石英、云母组成，颗粒级配不均。具水平沉积层理，局部夹薄层中密状粉土，单层厚1～2cm，分布不均，局部富集。局部夹少量钙质结核，含量为20%～30%，粒径1～8cm，分布不均。厚度0.30～13.20m，层底标高 -32.30～-22.38m。土石工程分级为Ⅱ级，定向钻穿越地质级别为Ⅰ级。

④层粉质黏土夹粉土：灰色，饱和，软～流塑，高压缩性。刀切面无光泽，干强度与韧性中等。局部夹有薄层稍～中密状粉土、粉砂，分布不均，局部富集。厚度9.30～14.45m，层底标高 -42.68～-37.37m。土石工程分级为Ⅱ级，定向钻穿越地质级别为Ⅰ级。

⑤-1层粉质黏土：灰黄色，褐黄色，青灰色，可塑，局部硬塑，中压缩性。刀切面有光泽，干强度与韧性高。含铁锰质结核，夹有薄层密实状粉细砂，局部富集。局部夹有少量的姜结石（钙质结核），形似生姜，形状不规则，多呈次棱角状，直径2～10cm之间

不等，含量为 5% ~ 30%，分布极不均匀，局部富集。厚度 2.00 ~ 13.30m，层底标高 -41.43 ~ -29.23m。土石工程分级为Ⅱ级，定向钻穿越地质级别为Ⅰ级。

⑤ - 1a 层粉细砂：灰黄色，灰色，青灰色，饱和，中密 ~ 密实，中压缩性。主要成分由长石、石英和云母组成，颗粒级配不均，局部夹粉土薄层。该层多呈透镜体状分布于⑤ - 1 层粉质黏土层中，厚度 0.30 ~ 3.40m，层底标高 -36.73 ~ -30.80m。土石工程分级为Ⅱ级，定向钻穿越地质级别为Ⅰ级。

⑤ - 1b 层粉质黏土夹粉土：黄灰色，饱和，软 ~ 可塑，中压缩性。刀切面稍有光泽，干强度与韧性中等偏低。局部夹有薄层稍 ~ 中密状粉土，分布不均，局部富集。该层多呈透镜体状或位于⑤ - 1 与⑤ - 2 层之间。厚度 0.50 ~ 8.10m，层底标高 -41.03 ~ -29.97m。土石工程分级为Ⅱ级，定向钻穿越地质级别为Ⅰ级。

⑤ - 2 层中细砂：黄褐色，青灰色，饱和，中 ~ 密实，中压缩性。主要成分由长石、石英及云母组成，颗粒级配不均匀。厚度 0.50 ~ 5.10m，层底标高 -45.98 ~ -34.83m。土石工程分级为Ⅱ级，定向钻穿越地质级别为Ⅰ级。

⑥ - 1 层粉质黏土：青灰色，灰黄色，硬塑，局部可塑，中偏低压缩性。刀切面有光泽，干强度与韧性高。该层局部夹有薄层密实状粉细砂，分布不均匀。厚度 0.40 ~ 5.20m，层底标高 -44.82 ~ -38.43m。土石工程分级为Ⅱ级，定向钻穿越地质级别为Ⅰ级。

⑥ - 1a 层中细砂：黄灰色，青灰色，饱和，密实，中压缩性。切面粗糙，矿物成分由长石、石英、云母组成。颗粒级配不均。具水平沉积层理。该层多呈透镜体状分布或位于⑥ - 1 粉质黏土底部，厚度 0.20 ~ 3.50m，层底标高 -44.27 ~ -40.33m。土石工程分级为Ⅱ级，定向钻穿越地质级别为Ⅰ级。

3. 水文参数

根据防洪评价报告，新沂河 100 年一遇冲刷线高程为 -2.5m。滩地 100 年一遇冲刷线高程为 0.54m。

三、上下游水利设施

新沂河穿越工程上、下游 10km 范围内无其他水利工程设施，上游 500m 有用于当地居民滩地生产、生活的跨南北偏泓的生产桥，生产桥上部结构采用 10m 跨钢筋混凝土空心板，厚 45cm，桥面宽 4.5m，桥墩和桥台均采用钢筋混凝土灌注桩基础（直径 80cm，见图 2 - 124）。

图 2 - 124 南北偏泓漫水生产桥

四、设计方案

1. 定向钻穿越方案

根据《沂沭泗河洪水东调南下续建工程新沂河整治工程初步设计报告》，新沂河堤防的管理范围为：北侧至外堤脚后截水沟，南侧至外堤脚后截水沟，截水沟距离新沂河堤防背水坡脚的范围为 30~104m。

穿越场区两岸交通较便利，可作为管道布管、组焊、回拖场地，因此，第一钻出土点设在新沂河北岸，距北侧堤防背水侧坡脚 166.1m。第二钻出土点设在新沂河南岸，距离南侧堤防背水侧坡脚约 209m。两次定向钻穿越入土点距离 70m。

新沂河定向钻穿越的出、入土点均位于堤防管理范围以外。

根据《油气输送管道工程水平定向钻穿越设计规范》(SY/T 6968)，定向钻穿越管顶埋深应大于设计冲刷线以下 6m，本工程防洪评价报告提供的 100 年一遇冲刷线高程为 −2.5m，故主河槽穿越管道管顶标高应低于 −8.5m。第 1 次定向钻穿越水平段管线管顶设计标高约为 −30.39m，主要穿越地层为黏土、淤泥质黏土、粉质黏土、粉土，粉砂和细砂层；第 2 次定向钻穿越水平段管线管顶设计标高约为 −33.39m，主要穿越地层为黏土、淤泥质黏土、粉质黏土、粉土，粉砂和细砂层，管道在北岸大堤外坡脚下埋深 16.9m，在南岸大堤外坡脚下埋深 21.5m。两次定向钻水平段穿越地层均为粉质黏土层。

北偏泓下管顶埋深 24.9m，南偏泓下管顶埋深 29m，冲刷线下管顶埋深 30.8m。

本次穿越位置两岸地形较平坦，穿越地层主要为黏土、淤泥质黏土、粉质黏土、粉土、粉砂和细砂层，穿越管径较大($D1219mm$)，两次定向钻穿越入土角均为 9°，出土角均为 6°，穿越管段的曲率半径为 1500D。两次定向钻穿越段水平长度依次为 1473.9m、1613.8m，实长依次为 1477.5m、1617.9m。

对于定向钻出、入土侧钻机施工场地，考虑合理利用场地面积，减少征地费用，本工程按临时征地进行统筹考虑。出、入土端场地需硬化处理(硬化面积 10400m²)。

第 1 次定向钻入土侧施工场地约为 60m(长)×60m(宽)。

第 2 次定向钻入土侧施工场地约为 60m(长)×60m(宽)。

第 1 次定向钻出土侧施工场地约为 40m(长)×40m(宽)。

第 2 次定向钻出土侧施工场地约为 40m(长)×40m(宽)。

第 1 次定向钻出土侧穿越管道组焊、回拖所需场地约 1498m(长)×28m(宽)。

第 2 次定向钻出土侧穿越管道组焊、回拖所需场地约 1638m(长)×28m(宽)。

两次定向段连头段施工场地约为 5770m²。

一般线路段管道组焊施工场地已包含在回拖场地中。

管道回拖，当需要采用弹性敷设布置回拖管道时，应在出土点保持不少于 100m 的直管段，弹性敷设曲率半径不小于 1000D(D 为穿越管段外径)。

2. 管道连头方案

输气管道和光缆套管均采用两次连续定向钻加中间开挖连头方式，且输气管道和光缆套管的连头接点设置在新沂河北侧滩地内，连接段管道长 125.8m，管线两次定向钻在同一轴线，管道与光缆套管中线间距 10m，连头每侧保留 2.5m 裕量，输气管道与光缆共用连头段管沟，连头段管沟开挖底部宽度为 15m(图 2−125)。

根据《油气输送管道工程水域开挖穿越设计规范》(SY/T 7366—2017)，确定连头处管道管顶位于滩地冲刷线下 1.5m，连头处管沟挖深约 5m。开挖土层为素填土、黏土和淤泥质黏土。垂直管道方向管沟开挖坡比均为 1：2，顺管道方向管沟两侧采用钢板桩($L=$ 12m)进行支护。

图 2－125　连头坑示意图

开挖过程中产生的土方推荐临时堆放在管道两侧，距管沟上口边缘不小于 5m。

连头施工完后对 2 个定向钻入土点均进行黏土换填，连头管沟底部开挖宽度范围内同样进行黏土换填，之后采用原土与碎石土 1：1 回填压实，压实系数不得小于 0.93。其余原土可考虑外运。

为防止连头区施工时河水或雨水倒灌，需采用开挖原状土在连头施工区域外进行堆土围挡。

最后一道焊口(碰死口)应在平直段，避免在弯管处碰死口。

连头段完成后，宜先回填 1m 左右土，然后与穿越管段一起进行穿越管道回拖后严密性试压，试压完成后，进行全面回填。

3. 回拖吊装方案

设计采用开挖＋吊装方案，详见图 2－126。

(1)在出土端开挖吊装基坑，深度 5.2m，长度 64.3m；管沟边坡坡度建议黏性土： 1：1.5，考虑主管道和通信套管采用同一基坑，沟底宽度为 12m。

(2)吊装高度为 0.75m，起吊长度为 76.7m，设置吊点不少于 2 个。

(3)施工期可根据吊装设备配备情况，调整吊点个数和开挖深度。

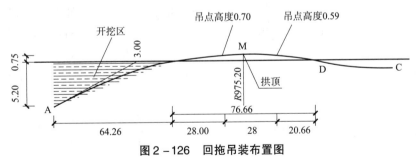

图 2－126　回拖吊装布置图

五、小结

中俄东线新沂河穿越通过两次定向钻穿越＋滩地连头方案。设计过程中根据场地条件优化出、入土角，分析地层结构选择合理穿越层位，通过优化回拖吊装设计降低回拖入洞难度，采用推拖结合降低回拖风险，积累了 D1219mm 定向钻长距离穿越经验，为后续类似工程积累工程经验方面具有实际意义。

第十七节　中俄东线淮河入海水道及苏北灌溉总渠定向钻穿越

一、工程概况

中俄东线天然气管道工程(永清—上海)泰安—泰兴段在江苏省盐城市阜宁县芦蒲镇小曹庄村穿越淮河入海水道与苏北灌溉总渠,采用定向钻穿越方案,穿越工程等级为大型。穿越处管道设计压力为10MPa,介质输送温度为11.6~20.3℃,地区等级为三级,穿越淮河入海水道(阜宁县)洪水调蓄区,设计系数取0.4。穿越段钢管为$D1219 \times 27.5$mm L555M直缝埋弧焊钢管,一般线路段钢管为$D1219 \times 22$mm L555M直缝埋弧焊钢管,防腐均采用3LPE加强级外防腐层。设计范围水平长度为1838.1m,其中定向钻穿越段水平长1300m,实长1303.5m,一般线路段水平长583.1m,实长583.5m。

二、地质条件

1. 地形地貌

拟穿越处位于江苏省盐城市阜宁县,属滨海冲积平原区,地形较为平坦开阔,地面高程一般在2~4m(1985国家高程),南北两侧堤坝在8~10m。目前穿越区域主要为耕地,耕地农作物多为水稻、玉米、黄豆、花生等。

本穿越工程一次性穿越淮河入海河道和苏北灌溉总渠以及防洪堤两侧的两条小型河流。淮河入海河道水面宽约260m,被分为两条河道,出露中间河水漫滩,宽约60m(以耕地范围为界),实测水面标高2.05m,水深3.50~4.10m;苏北灌溉总渠水面宽度85m,实测水面标高0.92m,水深3.40~4.30m;此外,北侧防洪堤北面水塘水面宽度约50m,水面标高1.40m,水深约1.80m;南侧防洪堤南面养殖场旁水塘水面宽度约13m,水面标高1.60m,水深约1.40;南侧防洪堤南面水稻田中水塘水面宽度约8m,水面标高1.60m,水深约1.10m。二次进场施工期间为枯水季节,但施工前期连续雨天,实测淮河入海河道水面标高1.45~1.50m,水深1.50~4.00m;苏北灌溉总渠实测水面标高1.60m,水深约4.50m。场区地貌见图2-127。

图2-127　穿越处地貌

2. 地层岩性

根据野外勘察成果，并结合室内土工试验，在勘察深度范围内，地层情况分述如下：

①层耕植土：灰黄色、灰色，稍湿~湿，结构松散。主要由粉质黏土、粉土夹植物根茎组成。厚度 0.50~2.90m，层底标高 -3.10~2.60m。土石工程分级为 I 级，定向钻穿越地质级别为 I 级。

①-1 层淤泥：灰色、灰黑色，流塑，夹腐殖质碎屑，具淤臭味。厚度 0.50~0.70m，层底标高 -4.25~-0.55m。土石工程分级为 I 级，定向钻穿越地质级别为 I 级。

②层黏土：黄灰色，灰黄色，可塑，局部软塑，土质较均匀，絮状结构，高压缩性。切面有光泽，干强度中等，韧性中等，局部粉粒含量较高。厚度 1.70~3.30m，层底标高 -1.99~0.60m。土石工程分级为 II 级，定向钻穿越地质级别为 I 级。

③层淤泥质黏土：灰色，流塑，高压缩性，土质较均匀，絮状结构。切面稍有光泽，干强度中等，韧性低，局部夹有粉土薄层，含有腐殖质。厚度 19.90~32.00m，层底标高 -33.30~-22.84m。土石工程分级为 II 级，定向钻穿越地质级别为 I 级。

④层粉质黏土：灰色，可塑，局部软塑，中等压缩性，土质均匀。切面有光泽，干强度中等，韧性中等，局部夹贝壳碎片。厚度 2.70~12.90m。层底标高 -39.30~-31.20m。土石工程分级为 II 级，定向钻穿越地质级别为 I 级。

⑤层粉细砂：青灰色，灰黄色，很湿，中密~密实，中压缩性。主要成分为长石、石英和云母，局部夹含少量砾石、姜结石，含量 5%~30%，粒径 0.50~5.0cm，成分为石英质、钙质，局部夹中砂，分布不均。厚度 0.10~11.60m，层底标高 -44.40~-34.74m。土石工程分级为 II 级，定向钻穿越地质级别为 I 级。

⑤-1 层粉质黏土：灰色，可塑，局部软塑，中压缩性，土质均匀。切面稍有光泽，干强度中等，韧性中等，局部夹薄层粉土或粉土簇。该层呈透镜体分布于⑤层粉细砂中，厚度 0.40~3.60m，层底标高 -43.45~-36.95m。土石工程分级为 II 级，定向钻穿越地质级别为 I 级。

⑥层黏土：灰黄色、灰色、青灰色，硬塑，局部可塑，土质均匀，中等压缩性。切面有光泽，干强度高，韧性高。局部夹零星姜结石，粒径 1.00~4.00cm，分布不均。该层在勘察深度内未揭穿，最大揭露厚度 6.50m。土石工程分级为 II 级，定向钻穿越地质级别为 I 级。

3. 河道规划及水文参数

依据《中俄东线天然气管道工程(永清－上海段)盐城段防洪评价报告》盐城境内骨干河道经过多年治理加固，河线、两侧岸坡基本位置稳定、成形，根据现有水利、航道等规划，今后即使航道治理、河道整治，都是对局部不满足要求的河段进行疏浚、加固，不会进行大的格局变化。河势整体趋势基本维持稳定，河道边界条件也能维持稳定。

总体来看，管道所经过河道上、下游河段河床变化较小，管道上、下游两岸河床相对较为稳定。

根据勘察报告，淮河入海河道主河床的一般冲刷深度为 3.03m，苏北灌溉总渠主河床的一般冲刷深度为 3.27m。

根据河流防洪影响评价报告数据，淮河入海水道100年一遇流量7000m³/s，设计水位10m，冲刷深度1.929m。苏北灌溉总渠100年一遇流量800m³/s，设计水位6.72m，冲刷深度1.864m。

综合勘察报告及防洪评价报告，取最不利的冲刷深度进行设计，淮河入海河道主河床的冲刷深度为3.03m，苏北灌溉总渠主河床的冲刷深度为3.27m。

淮河入海河道工程，西起洪泽湖二河闸，东至滨海县扁担港注入黄海，与苏北灌溉总渠平行，居其北侧。工程全长163.5km，河道宽750m，深约4m，贯穿江苏省淮安市的清浦、楚州两区和盐城市的阜宁、滨海两县，并分别在楚州区境内与京杭大运河、在滨海县境内与通榆河立体交叉。

淮河下游防洪、排洪工程经过了三次大规模的治理，淮河洪泽湖以下的洪水排洪布局已发生了巨大的改变，形成了一河入江（入江水道12000m³/s），四河入海（分淮河入新沂河的淮沭新河3000m³/s、淮河入海水道一期工程2270m³/s、苏北灌溉总渠及废黄河共1000m³/s，其中废黄河自杨庄闸以下至少要分摊200～250m³/s洪泽湖洪水）的布局。淮河干流东排入海的行洪能力已基本达到淮河原入海通道淤废前的水平，洪泽湖防洪标准达到100年一遇。淮河入海水道将实施二期工程，行水能力将提高到7000m³/s，其行洪能力并将随行洪冲刷进一步扩大，使洪泽湖入江入海设计泄洪能力提高到20000～23000m³/s，洪泽湖防洪标准达到300年一遇，淮河入江水道的行洪压力将得到根本的改观。

苏北灌溉总渠是位于淮河下游江苏省北部，西起洪泽湖边的高良涧，流经洪泽，清浦、淮安，阜宁、射阳，滨海等六县（区），东至扁担港口入海的大型人工河道，全长168km。苏北灌溉总渠是淮河洪泽湖以下排洪入海通道之一，又是引进洪泽湖水源发展废黄河以南地区灌溉的引水渠道，兼有排涝、引水、航运、发电、泄洪等多项功能。现总渠沿线分别建有高良涧进水闸、运东分水闸、阜宁腰闸、六垛挡潮闸，并在高良涧、运东、阜宁三闸附近分别建有水电站、船闸等建筑物。沿总渠两岸建有灌排涵洞36座，渠北排涝闸2座和跨河公路桥梁4座。总渠与二河之间还建有高良涧越闸，增辟了一个排洪入总渠的口门，以更好地发挥总渠的排洪潜力。总渠设计引水流量500m³/s，计划灌溉里下河和渠北地区360余万亩农田。汛期排洪流量800m³/s，当渠北地区内涝加重时，则利用总渠和排水渠之间的渠北、东沙港两排水闸，调度涝水经总渠排泄入海，以减轻渠北排水渠的排水负担。

管线穿越入海水道段，河道桩号约85+500，该段为淤土段。入海水道二期工程规划标准：河道行洪7000m³/s，防洪标准300年一遇。

河道规划断面：河底高程-2.5m，底宽230m，河道边坡1:5。

入海水道南堤为1级堤防，北堤为2级堤防。该段北堤退建，南北两岸堤防设计断面：堤顶高程12.6m，顶宽8m，堤坡1:3，堤顶设高1.2m的C25钢筋砼挡浪墙，6m宽混凝土防汛道路。

堤坡、河坡均采用14cm厚C25预制块护砌。

堤防详细规划见图2-128。

该段北堤堤后400m范围为入海水道弃土区范围。

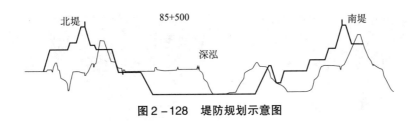

图2-128 堤防规划示意图

三、设计方案

穿越场区交通便利，穿越场地两岸地形较为平坦，东岸场地外侧为密集的村屋，拆迁量大，不满足布管回拖场地，但可以满足定向钻机场地布置和设备运输要求，西岸相对开阔，可作为出土点。东岸为入土点，西岸为出土点。

穿越入土点距离苏北灌溉总渠东岸大堤外坡脚208.1m，穿越出土点距离淮河入海水道西岸大堤外坡脚263.3m处，穿越水平长度1300m。

根据《油气输送管道工程水平定向钻穿越设计规范》(SY/T 6968)，定向钻穿越管顶埋深应大于设计冲刷线以下6m，本工程勘察报告提供的淮河入海河道主河床的冲刷深度为3.03m，苏北灌溉总渠主河床的冲刷深度为3.27m，100年一遇冲刷线高程分别为-7.24m、-6.67m，故主河槽穿越管道管顶标高应低于-13.24m。定向钻穿越水平段管线管顶设计标高约为-29.49m，主要穿越地层为黏土、粉质黏土和淤泥质黏土，管道在淮河入海水道西岸大堤下埋深26m，在苏北灌溉总渠东岸大堤下埋深26.8m。定向钻水平段穿越地层为粉质黏土层。

淮河入海水道河床下管顶埋深25.3m，冲刷线下管顶最小埋深20.2m，苏北灌溉总渠下管顶埋深25.9m，冲刷线下最小管顶埋深19.7m。

考虑淮河入海河道主河床的冲刷深度为3.03m，苏北灌溉总渠主河床的冲刷深度为3.27m，穿越地层主要为黏土、粉质黏土、黏土和淤泥质黏土层，穿越管径为D1219，定向钻穿越入土角为9°，出土角为6°，穿越管段的曲率半径为1500D。穿越管道管中心最低标高为-30.1m，主要从黏土、粉质黏土和淤泥质黏土层中通过。淮河入海水道河床下管顶埋深25.3m，冲刷线下管顶最小埋深20.2m，苏北灌溉总渠下管顶埋深25.9m，冲刷线下最小管顶埋深19.7m。

对于定向钻出、入土侧钻机施工场地，考虑合理利用场地面积、减少征地费用，本工程按临时征地进行统筹考虑。出、入土端场地需硬化处理(硬化面积5200m²)。

入土侧施工场地约为60m(长)×60m(宽)。

出土侧施工场地约为40m(长)×40m(宽)。

出土侧穿越管道组焊、回拖所需场地约1324m(长)×28m(宽)。

管道回拖时，当需要采用弹性敷设布置回拖管道时，应在出土点保持不少于100m的直管段，弹性敷设曲率半径不小于1000D(D为穿越管段外径)。管道回拖布置示意图如图2-129。

图 2-129 管道回拖布置示意图

根据《油气输送管道工程水平定向钻穿越设计规范》(SY/T 6968—2013)中10.1.1 规定：当管道在钻孔中的净浮力为大于 2kN/m 的上浮力时，应采取配重浮力控制措施。本工程管道的净浮力为 5.92kN/m，应采取降浮措施。根据以往工程经验，推荐采用 PE 管充水降浮。

经计算，$D800 \times 30.6$mm PE 管道内充水后 PE 管道及充水总重力为 4.97kN/m，配重后管道合力为 0.95kN/m，方向向上，满足降浮要求。

为了保证堤防、河道安全稳定，定向钻穿越完成后应在出、入土点采用黏性土换填的方式阻断可能的渗流通道。

定向钻穿越的出、入土点换填黏性土并压实，压实系数不小于 0.93。黏土换填范围：定向钻入、出土点弯管两侧焊口外各 2m；竖直方向，管顶 1m 至管底 1m。

四、小结

淮河入海水道是扩大淮河洪水出路，提高洪泽湖防洪标准的战略性骨干工程；苏北灌溉总渠是利用淮河水资源，发展淮河下游地区灌溉，同时分泄淮河洪水的综合利用大型水利工程，具有灌溉、防洪以及排涝、航运等综合利用功能，受到地方水利管理部门的高度重视，该定向钻穿越工程是中俄东线南段的控制性工程。

第十八节　锦郑线黄河定向钻穿越

一、工程概况

锦州-郑州成品油管道工程黄河穿越位于河南省中牟县和原阳县交界处。穿越处管线设计压力为 8MPa，穿越段用管为 $D559 \times 8.7$mm X65 直缝埋弧焊钢管，采用五次水平定向穿越河道+爬堤方式通过，穿越范围内管线水平长 11.272km。黄河定向钻穿越方案共由五次定向钻穿越方案组成，主河槽范围分三次定向钻穿越，滩地范围分两次定向钻穿越。

二、地质条件

1. 地形地貌

黄河干流在孟津县白鹤镇由山区进入平原，经华北平原，于山东垦利县注入渤海，河长 881km。从孟津县白鹤镇至河口，除南岸郑州以上的邙山和东平湖至济南为山麓外，其余全靠大堤控制洪水，高村以上河段长 299km，河道宽浅，水流散乱，主流摆动频繁，为游荡性河段，两岸大堤之间的距离平均为 8.4km，最宽处 20km。穿越断面处黄河主河槽摆动范围为 6.2km。

2. 水文参数

黄河穿越断面 100 年一遇水位水文参数如下：

（1）设计洪水位为 87.17m；

（2）设计流量为 15700m³/s；

（3）河槽最低冲刷高程为 65.58m；

（4）滩地最低冲刷高程为 79.20m；

（5）堤河最低冲刷高程为 78.90m。

3. 地层岩性

①层人工填土（Q_4^{ml}）：系黄河大堤堤身土，主要成分为粉土，稍湿，稍密。该层仅在 ZK02、ZK03 及 ZK19 附近有分布，厚 2.50~7.40m，层底深度 2.50~7.40m，层底标高 83.25~85.90m。

①-1 层冲填土（Q_4^{ml}）：浅黄、褐黄色，主要成分为粉土，局部夹粉砂薄层，湿，稍密。摇振反应中等。该层仅在 ZK02 附近有分布，层厚 9.00m，层底标高 78.50m。

②层粉土（Q_4^{al+pl}）：褐黄色、浅黄色，孔隙发育，稍湿，局部很湿，稍密。摇振反应中等，光泽反应无，干强度低，韧性低。局部夹有薄砂层及粉质黏土薄层。该层在 ZK03~ZK09 附近含有零星钙质结核，核径 2~10mm。该层除 ZK01、ZK02 附近外普遍分布，层厚 0.50~6.60m，层底深度 0.50~9.10m，层底标高 79.23~84.96m。

②-1 层粉质黏土（Q_4^{al+pl}）：褐黄色、浅黄色，孔隙较发育，可塑。无摇振反应，稍有光滑，干强度中等，韧性中等。该层在 ZK08 附近含有零星钙质结核，核径一般 2~5mm，大者 10~20mm，最大 35mm 左右。该层仅在 ZK08、ZK10、ZK12、ZK13、ZK17、ZK18、ZK23、ZK26、ZK27、ZK28 附近呈透镜体分布，层厚 0.60~3.70m，层底深度 1.80~5.10m，层底标高 80.40~83.66m。

③层粉细砂（Q_4^{al+pl}）：浅黄、浅灰色，矿物成分以石英、长石为主。黏粒含量 2%~8%，局部含量较高，大于 10%。ZK32 附近含有零星贝壳碎片和零星的砂质钙核，核径一般为 2mm 左右。饱和，稍密为主，局部中密，局部夹有粉土、粉质黏土和中砂薄层。该层除 ZK28、ZK32 外普遍分布，层厚 1.40~15.20m，层底深度 5.10~20.00m，层底标高 64.83~79.66m。

④层粉土（Q_4^{al+pl}）：浅黄色为主，偶见青灰色砖瓦碎片，孔隙不甚发育，很湿，稍密为主、局部中密。摇振反应中等，无光泽反应，干强度低，韧性低。局部夹有薄砂层及粉

质黏土薄层。该层在 ZK02 ~ ZK11 附近含有零星豆状钙质结核，核径一般 5 ~ 10mm，大者 20 ~ 30mm。该层除 ZK17 附近外普遍分布，层厚 1.20 ~ 8.50m，层底深度 3.50 ~ 15.80m，层底标高 71.45 ~ 79.10m。

④ - 1 层粉质黏土（Q_4^{al+pl}）：浅黄色为主，偶见青灰色砖瓦碎片，孔隙不甚发育，可塑 ~ 软塑。无摇振反应，稍有光滑，干强度中等，韧性中等。该层在 ZK02 ~ ZK10 附近含有零星豆状钙质结核，核径一般 2 ~ 5mm，大者 10 ~ 20mm，最大 30mm 左右。该层在 ZK01 ~ ZK10、ZK12 ~ ZK18、ZK21 ~ ZK28 附近呈透镜体分布，该层层厚 0.60 ~ 7.10m，层底深度 2.30 ~ 15.30m，层底标高 70.15 ~ 79.22m。

⑤层粉质黏土（Q_4^{al+pl}）：浅灰、浅黄色，偶见青灰色砖瓦碎片，孔隙不发育，可塑 ~ 软塑。无摇振反应，稍有光滑，干强度中等，韧性中等，局部夹有粉土薄层。该层在 ZK01 ~ ZK13、ZK21、ZK27 附近含有零星豆状钙质结核，核径一般 3 ~ 8mm，大者 10 ~ 20mm，最大 35mm 左右。该层普遍分布，层厚 0.50 ~ 8.50m，层底深度 8.30 ~ 22.30m，层底标高 63.26 ~ 71.80m。

⑤ - 1 层粉土（Q_4^{al+pl}）：浅灰、浅黄色，偶见青灰色砖瓦碎片，孔隙不发育，湿，中密为主。摇振反应中等，无光泽反应，干强度低，韧性低。该层在 ZK03 ~ ZK09、ZK21、ZK27 附近含有零星豆状钙质结核，核径一般 2 ~ 5mm，大者 10 ~ 15mm，最大 30mm 左右。该层除在 ZK02、ZK11、ZK12、ZK22、ZK24、ZK28 附近外普遍存在，层厚 0.70 ~ 5.50m，层底深度 13.40 ~ 23.40m，层底标高 61.86 ~ 70.34m。

⑤ - 2 层粉细砂（Q_4^{al+pl}）：浅灰、褐灰色。矿物成分以石英、长石为主，黏粒含量 5% 左右。含有豆状零星砂质钙核，核径一般 2 ~ 8mm，大者 15 ~ 25mm，最大 40mm 左右。饱和，中密。该层仅在 ZK27、ZK28 附近呈透镜体分布，层厚 0.60 ~ 1.20m，层底深度 18.40 ~ 18.70m，层底标高 66.85 ~ 67.04m。

⑥层中细砂（Q_4^{al+pl}）：浅灰、浅黄色，矿物成分以石英、长石为主，黏粒含量 5% 左右，偶见螺壳碎片。饱和，密实为主，局部中密，局部夹有粉土、粉质黏土和粉砂薄层。该层在 ZK03 ~ ZK11、ZK14、ZK20、ZK21、ZK25、ZK28 附近含有零星豆状砂质钙核，核径一般 3 ~ 8mm，大者 15 ~ 25mm，最大 40mm 左右。该层除在 ZK01、ZK02、ZK04、ZK10、ZK16、ZK20、ZK22、ZK24、ZK25 附近外普遍分布，层厚 2.00 ~ 6.00m，层底深度 19.90 ~ 29.80m，层底标高 56.04 ~ 65.60m。

⑥ - 1 层粉土（Q_4^{al+pl}）：浅灰色，孔隙不发育，湿，密实。摇振反应中等，无光泽反应，干强度低，韧性低。该层在 ZK02、ZK12 附近含有零星豆状钙质结核，核径一般 2 ~ 5mm，大者 10 ~ 15mm，最大 30mm 左右。该层仅在 ZK01、ZK02、ZK10、ZK12 附近呈透镜体分布，该层除 ZK12 外均未被揭穿，最大揭露厚度 6.60m。

⑥ - 3 层粉砂（Q_4^{al+pl}）：浅灰、褐灰色，矿物成分以石英、长石为主，黏粒含量 7% 左右，偶见螺壳碎片。饱和，中密为主。该层在 ZK04 ~ ZK06、ZK13、ZK15、ZK25 附近含有零星砂质钙核，核径一般 2 ~ 8mm，大者 15 ~ 25mm。该层仅在 ZK04 ~ ZK06、ZK13、ZK20、ZK22 ~ ZK26 及附近透镜体分布，层厚 1.50 ~ 6.90m，层底深度 22.60 ~ 27.90m，层底标高 57.36 ~ 63.29m。

⑦层中砂（Q_4^{al+pl}）：褐灰、浅黄色，矿物成分以石英、长石为主，黏粒含量 6% 左右，

偶见螺壳碎片。饱和，密实为主，局部中密，局部夹有粉质黏土或粉细砂薄层。该层在 ZK03 ~ ZK14、ZK21、ZK22、ZK24、ZK28 附近含有零星砂质钙核，核径一般 5 ~ 10mm，大者 20 ~ 30mm，最大 50mm 左右。该层除在 ZK01、ZK02、ZK06、ZK10、ZK16、ZK17、ZK20 附近普遍分布，未被揭穿，最大揭露厚度 9.30m。

⑦-1 层粉土（Q_4^{al+pl}）：褐黄色，湿，密实。摇振反应中等，孔隙不发育，无光泽反应，干强度低，韧性低。该层仅在 ZK10 附近呈透镜体分布，该层未被揭穿，最大揭露厚度 5.10m。

⑦-2 层粉质黏土（Q_4^{al+pl}）：褐黄色，含有少量锈黄色斑点及条纹。偶见螺壳碎片，ZK05 附近含有零星核径 3 ~ 8mm 的钙质结核。孔隙不发育，可塑。无摇振反应，稍有光滑，干强度中等，韧性中等。该层仅在 ZK05、ZK16、ZK17 号孔及附近呈透镜体分布，该层未被揭穿，最大揭露厚度 2.50m。

⑦-3 层粉细砂（Q_4^{al+pl}）：浅灰、浅黄色，矿物成分以石英、长石为主，黏粒含量 7% 左右。偶见螺壳碎片，饱和，密实为主。该层在 ZK06、ZK09、ZK11、ZK20、ZK22、ZK24、ZK25 附近含有零星砂质钙核，核径一般 5 ~ 8mm，大者 10 ~ 15mm。该层仅在 ZK06、ZK09、ZK11、ZK12、ZK15 ~ ZK17、ZK19 ~ ZK25、ZK27、ZK28 附近呈透镜体分布。该层未被揭穿，最大揭露层厚 9.20m。

三、设计方案

1. 定向钻穿越方案

穿越处主河槽内 100 年一遇的洪水最大冲刷线高程 65.58m，滩地范围内最大冲刷线高程为 79.20m，定向钻穿越管道管顶高程置于冲刷线以下 6m，同时考虑管道连头位置应位于定向钻弹性敷设曲线段之外，确定主河槽内管底高程为 53.78m，滩地内管底高程为 57.78m，管线穿越地层为粉细砂层。

黄河穿越断面主河槽范围为（2km+955m）~（9km+126m），主河槽采用三次定向钻穿越，滩地采用两次定向钻穿越，定向钻曲率半径为 1500D，定向钻之间管线采用基坑开挖接头方式连接，出、入土点参数和穿越长度见表 2-8。为保证堤防安全，同时考虑定向钻焊接场地要求，滩地穿越入土点均选择在靠近堤岸一侧，便于滩地穿越管线与主河槽穿越管线衔接。

表 2-8　定向钻穿越参数统计表

穿越名称	入土点		出土点		定向钻穿越长度/m		备注
	里程	角度/(°)	里程	角度/(°)	水平长	实长	
一穿	0+535.3m	11	2km+750.5m	10	2215.2	2218.6	北岸滩地穿越
二穿	4km+946.4m	8	2km+681.3m	8	2265.1	2268.8	主河槽穿越
三穿	7km+159.3m	8	4km+608.2m	6	2551.1	2557.5	主河槽穿越
四穿	6km+903.0m	8	9km+411.7m	12	2508.7	2517.7	主河槽穿越
五穿	10km+528.6m	11	9km+364.1m	12	1164.5	1167.8	南岸滩地穿越
合计					10704.6	10730.4	

黄河定向钻穿越中，第三穿和第四穿入土点位于主河槽范围内，考虑到在施工期间主钻机场地存在液化可能性，在钻机及钻机周围2m范围内（15m×6m），采用水泥土搅拌法进行水泥浆地基加固，加固深度为10m，确保地基承载力不小于160MPa，表面采用500mm厚碎石夯填。

2. 连头坑方案

黄河穿越工程两相邻定向钻之间采用连头坑开挖连头方式连接。在滩地范围的两个连头坑如下：

(1)北侧滩地的连头坑深8.1m，连头坑底尺寸为40m×15m，在此连头坑连头处为两定向钻出土点，角度分别为10°和8°，连头管中高程为77.5m，采用10°冷弯弯管和20°热煨弯头连接；

(2)南侧滩地的连头坑深7.32m，连头坑底尺寸为30m×15m，在此连头坑连头处为定向钻出土点，角度均为12°，连头管中高程为77.5m，采用12°冷弯弯管和30°热煨弯头连接；

在主河槽范围的两个连头坑如下：

(1)第二穿与第三穿之间连头坑深20.96m，连头坑底尺寸为20m×20m，在此连头坑连头处为第二穿入土点和第三穿出土点，角度分别为8°和6°，连头管中高程为64.11m，采用两个30°热煨弯头连接；

(2)第三穿和第四穿连头坑深18.41m，连头坑底尺寸为20m×20m，在此连头坑连头处为两定向钻入土点，角度均为8°，连头管中高程为64.11m，采用两个30°热煨弯头连接。

连头坑采用机械、分台阶开挖。由于基坑开挖深度较大，采用深井井点降水和轻型井点降水相配合的降水方式。深井井点滤管直径350mm，轻型井点井管直径55mm，与深井井点交替布设。基坑降水滤管长度为1~5m。基坑每层台阶设置排水沟和集水坑，对渗水采取机泵明排方式处理。

连头详见图2-130~图2-135。

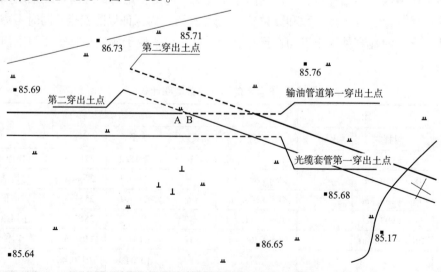

图2-130　滩地段连头坑连头平面图

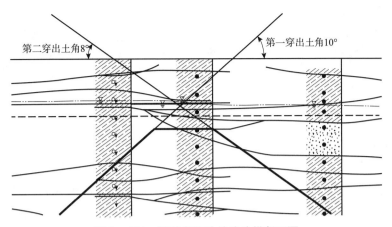

图2-131 滩地段连头坑连头纵断面图

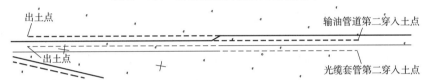

图2-132 主河槽段连头坑连头平面图

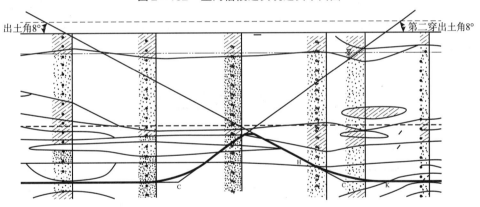

图2-133 主河槽段连头坑连头纵断面图

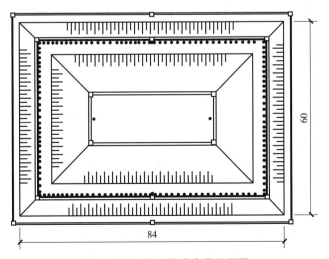

图2-134 连头坑降水井平面图

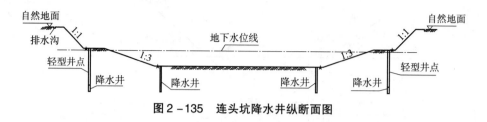

图 2-135 连头坑降水井纵断面图

3. 爬堤方案

黄河大堤为 1 级设防，管道采用爬堤方式通过大堤，管道上部考虑通车和管线保护的要求设置钢套管和覆盖层。大堤设计堤顶高程为设防水位上增加 3m，堤顶最终高程为 95.91m。堤顶管道采用 $D720mm$ 钢套管，并设 20cm 厚钢筋混凝土保护层作为管道保护结构，管基底高程为 94.44m，上部按照防洪大堤标准恢复，以适合行车需要。两侧边坡表面采用干砌石防护结构，在管线施工完成后，对边坡采取植草措施，恢复原貌。

黄河大堤外侧线路段部分，管道穿越地层为粉土，管沟最小挖深为 1.8m，沟底宽度取 1.6m，边坡比取 1:1。大堤内侧线路段部分，管沟挖深较大，最小挖深约为 6.6m，采用分级开挖方式，管沟开挖深，对地层扰动较大，边坡易塌方，为保证施工安全，根据《油气输送管道穿越工程施工规范》，开挖宜采用长臂挖掘机施工，土层边坡比取 1:2.5，一侧台宽 8m，用于组装焊接和吊装下沟，另一侧台宽 4m，沟底宽度取 1.6m，详见图 2-136、图 2-137。

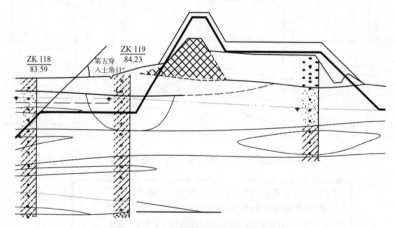

图 2-136 堤顶管道安装纵断面图

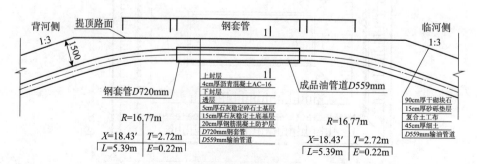

图 2-137 堤顶管道安装详图

四、小结

锦郑黄河穿越通过五次穿越＋连头坑连头＋爬堤方案，降低了超长距离定向钻穿越风险，为后续类似工程积累了工程经验。

第十九节 中俄东线黄河定向钻穿越

一、工程概况

中俄东线天然气管道工程(永清－上海)在山东省济南长清区归德镇边庄村北侧穿越黄河，拟采用定向钻＋爬堤穿越方案。穿越处管道设计压力为10MPa，输送温度为8.3~25.0℃，地区等级为二级。管道穿越济南市黄河干流饮用水水源保护区，为规划通航河段，强度设计系数提高一级，取0.4，穿越段钢管为$D1219 \times 27.5mm$ L555M直缝埋弧焊钢管，防腐采用3LPE加强级外防腐层。穿越工程等级为大型，穿越方案布置见图2－138。

图2－138 黄河穿越方案布置图

主河槽设计范围为：线路桩BD064~线路桩BE001，设计范围水平长度为1471.7m，其中黄河大堤外一般线路段水平长74.6m，爬西岸大堤段水平长191.5m，堤内开挖段水平长32.9m，主河槽和东岸生产堤(民堤)段定向钻穿越水平长1172.7m。爬堤段大堤防洪补救措施设计由山东黄河勘测设计研究院完成。

滩地设计范围为：线路桩BE001~线路桩BE010，四次定向钻穿越，设计范围水平长度为4303.5m，四次定向钻穿越段水平长度依次为857.6m、1237.4m、1183.8m、1024.7m，四次定向钻及黄河主河槽、南水北调干渠穿越共有5处连头段，连头段总水平长561.0m。本设计段在BE001~BE004＋80m之间潜在影响区域内存在特定场所——董洼中心小学；BE008~BE012桩穿越一级、二级保护区——济平干渠饮用水水源保护区，其中本设计段在BE008~BE010穿越了济平干渠饮用水水源保护区。

二、地质条件

1. 地形地貌

拟穿越场区地貌属于冲积平原地貌，穿越场地两岸地形较为平坦（图2－139～图2－141），地表主要为耕地，勘察期间西岸大堤内侧地表主要为玉米和杨树，大堤外侧地表主要为玉米和杨树及经济林木；东岸大堤内侧地表主要为杨树和杂草，大堤外侧地表主要为玉米。其中拟穿越河床位置下游约150m处正在建设郑济铁路长清黄河特大桥，拟穿越河床位置下游约280m处与已建管线冀宁联络线并行，拟穿越河床位置下游约380m处与已建管线宣化线并行。

图2－139　河床地貌　　　　　　图2－140　黄河滩地貌照（一）

图2－141　黄河滩地貌照（二）

2. 河道演变趋势及水文参数

根据防洪评价报告，黄河下游河道冲淤变化主要取决来水来沙条件、河床边界条件以及河口侵蚀基面。其中来水来沙是河道冲淤的决定因素。每遇暴雨，来自黄河中游的大量泥沙随洪水一起进入下游，使下游河道发生严重淤积，尤其高含沙洪水，下游河道淤积更为严重，河道冲淤年际间变化较大。黄河下游河道具有"多来、多排、多淤"的输沙特性。

小浪底水库运用后下游河道在相当长时期内冲淤接近平衡。在小浪底水库运用条件下，下游各河段减淤量和减淤厚度具有以下特点：

（1）花园口以上河段减淤量和平均减淤厚度小，原因是三门峡水库现状的"蓄清排浑"运用，非汛期下泄"清水"冲刷，在花园口以上河段有相当程度的抑制淤积作用，所以小浪

底水库运用后该河段减淤量和减淤厚度相应要小;

(2)减淤量和减淤厚度最大的为花园口至高村河段,其次为高村至艾山河段。这是因为三门峡水库"蓄清排浑"运用对花园口以上河段淤积有一定的抑制作用,当泥沙推进至花园口—高村河段时便成为淤积的重点,因此,小浪底水库运用后,花园口—高村河段便成为减淤量和减淤厚度最大的河段;

(3)小浪底水库运用对艾山—利津河段的减淤效益是很显著的,该河段减淤量约占下游河道总减淤量的 12%;

(4)下游减淤效益主要集中在水库拦沙运用前 30 年。在水库拦沙运用前 15~30 年下游各河段减淤量和减淤效益最大,后 20 年将继续减淤,但年减淤量和年减淤厚度将有所降低。

根据黄委会小浪底水库设计综合分析,小浪底运用后的 50 年内,下游窄河道仅可减少一次大堤加高。

总之,小浪底水库运用至 2030 年,黄河下游河道将基本回淤到小浪底水库运用前的水平,之后各河段将处于淤积抬升的状态。从长远看,管道穿越处河段河床淤积抬高的趋势不会改变。

该河段河势比较稳定,主流摆幅不大。管道工程处于微弯性河道,所在河段上下游河道整治工程完善,河势稳定,险工、控导工程着流点虽因流量不同而出现上提下挫现象,但河道流路基本稳定,河势变化不大。目前由于该段河道弯曲系数约为 1.21,河势已初步得到控制,行河流路基本稳定。因此,预估今后穿黄河管道位河段的河势流路不会有大的变化,随着河道整治工程的不断完善,黄河下游河段的河势将进一步得到控制,河道将进一步趋于稳定。

据现场钻探揭露地层情况,结合土工试验成果,拟穿越场区河床地层主要为粉土和砂土,故冲刷深度宜采用非黏性土河床冲刷深度公式进行计算。根据本次钻探资料及搜集附近水文站数据,采用上述冲刷计算公式计算选取最大计算结果,计算结果见表 2-9。

表 2-9 冲刷深度计算成果表

河流名称	重现期/年	计算方法	流量/(m^3/s)	水位/m	冲刷深度/m	冲止高程/m
黄河	20	64-1 非黏性土	2362.8	31.94	6.09	15.91
		《堤防》公式法			3.46	18.54
	50	64-1 非黏性土	9166.37	34.10	8.13	13.87
		《堤防》公式法			5.12	16.88
	100	64-1 非黏性土	12261.68	38.88	9.83	12.2
		《堤防》公式法			6.61	15.39

根据勘察报告确定黄河 100 年一遇冲刷深度为 9.83m,冲刷线高程为 12.2m。

根据防洪评价报告,主河槽冲刷后最大水深为 26.72m,最低冲刷线高程为 12.06m。滩地冲刷后最大水深为 13.15m,最低冲刷线高程为 25.63m。

设计选择最不利的洪评冲刷深度进行设计，冲刷线高程为12.06m。

3. 地层岩性

根据现场钻探、原位测试及室内试验成果，场地内地层主要由第四系冲洪积层（Q_4^{al+p}）粉土、砂土和黏性土组成。结合地层形成的地质时代、成因、岩性、物理力学性质等特性，场区的地层可分为2个主要工程地质层和9个亚层。描述如下：

①层粉土（Q_4^{al+pl}）：黄褐色，湿，中密~密实，局部夹粉质黏土薄层。表层0.00~0.40m为耕植土，含少量植物根茎。该层仅在XK5钻孔中缺失，层厚1.50~14.70m，层底标高20.34~31.37m。土石等级为Ⅱ级。

该层有4个亚层：

①-1层粉质黏土（Q_4^{al+pl}）：黄褐色，软塑~可塑，夹粉土薄层，稍有光泽，干强度及韧性中等。该层在HHZK1、HHZK2、HHZK8、HHZK9、HHZK10、HHZK11、XK4~XK8钻孔中揭露，揭露层厚0.70~7.10m，层底标高14.99~30.53m。土石等级为Ⅱ级。

①-2层粉砂（Q_4^{al+pl}）：灰黄色，饱和，松散~稍密，成分以石英、长石为主，含云母，局部夹少量黏性土团块。该层仅在XK1、XK2、XK3钻孔揭露，揭露层厚8.00~14.70m，层底标高16.33~22.81m。土石等级为Ⅱ级。

①-3层中砂（Q_4^{al+pl}）：灰黄色，饱和，中密，成分以石英、长石为主，含云母，颗粒级配一般，局部夹少量黏性土团块。该层仅在HHZK4、XK6钻孔揭露，层厚0.70~8.10m，层底标高18.58~21.56m。土石等级为Ⅱ级。

①-4层粗砂（Q_4^{al+pl}）：灰黄色，饱和，中密~密实，成分以石英、长石为主，含云母，颗粒级配一般，局部少量黏性土团块。该层仅在HHZK5、XK5钻孔中揭露，揭露层厚0.90~4.10m，层底标高14.09~22.88m。土石等级为Ⅱ级。

②层粉质黏土（Q_4^{al+pl}）：黄褐色，可塑~硬塑，局部夹粉土及黏土薄层，含氧化铁、锈锰氧化物。该层在所有钻孔均有揭露，未揭穿，最大揭露层厚33.40m。土石等级为Ⅱ级。

该层有5个亚层：

②-1层粉土（Q_4^{al+pl}）：黄褐色，饱和，密实，局部夹粉质黏土薄层，含氧化铁、锈锰氧化物。该层仅在XK1、XK2、XK3、XK6钻孔揭露，层厚1.10~5.00m，层底标高12.26~19.74m。土石等级为Ⅱ级。

②-2层粉质黏土（Q_4^{al+pl}）：黄褐色，软塑，局部夹粉土薄层，含氧化铁、锈锰氧化物。该层仅在HHZK6、XK2钻孔揭露，层厚4.20~11.90m，层底标高0.83~11.15m。土石等级为Ⅱ级。

②-3层粉细砂（Q_4^{al+pl}）：灰黄色，饱和，中密，成分以石英、长石为主，含云母，局部夹少量黏性土团块。该层仅在XK2钻孔中揭露，层厚0.80m，层底标高0.03m。土石等级为Ⅱ级。

②-4层中砂（Q_4^{al+pl}）：灰黄色，饱和，密实，成分以石英、长石为主，含云母，局部夹少量黏性土团块。该层仅在HHZK3钻孔揭露，层厚1.30~1.70m，层底标高9.64~19.01m。土石等级为Ⅱ级。

②-5层粗砂(Q_4^{al+pl})：灰黄色，饱和，中密～密实，成分以石英、长石为主，含云母，局部夹少量黏性土团块。该层仅在 XK4、XK5、XK6 钻孔中有揭露，未揭穿，最大揭露层厚 22.00m。土石等级为Ⅱ级。

三、设计方案

1. 主河槽穿越

黄河穿越场区交通便利，管线穿越位于西岸大堤内侧，作为定向钻机场地，东岸外侧相对较平坦开阔，交通亦较便利，可作为管道布管、组焊、回拖场地，西岸为入土点，东岸为出土点（图2-142）。

黄河穿越入土点在距离黄河西岸现状内堤脚 62.3m 处（距规划内堤脚 44.5m），出土点在距离东岸堤脚 370.7m 处，穿越水平长度 1172.7m。

本工程 100 年一遇冲刷线高程为 12.06m。定向钻穿越水平段管线管顶设计标高为 -8.59m，主要穿越地层为粉质黏土、粉土、粉砂、中砂和粗砂层，管道在东岸生产堤下埋深 29.3m，西岸黄河大堤采取爬堤形式。

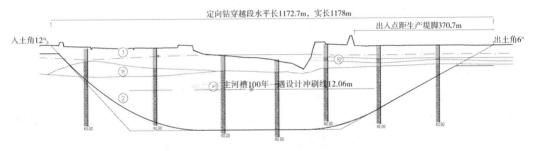

图2-142　黄河穿越纵断面图

河床最低点下管顶埋深 30.59m，冲刷线下管顶埋深 20.65m。

考虑到定向钻穿越施工风险、难度、工期和投资等因素，本工程定向钻穿越的主要地层为粉质黏土、粉土、粉砂、中砂和粗砂层。穿越里程和水平长度见表2-10。

表2-10　穿越里程及水平长度统计表

穿越地层	里程/m	穿越水平长度/m
粉土	0+299～0+322.7；1+380.3～1+398.8；1+410.4～1+471.7	103.5
粉砂	0+322.7～0+350	27.3
中砂	0+350～0+381.2	31.2
粉质黏土	0+381.2～0+798.7；0+861.9～0+935.8；1+066.8～1+380.3；1+398.8～1+410.4	816.5
粗砂	0+798.7～0+861.9；0+935.8～1+066.8	194.2

黄河主河道 100 年一遇冲刷线高程为 12.06m，穿越地层主要为粉质黏土、粉土、粉砂、中砂和粗砂层，穿越管径为 $D1219mm$，定向钻穿越入土角为 12°，出土角为 6°，穿越

管段的曲率半径为 1500D。穿越管道管中心最低标高为 -9.2m，主要从粉质黏土、粉土、粉砂、中砂和粗砂层中通过。冲刷线下管顶埋深 20.65m，河床最低点管顶埋深 30.59m，主河槽穿越轴线。

考虑定向钻入、出土点侧钻机施工场地，同时为合理利用场地面积及减少征地费用，本工程定向钻穿临时征地进行统筹考虑。

(1) 入土侧施工场地约为 60m(长)×60m(宽)。

(2) 出土侧施工场地约为 40m(长)×40m(宽)。

(3) 出土侧穿越管道组焊、回拖所需场地约 1198m(长)×28m(宽)。

黄河主河槽定向钻穿越出土点与民堤外第一次定向钻穿越滩地的入土点设置 1 处连头坑。本穿越段出土侧钻机场地应已包含在连头坑的临时占地工程量中。

管道回拖时要求其水平敷设曲率半径不小于 1000D(D 为穿越管段外径)。

经计算，穿越回拖力为 1145.1kN，根据规范要求，最大回拖力取计算回拖力值的 1.5~3 倍，本工程取 3 倍，选取回拖力不小于 344tf 的钻机。同时配备不小于 350t 的推管机。

设计采用开挖 + 吊装方案:

(1) 在出土端开挖吊装基坑，深度 5.2m，长度 64.3m;

(2) 吊装高度为 0.75m，起吊长度为 76.7m，设置吊点不少于 2 个;

(3) 施工期可根据吊装设备配备情况，调整吊点个数和开挖深度。

2. 滩地穿越

1) 穿越方案

滩地穿越为 4 条定向钻连续穿越。根据前后黄河穿越、南水北调干渠穿越及场地情况，滩地 1 号定向钻穿越西侧为入土点，东侧为出土点;滩地 2 号定向钻穿越西侧为入土点，东侧为出土点;滩地 3 号定向钻穿越东侧为入土点，西侧为出土点;滩地 4 号定向钻穿越东侧为入土点，西侧为出土点。滩地定向钻连续穿越出、入土布置见图 2-143。

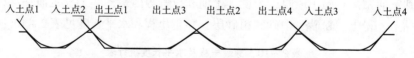

入土点1　入土点2　出土点1　　出土点3　　出土点2　　出土点4　　入土点3　　入土点4

图 2-143 黄河滩地定向钻穿越轴线布置示意图

滩地 4 条定向钻连续穿越的总水平长度为 4303.5m，均为穿越段;4 条定向钻水平长度分别为 857.6m、1237.4m、1183.8m、1024.7m，实长分别为 860.6m、1240.4m、1186.8m、1027.7m;其中与黄河穿越、南水北调干渠穿越以及各定向钻之间共有 5 处连头段，连头段总水平长 561m。主穿越层为粉质黏土、粉土和中砂层。设计考虑定向钻曲率半径为 1500D，滩地下定向钻穿越段最低点管道管顶埋深分别为 34.3m、34.4m、34.6m、33.2m。

考虑到定向钻穿越施工风险、难度、工期和投资等因素，本工程 4 次定向钻穿越的主要地层均为粉土、粉质黏土、细砂。穿越里程和水平长度见表 2-11。

表 2-11 穿越里程及水平长度统计表

穿越地层	里程/m	穿越水平长度/m
黏土	0-025.0-0+633.0、0+665.2-0+818.4、0+833.4-0+935.8、0+988.6-1+668.8、1+675.6-1+728、1+756.2-1+808.2、1+899-2+268.6、2+475.4-2+685.6、2+697.6-2+728.8、2+776.4-2+890.4、2+903-3+076.6、3+122.8-3+690.2、3+703.4-3+892.3	3291.2
粉细砂	0+633.0-0+665.2、0+818.4-0+833.4、1+668.8-1+675.6、2+890.4-2+903.0、3+690.2-3+703.4	79.8
粗砂	0+935.8-0+988.6、1+728-1+756.2、1+899.0-1+956.8、2+268.6-2+475.4、2+685.6-2+697.6、2+728.8-2+751.8、2+767.8-2+776.4、3+076.6-3+122.8	435.4
粉土	1+808.2-1+899.0、2+751.8-2+767.8	106.8

采用 4 组定向钻交叉穿越方式,滩地定向钻穿越曲线入土角为 9°,出土角为 5°或 6°,穿越管段的曲率半径为 1500D。(D 为穿越管段外径)。出入土点按里程依次布置见表 2-12。

表 2-12 定向钻穿越主要参数

定向钻	入土点里程/m	出土点里程/m	入土角/(°)	出土角/(°)	水平长度/m	实长/m
第 1 钻	0-025.0	0+832.6	9	6	857.6	860.6
第 2 钻	0+711.3	1+948.7	9	5	1237.4	1240.4
第 3 钻	2+940.7	1+756.9	9	5	1183.8	1186.8
第 4 钻	3+865.0	2+840.3	9	6	1024.7	1027.7

本穿越与黄河穿越、南水北调干渠穿越以及各定向钻之间共有 5 处连头段,主管道与光缆套管共用连头坑,开挖连头段管顶最小埋深为 10.8m,管沟平均挖深约 11.6m。主穿越层为粉质黏土,根据输气管道工程设计规范,结合本工程具体情况,分 2 级台阶,按照 1:1.5 放坡,作业带范围按 75m 计。为减少连头坑顶部荷载,连头坑开挖出临时堆土设置在定向钻穿越作业带上,与连头坑至少保证 2m 的距离。

2)降水方案

降水管井采用直径为 400mm 的混凝土管,滤管直径为 200mm,滤管长度为 2m。

(1)1#连头坑

勘察期间地下水埋深 4.7m,考虑地下水位年变幅约 2m,按地下水埋深 2.7m 计,潜水含水层厚度 9.3m,管井深度 17.5m,根据《建筑基坑支护技术规程》(JGJ 120)算得:基坑涌水量 = 380.4m³/d,单井出水量按 75.4m³/d,需要降水井的数量为 6 口。考虑降水井应沿基坑周围形成闭合,降水井设置 8 口,距离基坑顶部开挖面边缘 1m。

(2)2#连头坑

勘察期间地下水埋深 6.50m,考虑地下水位年变幅约 2m,按地下水埋深 4.50m 计,潜水含水层厚度 9.3m,管井深度 17.6m,根据《建筑基坑支护技术规程》(JGJ 120)算得:

基坑涌水量 $=380.4 \mathrm{m}^3/\mathrm{d}$，单井出水量按 $75.4 \mathrm{m}^3/\mathrm{d}$，需要降水井的数量为 5 口。考虑降水井应沿基坑周围形成闭合，降水井设置 6 口，距离基坑顶部开挖面边缘 1m。

（3）3#连头坑

勘察期间地下水埋深 8.80m，考虑地下水位年变幅约 2m，按地下水埋深 6.80m 计，潜水含水层厚度 9.3m，管井深度 18m，根据《建筑基坑支护技术规程》（JGJ 120）算得：基坑涌水量 $=380.4 \mathrm{m}^3/\mathrm{d}$，单井出水量按 $75.4 \mathrm{m}^3/\mathrm{d}$，需要降水井的数量为 3 口。考虑降水井应沿基坑周围形成闭合，降水井设置 6 口，距离基坑顶部开挖面边缘 1m。

（4）4#连头坑

勘察期间地下水埋深 6.30m，考虑地下水位年变幅约 2m，按地下水埋深 4.30m 计，潜水含水层厚度 9.3m，管井深度 17.4m，根据《建筑基坑支护技术规程》（JGJ 120）算得：基坑涌水量 $=380.4 \mathrm{m}^3/\mathrm{d}$，单井出水量按 $75.4 \mathrm{m}^3/\mathrm{d}$，需要降水井的数量为 7 口。考虑降水井应沿基坑周围形成闭合，降水井设置 8 口，距离基坑顶部开挖面边缘 1m。

（5）5#连头坑

勘察期间地下水埋深 6.20m，考虑地下水位年变幅约 2m，按地下水埋深 4.20m 计，潜水含水层厚度 9.3m，管井深度 17.4m，根据《建筑基坑支护技术规程》（JGJ 120）算得：基坑涌水量 $=380.4 \mathrm{m}^3/\mathrm{d}$，单井出水量按 $75.4 \mathrm{m}^3/\mathrm{d}$，需要降水井的数量为 7 口。考虑降水井应沿基坑周围形成闭合，降水井设置 10 口，距离基坑顶部开挖面边缘 1m。

3）支护稳定性计算结论

根据《建筑边坡工程技术规范》（GB 50330），边坡工程安全等级为二级，临时边坡的边坡稳定安全系数取 $F_{st}=1.20$。对各连头坑边坡均进行了稳定性验算。

根据《建筑边坡工程技术规范》（GB 50330）附录 A 计算方法，可得：

边坡稳定性系数 $F_s > F_{st} = 1.20$，满足规范要求。

考虑定向钻入、出土点侧钻机施工场地，同时为合理利用场地面积及减少征地费用，本工程定向钻穿临时征地进行统筹考虑。

（1）1#连头坑施工场地：199m（长）×58m（宽）。

（2）2#连头坑施工场地：114m（长）×53m（宽）。

（3）3#连头坑施工场地：132m（长）×60m（宽）。

（4）4#连头坑施工场地：131m（长）×61m（宽）。

（5）5#连头坑施工场地：213m（长）×37m（宽）。

（6）入土侧施工场地约：60m（长）×60m（宽）。

（7）出土侧施工场地约：40m（长）×40m（宽）。

（8）出土侧穿越管道组焊、回拖所需场地约：4316m（长）×28m（宽）。

管道回拖时要求其水平敷设曲率半径不小于 1000D（D 为穿越管段外径）。

3. 爬堤段设计及防洪补偿防治方案

黄河左岸大堤为一级堤防（图 2-144），西岸大堤未来设计堤顶高程为 45.64m，内堤及外堤均以 1:3 放坡至现状地面，爬堤段管道按照未来设计大堤尺寸敷设，敷设管道前需先铺设 0.3m 厚粗砂垫层，堤顶水平段管道加设 d1650(d 表示内径)钢筋混凝土套管进行保护，钢筋混凝土套管的选用应符合《混凝土和钢筋混凝土排水管》(GB/T 11836)相关规定，管道安装完成后套管内充填水泥沙浆，水泥沙浆充填度不小于 85%。

图 2－144　黄河左岸大堤现状图

防洪影响补偿补救方案：通过堤防加高帮宽，保证管道爬越高度满足规定的设计堤顶高程，并采取防护措施对管道进行防护。通过工程建设，在一定程度上减轻管道对所处河段防洪、河势等可能产生的不利影响，并同时确保管道在黄河河道管理范围内运行期限内的安全。

防护范围：

(1)黄河左岸堤防在中俄东线天然气管道工程(永清—上海)爬越大堤处桩号为 83＋050，现状堤顶宽 8.93m，现状堤顶高程为 42.93m，设计堤顶高程为 49.12m，加固范围为(82＋400)～(83＋480)，实际加固长度 1144m，管道中心线上、下游 50m 临河侧堤坡采用预制混凝土联锁块生态护坡防护，临河侧其他部位及背河侧采用植草防护。

(2)实测现状左岸淤背区高程为 38.03m，淤背区未来设计顶高程 41.54m，管道敷设后淤背区顶高程 45.02m。淤背区现状宽度 93.43m，设计宽度为 100m，淤背区内管道覆土断面设计成梯形，顶宽 5m，边坡 1:5，覆土表面植草防护。

(3)堤顶道路现状：左岸大堤堤顶道路路面为沥青路面，路面宽 6m，大堤加高时需拆除原堤顶道路，大堤加高后按原标准恢复堤顶道路。设计路面为沥青混凝土路面，面层宽 6m，基层顶宽 6.5m，底基层顶宽 6.8m，堤顶道路轴线长度为 1164m。

(4)管道防护：在管道轴线上、下游 10m 平行于管道轴线方向，对冲刷线以上的管道两侧各布置一排高压旋喷桩套接而成的防护墙，顺管道方向长度为 84.2m。高喷桩顶高程随着管道高程进行变化，且不高出地面高程，高喷桩桩顶高出管道顶高程 1m，桩底至局部冲刷线以下 1m，桩长为 10.51～1.13m。冲刷线以上管道基坑开挖段回填格宾石笼进行专门防护。高喷桩合计桩长为 1592m。以管道轴线上、下游 10m 为起点，沿加高帮宽设计堤坡坡脚在背离管道轴线的方向布设高喷桩，上、下游各 30m。为与管道防护布置高喷桩套接，堤脚防护高喷桩桩顶与管道防护中布置在堤脚处高喷桩顶高程相同，桩底至局部冲刷线以下 1m。左岸堤脚高喷桩桩长为 10.51m。高喷桩合计桩长为 631.2m。管道防护与堤脚防护高喷桩桩长总计 2223.2m。

(5)辅道设计黄河左岸工程加固范围内辅道 2 条，加高加固长度总计 232m。

(6)贾庄控导加固工程施工期对右岸贾庄控导工程有扰动影响，可能会产生根石及坝体坍塌等险情，应加强观测或采取工程补救措施。对贾庄控导可能会产生根石及坝体坍塌采取提前防护加固、备石、备土等措施。

补救措施主要包括：堤防加高帮宽、淤背区加高设计、堤防边坡防护、辅道设计、堤顶道路设计、滩地管道防护设计、附属工程设计等。

(1)堤防加高帮宽管道爬越左岸大堤处桩号为83+050，堤顶宽度为12m，设计堤顶高程为49.12m。爬越大堤的管道底高程为45.64m，在该高程之上铺设0.3m厚粗砂垫层，后安设外径为1.98m的套管，套管上覆土1.2m。顺大堤方向，设计堤顶高程49.12m的平台长度为40m，堤顶宽度12m，平台上、下游侧均以1:100的纵坡与现状大堤堤顶衔接。堤防加高起止桩号：(82+400)~(83+480)，实际长度为1144m。临、背河边坡均为1:3。

(2)加高背河淤背区顶高程低于设防水位2m，即淤背区未来设计顶高程为：43.54-2=41.54m。管道穿越淤背区部分，现状淤背区宽93.43m，顶高程38.03m，加高到41.54m后作为淤背区顶管底高程，其上依次铺设0.3m厚粗砂垫层、外径为1.98m的管道、覆土1.2m，则管道处淤背区加高后设计顶高程为45.02m。以管道为中心顺管道修筑土台，土台断面设计成梯形，顶高45.02m，顶宽5m，顶长100m，以1:5的边坡与现有淤背区顶衔接，覆土表面进行植草防护。

(3)堤坡防护。为防止汛期漫滩洪水和雨水冲刷堤身土影响管道安全，管道中心线上、下游50m临河侧堤坡采用预制混凝土联锁块生态护坡防护，顶部高程同堤顶高程。临河侧其他部位及背河侧采用植草防护。

(4)辅道设计大堤加高后，82+840处背河辅道相应加高，走向不变，宽度为6m，按1:15连接至原辅道，新建辅道长度约132m；82+850处的临河辅道相应加高，走向不变，宽度为6m，纵坡1:10，长度为100m。辅道边坡均为1:2。

(5)定向钻下穿。右岸贾庄控导工程位置在控导工程17#坝附近，距离贾庄控导工程下首480m。工程施工期对右岸贾庄控导工程有扰动影响，可能会产生根石及坝体坍塌等险情，应加强观测或采取工程补救措施。对贾庄控导可能会产生根石及坝体坍塌采取提前防护加固、备石、备土等措施。考虑到贾庄控导17#坝坝体坍塌，需备土3908.94m³。在贾庄控导靠溜坝段16#坝、17#坝、18#坝坡脚处每米工程长度增加2m³抛石作为备塌体，共605m³。

(6)堤顶防汛路工程加固：上游末端堤顶道路考虑20m衔接，起止桩号82+380~83+480，实际长度为1164m。堤顶硬化参照三级公路设计有关标准。路面设计标准轴载为双轮单轴载BZZ-100kN，路面面层宽度6.0m，采用沥青混凝土细粒层(类型AC-13C)路面，厚5cm；路面基层采用水泥稳定集料基层，厚15cm，宽6.5m；底基层采用石灰稳定土基层，厚15cm，宽6.8m。

(7)滩地管道防护设计：为了防止临河侧冲刷线以上部分管理范围内的管道被洪水冲刷破坏，左、右岸平工段在管道轴线上、下游10m平行于管道方向各布设一排高喷防冲墙进行冲刷防护，起点是加高加固后设计堤坡坡脚处，终点为管道轴线与滩地最大冲刷线交点垂直于滩面的点。顺堤方向沿设计堤坡坡脚进行局部冲刷防护，与平行于管道轴线的防护墙连接，防护范围为高喷墙之外上、下游各30m，为与顺管道方向高喷桩套接，堤脚防护高喷桩桩顶与管道防护中布置在堤脚处高喷桩顶高程相同，桩底至局部冲刷线以下1m。冲刷线以上管道基坑开挖段回填格宾石笼进行专门防护，以保证管道安全。

四、小结

中俄东线黄河穿越通过主河槽定向钻 + 四次定向钻穿越 + 连头坑连头 + 爬堤方案，降低了超长距离定向钻穿越风险，为后续类似工程积累了工程经验。

第二十节　某输油管道扩建工程昆仑山口山体定向钻穿越

一、工程概况

昆仑山口山体定向钻穿越工程等级为大型。根据线路总体走向，某输油管道扩建工程在格尔木市南部昆仑山口穿越昆仑山口山体，采用定向钻穿越方案，与青藏天然气工程管道（$D559mm$）同期施工并行敷设，轴线间距10m，与原某输油管道相交。穿越处压力为11MPa，输送温度为 $-2 \sim 10℃$。穿越段钢管为 $D323.9 \times 11.9mm$ L360M 高频直缝电阻焊钢管，防腐采用 3LPE 低温型加强级外防腐层 + 玻璃钢外防护层。昆仑山口山体定向钻穿越为两次定向钻连续穿越。

定向钻穿越设计范围为：桩 YAA363 + 1 ~ 桩 YAA364。设计范围内线路水平长度2648m（第一穿长度1218m、第二穿长度1416m，两次穿越间距14m），实长2670m，均为穿越段。

二、地质条件

根据地面地质调查并结合现场钻探成果，场地内地层主要由第四系全新统人工填土（Q_4^{ml}）、第四系上更新统冰水沉积（Q_3^{fgl}）碎石及三叠系下统下巴颜喀拉山群（T_1^{by}）千枚岩组成。现由新至老描述如下：

1. 第四系

①层素填土（Q_4^{ml}）：杂色，稍湿~饱和，0.5m 以上为稍密~中密，以下为密实，主要由黏性土及变质砂岩、千枚岩碎块石等组成，硬质物粒径约 10~100mm，局部块径稍大，最大约50cm，硬质物含量约 50%~70%，均匀性较差，回填时间大于 3 年。该土层主要分布于 G109 国道及青藏铁路路基及其附近区域，钻孔揭露厚度 4.80m（KLSKZK3），土石等级为Ⅱ级，定向钻穿越地质级别为Ⅱ级地质。

②层碎石（Q_3^{fgl}）：杂色，稍湿，2m 以上为稍密~中密，以下为密实，碎石含量约50%~55%，粒径一般 20~100mm，棱角状~次圆状，磨圆差，分选不等，母岩成分为变质砂岩、花岗岩、板岩、千枚岩等，局部夹块石，含量约 5%，粒径一般 200~400mm，最大约70cm，以角砾及粉质黏土充填，角砾含量约 10%~30%。该土层广泛分布于场地表层，钻孔揭露厚度 1.90m（KLSKZK1）~25.00m（KLSKZK5），其中 KLSKZK5 钻孔该层未揭穿，土石等级为Ⅲ级，定向钻穿越地质级别为Ⅱ级地质。

2. 三叠系下统下巴颜喀拉山群（T_1^{by}）

③层强风化千枚岩（图2－145）：灰色，矿物成分主要为石英、绢云母及绿泥石等，显微花岗鳞片变晶结构，千枚状构造，片理面上具有小皱纹构造，岩体破碎，岩芯多呈机械碎粒状~机械碎块状。$RQD = 0 \sim 10\%$，岩石质量等级为差。该层在钻孔KLSKZK1 ~ KLSKZK4中均有揭露，揭露层厚7.00 ~ 45.20m，土石等级为Ⅳ级，定向钻穿越地质级别为Ⅲ级地质。

④层中风化千枚岩（图2－146）：灰色，矿物成分主要为石英、绢云母及绿泥石等，显微花岗鳞片变晶结构，千枚状构造，片理面上具有小皱纹构造，岩体较破碎，岩芯多呈机械碎块状 ~ 柱状，$RQD = 10\% \sim 70\%$，岩石质量等级为较差到较好。该层在钻孔KLSKZK4揭露，揭露层厚29.00m，未揭穿，土石等级为Ⅵ级，定向钻穿越地质级别为Ⅳ级地质。

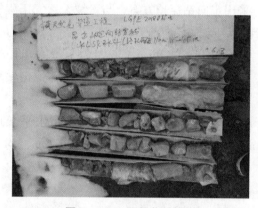
图2－145　强风化千枚岩

图2－146　中风化千枚岩图

⑤层断层破碎带：青灰色~灰绿色，岩性主要为千枚岩，主要由绢云母、绿泥石及少量石英等矿物组成，岩体原岩成分基本可见，岩体挤压强烈，岩石揉皱强烈，主要包括断层角砾岩、断层碎裂岩、断层糜棱岩及断层泥。根据现场调查结果，拟穿越场区断层破碎带多以断层角砾岩为主，受断层作用，节理裂隙很发育，岩体极破碎 ~ 破碎，岩芯呈散体状 ~ 碎石角砾状，其间夹断层碎裂岩、断层糜棱岩及断层泥，受构造挤压等作用影响，岩石强度低，手掰易断，锤击易碎呈散体状，硬度较低，抗压强度较低，土石等级为Ⅲ级，定向钻穿越地质级别为Ⅲ级地质。

三、设计方案

1. 入、出土点选择

定向钻穿越设计范围为：桩YAA363 + 1 ~ 桩YAA364。设计范围内线路水平长度2648m（第一穿长度1218m、第二穿长度1416m，两次穿越间距14m），实长2670m，均为穿越段。

2. 第一次穿越

穿越场区北侧局部整平出土侧后方山丘还可作为定向钻回拖场地，作为出土端，南侧山间平台区小河沟改道后可作为定向钻入土端。

3. 第二次穿越

北侧与第一次穿越南侧入土端共用场地，作为第二次穿越出土端，南侧作为入土端，钻孔完成后钻机倒运，在南侧进行回拖。

4. 穿越地层选择及管道埋深确定

综合考虑穿越处的地质、地形地貌、勘探线位置、定向钻穿越的入土角、出土角、曲率半径等因素，第一次穿越水平段管中标高选在 4540m，第二次穿越水平段管中标高选在 4600m，穿越地层主要为强 – 中风化千枚岩，局部为断层破碎带。

5. 穿越曲线设计

（1）第一次穿越

入土角为 12°，出土角为 10°，穿越最大深度为 105m。穿越水平长度为 1218m，穿越管道实长 1229m，穿越管段的曲率半径取 2000D（D 为穿越管段外径：323.9mm）。

（2）第二次穿越

入土角为 16°，出土角为 10°，穿越最大深度为 127m。穿越水平长度为 1416m，穿越管道实长 1427m，穿越管段的曲率半径取 2000D（D 为穿越管段外径：323.9mm）。

具体定向钻穿越纵断面图见图 2 – 147。

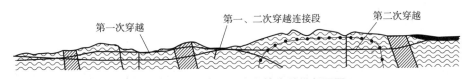

图 2 – 147　昆仑山口定向钻穿越纵断面图

6. 入、出土端卵砾石层处理

第二次穿越入土侧发育碎石覆盖层，采用夯钢套管处理碎石土层，长 84m，结合现场管材购买供应情况，套管采用 D1219 × 27mm 钢管，倾角 16°。

7. 通信光缆敷设

考虑到穿越风险及场地限制，结合以往工程案例和本工程特点，本项目光缆穿越不再单独穿越，采用硅芯管（光缆）与主管道一同回拖。硅管套管采用 D114 × 6.0mm Q235B 焊接钢管同孔穿越，硅管套管内预穿 6X7 – FC（抗拉强度 1570MPa，直径 10mm）钢丝绳便于硅芯管的后期穿放。

8. 管道防腐与防护

定向钻穿越段管道采用可耐低温的加强级 3LPE，补口采用无溶剂液态环氧涂层，防护层采用光敏玻璃钢整体防护。

9. 焊接与检验

穿越段管道焊接推荐采用自动焊焊接方式，焊条、焊丝在施工阶段焊接工艺评定后确定。管道连头焊口、返修口及地形起伏较大，地质条件不好的地段，应采用手工焊。此外，对于可满足焊接工艺评定要求的半自动焊接，也可用于本工程。

焊接施工前，应制定详细的焊接工艺指导书，并据此进行焊接工艺评定。然后根据评定合格的焊接工艺，编制焊接工艺规程。焊接工艺及验收应符合《钢质管道焊接及验收》（GB/T 31032）、《油气长输管道工程施工及验收规范》（GB 50369）的有关规定要求。焊工应具有相应的资格证书方可上岗。

设计范围内一般线路段管道环向焊缝应进行100%射线照相检验，穿越段管道环向焊缝均应进行100%射线照相和100% AUT检验。射线检测应符合《石油天然气钢质管道无损检测》（SY/T 4109）的相关规定，Ⅱ级及以上焊缝为合格。AUT检测应执行《石油天然气管道工程全自动超声波检测技术规范》（GB/T 50818）。

本工程焊接材料的选择应以业主批准的第三方焊接工艺评定为准，施工单位应按照该焊接工艺评定编制本单位焊接工艺规程，根据焊接工艺评定确定焊接材料类型和数量。

光缆套管焊接应符合《钢结构工程施工质量验收规范》（GB 50205）的相关规定，光缆套管对接接头应满焊，焊缝边缘应圆滑平缓过渡到母材，焊缝内表面不得有焊瘤。对接接头焊缝应进行100%超声波探伤检验，Ⅲ级为合格。

四、现场事故情况及处理（一）

1. 事故情况

扩孔施工过程中发生卡钻事故。

2. 原因分析

昆仑山口扩孔过程中，钻屑无法有效带出，破碎带位置碎石和岩屑大量堆积堵塞，导致扩孔中发生卡钻，卡钻位置初步分析位于约220m断层破碎带处。

3. 解决方案

（1）推荐方案：根据以往定向钻卡钻解卡的施工方法和经验，制作套洗器进行钻杆套洗，沿原来钻杆轨迹进行扩孔和洗孔，使包裹在钻杆周围的钻屑松动，并携带出来，从而实现解卡，详见图2-148~图2-150。

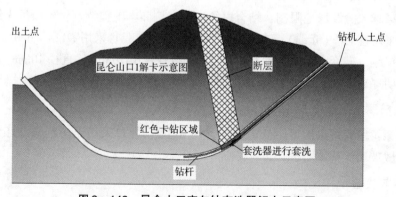

图2-148　昆仑山口定向钻套洗器解卡示意图

图2-149 分动式套洗器

图2-150 泥浆马达安装套洗器

（2）备用方案：如果套洗解卡措施未能成功，则采取重新钻进导向孔方案，即从堵塞的导向孔下方1.5~2m钻进新的导向孔，长度约为500m，并在预计到达断裂带处提前进行注浆固化处理，详见图2-151。

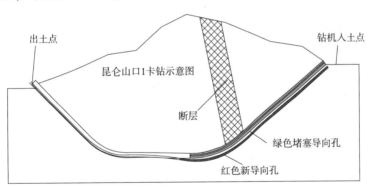

图2-151 备用方案示意图

4. 实施情况

通过推荐的套洗器解卡顺利实施，成功实现解卡。

五、现场事故情况及处理（二）

1. 事故情况

导向孔实施完成后出现大量涌水，见图2-152。

2. 原因分析

山岭水系发达，岩体裂隙发育，泥浆体系破坏。

图2-152　孔口透水照片

3. 解决方案

使用扩孔器在入土点进行大口径扩孔，将直径1016mm套管安装到孔洞内，在套管端口安装旋转防喷器和溢流阀（保持孔洞泥浆压力稳定）。利用出、入土点高差形成的泥浆重力与低处裂隙水流达到压力平衡状态，见图2-153、图2-154，从而抑制裂隙水流流入孔洞。

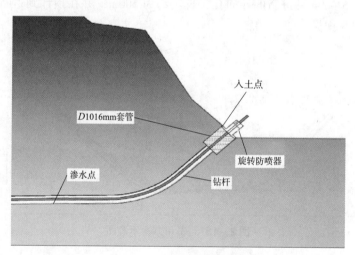

图2-153　堵水方案示意图

图2-154　旋转防喷器示意图

旋转防喷器是油田常用的防止井喷的安全密封井口装置，在井内油气压力很高时，防喷器能把井口封闭，常应用于钻井施工，可以边喷边钻作业。根据昆仑山口定向钻两侧高差导致的泥浆压力，针对定向钻特点改造，在扩孔器边扩孔边喷浆同时抑制泥浆在洞口外流，保持孔洞压力平衡。

4. 实施情况

通过上述旋转防喷器堵水方案实施，孔口透水基本得到控制，良好效果，恢复泥浆功能系统，详见图2-155、图2-156。

图2-155 扩孔和安装1016套

图2-156 管加工套管内扶正器

六、总结

针对本山体穿越工程施工中发现的问题及解决措施，在今后山体定向钻勘察设计中应着重注意以下几个方面：

1. 勘察

（1）穿越长度：山体定向钻勘察受地形地貌影响较大，地质条件复杂，对于长距离山体，分段开展勘察作业和成果解译工作。

（2）构造断裂：充分掌握各山体定向钻的特点，从每处穿越的构造复杂特征分析其风险，在场地条件允许的情况下，在破碎带处加密勘探点，增加1~2种物探测试手段，查明和评价场区工程地质条件，比如岩体破碎、破碎带成孔性，各种结构面产状、脉岩的产状对定向钻影响，软硬交接带的影响，地下水水位压力的影响。

（3）地层岩性：在漂卵石发育段加密勘探点，在场地条件允许情况下，增加水平钻孔或斜孔，进一步查明覆盖层特别是碎石土厚度及稳定基岩层埋深。

（4）地质调绘：在场地条件允许情况下，在出、入土点及山体异常段开展1：500的工程地质测绘，增加无人机手段，对物探查明的异常点针对性开展调绘工作。

2. 设计

（1）穿越位置选择应结合区域地质及水文地质条件，避开断裂带及富水区。

（2）研究山体定向钻勘察技术，针对岩体破碎带、透水发育位置提出具体勘察技术要求，确保勘察资料有效地指导设计、施工。

（3）进一步研究针对破碎带、断层穿越的防塌孔及堵水、堵漏技术，改进设备工艺、优化泥浆配比，减小卡钻风险。

（4）软硬不均的地层，应多次修孔，保证孔洞圆滑过渡，避免产生狗腿，导致钻屑堆积，形成卡钻风险。

（5）破碎地层穿越处，应密切关注钻杆扭矩变化，遇到异常，应分析原因，并增加洗孔。

（6）优化钻具组合。

第二十一节　中俄东线新饶阳河定向钻穿越

一、工程概况

中俄东线（长岭—永清）段新饶阳河定向段穿越长度1630.7m，穿越地层为细砂，穿越管径1219mm，为当时国内 D1219mm 定向钻穿越长度之最。

由于穿越长度长、穿越地层复杂，设计阶段对新饶阳河穿越方案多次比选论证后排除了2次定向钻穿越、盾构穿越、顶管+开挖等方案，最终推荐了1次定向钻穿越新饶阳河的方案。

鉴于其他项目新饶阳河定向钻穿越曾有失败的经验教训，中俄东线（长岭—永清）新饶阳河承包商在工程实施中配备了推管机、夯管锤等辅助设备，从上到下都对新饶阳河穿越给予足够重视。期间多次卡钻、解卡、洗孔，最终一次性成功完成管道回拖。

二、地质条件

根据钻探揭露及现场调查，勘察深度内地层主要为第四系全新统冲洪积（ Q_4^{al+pl} ）黏性土以及砂土。依据岩土特征和物理力学性质，将穿越场区地层共划分为4个工程地质层，分别描述如下：

①层粉质黏土：黄褐色~黄色，可塑，土质较均匀，局部略有砂感，切面稍有光泽，无摇振反应，干强度中等，韧性中等，上部0.3~0.5m为耕植土。该层在所有钻孔均有揭露，层厚0.5~1.7m，层底标高9.12~12.30m。按照定向钻穿越地质级别分类，土石等级为Ⅰ级。

②层粉细砂：黄褐、灰褐、浅黄、浅灰等色，湿~饱和，松散~稍密，颗粒级配不良，主要矿物成分以长石、石英为主，含少量云母碎片及黏性土，砂质不均。该层在所有钻孔均有揭露，层厚3.10~11.60m，层底标高-0.54~6.79m。按照定向钻穿越地质级别分类，土石等级为Ⅰ级。

③层细砂：黄褐、灰褐、灰等色，饱和，中密，颗粒级配不良，主要矿物成分以长石、石英为主，含少量云母碎片，局部含粉砂薄层，砂质均匀。该层在所有钻孔均有揭露，层厚4.40~9.70m，层底标高-6.14~-0.56m。按照定向钻穿越地质级别分类，土石等级为Ⅰ级。

④层细砂：灰褐色～灰色，局部黄褐色，饱和，密实，颗粒级配不良，主要矿物成分以长石、石英为主，含少量云母碎片，砂质均匀。该层在所有钻孔均有揭露，未揭穿，揭露最大厚度为37.10m。按照定向钻穿越地质级别分类，土石等级为Ⅰ级。

各层压力管道等级报表见表2－13。

表2－13　压力管道等级报表

项目 层号及名称	统计值	样本数	最大值	最小值	平均值	标准差	变异系数
①层粉质黏土	实测值	2	7	7	7	—	—
	修正值	2	7	7	7	—	—
②层粉细砂	实测值	76	17	5	10.4	2.958	0.284
	修正值	76	14.8	4.8	9.5	2.387	0.25
③层细砂	实测值	73	29	12	20.6	4.367	0.212
	修正值	73	18.8	10	15.4	1.925	0.125
④层细砂	实测值	160	62	21	42.9	7.911	0.184
	修正值	160	29.2	15.6	22.6	2.627	0.116

三、穿越方案的确定——定向钻一穿方案

1. D1219mm 定向钻长距离穿越可行性分析

从表2－14可以看出，D1219mm甚至D1422mm定向钻穿越在国外工程中一次穿越达到了1800m，在国内最长为1409m。定向钻穿越工程施工中主要存在孔壁塌孔、钻杆断裂、泥浆配置、配重降浮、猫背设置等风险及难点。经过西气东输二线、西三线等项目定向钻穿越经验的积累，我们也积累了丰富的经验以解决施工中的困难及应对施工中出现的风险。因此近几年定向钻穿越技术取得了突飞猛进的进步，如磨刀门水库定向钻穿越（660mm）长度达到2630m，如东长江定向钻穿越（711mm）达到3297m，海门长江定向钻穿越（610mm）达到了3430m。目前国内工程穿越最大长度达到了5200m，穿越的最硬岩石饱和抗压强度则达到了280MPa。除技术水平的进步外，钻机的设备能力也在逐步提高，目前国内拥有世界上最大的HY－6000水平定向钻机，回拖力为1000tf。

表2－14　国内外 D1219mm 及以上长距离定向钻穿越部分案例统计表

施工时间	项目名称	管径/mm	穿越长度/m	地层	施工单位
2009	土库曼斯坦阿姆河穿越	1422	1800	砂层和细砾石	俄罗斯 Energoperetok
2010	阿联酋迪拜某工程	1219	1800	砂岩	埃及 Howtex 公司
2010	西气东输二线渭河定向钻穿越	1219	1240	中砂、粗砂	管道局穿越公司
2011	西气东输二线彭家湾水闸	1219	1350	黏土	管道局穿越公司
2016	陕四黄河穿越	1219	1334/1409	粉砂	四川油建穿越公司

西气东输二线1350m彭家湾定向钻工程实施中，最大回拖力仅50tf，1d时间管道即回拖就位。陕四1409m黄河定向钻穿越中，最大回拖力约200tf，回拖过程顺利。经计算，直径1219mm的长度为1700m、壁厚27.5mm定向钻穿越计算最大回拖力约为187tf，取2倍安全系数后最大回拖力约380tf。

通过以上分析可知，在地层条件适宜的情况下，1219mm定向钻穿越长度由1400m突破到1630.7m是可行的。

2. 穿越方案的比选与推荐

根据工程及地质条件，新绕阳河穿越可采用等两次定向钻穿越、一次定向钻穿越、盾构隧道穿越、国堤顶管+河道开挖穿越共四种穿越方案，四种方案技术经济比选结果见表2-15。

表2-15 各方案技术经济比选表

方案	两次定向钻穿越方案	一次定向钻穿越方案	盾构隧道穿越方案	国堤顶管+河道开挖穿越方案
穿越长度/m	1670.7	1630.7	1590.7	1503.5
一般段长度/m	29.3	69.3	109.3	196.5
技术难度	(1)大管径管道穿越存在一定的风险； (2)连头坑开挖深度较大，施工降水难度较大	大管径管道穿越存在一定的风险	无	管沟开挖深度较大，施工降水难度较大
优点	定向钻施工进度快、占地少，对周围环境影响很小	定向钻施工进度快，占地少，对周围环境影响很小	盾构穿越技术成熟、成功率高、施工风险较小	(1)开挖穿越技术成熟； (2)造价低； (3)工期短
缺点	(1)大管径管道穿越存在一定的风险； (2)连头坑开挖深度较大，降水难度较大	$D1219mm$管径穿越砂层存在一定的施工风险	(1)投资大； (2)工期长； (3)弃渣量大	(1)开挖穿越施工期对环境有一定影响； (2)管沟开挖深度较大，施工降水难度较大
施工工期	9个月	6个月	19个月	9个月
工程造价（相对值）	1.08	1	2.5	0.95

通过上述比较，可以看出：

两次定向钻穿越方案：工期较短，造价较低，大管径定向钻穿越存在一定的风险，且连头坑开挖深度较大，降水难度大。

一次定向钻穿越方案：工期最短，造价较低，大管径定向钻穿越存在一定的风险。

盾构隧道穿越方案：工期最长，造价最高、弃渣量大，但施工技术成熟可靠。

国堤顶管+河道开挖穿越方案：工期较短，造价最低，管沟开挖深度较大，施工降水难度较大。

综合比较推荐新饶阳河穿越采用一次定向钻穿越方案，穿越总长度1700m，定向钻穿越水平长度1630.7m。

四、定向钻方案设计

1. 穿越曲线设计

本工程入土点距离河道西岸岸坡107.2m，入土角为8°；出土点距离河道东岸岸坡129.2m，出土角为6°，曲率半径为1500D（D为穿越管段外径）。管道主要从细砂层中通过，河床最低点管顶埋深25.22m，冲刷线下22.61m。

2. 降浮措施

根据以往工程经验，采用$D800 \times 30.6$mm PE管内充水降浮。$D1219 \times 27.5$mm管道的净浮力为5.92kN/m，而$D800 \times 30.6$mm PE管道及管内充水总重力为4.97kN/m，配重后管道合力为0.95kN/m，方向向上。

回拖过程中，PE管与管道一起入洞，注水管口管尾位置，注水泵随管线走，直至回拖完成。回拖完成后，将PE管拖出管道。

3. 钻机选型

经计算，本穿越最大计算回拖力为1556.5kN，根据规范要求，钻机选择按照2.5倍计算回拖力进行选择，不应小于3891.3kN，推荐采用400tf以上钻机进行施工。

4. 管道防护

定向钻穿越段需采用玻璃钢对防腐层进行整体防护，详见图2-157。

图2-157　定向钻穿越管道玻璃钢防护

五、现场实施情况

1. 实施概况

1）扩孔工艺

第一级（660mm）：$6\frac{5}{8}''$钻杆+26″刀板式扩孔器；

第二级（965mm）：6⅝″钻杆 + 38″刀板式扩孔器；

第三级（1219mm）：6⅝″钻杆 + 48″刀板式扩孔器；

洗孔（1219mm）：6⅝″钻杆 + 42″桶式扩孔器；

第四级（1422mm）：6⅝″钻杆 + 42″桶式扩孔器 + 1 根柔性钻杆 + 56″刀板扩孔器 + 1 根柔性钻杆 + 36″桶式扩孔器 + 6 – 5/8″钻杆；

第五级（1627mm）：6⅝″钻杆 + 44″桶式扩孔器 + 1 根柔性钻杆 + 64″刀板扩孔器 + 2 根柔性钻杆 + 36″桶式扩孔器 + 6 – 5/8″钻杆；

洗孔（1627mm）：6⅝″钻杆 + 44″桶式扩孔器 + 1 根柔性钻杆 + 60″桶式扩孔器 + 2 根柔性钻杆 + 42″桶式扩孔器 + 6 – 5/8″钻杆。

2）解卡措施

（1）使用辅助钻机反拽解卡。扩孔作业时如发现钻机扭矩过大，无法继续扩进，可通过辅助钻机反拽将扩孔器安全退出，避免发生卡钻事故。

（2）当扩孔器遭遇包钻时，采用套洗专用工具套洗解卡。

（3）使用辅助钻机：在进行大级别扩孔时，如果扭矩突然变大，则开始启动辅助钻机。主钻机进行常规扩孔操作，辅助钻机推拉力设定小于钻杆可承受最大推力，防止推进速度与扩孔速度不同步造成钻杆被推弯。保持两台钻机转速一致，主钻机正转，辅助钻机反转，反转扭矩小于正转扭矩。

3）回拖措施

采用夯管锤回拖助力

在管道回拖到最后两根钻管时，采用夯管锤助力，但锤击次数少。

推管机助力回拖

施工中反复采用推管机助力，在 140 ~ 155 钻杆中采用推管机助力，施工中钻机拉力及推管机配合推力过程见图 2 – 158。

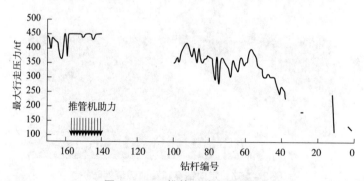

图 2 – 158　推管机助力变化图

2. 实际钻进曲线

将施工中钻杆曲线按比例绘制成如下轨迹图形，从图 2 – 159 中可知轨迹曲线总体平滑，两侧曲线段轨迹与设计曲线轨迹有一定出入，但总体与设计曲线差异不大，详见图 2 – 160。

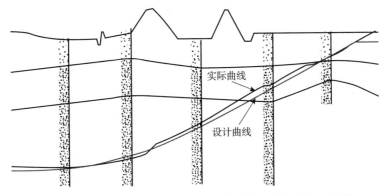

图2-159 新饶阳河定向钻穿越设计曲线与实际曲线对比图

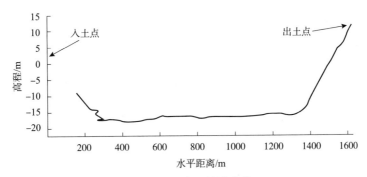

图2-160 实际钻进曲线

六、小结

新饶阳河穿越地层复杂，且长度长、管径大，其穿越难度在行业内是公认的。该工程从开工到回拖完成全过程受到参建各方的高度重视，施工资源、现场管理技术人员配置都是顶级的，这也为工程顺利实施奠定了基础。

砂质地层孔洞稳定性差，容易出现坍塌现象，导致了钻进曲线与设计曲线之间的差异。该轨迹差异对回拖力有一定影响，所以管道回拖过程中回拖力偏大。

另外，后续长距离、大口径砂层定向钻施工中，要根据地层特点配备司钻人员，以便于更好地控制钻进轨迹。

第三章 顶管穿越工程

西气东输一线郑州黄河顶管穿越，全长 3600m，采用 5 个竖井，工程在黄河河床下 23～25m 深处，顶进直径 1.8m 的钢管，施工难度史无前例。

西气东输二线采用了大量的岩石顶管，由于当时对岩石顶管的认识不深，现场出现了一些施工问题，通过总结和改进，形成了岩石顶管穿越的相关要求和共识。

在浙江上虞项目中，采用了曲线顶管，曲线顶管在较长距离顶管隧道中，可以减小竖井深度，降低工程造价，节省施工工期。目前曲线顶管的曲率半径一般还是按照不小于输送管道直径的 1000 倍来考虑的，主要考虑管道的弹性敷设需要。

第一节 西一线黄河顶管穿越

一、工程概况

西气东输管道工程，西起新疆塔里木气田的轮南首站，东至黄海之滨、上海市，全长约 4000km，是我国 21 世纪西部大开发战略的重点项目之一。

郑州黄河顶管工程位于河南郑州黄河大桥上游约 30km 处，为整个"西气东输"的重难点，南起河南省荥阳市王村镇孤柏渡，北到河南省焦作市武陟县的寨上村，全长 3600m。全部工程要在黄河岸下 23～25m 深处，铺设直径达 1.8m 的钢管，其施工难度之大在世界上都是史无前例的。穿黄工程对我国大口径、超长距离顶管施工技术的研究有着重要的探索意义和实践意义。

郑州黄河顶管穿越工程设四个沉井，分三段顶进，每段顶距都在千米以上。工程位于地质条件极为复杂的黄河古老河床下 23m 深处，地质结构变化莫测，在面临摩擦力、水压、中心定位等诸多难题的情况下，将直径 1.8m 的钢管一次顶进千米以上，在油气管道领域，当时没有先例，因而也被喻为西气东输主干线的"咽喉"部位。

二、地质条件

1. 位置及地形地貌

工程位于黄河孤柏嘴至官庄峪河段的主河槽内，郑州黄河公路大桥在其下游约 30km 处。顶管穿越断面的地势，呈南高北低状，黄河南岸岸坡即为Ⅱ级阶地前缘，坡度约 30°～40°，高差约 60～70m，河道及北岸漫滩开阔。穿越场地地形较为平坦，地面标高介于 100.76 ~ 102.85m 之间。

2. 水文、气象

黄河跨越处为典型游荡型河道，现主河槽靠近南岸 3.75km，河槽宽浅散乱，根据河势分析报告，此处为不稳定河段，最大冲刷深度 20m，局部冲刷 23m。北岸滩地 6.4km，冲刷深度 5m。

该地区属大陆性气候，多年平均气温 14.1℃，极端最高气温 42.7℃，极端最低气温 −17.2℃，6 ~ 8 月较高，平均 25 ~ 27℃，12 ~ 2 月较低，平均 −0.1 ~ 2.0℃，最大设计风速 22m/s，年平均降水量 604.3mm，降水多集中在汛期，6 ~ 8 月降水量 445.4mm，占全年降水量的 73.7%，枯水季节水位为 101.44m，水面宽度 300m。

3. 地貌单元属河谷地貌

工程范围内 3500m 主河槽范围内最大冲刷完成后相应水深为 20.0m，此时河床标高为 83.33m(黄海高程)。

4. 地层

穿越断面 40.0m 深度以内的地层主要由第四系全新统冲积(Q_4^{al})的粉土、粉砂、中砂、黏性土、砾砂、坡积(Q_4^{dl})黄土状土以及第四系上更新统冲积(Q_3^{al})黄土状土、中更新统残积(Q_2^{el})粉质黏土(古土壤)、冲积(Q_2^{al})粉质黏土组成。

地层示意图见图 3 – 1。

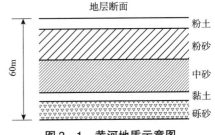

图 3 – 1　黄河地质示意图

5. 地下水

稳定水位埋深 0.30 ~ 4.00m，稳定水位标高 98.82 ~ 101.50m。该地下水属潜水类型，主要受河水补给。

6. 砂土的透水性

根据现场实测的密度，在室内制备了相同密度的试样进行渗透试验，试验结构见表 3 – 1。

表 3 – 1　砂土的渗透系数 k

地层	范围值	k	透水性评价
②	$20 \times 10^{-5} \sim 7.7 \times 10^{-4}$	2.36×10^{-4}	弱透水性
②–1	$1.0 \times 10^{-4} \sim 1.1 \times 10^{-3}$	6×10^{-4}	弱透水性
③	$2.5 \times 10^{-4} \sim 3.5 \times 10^{-3}$	1.37×10^{-3}	透水层

7. 冲刷深度

1) 主河道冲刷

设计中 3500m 主河道范围内 100 年一遇最大冲刷完成后相应水深均采用 20.0m。此时河底标高为 83.33m(黄海高程)。

2）南岸滩地的最大冲刷深度

由于受到孤柏嘴山头的保护，南岸约560m的滩地范围内，水流只是溜边冲刷。

根据黄河下游溜边冲刷资料分析，冲刷水深一般为6～8m。本次取南岸约560m的滩地范围内，水流溜边冲刷最大水深为8m，冲刷线高程取95.33m。

3）北岸滩地部分最大冲刷深度

主河槽与过黄河段北岸大堤之间都是广阔的滩地，虽然漫滩洪水总的说来具有淤滩的冲淤特性，但大洪水过后漫滩洪水归槽过程中往往切割滩地形成串沟。根据黄河下游河南河段滩区串沟实测资料，串沟宽度一般为0.1～0.9km，实测最大串沟宽度超过1km；串沟平均深度一般为1～2m，最大达3.2m。根据分析，滩地串沟最大深度一般为平均深度的1.5～1.6倍，考虑到平均深度测验时串沟已经过回淤，取3.5km主河道以北的滩地上的串沟最大深度为5.0m。串沟深度的计算应从本次实测断面滩地最低高程算起。设计取北岸滩地95.78m、南岸滩地95.33m为滩地的冲刷线标高值。

黄河穿越断面冲刷示意图见图3-2。

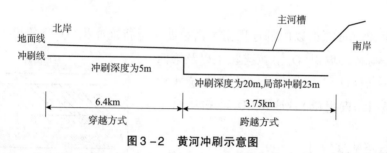

图3-2　黄河冲刷示意图

三、穿越设计

1. 总体设计

工程采用钢顶管法施工，全长为3600m；钢顶管有效内径为$\Phi 1800mm$，顶管埋深约23m，全程根据顶管距离、现场地形、有关设备安装要求拟设置3座工作井和2座接收井。工程由以下部分组成：

（1）内径为$\Phi 1800mm$，长度为3600m的钢顶管。顶管分4段顶进，分段长度为800m、800m、750m和1250m，详见图3-3。

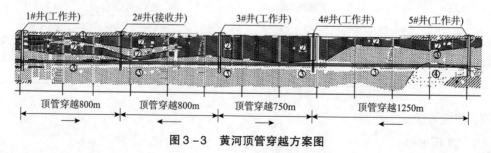

图3-3　黄河顶管穿越方案图

（2）顶管工作井（沉井结构，共计3座）。其中1#、3#、5#工作井为圆形，内径15m，有效深度27.3m，3#工作井为双向顶进。

（3）顶管接收井（沉井结构，共计2座）；接收井为圆形，内径8m，有效深度27.3m，双向接收。

管道埋深确定考虑以下因素：

（1）根据有关规范要求，顶管顶面穿越主河槽时的最小自然覆土深度不宜小于管径的两倍。

（2）且当河床达到理论最大冲刷深度时（使用期），要求最小的覆土深度不得小于3m。

（3）顶管应尽可能地避免穿越不良地质现象区域。

综合上述要求，顶管中心轴线标高拟定为79.00m，顶管穿越时的最小自然覆土深度大于18.5m；使用期达到最大理论冲刷深度（河床标高为83.33m）时，管顶的最小覆土厚度为3.41m；根据地质报告，穿越断面沿线未发现不良地质现象，河床较稳定。

2. 工作井及接收井的设计

1）结构形式

考虑到本工程现场位于黄河河漫滩，附近无建筑物，以及地层大部分为粉砂、中砂等情况，工作井及接收井考虑均采用预制钢筋砼圆形沉井结构形式。

2）工作井结构尺度

根据施工机具尺度及操作空间要求，3个工作井的有效内径均为$\Phi15m$（图3-4）。预制沉井总高32.80m，刃脚底标高为71.70m，井壁顶标高为104.5m。沉井拟分为4个台阶，井壁厚度分别为1.50m、1.40m、1.30m和由0.80m渐进至0.20m。顶管出洞处穿墙管中心标高为79.00m。1#、5#井在出洞口反向一侧还须预留穿墙管以供高压输气管道从上接入，其中心标高为94.50mm。

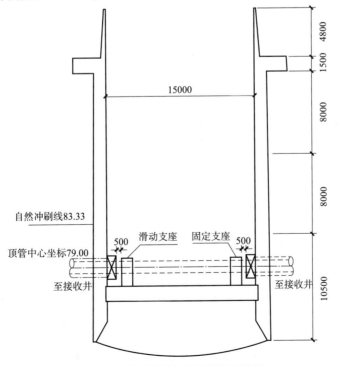

图3-4　中间始发竖井及管道安装图

3）工作井下沉

考虑到所处砂层的透水特性，经过分析比较，工作井沉井拟采用不排水（部分排水）下沉到位和水下砼封底的施工方法。其中水下封底砼最小厚度为4.0m。

4）工作井内结构

工作井井内设底板层，采用现浇钢筋砼结构，底板顶面标高为77.20m，厚度为1.50m。底板上设 $\Phi1.0$m集水坑1个。

在顶管操作区域两侧设施工平台（隔墙平台），主隔墙厚0.8m，次隔墙厚0.4m，平台面标高82.20m。在隔墙与井壁之间填砂，以增加井体的抗浮重量。考虑顶管出洞时的需要，在出洞口的反向一侧设顶管后座，与隔墙和井壁通过钢筋连成一体，顶管后座最厚处为0.85m。

3#工作井待输气管道安装完毕，并用砂土回填至一定标高后，再与施工平台标高处现浇一层厚0.4m的钢筋砼盖板，以避免当上部井壁爆破时对下部结构的过大影响。

工作井底部在顶管出洞方向的有效长度约为13.30m，垂直顶管出洞方向的有效宽度为6.00m。

5）接收井结构尺度

根据施工机具尺度及操作空间要求，2个接收井的有效内径均为 $\Phi8$m（图3-5）。预制沉井总高31.30m，刃脚底标高为73.20m，井壁顶标高为104.5m。沉井拟分为2个台阶，井壁厚度分别为1.50m和1.00m。并在标高98.20m处设一道宽2.20m、高1.00m的环形圈梁，其上部的井壁厚度由0.50m渐进至0.20m。顶管进洞处穿墙管中心标高为79.00m。

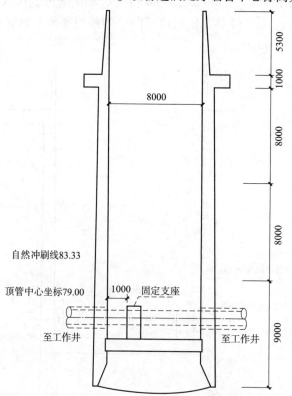

图3-5 中间接收竖井及管道安装图

6）接收井下沉

考虑到所处砂层的透水特性，经过分析比较，接收井沉井拟采用不排水（部分排水）下沉到位和水下砼封底的施工方法。其中水下封底砼最小厚度为3.0m。

3. 钢顶管的设计

1）管节尺寸及材质

钢顶管的外径为$\Phi1.84$m，内径为$\Phi1.80$m，管壁厚度为22mm。根据相关施工机具及施工操作空间，管节长度原则上拟定为8~9m，按其作用和位置分为普通管节和中继接力管节两类。管节钢材选用Q235。管节之间采用焊接形式。

2）顶管设计顶力及中继环间距

根据计算，顶管设计顶力拟定为12000kN，中继环间距原则上为60~90m。

3）顶管的顶进

考虑到钢顶管需克服沿程阻力，在管外壁注入触变泥浆，形成泥浆套，以减少沿程阻力。同时沿程设置中继接力管节以供中继接力油压千斤顶工作。中继接力管节处在进管一侧设置止水胶圈，并用螺栓往钢套环顶紧，以便管体往返移动时保持水密。在管段稳定后，接缝处采用注浆加固，在砂层中拟采用快凝性材料注浆，以防跑浆，注浆配比和压力应根据试验确定。

4）顶管内安装管道

为了顶管内安装输气管道，应在安装前拆除中继环千斤顶、施工轨道，并清空顶管。其中中继环凸出环板的厚度不应大于25mm，并应与顶管管壁作平滑处理，以满足安装要求。

在顶管内高压气管及相关设备安装完毕后，将竖井处封堵，并在各竖井口向内30m范围环形空间进行吹填灌砂。维持输气管道的轴线位移稳定。

4. 管道设计

采用直径为$D1016$mm的钢管，材质为X70，钢管执行标准为API 5L，壁厚选用26.2mm，采用直缝埋弧焊钢管。

钢管外防腐涂层采用三层PE常温型加强级防腐，内涂层采用液体环氧喷涂涂层。补口采用三层热收缩带补口。热煨弯头防腐采用液体环氧涂料或双层熔结环氧涂层。

输气管道顶管段采用半自动焊焊接方式，根焊采用STT气体保护焊打底，填充与盖帽采用药芯焊丝。

输气管道每隔3m左右设置一个管箍，管箍的设置要避开管道补口处，管箍的宽度为0.3m，在每个管箍上设置两圈滚轮，每圈设置12个，滚轮通过轮架（等边角钢∠56×5）焊接在管箍上，滚轮直径为50mm，厚20mm，滚轮通过M14螺栓固定在轮架上，M14螺杆的中间部分要求有一定的光洁度，以减少摩擦力。管箍由三片组成直径为1038mm的圆周，每片角度为1170，可在工厂预制，预制后在接头部分焊接上等边角钢∠40×5，再焊接好滚轮后，在现场通过螺栓固定在输气管道上。

在顶管和竖井施工完成后，在1#、3#、5#竖井内焊接输气管道，安装管箍。在竖井内设置液压千斤顶，在焊接完一节钢管，通过检测，完成补口后，用液压千斤顶将管道推入套管内，然后进行下一节管道的焊接。

两端竖井内管道安装详见图 3 - 6。

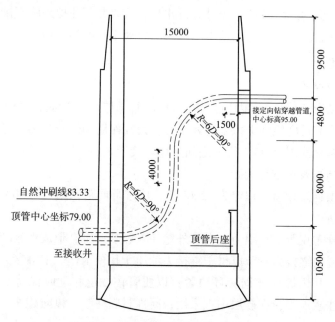

图 3 - 6　两端竖井内管道安装图

在 2#、3#、4#竖井内，输气管道设置固定支座固定在竖底板上，以抵抗管道由于温差变化而产生的应力，经计算，固定支座推力为 220tf，固定支座中设置 Φ1016 的固定法兰。在 1#、5#竖井内，管道向上采用 90°弯头与定向钻部分管道连接。

四、现场施工难点及处理

郑州黄河主河槽顶管穿越套管内管道安装 3#~4#段施工中，出现顶管压力增大，套管内输气管道的滚轮架部分发生扭转及滚轮损坏的现场，采用输气管道外设置管箍的方法不能满足郑州黄河顶管穿越安装的要求，为此，经过专家攻关，确定了采用套管内设置固定滚轮并采用前端牵引发送的方法，详见图 3 - 7。

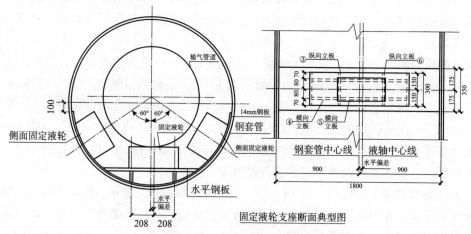

图 3 - 7　固定滚轮支座图

1. 固定滚轮牵引发送法的简介

在以往长输管道的跨越设计中，固定滚轮法发送被经常采用，例如涩宁兰管线黄河跨越的发送。它主要是利用滚轮传送道的原理，在套管中以适当的间隔设置一组滚轮架，焊接好并已检测合格的管道前端焊接一个锥形的变径接头，以保证管道可以穿入滚轮架中，使其不受套管是否通视的影响。

滚轮架是有一个水平的滚轮作为主承重轮，两侧各安装一个辅助的定位轮，防止钢管对套管的碰撞。管道前端用穿心千斤顶作为牵引的动力，能保证管道以比较均匀的速度发送。

穿心千斤顶的最大拉力为150tf，行进速度为150mm/min。

2. 设计参数

1）滚轮架

滚轮架的主承重轮设置间距为10m，主承重轮的最大承重按13.2tf设计。主承重轮必须进行挂胶处理。两侧的辅助扶正轮也按照主承重轮的规格设计，辅助扶正轮也必须进行挂胶处理，扶正轮结构见图3-8。

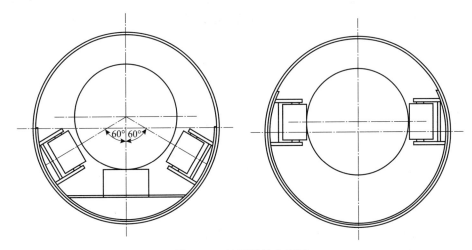

图3-8　扶正辅轮典型图

2）高程控制

高程的控制依靠主承重轮下端的水平钢板调节，水平钢板通过立板焊接在弧形加强板上，弧形加强板为弧长1571mm、厚14mm、宽350mm的钢板，弧形加强板焊接在套管内壁上。安装时，以套管的最低点为中心焊接连接。水平钢板宽350mm、厚度20mm，立板（长300mm、厚度20mm，高 h）的高低决定了主承重轮的高程，放置时，必须严格控制高程。

若两侧有两个辅助扶正轮时，作为加强的弧形加强板要做成大尺寸的，应增加两块弧形加强板，长为528mm，厚14mm，宽350mm，三块弧型加强板在套管内焊接组装。

3）钢结构的防腐

采用TO树脂普通级防腐，其结构为底漆-底漆-面漆-面漆，涂层总厚度要求大于160μm。涂敷前，对钢材表面进行处理。先除去油污、泥土等杂物，然后按《涂装前钢材表面预处理规范》喷砂除锈，要求其质量等级达到 Sa2.5 级。并使表面达到无焊瘤、无棱角、光滑无毛刺。

钢材表面经除锈合格后，应在表面干燥、无尘条件下涂刷底漆，不得超过 8h，大气环境恶劣(湿度过度，空气含盐雾)时，还应缩短时间。第一道底漆表干后(约 2h)，即可涂第二道底漆。底漆要求涂刷均匀，不得漏涂。待底漆实干(约 24h)后涂刷面漆。前一道漆已固化，涂刷下一道漆时，必须将前一道漆膜用砂布打毛后再涂刷。各涂层要涂刷厚薄均匀，表面平整，无漏涂。前道漆如有破损，应先补刷，等表干后再涂刷下道漆。

因套管管道内有中继间，中继间两侧还焊有过渡钢板，因此，主承重轮要避开中继间，施工方可根据现场的实际情况稍做调整，但两主承重轮的间距不得大于 10m。在 1#~5#竖井段，输气管道从入口至出口是处在同轴线上，且高程相同。

在 1#~5#竖井段，扶正辅助轮设置在主承重轮的第一组、第二组、第三组、第五组、第七组处，其后为 40m 设置一组。扶正辅助轮与主承重轮焊接在弧形加强板上，扶正辅助轮应一直保持在与输气管道轴线成 60°的位置。

4)相关要求

(1)在每根管子回拖完成后，下一根管子回拖前，都必须进入套管的输气管道前端观察，看是否管道紧贴辅助扶正轮，若启动时前端能对扶正轮造成碰撞的应早进行改正，并观察管道是否对阴极保护用块状阳极造成破坏，若有损坏应尽快进行补救。

(2)牵引过程中，必须严格控制牵引的速度和距离，使每次管道要焊接的焊口均停在同一位置，以便进行焊接。发送井中的指挥人员和穿心千斤顶的工作人员必须有通信设施进行及时联系，以进行准确限位。

(3)由于外防腐的补口处容易产生碾压破坏，在施工中，可在补口的前端安装定向钻专用加强套，加强套的前端与主管道的搭接处应平滑过渡。

(4)在安装滚轮架的过程中，必须要保证所有的滚轮都能正常转动，要逐一进行测试，以防止滚轮不动情况下的摩擦对管道防腐层的破坏。

(5)辅助扶正轮的立板高度大于 240mm 时加横向联系。

(6)安装前进行复测，中继间的位置、尺寸均要进行测量。

(7)牵引过程中，必须使牵引方向与设计轴线重合，不允许有偏差。

五、小结

(1)此次贯通的顶管穿越工程首段长 1166m，管道直径 1844mm。在未使用中继间的条件下，用 200tf 的主顶器完成全线顶进，其顶距之长、直径之大、条件之复杂，在世界管道顶管施工史上尚无先例。

(2)西气东输郑州顶管，是顶管工法第一次在长输油气管道穿越工程中应用，对长输管道顶管穿越有重要意义。

(3)黄河顶管单次穿越长度 1250m，在长输管道顶管穿越中，也是目前一次性穿越距离最长的顶管工程。

第二节　西气东输二线滠水河顶管穿越

一、工程概况

西气东输二线干线在湖北省武汉市黄陂区前川街道穿越滠水河。穿越处东南岸属前川街道王家河花园村，西北岸属于前川街道平湖村叶家河。穿越处管道设计压力为10MPa，管径为 D1219mm，采用顶管方式穿越，穿越的地层主要为中风化片岩。

本顶管穿越位于第23标段，设计范围为：桩 FG033 ~ FG034，起、终点里程为26km + 475.8m，27km + 230.3m，水平长为 754.5m，实长为 798.0m。其中顶管穿越段水平长483.0m，一般线路段水平长 271.5m。

二、地质条件

根据钻探揭露、原位测试及室内试验成果综合分析，场地地表均为第四系覆盖，下伏为太古界(A_r)片岩。场区地层自上而下岩性特征描述如下：

1）第四系(Q_4)

①层粉土(Q_4^{al+pl})：黄褐，湿，稍密，无光泽反应，摇振反应中等，韧性、干强度低，黏粒含量较低，含有32% ~ 40%的粉砂。该层见于 ZK1、ZK2、ZK3、ZK4、ZK7、ZK10、ZK11 号钻孔，厚度为0.80 ~ 5.00m，层底标高为 16.35 ~ 24.79m。

②层粉质黏土(Q_4^{al+pl})：褐黄色，可塑 ~ 硬塑，具网纹状结构，局部含有铁锰质结核，干强度中等，韧性中等，无摇振反应，见有角砾。该层见于 ZK1、ZK5、ZK6、ZK11 号钻孔，厚度为1.10 ~ 9.60m，层底标高为 14.35 ~ 23.80m。

③层粉砂(Q_4^{al+pl})：褐色，饱和，松散，砂粒主要成分为石英、云母片等，含有较多黏粒，约占20%以上，见有角砾。该层见于 ZK2、ZK3、ZK8 号钻孔，厚度为2.54 ~ 13.00m，层底标高为 14.12 ~ 16.23m。

④层砾砂(Q_4^{al+pl})：灰褐，饱和，松散，砂粒主要成分为石英、云母，含少量圆砾及卵石，卵石成分主要为石英岩和硅质岩，粒径2 ~ 8cm，颗粒大部分分散，小部分胶结，含有泥质。该层仅见于 ZK1、ZK7 号钻孔，厚度为 5.00 ~ 5.60m，层底标高为10.03 ~ 16.59m。

⑤层圆砾(Q_4^{al+pl})：灰黄色，饱和，稍密，主要成分为石英等，粒径一般为0.5 ~ 20mm，粒径大于2mm的约占50%，颗粒呈亚圆状、次棱角状，颗粒级配一般，底部夹薄层黑色淤泥质粉质黏土。该层见于 ZK9 – 1、ZK9 号钻孔，厚度为3.00 ~ 4.00m，层底标高为7.55 ~ 10.68m。

⑥层淤泥质粉质黏土(Q_4^{al+pl})：黑色，软塑，有臭味，主要成分为黏粒，含35%左右的淤泥质，干强度中等，韧性中等，摇振无反应，手捏有砂感，夹圆砾及卵石，粒径一般为0.5 ~ 4cm。该层仅见于 ZK9 号钻孔，厚度为2.00m，层底标高为5.55m。

⑦层卵石(Q_4^{al+pl})：黄褐，饱和，中密 ~ 密实，卵石成分为石英岩、砂岩等，粒径

2~8cm，呈次圆状，含量约57%~75%，分选性一般，其余为中粗砂和泥质。该层见于ZK2、ZK3、ZK7、ZK8、ZK9-1号钻孔，厚度为2.50~7.80m，层底标高为3.58~11.59m。

2）太古界（A_r）

⑧层强风化片岩（A_r）：灰白、灰黄、浅绿色，岩石结构、构造大部分被破坏，岩石风化强烈，裂隙特别发育，部分裂隙面铁锰质侵染，岩石成分为石英、云母等，钻进进尺较快，取芯较破碎，呈碎块状、薄片状、块状。该层除ZK8、ZK9-1号钻孔外其余均有揭露，厚度1.80~22.60m，层底标高为-0.57~16.39m。

⑨层中风化片岩（A_r）：灰白、浅绿色、灰绿色，具变余结构，片理构造，岩石成分为石英、云母等，岩石裂隙发育，部分裂隙被铁锰质侵染，见有石英脉，岩质坚硬，锤击反弹，取芯呈柱状、块状，RQD 值0~35，该层除ZK8、ZK9-1号钻孔外其余均有揭露，未揭穿，揭露厚度2.20~26.30m，层底标高为-27.55~9.79m。

三、河势洪评结论

滠水发源于大别山南麓，自北向南流经大悟县、红安县、黄陂区，在江咀入长江，是长江中游北岸一级支流。集水面积2312km²，干流全长142km。河道坡度0.3‰，流域平均海拔高程102m，河流弯曲系数1.4，河网密度0.3km/km²。

滠水源流有二，均在大悟县境内。东支源出鄂豫两省交界的大别山脉大悟县新城镇金家岭。西支称西大河，发源于寨基山南坡的张家湾。东西两支相汇于两河口进入黄陂区境内，两河口以上总流域面积817km²，流域中上游为低山丘陵区，水系发育，支流众多，其中河长大于20km的支流9条。两河口以下河道渐宽，一线北南纵贯，长轩岭设有水文站。长轩岭以下地势渐平缓，王家河一带以黄土岗为主，河宽多在300~400m之间，过黄陂城关后河道进入平原湖区，两岸筑有堤防，杨汊河以下河宽达800m。汛期河段水位受长江水位顶托影响明显。

管道穿越工程所在河段为王家河镇以南叶家河附近，该河段在岗地间穿行，河道属微弯河道。穿越处上游1km河段在冯家桥人渡以下是一个河弯，弯曲半径约1km，左凹右凸。河道主流靠左而下，左冲右淤，经日积月累，在河道右岸形成长约2.5km的冲积堆积体。目前两岸间河宽约190~260m左右，两岸无堤防，多为农田分布，地势较平缓，河线历史上无变化记载，河势较为稳定。

从穿越处的河道地层剖面看，河床底部主要分布有厚度约7m的卵石层，砾径2~8cm，混有中粗砂和泥质，下卧深厚的片岩，靠右岸河床局部分布有少量粉土和粉砂层。粉土、粉砂层及混在河床卵石层的中粗砂层在大洪水年可能冲走一部分，而主要的卵石层抗冲刷能力较强，该段河床底部是基本稳定的。右岸河岸坡土层主要为粉土，抗冲性能相对较差，左岸河岸坡土层为卵石层，一般抗冲性较好。穿越断面处于河弯弯顶以下较为平顺的河段，河道主流顺左岸下行的趋势不会发生较大改变，而左岸抗冲性能较好的卵石层及深厚的基岩限制了河道继续向左岸冲刷发展，总体河势将处于一种自然平衡的状态，工程区附近河段未来的演变趋势将保持目前比较稳定的状态。

四、设计方案

1. 总体布置

瀔水河穿越采用顶管法隧道施工,北岸竖井中心距离堤脚 125.33m,南岸竖井中心距离堤脚 94.23m;均采用圆形断面,北岸竖井作为始发井,南岸竖井作为接收井,顶管隧道水平长度 483m。

顶管施工在强风化片麻岩层及中风化片麻岩层中进行穿越,顶进混凝土管管顶最小埋深 8.78m,北岸始发井竖井深 28.575m,南岸接收井竖井深 28.175m。顶管总体布置图见图 3－9。

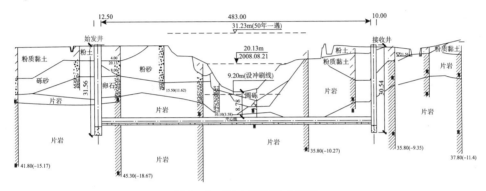

图 3－9 瀔水河穿越方案图

2. 竖井

根据顶管隧道施工、管道组装焊接、安装等施工工艺,始发井内径 Φ12.5m,接收井内径 Φ10m。

根据河流两岸地质情况,北岸始发井采用沉井法＋钻爆法施工,内径 Φ12.5m,深 28.575m,沉井采用分节制作的形式,井筒采用 C30 钢筋混凝土结构,选用井壁外侧带台阶的结构形式,井筒厚度为 800mm 和 1000mm,沉井段高 17.500m。南岸接收井采用表层开挖＋钻爆法施工,内径 Φ10.0m,深 28.175m,表层开挖段井筒厚度为 600mm。

强风化片岩层和中风化层片岩层段采用钻爆法施工,竖井采用复合式衬砌,始发井初期支护采用挂网锚喷,厚度为 80mm,永久衬砌采用钢筋混凝土厚度 1000mm、700mm,接收井初期支护采用挂网锚喷,厚度为 80mm、120mm,永久衬砌采用钢筋混凝土厚度 600mm、700mm、800mm。其中始发井钻爆段井高 14.056m,接收井钻爆段井高 29.940m。

在竖井底部设 2 个 500mm×500mm 的集水坑,深度 0.5m,作为竖井内的排水。另外为了减少汇入基坑中的降雨量,在基坑周围可根据情况设置截水沟。

3. 平巷

顶管隧道内需布设一条 D1219mm 输气管道,顶混凝土管采用内径 Φ2.2m 钢筋混凝土管。

顶管材料采用 C50 钢筋混凝土,管子公称内径 2200mm、长度 3000mm,抗渗等级 P8,顶管最大抗压强度不得超过 50MPa,接口采用"F"型接口,楔形橡胶止水圈,接口抗渗试验应达 0.5MPa。

顶管机头采用封闭式顶管掘进机，具体选型根据工程水文地质和对地表沉降要求等来确定。顶管完成后，顶管管壁与竖井预留洞口之间的空隙用注浆处理。

顶管工作井最大允许顶力不超过 10000kN，超过该顶力必须设置中继站，其位置及数量由施工单位自行确认，顶管顶进过程中采用触变泥浆减阻。

五、现场事故情况及处理

1. 事故情况

溧水河顶管隧道的顶进地层较为复杂，多次出现顶进困难，在顶进至 348m 左右时已出现两次混凝土套管断裂。

2. 原因分析

中风化片岩的强度化较大，根据地质报告的试验结果，岩石饱和单轴抗压强度的最小值仅有 8.7MPa，最大值则高达 68.6MPa。顶管机刀盘的刀具对其适应性较差，滚刀磨损严重（图 3 – 10），更换频率高，影响施工功效。

此外，对润滑泥浆采用不当，部分地段顶管刀盘出现"裹刀"现象（图 3 – 11），影响掘进，导致顶进力过大。并且地层软硬不均导致纠偏困难，套管存在局部集中受力现象，当顶力过大时，致使应力集中处的混凝土套管碎裂。

图 3 – 10　拆卸的报废滚刀

图 3 – 11　岩屑胶泥裹刀

3. 解决实施

考虑到顶管隧道已经通过主河槽，且投产工期在即，最终决定溧水河穿越剩余的 100m 左右，采用开挖方式通过。管道在开挖段进行预制焊接，经牵引就位，牵引头结构见图 3 – 12。管道连头后对隧道和竖井进行回填。

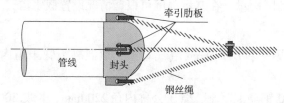
图 3 – 12　牵引头示意图

滠水河顶管隧道顶进 388m 处，位于距离河岸较近，开挖深度达 26m。同时，在开挖期间正值湖北地区的雨季，为防止滠水河河水暴涨而发生倒灌，采用管沟爆破后的石渣沿河道走向修筑堤坝，见图 3-13。

2011 年 5 月下旬，经过对剩余 100m 顶管穿越段进行开挖，顶管机机头顺利从隧道内取出。2011 年 5 月 26 日，通过 5 台 22kW 的 6″口径潜水泵向基坑和隧道内灌水，使天然气管道受到浮力漂起至隧道最宽处（图 3-14），在管道端部通过牵引进行顶管隧道段的管道安装。

2011 年 6 月下旬，滠水河顶管隧道采用漂管工艺完成管道安装作业。

图 3-13　弃渣＋钢板桩组成的堤坝

图 3-14　漂管就位

六、小结

经过滠水河顶管隧道穿越，对于软硬不均岩石地层的长距离顶管隧道穿越，得出如下经验教训：

（1）顶管机刀盘刀具的配置应与穿越地层相匹配，对于软硬不均地层和黏性颗粒胶结地层应特别注意；

（2）顶管穿越工期还应充分考虑到刀具更换、千斤顶密封维护、中继间、进出洞止水处理等措施的施工工期，以保证项目合理安排进度；

（3）首个中继站设置不宜距离始发井过远，避免出现顶进力过大纠偏困难的情况。

第三节　上虞—新昌天然气管道工程曹娥江顶管穿越

一、工程概况

上虞—新昌天然气管道工程在上虞区章镇穿越曹娥江，采用顶管隧道方式穿越。顶管隧道水平长度 608m，顶管隧道内径为 $\Phi2.2m$，为曲线顶管；始发竖井内径 12m，井深 13.625m；接收井内径为 8m，井深 16.185m，竖井均采用沉井工法施工。隧道内敷设一条管径 $\Phi813mm$ 的输气管道。

穿越轴线河床以下地层主要为素填土、淤泥、细砂、中粗砂、卵石、砾砂、角砾、圆砾、片麻岩，顶管穿越地层为淤泥质土、卵石、强风化及中风化片麻岩，顶管隧道埋深于冲刷线下 1.5 倍隧道外径以下。顶管穿越纵断面图见图 3 – 15。

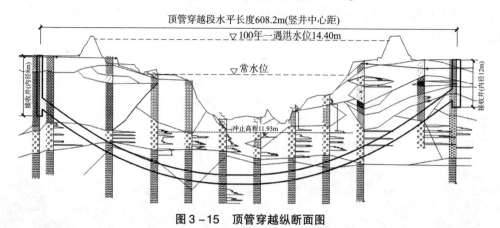

图 3 – 15　顶管穿越纵断面图

二、地质条件及地下水评价

1. 穿越地层地质情况

穿越场区地层描述如下：

①层素填土（Q_4^{al+pl}）：灰黄色，可塑，主要为粉质黏土和粉土，局部为碎块石，顶部含少量植物根系。该层有一个夹层：

① – 1 层淤泥（Q_4^{al+pl}）：深灰色，主要以淤泥质粉质黏土为主，局部为淤泥质黏土，间杂粉土或粉砂薄层，流塑～软塑，味臭，有机质含量 3%～4%。

②层细砂（Q_4^{al+pl}）：灰黄色，松散～稍密，饱和，含云母碎屑及黏土团块。

③层中粗砂（Q_4^{al+pl}）：褐黄色，饱和，中密，局部夹粉质黏土薄层，厚度 10cm 左右，含少量有机质，主要矿物成分为石英、长石，粒径 > 0.25mm 颗粒含量 60% 左右，局部夹粒径 3～12mm 砾石，分选性差，级配不良。该层有一个夹层：

③ – 1 层砾砂（Q_4^{al+pl}）：浅灰色，饱和，中密，局部夹粉质黏土薄层，厚度 10cm 左右，含少量有机质，主要矿物成分为石英、长石，粒径一般 3～12mm，分选性差，级配不良。

④层淤泥质土（Q_4^{al+pl}）：深灰色，局部夹粉土或黏土薄层，软塑为主，味臭，含有机质及云母碎片，干强度及韧性中等，摇振无反应。

⑤层卵石（Q_4^{al+pl}）：浅灰色，饱和，密实，母岩主要为片麻岩，中等风化，亚圆形，粒径一般为 2～5cm，可见最大粒径 8cm 左右，不排除钻孔以外其他部位存在更大粒径的可能。粗砂及圆砾充填，骨架颗粒含量 60%～70%，级配一般。该层有 3 个夹层：

⑤ – 1 层角砾、圆砾（Q_4^{al+pl}）：浅灰色，饱和，密实，母岩主要为片麻岩，中等风化，次棱角形、圆形，粒径一般为 5～20mm，骨架颗粒含量 60%～70%，级配一般。

⑤ – 2 层粉细砂（Q_4^{al+pl}）：灰黄色、灰褐色、灰色，饱和，松散～稍密，颗粒亚圆形，级配不良，矿物成分以石英、长石为主，局部夹有少量粉质黏土。

⑤ – 3 层粉质黏土（Q_4^{al+pl}）：黄褐色、灰黄色，可塑～硬塑，局部粉粒含量较高，刀

切面稍光滑，干强度、韧性中等。

⑥层片麻岩（Anzch）：强风化，灰绿色，中粗粒变晶结构，块状构造，裂隙较发育，岩石主要成分为石英、长石，含少量黑云母。岩芯主要呈碎块状，块径一般为 50～80mm，岩质较新鲜，较硬～坚硬，$RQD=0～15\%$。

⑦层片麻岩（Anzch）：中等风化，灰绿色，中粗粒变晶结构，块状构造，裂隙较发育，岩石主要成分为石英、长石，含少量黑云母。岩芯主要呈碎块状及短柱状，块径一般为 50～120mm，岩质较新鲜，较硬～坚硬，$RQD=15\%～55\%$。

2. 地下水评价

粉质黏土：$4.62×10^{-6}～7.63×10^{-5}$cm/s，为微～弱透水层；

碎石、卵石、圆砾、砾砂：$6.804～8.197$m/d，为强透水层。

三、事故情况

顶管顶进约 500m 处，接收侧滩地发生了两处地面塌陷，每处塌陷坑尺寸约为 1.5m×1.5m，位置位于大堤保护范围内。详见图 3-16～图 3-19。

坍塌时顶管机头位于卵石层，其上部主要为中粗砂、细砂、角砾、圆砾等透水性较强的地层。

图 3-16 塌陷坑平面位置示意图

图 3-17 塌陷坑照片

图 3-18 塌陷坑照片

图 3-19 塌陷坑回填后照片

四、设计方案

1. 埋深

坍塌处隧道顶设计埋深约 25m（图 3-20），大堤处隧道顶设计埋深约 17.45m（隧道顶

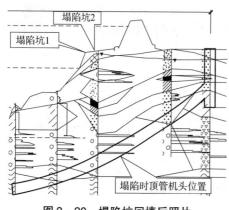

图 3-20　塌陷坑回填后照片

与堤角距离），满足地方水利部门大堤下埋深10m规定，且满足《油气输送管道穿越工程设计规范》（GB 50423—2013）对于隧道埋深的规定。

2. 对顶管机的要求

由于穿越卵石和片麻岩，且水下开挖机头前方需要承受较大的水、土压力，并且具有渗水的可能性，设计文件中推荐采用泥水平衡法，且要求顶管机应具备以下功能：（1）能够带压进仓作业；（2）能够更换刀具；（3）能够二次破碎岩石，能破碎饱和抗压强度90MPa的岩石；(4)具备刀盘回缩功能。

3. 施工监控要求

设计文件规定，施工过程中应严格按照规范规定的检测规程实施施工检测和监控。施工监控的数据和结论必须及时地反馈给监理、设计、业主和施工方，为现场问题的解决提供基础数据或参考依据。

设计文件对两岸大堤的穿越掘进施工监控要求如下：

（1）预先埋设沉降观测桩，加强对大堤的变形监测分析，以测量结果为基础，对施工前和施工初期施工引起的地层沉降的影响进行精确预测，加强地表隆陷监测反馈指导施工，严格控制其沉降量，累计沉降量应符合国家相关规定，且应有堤防管理部门人员参与观测验证。

（2）严格规范控制顶管机操作模式的选择、转换，精心操作控制，减少地层变形。

（3）必要时，根据地表监测情况，对隧道周边地层进行加固，减少地层损失，控制地表隆陷。

4. 设计小结

大堤下隧道埋深较深，满足水利部门和规范的要求，且通过了防洪安全评价。设计文件中根据工程地质情况对顶管设备选型提出了针对性要求。对大堤的沉降提出了明确的施工监控要求，并且要求应有堤防管理部门参与监控验证。

施工：

1）未根据设计文件进行顶管机选型

根据现场了解到的情况，施工单位选用的顶管机没有气压平衡装置，不具备带压进仓作业条件；刀盘没有二次破碎功能。

不具备带压进仓作业条件，人员需进仓操作时，需对掌子面进行大量强排水，势必会导致地层中的细砂等颗粒随着强排水带出，从而造成地层中出现空腔，在顶管机再次启动扰动地层，或地层为达到新的平衡，势必会造成地面塌陷。

刀盘不具备二次破碎功能，会造成隧道掘进慢、困难、卡，故需人员频繁进仓处理，故需大量强排水形成地质空腔，从而造成恶性循环。

2）未根据设计要求对大堤沉降进行监测

根据与现场施工人员沟通，施工方并未对大堤沉降设置监测桩进行监测，更没有通知大堤管理部门进行监测验证，故未做到事故防患于未然。

五、结论

该顶管穿越出现滩地塌陷的主要原因是施工设备选型不符合相关要求。作为设计方，应对施工进度及时跟进，对业主方、监理方和施工单位提示施工风险，从而督促施工方按图施工。

第四节　西气东输二线同江顶管隧道穿越

一、工程概况

西气东输二线管道工程在吉安市吉水县盘古镇盘古村（北岸）与枫江镇双元村（南岸）之间穿越同江，穿越河段属同江中下游。穿越处河床为人工开挖形成，平直开阔，水流缓慢，穿越处河流两侧有大堤，堤外两侧为农田。

穿越范围内线路水平长度 590.71m，管道设计压力为 10MPa，采用 $D1219 \times 22mm$ X80M 直缝埋弧焊钢管；穿越直管段及冷弯管采用低温固化型加强级 3PE 防腐层，热煨弯管采用双层熔结环氧粉末防腐层，现场采用带环氧底漆的高温型聚乙烯热收缩带补口，管道内涂层材料采用环氧型内减阻涂料。

穿越方式为顶管隧道穿越，顶管隧道水平长度 324m，穿越地层主要为砾质黏性土及石灰岩。

二、地质条件

根据钻探揭露，场地地层主要由①粉质黏土、①-1淤泥质粉质黏土、②-1细砂、②-2粗砂、③卵石、④圆砾、⑤粉质黏土、⑥砾质黏性土、⑦含黏土碎石、⑧-1中风化石灰岩、⑧-2微风化石灰岩组成，现将各岩土层特征自上而下分别描述如下：

①层粉质黏土（Q_4^{al}）：为第四系全新统冲积成因，褐黄~灰黄色，成分以粉黏粒为主，韧性、干强度中等，无摇振反应，场区内仅 ZK1、ZK9 钻孔未见该层，层厚 1.50~5.70m，上部分布有 0.5m 厚耕植土；层底标高为 35.64~39.70m，承载力特征值 f_{ak} = 120kPa，E_s = 6.32MPa。渗透系数为 $2.05 \times 10^{-6} \sim 7.72 \times 10^{-6}$cm/s。

①-1层淤泥质粉质黏土（Q_4^{al}）：为第四系全新统冲积成因，灰黑色，软~可塑，成分以粉黏粒为主，强度低，压缩性较高，底部含较多植物碎屑。场区内仅 JK2、JK2A、JK2B 钻孔见该层，层厚 1.89~2.40m，层底标高为 36.17~36.95m，承载力特征值 f_{ak} = 60kPa，E_s = 2.73MPa。

②-1层细砂（Q_4^{al}）：为第四系全新统冲积成因，褐黄~灰黄色，湿~饱和，松散，成分以石英、长石为主。经取扰动样进行颗粒分析，各级组分分别为 2~0.5mm 颗粒占

8.5% ~ 13.5%，0.5 ~ 0.25mm 颗粒占 18.2% ~ 22.8%，0.25 ~ 0.075mm 颗粒占 52.6% ~ 60.2%，<0.075mm 颗粒占 11.1% ~ 13.1%。场区内仅 ZK7、ZK10、JK1、JK1A、JK1B 钻孔分布有该层，层厚 0.65 ~ 2.55m，层底标高为 36.04 ~ 38.55m。$f_{ak} = 100kPa$，$E_s = 7.4MPa$。渗透系数为 $2.57 \times 10 - 3 ~ 5.28 \times 10 - 3cm/s$，水上休止角为 $36.5° ~ 38.0°$，水下休止角为 $34.0° ~ 35.5°$。

②−2 层粗砂（Q_4^{al}）：为第四系全新统冲积成因，灰黄色，湿~饱和，稍密~中密，成分以石英、长石为主，底部含少许圆砾。经取扰动样进行颗粒分析，各级组分分别为：5 ~ 2mm 颗粒占 20.5% ~ 22.5%，2 ~ 0.5mm 颗粒占 36.0% ~ 39.5%，0.5 ~ 0.25mm 颗粒占 16.5% ~ 26.5%，0.25 ~ 0.075mm 颗粒占 13.1% ~ 15.0%，<0.075mm 颗粒占 4.0% ~ 8.5%。场区内仅 ZK1、ZK4、ZK11 钻孔分布有该层，层厚 1.20 ~ 2.30m，层底标高为 34.48 ~ 38.50m。$f_{ak} = 200kPa$，$E_s = 12.4MPa$。渗透系数为 9.85×10^{-2}，水上休止角为 $34.5°$，水下休止角为 $33°$。

③层卵石（Q_4^{al}）：为第四系全新统冲积成因，浅黄色，饱和，中密，粒径大于 2cm 占 60%，成分以中~微砂岩、硅质岩为主，多呈圆形、亚圆形状，间隙间充填砂粒。经取扰动样进行颗粒分析，各级组分分别为：>20mm 颗粒占 56.4%，20 ~ 10mm 颗粒占 13.4%，10 ~ 5mm 颗粒占 14.2%，5 ~ 2mm 颗粒占 7.3%，2 ~ 0.5mm 颗粒占 5.5%，0.5 ~ 0.25mm 颗粒占 3.2%。场区内仅 ZK9 钻孔分布有该层，层厚为 2.60m，层底标高为 35.55m。$f_{ak} = 400kPa$，$E_o = 38.6MPa$。

④层圆砾（Q_4^{al}）：为第四系全新统冲积成因，浅黄~灰黄色，饱和，中密，粒径大于 2mm 大于 50%，卵石含量约占 20%，局部卵石含量较高，成分以中~微风化砂岩及硅质岩为主，多呈圆形、亚圆形状，泥质胶结，充填砂粒。经取扰动样进行颗粒分析，各级组分分别为：>20mm 颗粒占 3.8% ~ 16.5%，20 ~ 10mm 颗粒占 9.6% ~ 25.5%，10 ~ 5mm 颗粒占 13.3% ~ 30.0%，5 ~ 2mm 颗粒占 10.5% ~ 25.7%，2 ~ 0.5mm 颗粒占 14.5% ~ 23.5%，0.5 ~ 0.25mm 颗粒占 14.0% ~ 14.3%，0.25 ~ 0.075mm 颗粒占 3.5% ~ 12.0%，<0.075mm 颗粒占 1.5% ~ 5.7%。场区内仅 ZK9 钻孔未见该层，层厚为 0.30 ~ 14.0m，层底标高为 23.03 ~ 35.87m。$f_{ak} = 360kPa$，$E_o = 33.8MPa$。

⑤层粉质黏土（$Q2^{al}$）：为第四系中更新统冲积成因，浅黄~红黄色，可塑~硬塑，强度中等，韧性偏高，无摇振反应，成分以粉黏粒为主，该层局部含细砂粒较多。场区内仅 ZK1、JK1 钻孔分布有该层，层厚为 2.50 ~ 6.00m，层底标高为 29.61 ~ 30.73m。$f_{ak} = 140kPa$，$E_s = 6.11MPa$。渗透系数为 $3.68 \times 10^{-6}cm/s$。

⑥层砾质黏性土（Q_2^{dl}）：为第四系中更新统坡积成因，颜色较杂，以紫红色、灰黄色为主，可塑，干强度中等，韧性中等偏高，无摇振反应，砾石含量一般在 25% 左右，局部多达 35% 左右，间隙间充填砂粒。场区内 ZK1、ZK2、ZK4、ZK8 钻孔分布有该层，层厚为 5.30 ~ 22.30m，层底标高为 13.50 ~ 28.17m。根据动力触探经验 $f_{ak} = 220kPa$，$E_o = 26.7MPa$。

⑦层含黏土碎石（Q_2^{dl}）：为第四系中更新统坡积成因，颜色较杂，以灰黄色、灰褐色为主，可塑，干强度中等，韧性中等偏高，无摇振反应，砾石含量一般在 25% 左右，局部多达 35% 左右，间隙间充填砂粒。>20mm 颗粒占 51.2% ~ 60.4%，20 ~ 10mm 颗粒占

3.4% ~ 8.8%，10 ~ 5mm 颗粒占 5.2% ~ 8.5%，5 ~ 2mm 颗粒占 2.9% ~ 7.2%，2 ~ 0.5mm 颗粒占 2.7% ~ 5.5%，0.5 ~ 0.25mm 颗粒占 1.5% ~ 4.4%，0.25 ~ 0.075mm 颗粒占 3.5% ~ 5.6%，<0.075mm 颗粒占 15.3% ~ 19.2%。场区内 ZK7、ZK10、JK1、JK1A、JK1B、JK2A 钻孔分布有该层，层厚为 2.05 ~ 11.35m，层底标高为 20.76 ~ 29.67m。根据动力触探经验 $f_{ak} = 380kPa$，$E_o = 35.7MPa$。

⑧-1 层中风化石灰岩（P_1^m）：属下二叠系茅口组，青灰色，隐晶质结构，中厚层状构造，岩石裂隙较发育，岩芯多呈块状、短柱状。岩质较硬，锤击声较清脆，较难击碎。该层在场区内所有钻孔均有分布，层厚为 0.3 ~ 4.4m，层底标高为 13.15 ~ 35.37m。$f_{ak} = 2000kPa$。RQD 值平均在 50% 左右。

⑧-2 层微风化石灰岩（P_1^m）：属下二叠系茅口组，青灰色，隐晶质结构，厚层状构造，岩石裂隙不甚发育，偶见裂隙多被铁锰质侵染呈褐红色，岩芯多呈短柱 ~ 长柱状，岩质坚硬，锤击声清脆，难击碎。该层在场区内所有钻孔均有分布。该层最大揭露厚度为 58.50m。$f_{ak} = 3000kPa$，RQD 值平均在 90% 左右。

灰岩典型地质柱状图见图 3-21。

图 3-21 同江顶管灰岩岩芯

根据现有钻孔资料表明，石灰岩中局部浅层岩溶发育，尤其以⑧-2 微风化石灰岩上部岩层中岩溶相对较发育。场区内除 ZK9、ZK10、JK2、JK2B 钻孔未见溶洞，其余钻孔均见溶洞，溶洞规模不一，大小相差悬殊，揭露洞高为 0.20 ~ 14.9m 左右不等，一般为 0.30 ~ 5.60m 左右。以充填溶洞为主，个别溶洞无充填物，充填物多以中密状含黏土碎石及可塑状砾质黏性土为主，个别溶洞充填物为粗砂、角砾。

三、设计方案

1. 隧道总体设计

始发井内径 12.5m，深 15.63m，位于南岸；接收井内径 10m，深 15m，位于北岸，顶管隧道水平长度 324m，隧道水平顶进。河床最低点高程为 37.05m，设计冲刷线最低高程为 33.46，该点隧道顶部高程为 33.15m，顶进混凝土管管顶最小埋深 6m。

总体布置图见图 3-22。

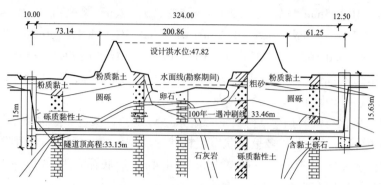

图 3-22 同江穿越纵断面图

2. 竖井设计

1）始发竖井

始发井采用排水法下沉。沉井内径为 12.5m，井壁采用 C30 混凝土结构，沉井顶面高程为 41.21m，井底高程为 26.08m，竖井井深为 15.63m，考虑到始发井下沉的稳定性以及井底埋深大导致土压力偏大等情况，竖井分三节进行下沉，从下到上依次为 7.12m、5m和 3.51m，井壁厚度从下至上依次为 1m、0.8m 和 0.6m。竖井开挖到达设计标高后，竖井井底开挖成锅底状，采用 C25 素混凝土封底。素混凝土封底完成后，待达到设计强度后，排干井内水，浇筑钢筋混凝土底板，底板厚 0.85m，混凝土强度等级为 C30。

2）接收竖井

接收井采用排水法沉井工法。沉井内径为 10m，井壁采用 C30 混凝土结构，沉井顶面高程为 40.59m，井底高程为 25.59m，竖井井深为 15m，考虑到始发井下沉的稳定性以及井底埋深大、土压力偏大等情况，竖井分三节进行下沉，从下到上依次为 7m、4m 和 4m，井壁厚度从下至上依次为 1m、0.8m 和 0.6m。竖井开挖到达设计标高后，竖井井底开挖成锅底状，采用 C25 素混凝土封底。素混凝土封底完成后，待达到设计强度后，排干井内水，浇筑钢筋混凝土底板，底板厚 0.8m，混凝土强度等级为 C30。

3. 平巷段设计

隧道内布置一条 D1219mm 管道，考虑管道组对、焊接、防腐、检测等要求，隧道采用内径 Φ2.2m 钢筋混凝土管，满足管道回拖空间要求。接口采用"F"型接口，楔形橡胶止水圈，接口抗渗试验应达 0.5MPa。

4. 顶管机选型推荐

本工程的顶管特点是：穿越地层主要为砾质黏性土、微风化石灰岩、含黏土碎石，地下水位高。

根据工程地质特点，采用泥水平衡顶管机，顶管机通过安装在主轴上的多边形刀盘旋转、切削土体，与多边形的壳体组成泥土仓，对土体和较大的土块、石块进行破碎，然后通过隔栅板而进入后面的泥水仓。

5. 场地布置

综合各种因素，本着环保安全、经济实用的原则，南岸始发井施工场地占地约

$10864m^2$，北岸接收井施工场地占地约$9540m^2$。

场地布置图见图3-23、图3-24。

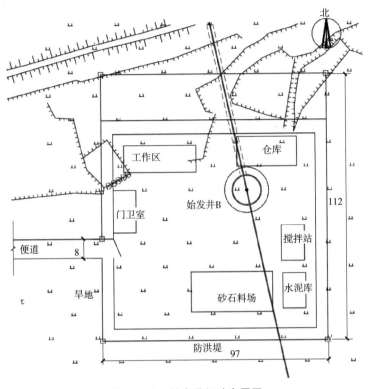

图3-23 始发井场地布置图

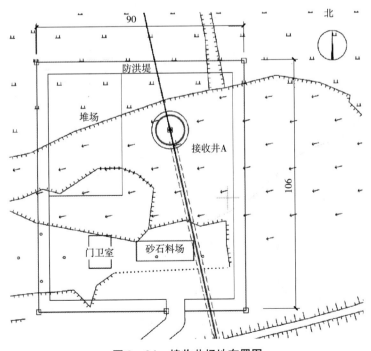

图3-24 接收井场地布置图

6. 管道安装

穿越工程管道安装分为竖井内管道安装和隧道内管道安装。两岸竖井内分别设置补偿器，考虑到管材常用母管长度及运输超限的规定，两岸竖井内各分别设置 2 个 45°、60° 弯曲半径为 6D 热煨弯头作为补偿器。

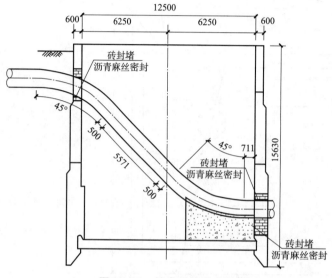

图 3-25　始发井管道安装图

对于顶管隧道段，每隔 18m 设置 1 个管道小车支座，共 18 处。管道安装时，管道在始发竖井内焊接、防腐补口、检测合格后，通过接收井内的牵引设备将管道采用矿车轮轨道方式牵引到位。管道安装完成后，隧道在长期渗水状态下会逐渐充满水，为防止管道上浮刮伤防腐层，采用已焊接好的挡板控制矿车轮向上移动。竖井内管道安装完成后，周围采用细土袋进行保护，其余部分采用原状土回填。

竖井内管道安装见图 3-25、图 3-26。

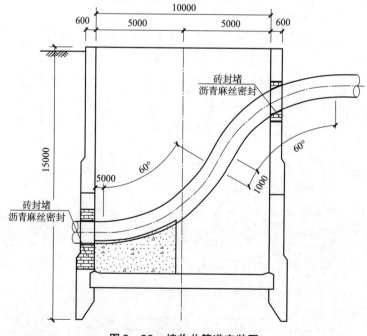

图 3-26　接收井管道安装图

四、施工方案

1. 主要施工方案

（1）进场施工场地平整、临时用地征用、施工便道修建等工作，将场外电源、水源、通信接通至工地，进行临时设施的施工平面布置；

（2）竖井制作；

（3）在竖井施工期间，完成顶管机设备的选型、设计、制造，在专业厂家生产制造"F"型钢筋砼管节；

（4）竖井底板施工完，进行顶管设备系统的安装、调试；

（5）拔除封门，顶管机出洞，进入正常顶进施工；

（6）机头出洞，管道内接口处理；

（7）路面修复，管道内部处理。

2. 施工工期

工程总工期为 2010 年 3 月 28 日至 2010 年 6 月 20 日，共计 82d。

五、现场问题、风险及措施

（1）根据地勘报告，穿越石灰地层中可能存在溶洞的风险，溶洞规模不一，大小相差悬殊，揭露洞高 0.2~14.9m 左右不等，一般为 0.3~5.6m 左右。以填充溶洞为主，个别溶洞无填充物，填充物多以中密状黏土碎石及可塑状砾质黏性土为主。

解决办法：针对该风险，顶管段石灰岩部分每隔 5m 用风钻钻 $\Phi100$ 的孔，查看是否有溶洞，如果有溶洞，且看溶洞里有无地下水；如果有地下水，需用抽水管将溶洞内地下水抽完，然后向溶洞内做灌浆处理；如果溶洞内无地下水且无填充物，直接灌浆处理即可；对于溶洞内有填充物的，需用高压水枪送至溶洞内对溶洞内填充物进行冲洗，然后用抽泥管将溶洞内泥水冲干净，然后再向溶洞内做灌浆处理。

（2）竖井范围内岩面高低不平（图 3-27），始发井岩面最大高差达 8m，给竖井下沉、结合部位防水带来了很大困难。

图 3-27　同江顶管隧道穿越始发井（岩面最大高差 8m）

解决方案：采用高压旋喷桩对非岩石段进行大面积改良，然后竖井进行下沉。

（3）顶管在顶进33m后，发生地表塌陷（图3－28）。

原因分析：穿越地层主要为砾质黏性土、微风化石灰岩（典型岩石照片见图3－29）、含黏土碎石，地质条件复杂，地下水位高。现场顶管机没有配置更换刀具的气压仓和二次破碎功能，导致顶进施工过程中不能实现泥水平衡，致使地面塌陷严重而产生地表沉降。同时还存在出洞口密封不严、泥浆漏失严重问题。

图3－28　同江地表塌陷

图3－29　同江顶管中掏出的岩石

六、小结

对于长距离的岩石顶管，地质、水文情况复杂，岩性变化大，岩石硬度高等众多难点给设计施工带来了巨大的困难。

从理论上讲，此工程地质条件下，顶管方案是可行的，但涉及地质勘察的准确性、设备能力、施工经验、中标价格、工期等综合因素，管理上或不可预见的技术上的风险是存在的。

为保证顶管工程的成功，要认真、负责地对待每一个环节。设计和施工工作中应注意以下几点：

1. 设计

（1）设计施工前，应取得尽可能详细的勘察报告。

（2）设计要紧密结合国内外顶管设备水平和施工能力。

（3）优化顶管设计方案。

（4）合理确定穿越轴线、深度。

（5）根据具体工程的地质条件提出对设备的要求。

（6）设计要在设计文件中提出施工技术要求、风险和对应的预防措施，以及工期安排。

2. 施工

（1）针对不同地质，合理选用顶管机型及功能，包括刀盘形式、刀盘开孔率、刀具类型和布置方法、是否具有二次破碎功能等。

（2）尽可能建立起刀盘形式和适应地质的对应关系。

（3）应结合已建工程中各类顶管突发事故处理经验，针对工程实际情况，制定紧急处理预案。

（4）选择合适的注浆减阻设备与方法，形成完整的泥浆套，可极大地减少顶推力。

（5）针对较长距离顶管，合理布置中继间数量与位置。

（6）通过现场问题分析，设备的刀头可更换和配置二次破碎的舱室，是一个关键因素，对岩石顶管是否成功起到决定性作用。

第五节　西气东输二线锦江顶管隧道穿越

一、工程概况

西气东输二线管道工程（九江—南雄段）在高安市祥符镇与兰芳镇交界部位穿越锦江，穿越河段属锦江中下游。穿越处属侵蚀堆积河谷平原Ⅰ级阶地与河漫滩，河床宽度约190m，冲刷作用一般，河床较为稳定，场地河流两侧均修筑有防洪堤，提防等级为4级，两侧岸堤间距约408m，河岸（河堤）顶部高出漫滩部位6~7m左右，穿越段河流岸坡的稳定性较好。

本工程原方案为钻爆隧道穿越，在专家评审会上，专家对于溶洞问题的考虑，认为需要对锦江补充详勘。根据勘察结果，场区内部分钻孔见有溶洞，溶洞规模不一，大小相差悬殊，揭露洞高不等，均为充填溶洞，其中填充物可分为两种，一种以中密碎石土及可塑砾质黏性土为主，另外一种以中粗砂为主，其中含少量碎石。由于砾岩中局部浅层岩溶相对发育，最终决定本工程穿越方式为顶管隧道穿越。

穿越范围内线路水平长度783.4m，管道设计压力为10MPa，采用$D1219 \times 22mm$ X80M直缝埋弧焊钢管；穿越直管段及冷弯管采用低温固化型加强级3PE防腐层，热煨弯管采用双层熔结环氧粉末防腐层，现场采用带环氧底漆的高温型聚乙烯热收缩带补口，管道内涂层材料采用环氧型内减阻涂料。

穿越方式为顶管隧道穿越，顶管隧道穿越长度为568m，隧道内径$\Phi 2.2m$，穿越地层主要为沙砾岩。

二、地质条件

根据本次钻探揭露，由第四系全新统冲积层（Q_4^{al}）及白垩系上统南雄群（K_2^n）组成，现将各岩土层特征自上而下分别描述如下：

1. 第四系全新统冲积层（Q_4^{al}）

场地地层主要由第四系全新统冲积层（Q_4^{al}）的①层粉质黏土、②层中砂、③层砾砂、④层圆砾、⑤层卵石。

①层粉质黏土（Q_4^{al}）：浅黄色、灰黄色，以硬塑为主，少量呈可塑，刀切面较光滑，组分以粉黏粒为主，干强度中等，韧性中等，无摇振反应。实测标贯击数为6~13击。南

岸粉质黏土为微透水～极微透水，北岸粉质黏土为弱透水。场区内除 ZK3、ZK8、ZK9 钻孔缺失外其他钻孔均分布有该层，层厚 1.10～4.80m，顶部 0.3m 为耕植土，层顶标高为 24.68～28.03m。

②层中砂(Q_4^{al})：为第四系全新统冲积成因，灰黄、浅黄色，湿～饱和，稍密～中密，成分以石英、长石为主。强透水，实测标贯击数为 10～15 击。经取扰动样进行颗粒分析，各级组分分别为：10～5mm 颗粒占 3.5%～6.0%，5～2mm 颗粒占 10.4%～10.6%，2.0～0.5mm 颗粒占 19.6%～20.1%，0.5～0.25mm 颗粒占 36.4%～41.5%，0.25～0.075mm 颗粒占 16.7%～20.9%，<0.075mm 颗粒占 6.7%～7.6%。场区内除 ZK3、ZK8、ZK9 钻孔缺失外其他钻孔均分布有该层，层厚 0.80～3.30m，埋深 0～3.40m，层顶标高为 15.64～25.67m。

③层砾砂(Q_4^{al})：为第四系全新统冲积成因，灰黄、浅黄色，饱和，中密，成分以石英、长石为主。强透水，实测重(2)击数为 12～20 击。经取扰动样进行颗粒分析，各级组分分别为：10～5mm 颗粒占 10.6%～14.5%，5～2mm 颗粒占 21.2%～22.3%，2.0～0.5mm 颗粒占 35.2%～38.3%，0.5～0.25mm 颗粒占 16.2%～21.4%，0.25～0.075mm 颗粒占 4.8%～5.4%，<0.075mm 颗粒占 4.4%～5.7%。场区内仅 ZK3、ZK6、ZK7、ZK15 分布有该层，层厚 3.10～4.00m，埋深 0～5.10m，层顶标高为 22.00～24.83m。

④层圆砾(Q_4^{al})：为第四系全新统冲积成因，灰黄色，饱和，中密，亚圆状，磨圆度较好，成分以中～微风化砂岩及硅质岩为主。强透水，实测重(2)击数为 15～21 击。经取扰动样进行颗粒分析，各级组分分别为：20～10mm 颗粒占 5.5%～8.0%，10～5mm 颗粒占 17.0%～20.3%，5～2mm 颗粒占 30.%～31.1%，2～0.5mm 颗粒占 13.1%～18.9%，0.5～0.25mm 颗粒占 14.1%～16.6%，0.25～0.075mm 颗粒占 8.7%～11.2%，<0.075mm 颗粒占 2.5%～3.1%。该层在场区内 ZK1、ZK2、ZK5、ZK6、ZK8、ZK9、ZK10、ZK12、ZK14 钻孔均有分布，层厚为 0.80～2.80m，埋深 0～6.50m，层顶标高为 14.64～23.53m。

⑤层卵石(Q_4^{al})：灰黄色，饱和，中密，成分以中～微风化砂岩及硅质岩为主。强透水，实测重(2)击数为 11～27 击。经取扰动样进行颗粒分析，各级组分分别为：>20mm 颗粒占 51.3%～55.3%，20～10mm 颗粒占 12.3%～18.4%，10～5mm 颗粒占 7.8%～9.4%，5～2mm 颗粒占 6.7%～13.1%，2～0.5mm 颗粒占 5.1%～5.2%，0.5～0.25mm 颗粒占 2.5%～5.1%，0.25～0.075mm 颗粒占 1.9%～6.8%，<0.075mm 颗粒占 0.5%～0.7%。场区内除 ZK2、ZK3、ZK8 钻孔缺失外，其他钻孔均分布有该层，层厚 0.90～6.50m，埋深 2.00～6.80m，层顶标高为 13.64～23.52m。

2. 白垩系上统南雄群(K_2^n)

白垩系上统南雄群(K_2^n)由⑥砂岩、⑦砾岩组成，部分钻孔漏水严重。

⑥层砂岩(K_2^n)：紫红色，砂状结构，块状构造，泥钙质胶结。据其风化程度分为⑥-1全风化砂岩和⑥-2中风化砂岩。

⑥-1 层全风化砂岩：岩石已全风化，干钻岩芯呈土柱状，回转钻进无完整岩芯，岩芯成砂土状。实测标贯 5～25。该层在场区内 ZK1、ZK2、ZK5、ZK6、ZK7、ZK10、

ZK11、ZK12、ZK16、ZK17 钻孔均有分布，层厚为 0.50~16.20m，埋深 6.70~11.80m，层顶标高为 15.34~20.77m。

⑥-2层中风化砂岩：岩石中等风化，节理裂隙不发育，锤击声哑易碎，岩芯呈短柱状或碎块状。该层仅在场区内 ZK5、ZK11 钻孔有揭露，层厚为 10.50~22.0m，埋深 8.60~9.00m，层顶标高为 16.08~17.24m。局部夹浅灰色砾岩，坚质较硬，岩芯呈短柱状或碎块状，ZK5 钻孔砾岩其埋深为 27.60~30.00m，ZK11 钻孔砾岩其埋深为 11.30~14.70m。RQD 值平均在 50%~60% 左右。

⑦层砾岩(K_2^n)：紫红、浅灰色、灰白色，砾状结构，块状构造，泥钙质胶结。组分中粒径大于2mm者约占70%，次圆状，磨圆度较好，其母岩成分以灰岩及石英砂岩为主，一般以粒径 5~30mm 为主，少量大者约 50~70mm。据其风化程度分为⑦-1层全风化砾岩和⑦-2层微风化砾岩。

⑦-1层全风化砾岩：紫红色，岩石已全风化成沙砾状，回转钻进速度较快，泥钙质胶结性差，无完整岩芯。实测重(2)击数为 25~37 击，中密。该层在场区内 ZK3、ZK4、ZK7、ZK8、ZK9、ZK12、ZK13、ZK14、ZK15 钻孔均有分布，层厚为 6.40~37.00m，埋深 2.80~16.00m，层顶标高为 11.97~20.10m。局部夹紫红色砂岩，岩芯呈土柱状，ZK7 钻孔砂岩其埋深为 17.40~18.90m 及 19.80~24.80m，ZK15 钻孔砂岩其埋深为 10.90~20.40m。

⑦-2层微风化砾岩：浅灰色、灰白色，砾状结构，块状构造，泥钙质胶结。组分中粒径大于2mm者约占70%，次圆状，磨圆度较好，其母岩成分以灰岩及石英砂岩为主，一般以粒径 5~30mm 为主，少量大者约 50~70mm。局部夹紫红色砂岩。其中 ZK7、ZK8、ZK9、ZK14 钻孔岩芯主要呈柱状(ZK14 钻孔少量呈短柱状)，岩芯完整，锤击声脆不易碎，岩质坚硬，为硬岩。RQD 值平均在 80% 左右。钻孔 ZK1、ZK2、ZK3、ZK4、ZK6、ZK10、ZK11、ZK13、ZK16、ZK17 岩芯较破碎，以碎块状为主，少量呈短柱状。RQD 值平均在 40% 左右。该层在场区内 ZK1、ZK2、ZK3、ZK4、ZK6、ZK7、ZK8、ZK9、ZK10、ZK11、ZK13、ZK14、ZK16、ZK17 钻孔均有分布，层厚为 4.30~40.10m，埋深 10.50~28.40m，层顶标高为 -0.58~17.15m。局部夹砂岩段及岩芯破碎段详见柱状图 3-30。

根据现有钻孔资料表明，砾岩中局部浅层岩溶发育，尤其以⑦-2微风化砾岩中岩溶相对较发育(图 3-30)。场区内部分钻孔见有溶洞，

图 3-30　典型钻孔岩芯照片

溶洞规模不一，大小相差悬殊，均为充填溶洞。填充物主要有两种：一种充填物多以中密碎石土及可塑砾质黏性土为主，另一种充填物为中粗砂为主，含少量碎石。

三、设计方案

1. 隧道总体设计

本工程两岸竖井均采用圆形断面，东岸竖井中心距离堤脚80m，作为始发井，直径12.5m，竖井深22.955m，其中沉井段10.84m，钻爆段12.115m；西岸竖井中心距离堤脚80m，作为接收井，直径10m，竖井深20.43m，其中沉井段7.2m，钻爆段13.23m；顶管隧道水平长度568m，顶进混凝土管内径$\Phi 2.2$m，穿越地层主要为沙砾岩。河床最低点高程为15.32m，设计冲刷线最低高程为13.32m，该点隧道顶部高程为8.94m，顶进混凝土管管顶最小埋深6.38m。

穿越总体布置见图3-31。

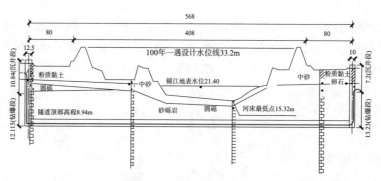

图3-31 穿越纵断面图

2. 竖井设计

1）始发竖井

始发井采用沉井+钻爆工法。沉井内径为12.5m，井壁采用C30混凝土结构，沉井顶面高程为28.15m，井底高程为5.195m，竖井井深为22.955m。考虑到始发井所处地质情况，竖井分两部分制作：第一部分为沉井段，井深10.84m，主要地层为粉质黏土、圆砾、中砂，分两节进行下沉，第一节井深5.34m，壁厚1m；第二节井深5.5m，壁厚0.8m；第二部分为钻爆段，主要位于砂岩地层，井深12.115m，壁厚0.6m。竖井开挖到达设计标高后，浇筑钢筋混凝土底板，底板厚0.6m，混凝土强度等级为C30。

2）接收竖井

接收井采用沉井+钻爆工法。沉井内径为12.5m，井壁采用C30混凝土结构，沉井顶面高程为25.4m，井底高程为4.97m，竖井井深为20.43m。考虑到接收井所处地质情况，竖井分两部分制作：第一部分为沉井段，井深7.2m，主要地层为粉质黏土、沙砾、卵石，整体下沉，壁厚1m；第二部分为钻爆段，主要位于砂岩地层，井深13.23m，壁厚0.6m。竖井开挖到达设计标高后，浇筑钢筋混凝土底板，底板厚0.6m，混凝土强度等级为C30。

3. 竖井止水设计

考虑到场地地下水位较高，经过地层透水性较强，如采用多个降水井进行强降水，地下水降到中风化岩层位置时，降水漏斗将延伸到锦江防洪大堤下，地表下沉有可能会危害到锦江防洪大堤的安全。故设计时采用高压旋喷桩止水。具体方案如下：

首先在离井壁外1.5m处打设第一排旋喷桩（图3-32），旋喷实桩范围从强风化岩层以下4m至地下水位以上50cm，以确保沉井顺利下沉施工。沉井下沉至强风化岩层以下2m后，开始紧靠井壁打两排旋喷桩，钻孔入中风化岩层50cm，旋喷实桩范围从孔底至沉变截面处，采用梅花形布置，成桩直径0.5m，孔距0.866D，排距0.75D。最内排106根桩，中间排111根桩，最外排124根桩，共计341根桩。最内侧高压旋喷桩紧贴沉井外壁旋喷施工。高压旋喷桩对竖井周围土体加固后，经验算强度不小于10MPa。

图3-32　锦江始发竖井高压旋喷桩止水

4. 平巷段设计

隧道内布置一条D1219mm管道，结合本工程特点，考虑管道组对、焊接、防腐、检测等要求，隧道采用内径Φ2.2m钢筋混凝土管，满足管道回拖空间要求。接口采用"F"型接口，楔形橡胶止水圈，接口抗渗试验应达0.5MPa。

5. 顶管机选型推荐

本工程穿越地层主要为砾质黏性土、微风化石灰岩、含黏土碎石中，地下水位高。为适应本工程的特点，本工程建议选择泥水平衡封闭式顶管掘进机，具体选型根据工程水文地质和对地表沉降要求确定。

泥水平衡顶管机工作原理如下（图3-33）：顶管机通过安装在主轴上的多边形刀盘旋转、切削土体（图3-34），与多边形的壳体组成泥土仓，对土体和较大的土块、石块进行破碎，然后通过隔栅板而进入后面的泥水仓。泥水仓下部设有两根水管，一根进水、一根排泥，把泥水仓内的土砂通过排泥管排到地面。

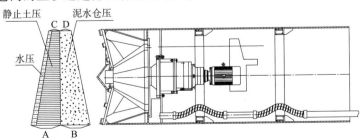

图3-33　泥水平衡工作原理示意图

图 3-34　锦江顶管刀盘图

6. 管道安装

穿越工程管道安装分为竖井内管道安装和隧道内管道安装。两岸竖井内分别设置补偿器进行温度补偿，考虑到管材常用母管长度及运输超限的规定，两岸竖井内各分别设置 2 个 90°弯曲半径为 6D 热煨弯头作为补偿器，2 个弯头中间采用不小于 1.5m 直管段连接。

对于顶管隧道段，每隔 20m 设置 1 个管道小车支座，共 18 处。管道安装时，管道在始发竖井内焊接、防腐补口、检测合格后，通过接收井内的牵引设备将管道采用矿车轮轨道方式牵引到位。管道安装完成后，隧道在长期渗水状态下会逐渐充满水，为防止管道上浮刮伤防腐层，采用已焊接好的挡板控制矿车轮向上移动。竖井内管道安装完成后，周围采用细土袋进行保护，其余部分采用原状土回填。

竖井内管道安装见图 3-35、图 3-36。

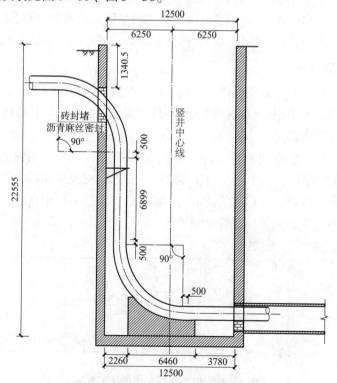

图 3-35　始发井管道安装图

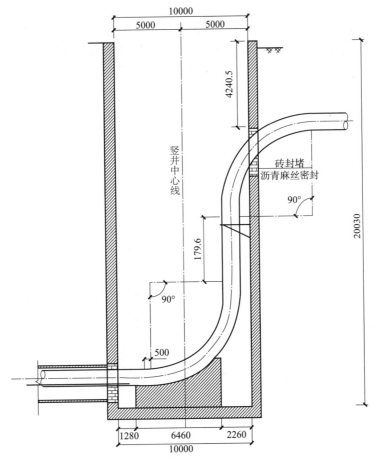

图 3-36　接收井管道安装图

四、现场事故情况及处理

1. 事故情况

旋喷桩施工过程中，发现局部位置旋喷桩不能打至预计深度，在未探明原因的情况下，继续施工。竖井在钻爆段井壁施工过程中地面出现塌陷，井底出现涌水现象。

2. 原因分析

事故发生后，对事故点补充钻孔，结果表明竖井位于软土与岩层交界位置，地质情况非常复杂。塌方处为中风化岩层区与软土区过渡带，地质主要为风化残积石泥质填充。井圈周围高压旋喷桩入岩深度 50m，塌方处地层高压旋喷桩无法穿透；井圈周围三排高压旋喷桩形成一个整体的地下止水帷幕，井圈外侧地下水无法穿透止水帷幕，只能汇集至该过渡带旋喷桩下方的卵石层并流出，随着开挖深度的增加，地下水压力增大，水流冲走卵石层石缝间砂土后，随之下沉，从而造成地面局部塌陷。

3. 解决方案

（1）井内封堵：采用沙袋将井圈内泄水口及两侧 2m 范围内进行封堵，沙袋堆垒高度

1.5m，封堵后在沙袋外侧挂网喷锚，厚度100mm。

（2）井外压浆固化：井圈外塌孔处钻两排注浆孔，内排注浆孔位于最外排高压旋喷桩与第二排高压旋喷桩之间，外排注浆孔位于最外排高压旋喷桩外侧；在整个软土区最外排高压旋喷桩与第二排高压旋喷桩之间打设一排注浆孔进行注浆，在整体基岩区打设两个孔取芯以探明下部地质，若下部仍存在不良地质，则该两孔作为注浆孔，钻孔孔径110mm，钻孔深度至竖井底板以下2m。注浆浆液水灰比1：1.2，浆液中掺入10%的水玻璃，注浆压力10~20MPa，注浆采用逐米分层注浆法，注浆范围从竖井底板以下2m至地下水位线处。注浆加固见图3-37。

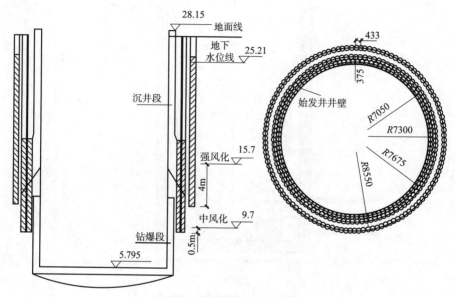

图3-37　高压旋喷桩方案

（3）实施结果：本工程竖井采用了高压旋喷桩止水帷幕+钻孔压浆的方法作为复杂地层条件下的止水方案，取得了满意效果，使工程施工得以进行。

五、小结

本工程施工图阶段，由于地质资料较初步设计阶段变化较大，使得原设计方案难以实施，不得不修改为顶管隧道穿越方案。在以后的工程设计中，应吸取教训，从源头开始，确保取得可靠的设计基础资料，对于河流大型穿越，建议在可研阶段进行初勘，初设阶段进行详勘，施工图阶段根据需要进行补充勘察。

对于"沉井+钻爆"竖井，结合部位防水难度较高，建议后续设计中改用"地面高压旋喷桩+刃脚静压注浆"相结合的止水方案。

本工程地质情况复杂，竖井周边地质不同，造成沉井困难；对顶管地质估计不充分，部分地段出现沙砾与岩石交接层，刀盘重新定做更换做耽误部分工期。应吸取如下经验教训：

竖井位置必须结合实际情况现场确定，并按规范要求进行钻孔布置，竖井位置必须调整时，应先补充勘察，后调整设计。

通过缩短钻孔间距、钻孔与轴线间距等措施增加勘察资料的可靠度、可比性，合理确定道具组合、刀具形式、刀具硬度，并留有一定余量，保证工程安全顺利实并满足工期要求（刀盘及道具配置见图 3-38）。

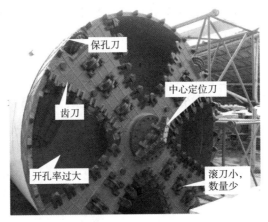

图 3-38　锦江顶管机刀盘及刀具配置

第六节　西气东输二线遂川江顶管隧道穿越

一、工程概况

西气东输二线管道工程在江西省吉安市遂川县雩田镇穿越锦江。穿越处河流宽度约 150m，属河流冲积阶地河谷地貌单元，河床较为稳定。穿越段地势总体呈北西高南东低的趋势，两岸的地形平坦开阔，为农田。

穿越范围内线路水平长度 738.8m，设计压力为 10MPa，采用 D1219×22mm X80M 直缝埋弧焊钢管；穿越直管段及冷弯管采用低温固化型加强级 3PE 防腐层，热煨弯管采用双层熔结环氧粉末防腐层，现场采用带环氧底漆的高温型聚乙烯热收缩带补口，管道内涂层材料采用环氧型内减阻涂料。

穿越方式为顶管隧道穿越，顶管隧道穿越长度为 333m，隧道内径 $\Phi2.2$m，穿越地层主要为沙砾岩。

二、地质条件

场区覆盖层土为第四系全新统耕土、粉质黏土、粉细砂、卵石土。下伏基岩为白垩系上统含砾砂岩夹粉砂岩。依据地层的岩性组合特征，自上而下共分为 10 层。各工程地质层特征分述如下：

（1）第四系全新统（Q_4）

①层耕土（Q_4^{al}）：灰褐色，湿，主要成分为黏性土，含少量铁锰质，植物根须发育；

厚 $0.4 \sim 0.5 \mathrm{m}$，现为农田，分布于 ZK1、ZK2、ZK5、ZK6、ZK7、ZK10 孔及附近。承载力特征值 $f_{ak} = 70 \mathrm{kPa}$。

②层粉质黏土（Q_4^{al}）：黄褐、褐黄色，稍湿，可塑～硬塑状，主要成分为黏粒，含少量铁锰质结核，具网纹状结构；稍有光滑，摇振无反应，干强度中等，韧性中等，层厚 $1.70 \sim 3.10 \mathrm{m}$，顶面埋深 $0.40 \sim 0.50 \mathrm{m}$，层底标高为 $81.51 \sim 82.70 \mathrm{m}$，主要分于北岸 I 级阶地。承载力特征值 $f_{ak} = 180 \mathrm{kPa}$。

③层粉土（Q_4^{al}）：黄褐色，稍湿，稍密～中密，主要成分以细砂为主，粒径大于 $0.075 \mathrm{mm}$ 的颗粒质量超过总质量的 $65\% \sim 75\%$，黏土质含为 $25\% \sim 35\%$，局部含少量粒径为 $2 \sim 4 \mathrm{cm}$ 的砂岩砾石，稍有光泽，摇振有反应，层厚 $0.80 \sim 1.90 \mathrm{m}$，层底标高为 $80.34 \sim 81.42 \mathrm{m}$。主要见于钻孔 ZK1、ZK4 及 ZK5 孔及附近。承载力特征值 $f_{ak} = 160 \mathrm{kPa}$。

④层粉砂（Q_4^{al}）：灰色，稍湿，松散，局部夹有少量卵石，主要成分为长石、石英等，层厚为 $1.40 \sim 3.00 \mathrm{m}$，该层层底标高为 $83.16 \sim 83.28 \mathrm{m}$。主要见于 ZK9、ZK10 孔及附近。承载力特征值 $f_{ak} = 100 \mathrm{kPa}$。

⑤层细砂（Q_4^{al}）：灰色，饱和，松散～稍密，颗粒较均匀，主要成分为石英、长石，局部夹少量砾石，厚为 $4.00 \mathrm{m}$，层底标高 $78.01 \mathrm{m}$。仅分布于 ZK6 孔附近。承载力特征值 $f_{ak} = 140 \mathrm{kPa}$。

⑥层圆砾（Q_4^{al}）：灰白色，饱和，中密，砾石母岩主要为硅质砂岩、石英砂岩等，粒径大于 $2 \mathrm{mm}$ 的含量约为 $50\% \sim 70\%$，呈圆形～亚圆形，含量约为 70%，以泥沙质充填，层厚 $3.20 \sim 4.80 \mathrm{m}$，层底标高为 $75.20 \sim 77.94 \mathrm{m}$。主要见于 ZK1 – ZK5、ZK7 孔及附近。承载力特征值 $f_{ak} = 240 \mathrm{kPa}$。

⑦层卵石（Q_4^{al}）：灰黄色，饱和，中密，砾石母岩主要为硅质砂岩、石英砂岩等，卵石含量约为 $55\% \sim 60\%$，呈圆形～亚圆形，泥沙质充填，层厚为 $3.20 \sim 4.20 \mathrm{m}$，层底标高为 $77.36 \sim 77.794 \mathrm{mm}$。主要见于 ZK8 – ZK10 孔及附近。承载力特征值 $f_{ak} = 400 \mathrm{kPa}$。

（2）白垩系上统南雄组（K_2）

⑧层全风化含砾砂岩（K_2）：紫红色，岩石原有结构、构造已完全破坏，原有矿物成分已风化成土状，残留有少量粗砂和砾石，岩石风化不均匀，岩芯呈土柱状，揭露厚度 $1.50 \mathrm{m}$，层底标高为 $75.34 \mathrm{m}$，仅见于钻孔 ZK4。承载力特征值 $f_{ak} = 260 \mathrm{kPa}$。

⑨层强风化含砾砂岩（K_2）：紫红色，岩石原有结构、构造已遭破坏，砾石成分主要为硅质岩、砂岩等，砾石含量约为 $20\% \sim 35\%$，岩层中泥质成分含量较高，脱水易干裂破碎；岩石风化不均匀，岩芯以碎块状、砂状为主，少量柱状，揭露厚为 $12.80 \sim 49.40 \mathrm{m}$，层底标高为 $25.94 \sim 65.21 \mathrm{m}$。全场地均有分布。承载力特征值 $f_{ak} = 350 \mathrm{kPa}$。

⑩层中风化含砾砂岩（K_2）：紫红色，厚层～块状构造，沙砾结构，泥质成分含量较高，脱水易干裂破碎。砾石母岩成分主要为石英砂岩、硅质岩等，含量约为 $30\% \sim 40\%$，砂泥质胶结，胶结程度一般。岩石风化不均匀，岩芯以柱状为主，次为碎块状、砂状，$RQD = 70\% \sim 80\%$，最大揭露厚度 $24.80 \mathrm{m}$，层顶高程 $51.64 \sim 54.11 \mathrm{m}$。钻孔 ZK2、ZK5 揭露至此层。中风化含砾砂岩饱和抗压强度标准值 $f_{rk} = 3.9 \mathrm{MPa}$，承载力特征值 $f_{ak} = 500 \mathrm{kPa}$。

三、设计方案

1. 隧道总体设计

本工程穿越等级为大型，设计洪水频率为1%（100年一遇）。两岸竖井均采用圆形断面，北岸竖井中心距离岸坡56.5m，作为始发井，直径12.5m，竖井深19.06m，其中沉井段10.5m，钻爆段8.56m；南岸竖井中心距离岸坡57.75m，作为接收井，直径10m，竖井深17.72m，其中沉井段7.5m，钻爆段10.22m；顶管隧道水平长度333m，顶进混凝土管内径 Φ2.2m，穿越地层主要为含砾砂岩。河床最低点高程为77.29m，设计冲刷线最低高程为75.35m，该点隧道顶部高程为70.19m，顶进混凝土管管顶最小埋深5.16m。

总体布置见图3－39。

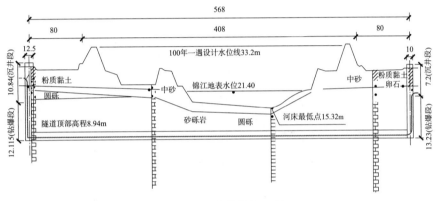

图3－39 穿越纵断面图

2. 竖井设计

1）始发竖井

始发井采用沉井＋钻爆工法。沉井内径为12.5m，井壁采用C30混凝土结构，沉井顶面高程为85.3m，井底高程为66.24m，竖井井深为19.06m。考虑到始发井所处地质情况，竖井分两部分制作，第一部分为沉井段，井深10.5m，主要地层为粉质黏土、圆砾，分两节进行下沉：第一节井深5m，壁厚1m；第二节井深5.5m，壁厚0.8m。第二部分为钻爆段，主要位于砂岩地层，井深8.56m，壁厚0.6m。竖井开挖到达设计标高后，浇筑钢筋混凝土底板，底板厚0.7m，混凝土强度等级为C30。

2）接收竖井

接收井采用沉井＋钻爆工法。沉井内径为10m，井壁采用C30混凝土结构，沉井顶面高程为84.04m，井底高程为66.24m，竖井井深为17.72m。考虑到接收井所处地质情况，竖井分两部分制作；第一部分为沉井段，井深7.5m，主要地层为粉质黏土、沙砾、卵石，整体下沉，壁厚1m；第二部分为钻爆段，主要位于砂岩地层，井深10.22m，壁厚0.6m。竖井开挖到达设计标高后，浇筑钢筋混凝土底板，底板厚0.7m，混凝土强度等级为C30。

3. 平巷段设计

隧道内布置一条 $D1219\text{mm}$ 管道，结合本工程特点，考虑管道组对、焊接、防腐、检测等要求，隧道采用内径 $\Phi2.2\text{m}$ 钢筋混凝土管，满足管道回拖空间要求。接口采用"F"型接口，楔形橡胶止水圈，接口抗渗试验应达 0.5MPa。

4. 顶管机选型推荐

本工程穿越地层主要为强、中风化含砾砂岩，地下水位高。为适应本工程的特点，本工程建议选择泥水平衡封闭式顶管掘进机。

5. 场地布置

结合各种因素，本着环保安全、经济实用的原则，北岸始发井施工场地占地约 2520m^2，南岸接收井施工场地占地约 9540m^2。

场地布置详见图 3-40、图 3-41。

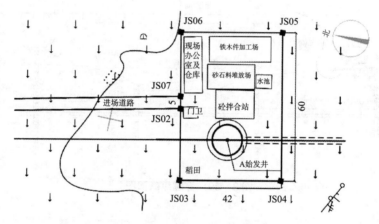

图 3-40　始发井场地布置图

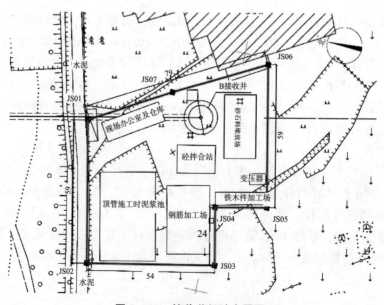

图 3-41　接收井场地布置图

6. 管道安装

穿越工程管道安装分为竖井内管道安装和隧道内管道安装。两岸竖井内分别设置补偿器进行温度补偿，考虑到管材常用母管长度及运输超限的规定，两岸竖井内各分别设置 2 个 75°、70° 弯曲半径为 6D 热煨弯头作为补偿器，2 个弯头中间采用不小于 1.5m 直管段连接。

对于顶管隧道段，每隔 20m 设置 1 个管道小车支座，共 18 处。管道安装时，管道在始发竖井内焊接、防腐补口、检测合格后，通过接收井内的牵引设备将管道采用矿车轮轨道方式牵引到位。管道安装完成后，隧道在长期渗水状态下会逐渐充满水，为防止管道上浮刮伤防腐层，采用已焊接好的挡板控制矿车轮向上移动。竖井内管道安装完成后，周围采用细土袋进行保护，其余部分采用原状土回填。

竖井内管道安装见图 3-42、图 3-43。

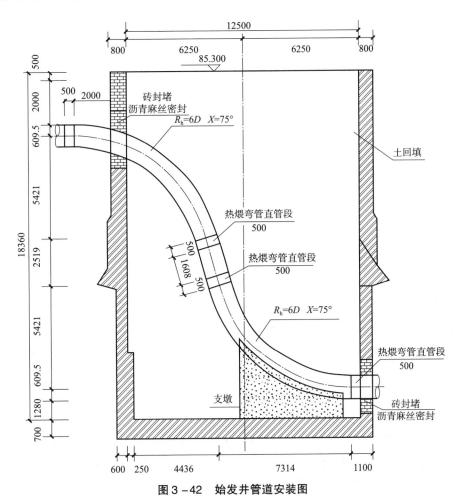

图 3-42　始发井管道安装图

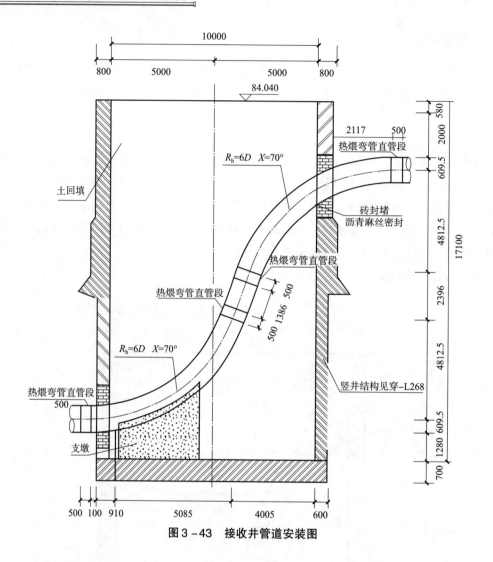

图3-43 接收井管道安装图

四、问题分析

本工程穿越地层主要为强风化及中风化含砾砂岩层，地质条件复杂，地层岩性变化大，岩石硬度高，施工难度大，无法按时完成，满足投产条件。分析主要原因如下：

（1）施工困难估计不足。施工单位对于长距离复杂地址河流顶管工程经验较少，选择的顶管机设备机型与实际工程地质条件不匹配，注浆设备与技术不过关，致使顶力过大，导致刀具磨损严重，顶进困难，效率低下。

（2）施工费用测算与风险识别不足。地下非开挖工程风险大，且不可控因素较多。复杂的地质条件以及紧凑的工期安排导致施工难度增大，极大地压缩了施工单位的盈利孔间，使得施工单位没有能力开展地质补勘等计划外工程任务，对顶管施工产生了一定的影响。

（3）竖井施工困难。本工程竖井所处地质条件主要为粉质黏土、圆砾、卵石、强中风化含砾砂岩。单一的沉井模式无法满足正常施工，工程采用"沉井＋钻爆"竖井，该工法竖井的防水、支撑、岩面凸起等问题大大地增加了施工难度，致使工期延长。

五、小结

本工程穿越地质主要为强中风化含砾砂岩，顶管施工虽然顺利完成，但由于多方面因素仍无法满足工期需求，结合本次穿越，有如下建议：

设计施工前，应取得尽可能详细的勘察报告，关键是地层的描述，包括粉质黏土、粉砂、中粗砂、风化岩或卵砾石等，有无裂隙、溶洞、孤石等；地下水位高度；土层或岩石的参数指标，对于岩性变化较大的地层，尽可能准确地给出岩性分界面。必要时，施工单位在施工过程中进行补充勘察。

要根据类型条件、地下水位情况等实际地质条件选择合适的顶管机型及功能，包括刀盘形式、刀盘开孔率、刀具类型和布置方法、是否具有二次破碎功能、中继站设置以及注浆减阻方法与设备等。对于黏土、泥沙、大块孤石，当地下水最大压力不超过 0.25MPa 时，选择携带滚刀且具有破岩功能的泥水平衡顶管机；对于岩性无变化的黏土与直径小于 20cm 的卵砾石，选择土压或泥水平衡顶管机，螺旋出土器满足卵石排出要求且需要二次破碎功能；对于圆砾、石灰岩和局部溶洞，选择携带滚刀泥水平衡顶管机，需满足二次破碎及换刀；对于泥岩、卵砾石、岩石等软硬不均或岩性变化较大的复杂地层，选择携带滚刀、齿刀、刮刀复合刀盘泥水平衡顶管机，需要二次破碎舱且能够换刀；对于中粗砂，选择泥水平衡顶管机，采用高级防漏失泥浆，确保良好的注浆效果和泥浆套的完整性。

经过多年的发展，顶管技术已在我国大量实际工程中应用，且保持着高速的增长势头，无论在技术上、顶管设备还是施工工艺上取得了很大的进步。但与国外发达国家，如日本、德国等先进的机械设备、测量控向系统和施工技术水平相比，我国仍然有着部分差距。因此需要加强长距离江河岩石顶管设备选型、施工方案制定、纠偏技术、注浆减摩等技术研究工作，以提高国内的岩石顶管技术，并提高今后工程中长距离江河岩石顶管的成功率。

第七节　中俄东线中段王宝河顶管隧道穿越

一、工程概况

中俄东线天然气管道工程(长岭—永清)在辽宁省葫芦岛市绥中县高台镇腰古城寨村采用顶管方案穿越王宝河，穿越段钢管为 $D1219 \times 27.5$mm X80M 直缝埋弧焊钢管，顶管隧道长度 404.6m。

在初步设计及施工图阶段，王宝河顶管隧道两侧竖井均为沉井 + 钻爆方式，在实施阶段将竖井方案由沉井 + 钻爆方式调整为地下连续墙方案。顶管隧道施工中，由于实际地层强度(120MPa)远大于设计提供强度(26.9MPa)，地下连续墙及顶管掘进施工中进度缓慢。由于工期压力，根据现场地层实际情况对地连墙结构进行了优化，以缩短施工周期。

顶管顶进施工见图 3 - 44。

图3-44　王宝河顶管顶进图

二、地质条件

根据钻探揭露及现场调查，勘察深度内地层主要为第四系全新统冲洪积（Q_4^{al+pl}）细砂、中砂、粗砂、砾砂、圆砾以及太古期的花岗岩。依据土质特征和物理力学性质，将穿越场区地层自上而下共划分为8个工程地质层和1个亚层，从上而下分别描述如下：

①层细砂（Q_4^{al+pl}）：黄褐色，稍湿，稍密~中密，局部松散，主要矿物成分为长石、石英等，级配不良，土质较均匀，局部0.30~0.50m耕植土。层厚0.40~3.30m，层底标高为17.43~18.60m。主要分布于河床北岸和两侧竖井区域，土石等级为Ⅱ级，见于XK1~XK4、XK7~XK9、ZK2~ZK3钻孔。

②层中砂（Q_4^{al+pl}）：黄褐色，湿~饱和，中密，主要成分为石英、长石及黏土矿物，充填少量粗砂，细粒含量约10%~20%。层厚1.00~3.40m，层底标高为14.16~16.36m，土石等级为Ⅱ级，见于XK1~XK2、XK4、XK6、XK8钻孔。

③层粗砂（Q_4^{al+pl}）：黄褐色，湿~饱和，稍密~中密，主要矿物成分为长石、石英等，级配良，土质均匀性一般。层厚1.00~7.00m，层底标高为10.03~19.27m，土石等级为Ⅱ级，除ZK3号孔均有揭露。

④层砾砂（Q_4^{al+pl}）：黄褐色，湿~饱和，稍密~中密，含少量砾石，粒径大于2mm的颗粒含量为20%~30%，级配良，砂质不均匀。层厚7.10~7.50m，层底标高为10.87~11.77m。土石等级为Ⅱ级，该层仅见于ZK3、ZK7钻孔。

⑤层圆砾（Q_4^{al+pl}）：黄褐色，饱和，级配良，稍密~中密，骨架物颗粒含量为50%~65%，一般粒径3~20mm，可见最大粒径80mm，主要充填物为砂土。层厚2.10~5.00m，层底高程为15.36~16.49m。土石等级为Ⅲ级，该层可见于XK7~XK9、ZK6号孔。

⑥层全风化花岗岩（γ_1）：黄褐色，原岩结构已破坏，岩芯呈砂土状，颗粒矿物成分以石英、长石、云母、角闪石等为主。层厚0.80~8.30m，层底标高为10.03~13.70m。土石等级为Ⅲ级，该层场地内所有钻孔均有揭露。

⑦层强风化花岗岩（γ_1）：黄褐色，粗粒结构，块状结构，主要矿物成分为石英、长石等，岩体破碎，节理裂隙发育，岩芯基本被风化成碎石状、砂土状，岩石*RQD*值为0。土石等级为Ⅴ级，最大揭露厚度12.00m，未揭穿，该层场地内所有钻孔均有揭露。

⑧层中风化花岗岩（γ_1）：灰白色，中粒结构，块状构造，主要矿物成分为石英、长石、角闪石等，岩体较为完整，节理裂隙局部发育，岩芯基本呈短柱状，一般柱长为70~300mm，岩石 *RQD* 值为40%~60%。主要分布于两侧竖井区域，土石等级为Ⅳ级，最大揭露厚度13.50m，未揭穿，该层仅见于XK1~XK3、XK7~XK9钻孔。

本穿越工程各层岩土的主要物理力学性质指标统计详见表3-2。

表3-2　岩石物理力学性质指标统计表

地层	项目	抗压强度/MPa
		天然
⑧层中风化花岗岩	样本数	2
	最大值	26.29
	最小值	19.09
	平均值	22.69
	标准差	—
	变异系数	—

三、设计方案

1. 原设计方案

1）始发井

始发井为圆形竖井，内径为16m，采用沉井法+钻爆法施工，主要穿越细砂、粗砂、中砂、全风化、强风化及中风化花岗岩层，竖井深度17.4m。其中沉井段9.5m，钻爆段7.4m。

2）接收井

接收井为圆形竖井，内径为12.5m，采用沉井法+钻爆法施工，主要穿越细砂、粗砂、圆砾、全风化、强风化及中风化花岗岩层，竖井深度18.8m。其中沉井段9.8m，钻爆段8.5m。

3）隧道穿越轴线布置

顶管隧道由始发竖井出发，水平掘进到达接收竖井。顶管隧道主要在全风化及强风化花岗岩层中通过，隧道顶部在冲刷线下的最小埋深为4.5m。

2. 竖井设计方案调整原因

在项目实施阶段，将两侧竖井由沉井+钻爆方案调整为地下连续墙方案，调整原因如下：施工单位组织召开竖井方案技术讨论会，专家认为在以往工程案例中，沉井与钻爆接缝容易出现如下问题：（1）接缝处容易出现漏水，漏水严重会导致地层中砂土流失，造成地面沉降，对沉井正常下沉造成困难；（2）接缝位置处地层可能起伏大，一旦起伏大，则落到岩石范围内的竖井很难再继续下沉，落到覆盖层中的竖井则容易继续下沉，这样就会造成沉井严重偏斜。一旦出现上述两种情况，则现场处理起来难度大，用时长，不利于工程按期投产。当时王宝河工期已非常紧张，为稳妥起见，讨论会中明确将竖井方案调整为地下连续墙。

3. 调整后竖井方案

始发竖井采用地下连续墙法施工，地下连续墙内径为16m，共分为10个槽段。连续墙深度19.68m，其中嵌固深度2.78m，自上而下设置3道圈梁。

接收竖井采用地下连续墙法施工，地下连续墙内径为12m，也是分为10个施工槽段。地下连续墙深度为21.96m，其中嵌固深度3.66m，自上而下设置3道圈梁。

4. 地连墙施工效果

图3-45 王宝河竖井施工开挖图

竖井连续墙施工完成后，竖井内并没有渗水，接缝位置能看到水渍，隔水效果非常好。如此好的防水效果显然不仅是由地连墙的隔水效果造成的，更主要的是竖井位置处花岗岩岩石强度大、完整性好。前面说过，竖井范围内岩层为花岗岩，强度约120MPa，所以竖井内基本没水。

施工开挖见图3-45。

四、现场难点处理

1. 现场难点

始发竖井地连墙施工中，由于地层强度大（图3-46），导致地连墙成槽进展缓慢，制约整个项目的投产时间。

2. 难点处理方案

由于地层强度值比设计阶段大，井壁水压力变小，地连墙承受的水土压力值变小。经核算后取消始发井第二道环梁，把

图3-46 竖井位置处岩层

第三道环梁调整为钢环梁，节省了绑扎钢筋及混凝土养护时间。根据现场地层强度对连续墙稳定性进行核算后减小了嵌固深度（按$0.2h$控制），后续未施工的槽段按减小后的嵌固深度施工。

五、小结

王宝河顶管隧道在竖井施工过程中实际岩石强度达到120MPa，比设计提供的岩层强度大很多，施工中进度缓慢。当时工期压力大，王宝河穿越能否按时贯通制约着项目的投产日期。为尽量节约工期，通过采取其他措施将对地连墙的嵌固深度进行了调整，以加快施工进度。顶管掘进过程中，由于岩石强度大，刀具磨损严重，顶进速度慢，历经多次进舱换刀，最终按时贯通。

第八节　中俄东线北段南引水库干渠顶管隧道穿越

一、工程概况

中俄东线天然气管道工程(黑河—长岭段)在大庆市肇源县超等村东侧穿越南引水库干渠，南引水库干渠为人工渠道。穿越处管道设计压力为12MPa，输送温度为49.4℃，地区等级为一级。穿越段钢管为$D1422 \times 25.7\text{mm}$ X80M 直缝埋弧焊钢管，防腐采用常温型加强级3LPE防腐层。

本工程设计方案为顶管穿越，穿越水平长度为400m，其中顶管穿越段为292.4m，一般线路段为107.6m，穿越工程等级为中型。

总体平面布置见图3-47。

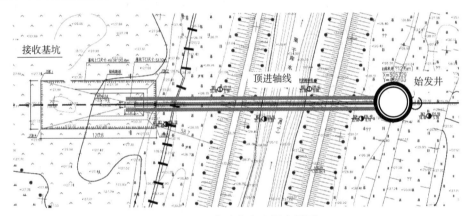

图3-47　南引水库干渠穿越图

二、地质情况

穿越断面地层从上到下依次分为9个主层、1个夹层，其分布情况叙述如下：

①层粉质黏土(Q_4^{al+pl})：黄褐色~黑褐色，软塑~硬塑，切面稍有光泽，干强度、韧性中等。层厚4.6~8.4m，层底标高119.17~122.21m。土石等级(普氏等级)Ⅱ级，场地均有揭露。

该层存在三个夹层：

①-1层有机质黏土(Q_4^{al+pl})：黑褐色，可塑，含有少量铁锰质氧化物，切面稍有光泽，干强度、韧性中等，无摇振反应，层厚2.2m，层底标高124.61m。土石等级(普氏等级)Ⅱ级，仅存在于XK2号孔。

①-2层泥炭质土(Q_4^{al+pl})：灰褐色，可塑，可见少量黑色斑点，切面稍有光泽，干强度韧性、中等，无摇振反应，层厚0.9m，层底标高123.80m。土石等级(普氏等级)Ⅱ级，仅存在于XK4号孔。

①-3层粉土(Q_4^{al+pl})：灰褐色，饱和，稍密，含少量铁锰质氧化物，切面无光泽，干

强度、韧性低，摇振反应中等，层厚2.5m，层底标高119.17m。土石等级（普氏等级）Ⅱ级，仅存在于XK1号孔。

②层粉细砂（Q_4^{al+pl}）：灰褐色～黄褐色，饱和，稍密～密实，颗粒级配差，矿物成分以石英、长石为主，层厚14.4～18.8m，层底标高103.00～107.50m。土石等级（普氏等级）Ⅰ级，场地均有揭露。

③层粉质黏土（Q_4^{al+pl}）：灰褐色，可塑～硬塑，可见少量黑色斑点，切面稍有光泽，干强度、韧性中等，无摇振反应，层厚1.4～8.4m，层底标高99.10～102.61m。土石等级（普氏等级）Ⅱ级，场地均有揭露。

④层粉砂：灰褐色，饱和，中密，颗粒级配差，分选性良好，矿物成分以石英、长石为主，ZK2局部夹厚度为20～40cm的粉质黏土，层厚3.9～6.6m，层底标高92.5～95.2m。土石等级（普氏等级）Ⅰ级，ZK1、ZK2均有揭露。

⑤层粉质黏土：灰褐色，硬塑，切面稍有光泽，干强度、韧性中等，无摇振反应。层厚8.9～10.6m，层底标高81.9～87.1m。土石等级（普氏等级）Ⅱ级，ZK1、ZK2均有揭露。

⑥层中砂：灰白色，饱和，密实，矿物成分以石英、长石为主，含少量云母碎片，含少量圆砾，一般粒径5～20cm，含量20%～30%。最大揭露厚度37.1m，土石等级（普氏等级）Ⅰ级，ZK1、ZK2均有揭露。

三、水文参数

根据南引水库干渠防洪评价报告可知，其20年一遇最大洪峰流量为120m³/s，50年一遇最大洪峰流量为150m³/s，穿越断面水文参数见表3-3。

表3-3　引水库干渠穿越断面水文参数一览表

相关参数	设计频率	断面面积/m²	河宽/m	洪峰流量/(m³/s)	穿越处最高洪水位/m	设计流速/(m/s)
数值	2%	86.27	44.17	150	123.91	1.74

结合水文计算与工程地质情况综合分析可得，安肇新河50年一遇的设计流量为150m³/s，设计水位为127.5m，主河槽最深点的冲刷深度为1.82m。

四、设计方案

1. 设计条件

顶管隧道的安全等级为二级，竖井的安全等级为二级。

隧道的防水等级为三级，竖井的防水等级为四级。

2. 总体布置

1）平面布置

西岸平坦开阔，根据穿越处河道两岸地貌特点，西岸距村庄较近，交通较东岸发达，西岸作为始发井，竖井采用圆形断面，内径为12.5m，井深11.1m，采用沉井法进行制作。竖井距西岸堤脚边缘 58.7m，距离 AQ035 桩 72.6m；东岸作为接收端，接收基坑距东岸堤脚边缘 58.7m，东岸采用开挖基坑接收。

顶管隧道采用曲线顶管，由始发竖井出发，以 2275.2m 的曲率半径到达接收基坑。主河槽 50 年一遇最大冲止高程下顶管埋深 5.0m。

2）纵断面布置

根据勘察资料，顶管拟在粉砂层和细砂层中穿越，本工程防洪评价给出设计冲刷深度 1.82m，理论冲止高程为 122.09m，最低点混凝土管管顶高程为 117.09m，故混凝土管管顶距离冲刷线下 5.0m；西侧、东侧大堤以下管顶埋深分别为 8.3m 和 9.5m；西岸始发井深 11.1m，东岸接收端基坑深约 7.9m。

总体布置详见图 3-48。

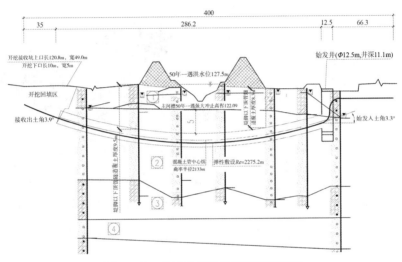

图 3-48　南引水库干渠穿越纵断面图

3. 隧道断面

顶管采用内径 Φ2.4m 钢筋混凝土管，管壁厚 230mm。顶管强度等级为 C50，抗渗等级为 P8。

4. 始竖井和接收基坑

1）始发井

始发井主要用于下放顶管设备，铺设输气管道、光缆，运送设备及上下人员之用。始发井内径为 12.5m，地面高程为 125.8m，竖井上设置防水井圈 0.5m，其顶面高程为 126.3m，井底高程为 115.2m，井深 11.1m，井壁厚度从上至下依次为 600mm 和 800mm。

沉井采用 C30 钢筋混凝土，抗渗等级 P8。沉井采用不排水下沉，沉井到位时，采用 C25 素混凝土封底，井壁边缘封底厚度不小于 1.1m，然后浇筑 0.6m 厚钢筋混凝土底板。

在竖井预留洞口外 0.5m 处沿环向一圈均布 6 个注浆孔，以备注浆使用。

2）接收基坑

接收端设置于东岸，接收端采用基坑开挖方案，开挖接收上口长 120.8m、宽度 49m，平均深度 7.5m，开挖下口长 10m、宽度 5m。

5. 隧道内管道安装

隧道内管道安装采用在顶管穿越接收侧整体焊接并发送，在始发侧竖井内采用卷扬机牵引的方式（牵引力不应小于 60tf），采用滚轮发送到顶管隧道内部，完成管道安装。

顶管隧道穿越轴线曲率半径为 2275.2m（1600D）。

管道安装就位、试压完成后，应在整个隧道内压注 C5 泡沫混凝土进行固定，泡沫混凝土应符合《泡沫混凝土》（JG/T 266—2011）的相关规定。

五、现场事故情况及处理

1. 事故情况

顶管施工在顶进完成第 59 节管节时，隧道里程为 156m，此时发现顶管机整体有下沉趋势，随即通过导向油缸对姿态进行调整。安装完第 60 节管节顶进 20cm 后，顶管机突然整体下沉 20cm。通过现场检查，现场人员发现主机与首环管节环缝 5 点和 7 点位置涌水，并携带少量泥沙（涌水涌沙部位示意图见图 3-49）。现场作业人员立即采用棉纱、

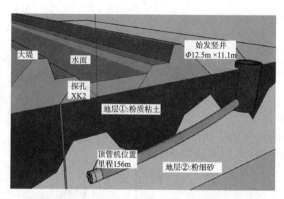

图 3-49　顶管发生涌水涌砂位置示意图

密封布等封堵漏点，并采用钢板、顶杠和液压千斤顶增加顶力，以达到封堵目的，同时开始排水。

在堵漏过程中，顶管机机体再次下沉约 10cm，直接导致首环与主机机体上部环缝错开 20mm。此时涌水涌泥沙情况恶化，漏点处已淤积 1.5m 厚泥沙，隧道水位急剧上升（涌水情况见图 3-50）。为确保安全，现场人员立即撤离，并向隧道内注水。经过约 10h 灌水，隧道内外水土压力达到平衡，水位位于竖井管道预留口中心处。

第二天早上，河堤内中间土体部位出现小面积沉降，沉降区域沿轴线方向长度 25m，平均宽度 18m，沉降平均深度约 60cm，隧道内涌砂量约 80m³。

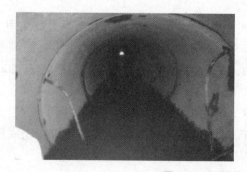

图 3-50　隧道内涌水涌砂情况

2. 涌水涌砂情况分析

1）穿越地层情况分析

根据地勘报告中描述，顶管机当前所在位置地层为②粉细砂地层。该地层土质为灰褐色、黄褐色，饱和，稍密～密实，颗粒级配差，矿物成分以石英、长石为主，其承载能力为120kPa。事故发生位置处地下水位距顶管机顶部约8m，详见图3-51。

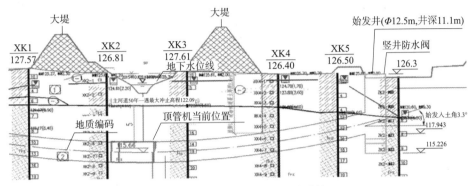

图3-51　顶管机停机位置及地质情况

该地层在外力（导向油缸动作、刀盘扰动或循环泥浆冲刷）或内力（通常是孔隙水压力）作用下，砂土颗粒丧失接触压力以及相互之间的摩擦力，易发生液化。顶管机在此地层顶进时机体产生的振动、刀盘旋转产生的扰动造成土体（粉细砂）液化，从而造成承载力急剧降低，导致机体持续下沉。

2）顶管机受力情况分析

根据设计轴线要求，顶管机在此阶段正处于变坡上行，顶管机呈"抬头"姿态。顶管机受力分析情况见图3-52。

根据上述受力分析，在顶进过程中，虽然顶管机在导向油缸的作用下呈上行姿态，但因液化后的土层不能有效支撑顶管机体，造成顶管机整体下沉，进而导致顶管机与首环管节底部错开，导致出现涌水涌砂，见图3-53。

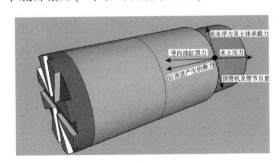

图3-52　顶管机受力分析

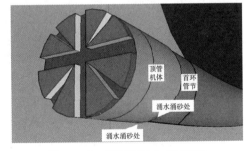

图3-53　顶管机漏水点示意图

3. 解决方案

1）测量控制

（1）顶管机定位

由于顶管机尾部被泥沙掩埋，无法利用控制点进行顶管机测量定位，需通过掘进里程计算出机头所在位置坐标，利用全站仪与地面已知控制点对机头坐标进行测量放样，确定位置后放置标记点。后续待漏水封堵处理完成后，需对顶管机目前轴线再次核对，校核实际轴线与设计轴线高程偏差。

（2）地面沉降观测

顶管恢复顶进前，首先确定好地面沉降观测点。在目前沉降影响区域及大堤护坡处，沿隧道掘进轴线方向纵向2.5m设1观测断面，横向观测范围20m以上，横向点距2m（观测点布置见图3-54）。在顶管开始顶进前进行测量，测量频率为每天2次。在顶管机前、后各3m处，测量频率每天4次。管节通过沉降区域3d后，测量频率可随沉降速率下降而减少，直至稳定。上述所有监测数据，为后续顶管顶进、纠偏提供依据，以便及时调整有关参数，保证工程质量。

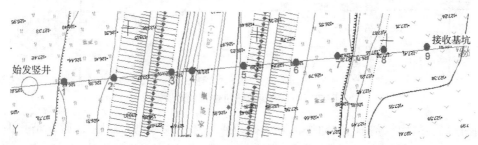

图3-54　地面沉降观测布置图

2）沉降处理

经过现场测量，沉降影响区域范围为25m×18m，沉降深度60cm。由于沉降量较小，仅需挖机修缮平整即可。沉降量较大部位利用道路修缮剩余渣土进行回填，并用铲斗按压密实。

3）事故区域降水处理

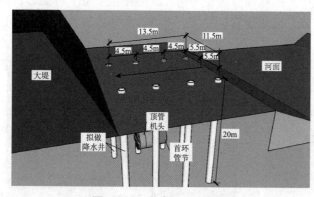

图3-55　井点降水布置图

根据工程地质勘察报告，事故地段揭露覆盖层厚约9.5m，上部4m主要为粉质黏土，5m粉细砂。穿越场区存在液化土，液化等级为严重液化，粉细砂地层渗透系数采用2.66m/d，属中等透水层，因此本次降水方案采用轻型井点降水方案，通过计算降水井深度为20m，降水井直径为0.3m，并在井内安装2.2kW、排量20m³/h、扬程35m深水泵。降水模型见图3-55。

4）隧道排水及清理泥沙处理

（1）施工流程

排水及清理泥沙整体流程为：始发竖井螺杆泵排水→隧道内排污泵结合排浆泵排水→高压水枪清理隧道结合排污泵排水清泥。

（2）管节漏点处理

隧道内排水和泥沙处理完毕后，隧道内管节漏点处理方案如下：

①管节漏点位置确定

隧道漏水位置在顶管机与首环管节插口位置（掘进里程约152.2m），漏水点在5点和7点处。首环管节为加工定制钢管节，管节长度1.4m，插口形式与钢筋混凝土套管相同，为C型承插口。首环预制钢管节与顶管机间间距为150mm，钢板厚度为30mm。详见图3-56、图3-57。

图3-56　首环承插口位置

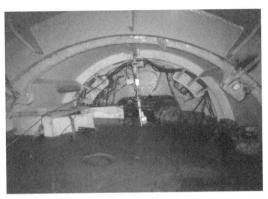

图3-57　漏水点位置

②管节漏点处理

a. 因事故发生点顶管机处于变坡阶段，为确保管道后续顶进过程轴线偏差可控，在漏水点处理前，首先用千斤顶将头管下部与顶管机主机支撑出1cm左右间距后再进行焊接。

b. 先用10mm厚钢板预制直径为2400mm圆环钢板，钢板宽度为200mm，将2400mm圆环钢板平均分割8个圆弧以方便焊接，每个圆弧长942mm。

c. 在两块圆弧中间位置焊接50mm阀门，做备用泄压孔（图3-58）。

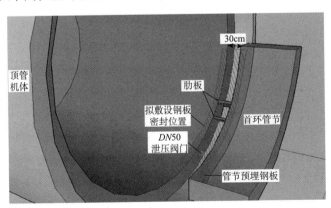

图3-58　钢板密封焊接示意图

d. 带阀门圆弧钢板从6点位置开始拼接，阀门位置在5点和7点方向。

e. 焊接要求钢板与顶管机和头管位置全部满焊。

f. 焊接措施：焊接前将钢板表面用磨光机打磨干净，不得有锈蚀、油渍及其他污迹，对焊接剖口角度不符合要求的用手提砂轮机修磨，氧乙炔切割后的坡口必须除去坡口表面的氧化皮，熔渣及影响接头质量的表面层，并应将凹凸不平处打磨平整，点焊时应对称施焊，其焊缝高度应与第一层焊接厚度一致。

5）处理后实施方案

（1）顶进轴线调整

由于目前顶管设备已经下沉，偏离轴线，若以原轴线继续顶进，隧道将产生一处曲率半径较小的曲线，不能满足后续管道弹性敷设。经核算，调整后的设计轴线见图3-59。

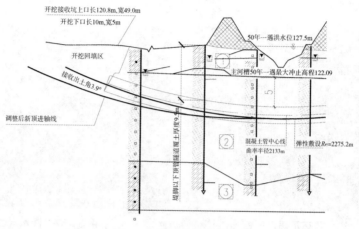

图3-59　顶进轴线调整

六、小结

通过此次涌水涌砂事故处理后，该曲线顶管工程已顺利成功完工，但此次事故反思如下：

（1）曲线顶管隧道穿越设计轴线在条件允许下宜避开易液化的地层（粉细砂、粉砂），避免顶管机沿穿越曲线连续调整机头的过程中不断地对地层扰动，造成地层液化，致使地层承载力不足，导致涌水涌砂事故发生；

（2）在条件受限情况下，在易液化地层的顶管施工应采取地层加固措施，避免施工顶进过程中产生液化现象，重复本工程事故的发生；

（3）本工程顶管套管在1500D倍大曲率半径曲线顶进过程中，管节错开量能满足机头角度调整的要求，但实际顶进过程中还是存在局部渗水或漏水现象，因此，对急曲线或小曲率半径的顶管套管管节设计应是设计和施工今后关注和解决的问题。

第九节　中俄原油二线多布库尔河顶管穿越

一、工程概况

中俄原油二线工程在小扬气镇东南穿越多布库尔河，与漠大线管道并行。穿越处管道设计压力为9.5MPa，输送温度为29.5℃，地区等级为二级。穿越段钢管为$D813 \times 17.5mm$ L450M 直缝埋弧焊钢管，防腐采用常温型加强级3LPE防腐层。

本工程设计方案为顶管穿越，穿越水平长度为421.2m，其中顶管穿越段为182m，一般线路段为239.2m，穿越工程等级为中型。

穿越平面图见图3-60。

图3-60 多布库尔河穿越位置图

二、地质情况

根据勘察报告，拟建管道场区工程地质层的划分是以地层岩性、地质时代、成因、埋藏分布、物理力学指标为依据，同时根据地层对管道穿越方案实施的难易程度划分。现综述如下：

①层卵石：黄褐色，稍密，局部中密，潮湿~饱和，冲积成因，母岩成分以安山岩为主，呈亚圆形，一般粒径20~60mm，含量60%，级配良，充填中粗砂及少量黏性土，局部为圆砾层。土石等级为Ⅲ级(图3-61)。

该层层顶深度0.00~3.20m，平均0.18m；层顶高程390.52~399.55m，平均397.18m；层厚2.10~8.00m，平均5.91m。

图3-61 卵石层岩芯照片

①-1层淤泥质粉质黏土：黑色，流塑，主要由黏粒、粉粒组成，含腐殖质，具臭味，含少量粉细砂，含圆砾10%，粒径20~40mm。土石等级为Ⅰ级。

该层仅DBKEK01孔可见。层顶深度0.00m；层顶高程393.72m；层厚3.20m。

①-2层素填土：黄褐色，稍密，稍湿~饱和，为路基边坡填土，主要由中粗砂及少量黏性土组成，含圆砾10%。土石等级为Ⅰ级。

该层仅 DBKEK04 孔可见。层顶深度 0.00m；层顶高程 399.93m；层厚 1.00m。

②－1 层全风化花岗岩：黄褐色，结构构造已破坏，节理裂隙极发育，岩芯呈砂土状，手掰易碎。土石等级为Ⅳ级（图 3－62）。

该层层顶深度 4.30～8.00m，平均 6.09m；层顶高程 388.42～393.48m，平均 391.27m；层厚 0.30～3.90m，平均 1.70m。

②－2 层强风化花岗岩：黄褐色，粒状结构，块状构造，主要矿物成分为石英、长石，裂隙很发育，岩芯呈沙砾状，锤击易碎，局部风化程度变弱，近于中等风化状态，锤击不易碎。土石等级为Ⅴ级。

该层层顶深度 5.20～9.80m，平均 7.80m；层顶高程 385.12～392.73m，平均 389.57m；层厚 1.20～16.70m，平均 4.16m。

图 3－62　全风化花岗岩及强风化花岗岩层岩芯照片

三、水文参数

管道穿越工程为中型穿越工程，根据《防洪标准》（GB 50201），设计洪水频率为 2%。穿越断面 50 年一遇设计洪水流量为 1249m³/s，设计洪水位为 400.58m（85 国家高程），主河槽最大冲刷深度为 1.18m，滩地段最大冲刷深度为 0.28m；20 年一遇设计洪水流量为 969m³/s，设计洪水位为 400.22m（85 国家高程），主河槽最大冲刷深度为 0.65m，滩地段最大冲刷深度为 0.12m。

四、设计方案

1. 设计条件

（1）顶管隧道的安全等级为一级。

（2）隧道的防水等级为三级。

（3）隧道结构承受最大水压：0.17MPa。

2. 总体布置

（1）平面布置

北岸场地开阔，有漠大线伴行路到达岸边，便于拉运顶管机等大型设备进场，施工布局方便，故考虑将始发井布置于北岸。为避免碾压漠大线管道，始发井选择置于漠大线管道东侧160m，始发井距离河北岸71.8m。

南岸虽然距离加漠公路较近，交通条件更好，但受加漠公路限制，施工场地较狭窄，故考虑将接收井布置于南岸。为避免碾压漠大线管道，接收井选择置于漠大线管道东侧160m，接收井距离河南岸67.7m。

顶管隧道采用曲线顶管，由始发竖井出发，以2275.2m的曲率半径到达接收基坑。主河槽50年一遇最大冲止高程下顶管埋深5.0m。

（2）纵断面布置

根据勘察资料，顶管拟在粉砂层和细砂层中穿越，本工程防洪评价给出设计冲刷深度1.18m，结合隧道最小覆土厚度要求，选择顶管隧道主要在②-3中风化花岗岩层中通过，次要在②-2强风化花岗岩层中通过，隧道最小覆土厚度7.38m，50年一遇冲刷线以下埋深5.74m。

总体布置详见图3-63。

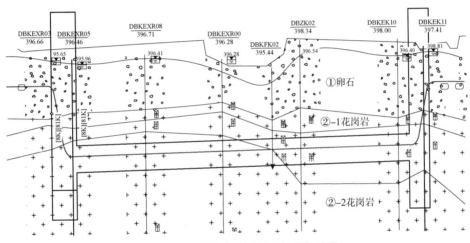

图3-63　南引水库干渠穿越纵断面图

3. 隧道断面

顶管采用内径$\Phi2.2$m钢筋混凝土管，管壁厚220mm。顶管强度等级为C50，抗渗等级为P8。

4. 始竖井和接收井

（1）始发井

始发井作下放顶管设备、顶进用管、输油管道、光缆，排渣出口，运送环片及上下人员之用。为了便于竖井内$D813$mm的管道安装作业，及井内管道焊接的便利，将始发井定为圆形，内径12.5m。采用连续墙＋内衬结构的竖井结构，竖井结构总深度17.62m。

地连墙顶标高为396.77m，底标高为380.75m，地连墙深度为16.02m，厚度为0.8m。根据施工设备情况，将地连墙分为10个槽段，一期和二期槽段各5个。其中一期普通槽段4个，一期预留洞槽段1个；二期普通槽段5个。槽段间采用工字钢接头，工字钢接头一侧焊在钢筋笼上，另一侧用EPS泡沫板填充，并加以固定。在地连墙顶设置冠梁，冠梁高1m。内衬高度为13.32m，内衬厚度为0.7m。内衬与连续墙之间通过钢筋接驳器连接，使地连墙和内衬共同作用。导墙的设置与槽段划分相匹配，以利于设备的工作。

地连墙施工结束后，采用逆作法施工内衬，每次浇筑高度不宜小于2.5m，不应大于3m。开挖过程中，井内应控制地下水位到开挖面以下0.5m。底板设置2个集水井，钢筋混凝土底板强度达到设计强度以前，井底涌水汇流至集水井，然后通过集水井抽排，底板强度达设计值后，用C40素混凝土集水井填实，底板钢筋在集水井处预留接头，封堵时加焊钢板封焊。浇注底板过程中，确保底板与内衬整体浇注，不留施工缝。集水井钢筋打断处全部按锚固长度处理，锚固长度不小于35d。

顶管出洞口直径为2.9m，对支护结构的削弱明显，施工时应注意工序的衔接。竖井内衬预留洞周围设置加强环梁，环梁与钢环板焊接连接，钢环板采用16mm厚钢板。

（2）接收基坑

接收井作为撤离顶管设备和管道安装用，可铺设管线及上下人员之用。将接收井定为圆形，内径10m。采用连续墙＋内衬结构的竖井结构，竖井结构总深度17.92m。

地连墙深度为15.76m，厚度为0.8m。根据施工设备情况，将地连墙分为8个槽段，一期和二期槽段各4个。其中一期普通槽段3个，一期预留洞槽段1个。二期普通槽段4个。槽段间采用工字钢接头，工字钢接头一侧焊在钢筋笼上，另一侧用EPS泡沫板填充，并加以固定。在地连墙顶设置冠梁，冠梁高1m。内衬高度为12.76m，内衬厚度为0.7m。内衬与连续墙之间通过钢筋接驳器连接，使地连墙和内衬共同作用。导墙的设置与槽段划分相匹配，以利于设备的工作。

地连墙施工结束后，采用逆作法施工内衬，每次浇筑高度不宜小于2.5m，不应大于3m。开挖过程中，井内应控制地下水位到开挖面以下0.5m。底板设置2个集水井，钢筋混凝土底板强度达到设计强度以前，井底涌水汇流至集水井，然后通过集水井抽排，底板强度达设计值后，用C40素混凝土将集水井填实，底板钢筋在集水井处预留接头，封堵时加焊钢板封焊。浇注底板过程中，确保底板与内衬整体浇注，不留施工缝。集水井钢筋打断处全部按锚固长度处理，锚固长度不小于35d。

顶管进洞口直径为3.1m，对支护结构的削弱明显，施工时应注意工序的衔接。竖井内衬预留洞周围设置加强环梁，环梁与钢环板焊接连接，钢环板采用16mm厚钢板。

5. 隧道管道安装

顶管隧道管道安装分为竖井内管道安装和隧道内管道安装。

竖井内管道作为穿越段整体管道进行补偿计算，始发井内设置两个50°弯头，接收井内设置两个50°弯头，对穿越段管道进行补偿。

对于顶管隧道平巷段，隧道内铺设一根$D813$原油管道，在管道安装前，先在底面浇筑500mm厚混凝土垫层。垫层上设置钢支座，间距18m，管道搁置在支座上，支座与管道之间用10mm厚绝缘橡胶板绝缘，隧道内管道支座采用双螺母固定。

管道通过竖井预留洞时，为了保护管道防腐层，在管道外包裹10mm橡胶板，竖井内管道安装完毕后，管道周围100mm范围内用沥青麻丝封堵，其余部分用C25素混凝土封堵。

管道安装布置图见图3-64～图3-66。

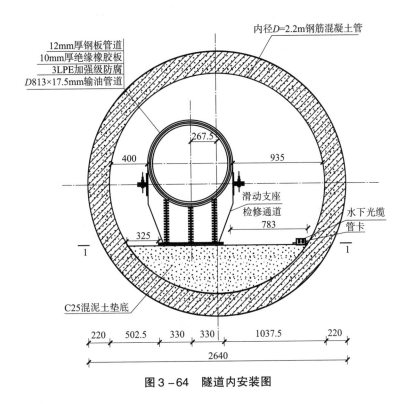

图 3-64 隧道内安装图

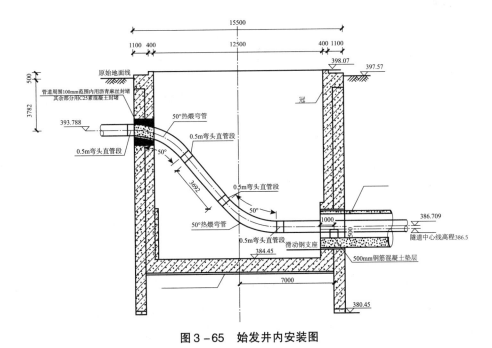

图 3-65 始发井内安装图

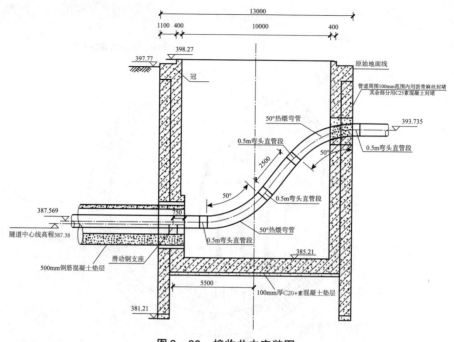

图3-66　接收井内安装图

五、现场难点处理

1. 现场难点

顶管隧道内径为 2.2m，铺设 500mm 厚混凝土垫层后，造成施工空间变小，同时为了确保满足检修功能，在隧道内的 $D813mm$ 管道安装位置只能放于隧道垫层的一侧，导致管道施工难度加大，尤其是靠近隧道壁侧的管道支座的预埋件和滑动支座底板之间的螺栓连接施工困难，连接强度难以满足设计的要求，存在运营期间的管道漂管风险，造成管道安全隐患事故。

2. 难点处理方案

管道支座的预埋件和滑动支座底板采用焊接连接方案代替螺栓连接方案，即保证管道支座与垫层之间的连接强度，也解决了作业空间狭小的施工难题。

六、小结

多布库尔河是油气管道行业内顶管隧道首次采用隧道内管道安装施工的工程，没有成功的案例可借鉴，虽然隧道主体工程施工很顺利，但对于隧道内管道安装设计方案却存在些许不足和需提升的环节。通过此工程的案例可知，在采用顶管隧道内部进行管道安装方案时，应充分考虑隧道断面尺寸对于管道安装施工的每一道工序的可实施性，即能保证施工简单可行又能保证施工质量，从而确保管道在运营期内的安全运营。

第四章 盾构穿越工程

忠武输气管道工程红花套长江盾构穿越，盾构内径2.44m，是盾构法隧道首次在长输油气管道领域应用，具有非同寻常的意义，是"中国石油第一盾"。

西气东输二线九江长江盾构穿越于2008年开始建设，是第一个完全由系统内部设计、施工的EPC盾构项目，始发竖井采用了沉井＋钻爆的结合工艺，接收竖井采用了地下连续墙施工工艺。西气东输二线钱塘江盾构始发竖井，第一次采用了方形结构。某过境段盾构穿越项目，首次采用俄罗斯标准和中国标准两套体系进行设计，是一个国际化的盾构项目。中俄长江盾构隧道独头掘进10.226km，最大水压0.73MPa，隧道内径6.8m，敷设3条D1422mm输气管道，创造了多项世界第一。

第一节 忠武线红花套盾构穿越

一、工程概况

忠县－武汉输气管道工程是我国21世纪西部大开发战略的重点项目之一。它包括一条干线和三条支线，即忠县－武汉干线管道工程(线路长度718.9km)、枝江－襄樊支线(线路长度238.1km)、潜江－湘潭支线(线路长度340.5km)，以及武汉－黄石支线管道工程(线路长度77.9km)。忠武输气管道工程四次穿越长江，其中干线穿越长江三次，潜江－湘潭支线在城陵矶穿越长江一次。长江穿越由于其江面宽、水流急而深、河床地质条件复杂多变、河流通过方式多样而被列为忠武输气管道工程控制性工程、咽喉工程。

忠武输气管道工程红花套长江穿越隧道位于宜昌市红花套——云池江段内，是四川盆地天然气外输工程的重要组成部分。该工程距长江三峡工程仅70km，位于长江葛洲坝工程和清江隔河岩工程之间，相距分别45km和30km。

隧道南端始发井位于宜昌市的红花镇吴家村红宜公路旁，北端接收井位于宜昌市的猇亭区下马槽内，两井口均有公路可到达，交通方便。

穿越纵断面布置图见图4－1。

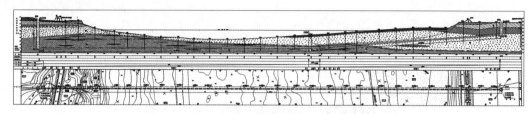

图 4 - 1 红花套盾构隧道纵断面图

二、基础资料

河床地形呈一锅底状。为不对称宽"U"形谷，南岸稍陡，北岸平缓，地面起伏高差变化不大，总的趋势是河床主槽偏向南岸，长江主泓偏向南岸。

工程区域第四系覆盖层分布广泛，按成因类型可分为冲积层(Q_{al})及少量人工回填层(r_Q)两种类型，根据地质测绘和勘探钻孔揭露资料，第四系覆盖层岩性主要为：粉土、黏土、卵石土、砂土等。以下作简要叙述：

①层粉土：浅黄色、质纯，厚0.5~1.0m，上部结构疏松，呈软塑状，下部呈可塑状。分布于长江南岸一级阶地的表部。

②层黏土(粉质黏土、含有机质黏土、黏土)：浅黄色、灰褐色，厚6.0~16.0cm，呈可塑~软塑状。该层中夹有一层40cm厚的粉土层，与上、下黏土无明显的分界线，呈过渡渐变接触关系。分布于两岸一级阶地上。

③层卵石土(卵石、混合土卵)：杂色、呈中密至极密状。含卵砾率80%~85%，含砂率15%~20%。卵砾石粒径小，一般30~100mm，最大140mm，卵石成分，以灰岩、石英砂岩为主，火成岩、砂岩次之。次棱角至浑圆状。该层分布于阶地土层下部及河床中。

④层砂土(粉土质砂、粉细砂)：灰黄褐色，厚1.0~3.5m。疏松至稍密。该层主要分布于河床漫滩表部，为近期河床冲积层，分布不稳定。

管线区内分布地层为白垩系上统红花套组第三段(K_{32h})，厚度为707m。管线处基岩为红花套组第三段的上部地层。主要岩性为橘红或紫红色中厚层状黏土质粉砂岩夹灰白、灰色泥钙质细砂岩、泥质细砂岩及含砾砂岩。

黏土质粉砂岩：橘红或紫红色，胶结物为钙泥质成分。基底式胶结，胶结较紧密、岩质稍硬。黏土质粉砂岩中夹粉砂质黏土岩条带，条带宽0.2~1.0cm不等，断续顺层分布，局部含灰绿色黏土岩团块。黏土质粉砂岩水平层理发育，为陆源碎屑河湖相沉积环境。

细砂岩：灰色、灰白色及紫红色，胶结物为泥钙质成分。基底式胶结，胶结较紧密，砂岩纯净，分选好，颗粒呈棱角状。含砾石，砾石扁圆形，砾径1~2cm，沿层面定向排列。岩质较坚硬。岩石厚度变化大，呈条带状、薄层状或透镜体状断续顺层分布在黏土质粉砂岩之中，据钻孔揭露，厚度0.15~3.05m。为河湖相环境下沉积。

含砾砂岩：灰色、薄层，主要为基底式胶结，局部呈接触式胶结，胶结物为泥钙质成分。结构紧密，岩质较坚硬，呈不连续条带或透镜状分布。

三峡工程兴建后，由于上游来水来沙条件均发生较大变化，尤其下泄水流的含沙量较小，会造成坝下游长江河段的冲刷下切，但由于本河段河床组成为砂卵石，清水下泻，河床粗化，冲刷后形成抗冲保护层，阻止河床的进一步冲刷。本河段河势不会发生大的变化，局部深泓会因滩槽冲淤变化而发生摆动，但摆幅有限。

三、设计方案

1. 隧道轴线布置

据忠武线红花套穿越长江段工程地质勘探报告，其勘探轴线与穿越轴线重合布置。地质勘探报告没有提供有关钻孔封孔质量等情况，避免因钻孔封孔质量不过关引发的突水，实际穿越轴线与勘探轴线相距 6m 平行布置。考虑到南岸勘探线东侧宜于选择井口，故实际穿越轴线定于勘探轴线东侧 6m 平行布置。

2. 井口位置

为保证竖井施工不影响红宜公路及防洪大堤的安全，南岸竖井与红宜公路的距离定为 35m，北岸竖井与防洪大堤的距离定为 80m。

3. 总体布置

隧道采用泥水加压盾构施工工艺。泥水加压式盾构机的最大优越性就是可以在离江底 8~10m 以内且在卵砾石与硬岩相互交叉的地质条件下进行穿越施工安全有保障。本次穿越盾构机外壳直径 3049mm，按 3 倍盾构机外径计算在离江底 10m 处穿越是安全的。故本次设计确定隧道顶部距江底的距离 ≥10m。

盾构机在 0~8% 上下坡施工掘进盾构机本身是能够做到的，但所配的隧道内使用的轨道车由于马力需加大且需增加一些自动可靠的制动机构，其成本将会随坡度的增加而增加，同时对环片的技术要求则更加高。根据盾构机生产厂家提供的经济数据及借鉴国内外盾构穿越的实践经验，确定本次红花套长江穿越盾构机的施工坡度确定为 0~4%。

4. 竖井设计

北岸竖井井深 19.4m，井口标高 +49m，井底标高 +33m；南岸竖井井深 39.6m，井口标高 +50m，井底标高 +13m。从南岸竖井以 2‰ 的上坡作隧道 817m，紧接着以 1000m 为曲率半径作 33m 的弧线隧道，再以 3.5% 的上坡作隧道 508m 连接北岸竖井。隧道总长度 1358m，隧道的形状呈平、斜型。

始发井：位于长江南岸，距公路 35m，勘探线下游 6m；该井筒作下放盾构设备，铺设输气管道、光缆，排渣，运送环片及上下人员。根据设备要求，井筒净直径为 7.5m，井深为 39.6m，净断面积为 44.2m²。井筒内铺设一趟 D711mm 的输气管，并在井筒内设梯子间。

接收井：位于长江北岸，距防洪大堤 80m；该井筒作为撤出盾构设备，铺设管线及上下人员之用。井筒净直径与始发井相同，井深为 19.4m。井筒内设梯子间。

始发井穿过的地层有粉质黏土、黏土、砾质砂质黏土、混合土卵石层、黏土质粉砂岩；接收井穿过的岩层有粉质黏土、黏土。

本工程竖井具有断面小、深度不大、功能少等特点，因此选择施工设备较少、工艺成熟、造价较低的沉井法施工工艺。

根据地层条件，始发井上部24m采用壁后泥浆减阻沉井法施工，下部采用普通钻爆法凿井；接收井全部采用壁后泥浆减阻沉井法施工。

5. 断面设计

隧道总长度为1358m。为便于盾构设备的安装及运输机车调车，前12.5m（从始发井起）采用钻爆法施工作大断面的工作隧道，剩下的1345.5m采用盾构机施工。

（1）工作隧道断面

本段隧道采用半圆拱形断面，为便于盾构设备的安装和运输机车调车，隧道采用直墙圆拱，宽度为5m，高度为5m。

（2）盾构隧道断面

本段隧道采用盾构法进行施工，采用圆形断面。根据输气管道的安装布置要求，并考虑适当的行人、检修的安全间距，本隧道断面内部轮廓的净尺寸为$\Phi 2.44$m。

6. 环片设计

隧道衬砌采用钢筋混凝土环片（即RC环片）现场拼装衬砌。衬砌环片分块为5块，即（2A + 2B + K）。衬砌圆环的拼装方式采用通缝拼装方式，环片与环片之间的连接采用螺栓连接。结合国内外盾构生产的最新参数，设计推荐环片的宽度（B）为1000mm。

环片的厚度（δ）是根据隧道直径大小、埋深、承受荷载情况、衬砌结构构造、材质、衬砌所受的施工荷载（主要是盾构千斤顶的顶力）大小等因素来确定。工程实践经验总结证明，环片厚度（δ）可按下列经验公式试算：环片厚度（δ） = （0.04 ~ 0.06）倍隧道外径；经计算，环片厚度（δ）为250mm。

7. 附属设施

始发井、接收井地面以两竖井为中心，以隧道轴线为中轴线各征地20m × 20m的方形土地，作为工程建成后检修、维修之需。在始发井、接收井井口建井口房，尺寸12m × 12m，框架结构。

四、主要风险及解决方案

1. 盾构穿越卵石地层

盾构需穿越卵石层，卵石杂色，呈中密至极密状。含卵砾率80% ~ 85%，含砂率15% ~ 20%。卵砾石粒径小，一般30 ~ 100mm，最大140mm，卵石成分，以灰岩、石英砂岩为主，火成岩、砂岩次之。次棱角至浑圆状，厚20余m，分布于阶地土层下部及河床中。采取如下技术措施：

（1）盾构机通过前，先利用盾构机的超前予注浆系统对该地层注浆加固。注浆采用水泥 – 水玻璃双液浆；

（2）施工前，针对该地层物理力学性质，设计适合卵石地层施工的泥浆材料及泥浆有效成分的比重、浓度及黏性；

（3）提高盾构机控制水平，及时调整泥水仓压力，确保泥水压力与地层土压力和水压力平衡，保证开挖面土体稳定；

（4）做好钢丝型盾尾密封刷之间盾尾油脂的注入工作，提高盾尾密封性和可靠性，防止地下水或同步注浆浆液进入盾构机内；

（5）保持适当的泥水压力，泥水压力要稍高于地层土压力和地层水压力之和，防止地层发生突水、涌水；

（6）控制开挖土方量，防止地层土量过度损失，造成开挖面出现失稳；

（7）控制掘进速度，严格控制上下区的推进油缸压力，防止盾构掘进方向偏离；

（8）拼装管片时，严禁盾构机后退，确保正面土体稳定；

（9）同步注浆改用水泥–水玻璃双液浆，使管片衬砌尽早支撑地层，控制土体沉陷，控制注浆压力，防止注浆进入盾尾，造成盾尾密封圈被击穿，土体水跟着漏入隧道。

2. 盾构在卵石层与岩石层交界处推进

盾构机在岩石与卵石地层交界处推进时，根据地质监测预报系统信息提前 10~15m 调整掘进参数，逐步减小刀盘推力，加大泥浆浓度和泥水压力，调整泥水黏性，控制送排泥量和推进速度，以免地层突然变化，出现不可预见的盾构机迅速上浮或下沉或滚动，影响盾构机的安全，造成开挖面失稳和涌水涌砂现象。

3. 盾构在软硬不均地层的推进

所谓"软硬不均地层"是指针对同一开挖面互层地层中两种土层有较大差别而言。本工程盾构穿越的软硬不均地层有：粉质黏土与卵石层、卵石层与全风化粉砂岩、粉质砂岩与透镜体等。在该类地层钻进，为防止盾构机出现过大偏差，采取如下技术措施：

（1）施工前探明软硬不均地层的方位和区域大小；

（2）选择对应的较硬不均地层的盾构千斤顶数量，并使这些盾构千斤顶的推力大于较软区域内的千斤顶的推力进行试推，测量出相应的偏转量，以此调整千斤顶的压力差，直到获得满意效果为主；

（3）当改变千斤顶的压力差不能满足推进要求时，应更换适应较硬地层的开挖刀具，以减少开挖阻力。

五、小结

忠武输气管道红花套长江穿越，是盾构工法引入长输油气管道河流穿越的第一盾，开创了盾构工法在长输油气管道穿越中的先河。

红花套长江穿越为油气管道盾构穿越技术积累了宝贵的经验，包括竖井尺寸、竖井工法、盾构坡度、曲率半径、管道安装、复杂地层掘进等技术。

第二节 西气东输二线九江长江盾构穿越

一、工程概况

西气东输二线干线在武穴市和九江市之间穿越长江，穿越处管道设计压力为 10MPa，

管径为 $\Phi 1219mm$，采用盾构穿越方案，盾构穿越水平长度 2588m。

工程将在江西九江—湖北武穴之间穿越长江，穿越轴线上游距湖北省武穴市约 8km，下游距九江市 45km（图 4-2）。穿越长江北岸为武穴市龙坪镇傅家垸村，南岸为江西省九江市瑞昌市码头镇长咀村。工程主要由南岸始发井、北岸接收井和盾构隧道三部分组成，采用泥水加压平衡盾构法施工。

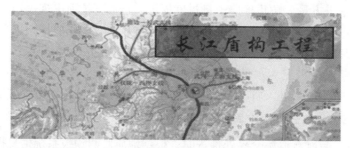

图 4-2　西气东输二线九江盾构隧道位置图

从 2006 年开始到 2008 年 3 月，设计人员围绕着九江附近长江多个穿越断面做线路规划、调研等工作，结合九江市、瑞昌市、柴桑区的规划，委托长江水利委员会长江中游水文水资源勘测局做了该段长江的河势分析、防洪评价，按照防洪评价的结论，最终选取了武穴市以东龙坪镇（北岸）—九江瑞昌市码头镇东侧（南岸）的穿越断面，获得了当地政府的批准。

二、基础资料

1. 地形地貌

长江北岸建有黄广大堤，堤顶为砼路面，宽约 8m，高程为 24.50m，可供机动车通行；堤身内、外侧设压浸平台，平台宽 29~33m，高程约 19m；沿堤内压浸平台坡脚铺设有电信光缆。堤内为农田，地形平坦，地面高程 15.50~16.50m。

长江南岸为低山残丘，地形起伏较大，地面高程 22~45m，竖井位于残丘之上，高程约 29m（图 4-3）。

图 4-3　西气东输二线九江盾构隧道位置图

2. 河势水文

穿越处位于长江中下游武穴河段(穿越处河道见图 4 - 4),该河段地处湖北江西境内,上起武穴,下至大树下,全长 33km。河段左岸为湖北武穴市和黄梅县,右岸属江西瑞昌市。

图 4 - 4 西气东输二线九江盾构隧道现场图

武穴河段由于河道主流长期右摆,左岸已逐渐发育成为广阔的冲积平原,形成具有二元结构特征的疏松沉积物。上层主要为黏砂土,局部为沙壤土和粉细砂;下层主要为细砂,中砂,局部有砾石。龙坪弯道李英一带的岸坡主要由粉细砂、细砂组成,岸坡抗冲力较差,为重点崩岸险工段。河道右岸已紧逼山丘、矶头或阶地。这些山丘、矶头由页岩、砂岩和石灰岩构成。阶地多为棕红色的黏土和棕黄色的沙壤土,河岸抗冲性较好。

九江长江穿越河势图见图 4 - 5。

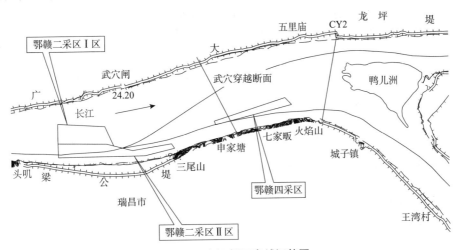

图 4 - 5 九江长江穿越河势图

河演分析表明,长江武穴河段多年来岸线基本稳定,河道主流线摆移年际间变化较小。

三峡水库建成后,由于水沙条件的改变,清水下泄,将使坝下游河段来水来沙条件发生较长时期的重新调整。一段时期内,本工程河段河床可能发生冲刷。受良好的地质条件和边界条件制约,河段河型将维持较长时间,总的河势格局不会发生大的变化。

拟穿越区附近局部河段右岸具有较好的边界条件,尽管河床冲淤交替,而历年总体冲淤幅度在一定范围内,河势基本稳定。

根据长江水利委员会长江中游水文水资源勘测局计算，穿越断面百年一遇洪水频率下，主河槽处最大冲刷为17.8m。

3. 地质条件

对穿越区周边5.0km范围内进行了地质调查，除长江北岸大堤及其两侧为人工回填层外，地表岩性主要为第四系冲、洪积物，仅勘察区江南可见部分基岩露头，其地层岩性主要为第三系新余群泥质砂岩、沙砾岩、含砾砂岩等，岩层产状25°∠21°。

穿越区覆盖层分布广泛，其岩性复杂，黏性土、砂土、碎石土均有分布。覆盖层一般厚10~50m；最薄处位于南侧深泓及南岸竖井附近，厚度0~5m；最厚处位于长江干堤附近，厚度达58.8m。

1）人工回填层（Q_s）

以素填土为主，主要分布于长江两岸大堤沿线，堤身及两侧平台即由其填筑而成。呈灰黄色、黄褐色、棕红色，主要由黏土、粉质黏土、粉土组成，局部地段夹粉细砂，一般厚2.00~8.00m，结构中密~密实，呈可塑~硬可塑状。

2）第四系全新统冲、洪积层（Q_4^{apl}）

分布较普遍，以长江北岸分布最广泛，厚度12.9~58.8m，总体呈南岸薄、北岸厚的态势，深泓区及南岸河漫滩一带厚度最小。该层一般具二元结构，上部主要为黏性土、粉砂~中细砂，下部主要为砾砂、卵石。各土层特征分述如下。

①层粉质黏土：主要分布于长江北岸地表，厚18.50~20.40m，灰色、褐灰色，多呈软塑状，局部呈可塑状；局部夹灰黄色薄层粉土、粉细砂，松散~稍密状，呈透镜体状。

②层粉土：在穿越区分布较少，多呈透镜体分布于黏性土及砂性土层之中，一般厚0.60~3.40m，灰~青灰色，稍密~中密状为主，土质不均一。

③层中细砂：分布于长江北岸地表以下及河床部位，厚17.00~44.20m，灰褐、灰黄、青灰色，呈松散~密实状；砂质较均匀，仅局部夹粉土透镜体。该层在局部为粉砂~粉细砂，偶见云母碎片。

④层中粗砂：穿越区分布较少，多呈透镜体分布于长江南侧河床以下，厚2.70~9.30m，青灰色，颗粒从上至下逐渐变大，呈稍密至中密状。局部为粗砂。

⑤层砾砂：长江北岸及北部河床以下均有分布，厚17.60~28.28m，灰色，呈中密~密实状。砂为中粗砂；卵、砾石含量一般为20%~40%，仅局部稍高，卵石直径一般为2~5cm，成分较杂，多为石英岩、石英砂岩、火成岩等，磨圆度好，质地坚硬。该层局部夹含砾石粉质黏土、粉土、卵石透镜体。

⑥层圆砾：穿越区分布较少，多呈透镜体状，色杂，其中卵、砾石含量约50%，粒径一般为1~5cm不等，个别为7~9cm，成分较杂，多为石英岩、石英砂岩、火成岩等，磨圆度好，质地坚硬。卵、砾石间多充填中粗砂，局部夹粉土或黏性土透镜体。

⑦层卵石：主要分布于南岸河漫滩地表，色杂，结构松散，厚度小于1m，卵石含量为70%~80%，卵石直径一般为2~8cm不等，磨圆较好，亚圆状为主，成分较杂，以石英岩、石英砂岩、火成岩为主，质地坚硬。卵石间充填中细~粗砂。

上述可见，区内覆盖层颗粒从上至下呈由细变粗的趋势，且砾砂、圆砾主要分布于穿越区北部，从北岸至南岸卵、砾石含量有逐渐减少的趋势。

3）第四系中更新统冲积层（Q_2^{al}）

粉质黏土：主要分布于南岸地表及以下，揭露厚2.10m，灰黄、棕红色，局部具网纹结构，可塑~硬塑状。该层下部含砾石，含量约45%，砾石粒径为2~25mm不等，成分以石英、石英砂岩为主，质地坚硬。

据地质调查、测绘及钻孔揭露，穿越区基岩为第三系新余群（E_{xn}）：岩性为红~紫红色泥质砂岩、含砾砂岩以及浅棕、灰白（灰绿色）沙砾岩。岩层走向115°，倾向SE，倾角21°左右。工程区南岸江边陡坎及河滩有出露，中厚~厚层状，泥钙质胶结，裂隙不发育。

勘探钻孔的主要基岩岩性特征如下：

①层泥质砂岩：紫红~深红色，钙泥质胶结，成岩较差，中厚~厚层状，岩质多半疏松，敲击易碎断，岩芯失水后多呈水平开裂。其中夹紫红色薄层粉砂质泥岩、泥质粉砂岩，局部含灰绿色~灰白色砂质团块，团块直径为2~10cm不等，形状不规则。岩芯多呈柱状、短柱状，少量碎块及饼状。

②层含砾砂岩：紫红~深红色，钙泥质胶结，中厚~厚层状，岩质半疏松~半坚硬，砾石含量为10%~20%，局部稍多，砾径一般为0.5~3cm，偶见5~7cm，砾石多呈次棱角~亚圆状，成分多为石英砂岩、石英岩、长石砂岩等，质地坚硬。岩芯多呈柱状、短柱状。

③层沙砾岩：浅棕色、灰白、灰绿色，钙质胶结，成岩差，层理不明显，多呈强风化，呈散体~半疏松状，砾石含量不均，一般30%左右，局部稍高达60%，砾石大小不均，一般为2~16mm，少量大者为3~5cm，砾石多呈棱角~次棱角状，成分多为砂岩、石英砂岩、火成岩等。岩芯状态差异较大，与胶结状态相关，多呈散体、柱状。

从空间上看，上述各岩性间无明显界线，常呈过渡渐变状态，不同部位之间的相变现象较为明显。

三、设计方案

1. 盾构隧道总体布置

隧道水平投影长度为 $L = 2548m$。

盾构机由南岸始发井出发，水平掘进50m后，以4%的下坡前进493m，连接200m的水平段，再以1.79%的上坡前进855m，以0.5%的上坡前进400m，然后以4%的上坡前进550m，连接于北岸接收井，转角处采用1300m曲率半径的圆弧连接，隧道总水平长度（两竖井中心距）2548m。总体穿越布置见图4-6。

隧道最小覆土深度12.5m，隧道穿越断面内大部分位于细砂层，局部位于泥质砂岩。

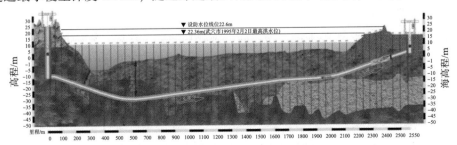

图4-6 九江长江穿越纵断面图

2. 隧道横断面设计

盾构隧道内径为 $\Phi3.08m$，管片厚度为 $0.23m$，管片外径为 $\Phi3.54m$。隧道横断面内布管线为：$D1219mm$ 输气管道一根、通信光缆套管一根。

3. 始发井、接收井施工方案

南岸竖井地层上部约为 14m 厚（从场地平整到 24.0m 高程算）的覆盖层，下面为泥质砂岩，从上至下为强风化、中等风化、微风化。

覆盖层主要为含黏土卵砾石，采用沉井法。下部泥质砂岩采用矿山法施工。南岸始发井现场施工图见图 4 – 7。

矿山法施工时，竖井井筒自上而下进行分段掘砌施工，分段长度视围岩稳定情况而定。施工前应用钎探装置超前钎探，以查明地质情况，确定岩石破碎情况、地下水渗漏情况及地层的稳定性，为开挖做好前期准备工作。

北岸竖井经过的地层主要为粉质黏土和粉细沙，采用地下连续墙方案。

图 4 – 7　始发井完工后图

北岸竖井的地下连续墙底部以及盾构平巷进口处附近为细砂 ~ 中粗砂层，应对其采用注浆加固进行地基改良，注浆地质改良亦推荐采用高压旋喷桩法。

4. 竖井尺寸设计

始发井：位于长江南岸，该竖井作为组装盾构设备、出渣、运送环片、管道安装及施工人员上下之用。竖井内径为 12.5m，井深为 40m。

接收井：位于长江北岸，该竖井作为撤离盾构设备之用，并可作为铺设管线及上下人员之用。竖井内径为 12.5m，井深为 15m。考虑防洪要求，待隧道施工完毕后竖井接高 7.14m。

5. 基坑排水

竖井施工封底时，在竖井底部设 $2m \times 1m$ 的集水坑，深度 1m，作为竖井内的排水。另外为了减少汇入基坑中的降雨量，在基坑周围可根据情况设置截水沟，施工期间，竖井顶部伸出地面 0.3m。

6. 盾构设备要求

本工程穿越主要地层为中细砂、中粗砂、砾砂和泥岩，穿越距离较长，对盾构机要求较高。选用的盾构机需具备以下功能：

（1）能适应长距离掘进，且施工速度快，应能保证日均 8m 以上的掘进速度；

（2）在 59m 水头压力下，盾构机有良好的密封性能，并设密封舱，确保紧急情况下人员安全；

（3）维修保养简单、操作方便，在刀具磨损时，尤其在江底掘进过程中，能安全、方便地进行刀具更换、障碍物排除等作业；

（4）为控制隧道变形及地层沉降，设备应能够实现同步注浆；

（5）能适应4%的隧道纵坡。

7. 隧道防水

盾构法隧道防水主要包括衬砌环片自身的防水、接缝的防水、隧道壁后注浆、工作竖井与圆形隧道接头部位防水四个方面的内容，具体要求如下：

1）环片的抗渗性

环片采用密级配的混凝土进行浇注，设计要求抗渗等级不低于S12，混凝土强度等级不得低于C50。

2）衬砌接缝防水

据最近的工程实践总结，在使用高精度环片的基础上，采用弹性密封的原理、线状密封方式，密封材料预制成形的施工法进行接缝防水，被证明是合理的、成功的。本工程的衬砌接缝防水设计将采用上述原理和方法进行。

3）壁后注浆

为达到及时有效地充填环片与地层的间隙，起到防水的功效，设计采用同步注浆的方式，即盾构推进与壁后注浆是同步进行的。

4）竖井与隧道接头部位防水

竖井与隧道接头部位的防水主要是指始发井、接收井与隧道接头处的防水，由于工作竖井与隧道的刚度差异较大，设计考虑适当多设置变形缝，避免接头部位开裂渗水。另一方面，针对接收井附近为细砂，强度低，对其附近的土体进行改良，使土体的抗剪、抗压强度提高，透水性减弱。设计推荐选用高压旋喷法进行土体改良。当盾构由始发井开始向岩体掘进时，在井壁与盾构外壳之间采用密封橡胶圈进行防水。

8. 隧道附属设施

在两岸竖井井口上方设置永久盖板，竖井外的其他保安建构筑物根据情况另行考虑。

为了方便维护检修，每处井筒内设置钢梯。

9. 管道安装设计

长江盾构内管道安装分为竖井内管道安装和隧道内管道安装。

竖井内管道作为穿越段整体管道进行补偿计算，竖井内管道安装根据竖井深度在井壁上设置钢支架，管道固定在钢支架上。

隧道内管道安装前，在盾构底面铺设500mm厚混凝土垫层，垫层上设置支墩，支墩与垫层连为整体，支墩间距10m，管道搁置在支墩上，支墩与管道之间铺10mm厚绝缘橡胶板，并用管卡固定管道，防止管道运营时侧移和上浮。

隧道内管道敷设于隧道一侧，另一侧作为检修人行通道。

10. 工期

施工准备2个月，竖井4.5个月，盾构隧道200m/月，一共13.5个月，铺底混凝土2个月，管道安装6个月，总工期28个月。

四、小结

(1)南岸竖井地面下深度40m,采用了上面沉井、下面钻爆法施工工艺,上面沉井地面下16m,地面上1m,钻爆段24m,竖井内径12.5m。这是首次采用沉井与钻爆结合的竖井施工工法,根据计算,设置了套井和壁座,为类似工程提供了经验做法。

(2)西气东输二线九江长江盾构隧道是中石油系统内部第一个真正完全系统内部自行设计的盾构隧道,对油气管道行业的盾构隧道技术发展起到承前启后的作用。

第三节　西气东输二线北江盾构穿越

一、工程概况

西气东输二线北江盾构穿越位于佛山市三水区芦苞镇南侧太监洲处,西岸为四会市大旺镇古塘村,距肇庆市高新开发区(大旺)城区约10km,东岸为三水区芦苞镇社滘村。

本工程盾构隧道水平长度2233.8m,西岸竖井为盾构始发井,为圆形沉井结构,直径Φ14m,深19.85m。东岸竖井为盾构接收井,采用圆形沉井,直径Φ14m,深22.91m,该竖井作为撤离盾构设备之用,并可作为铺设管线及上下人员之用。盾构隧道内径为Φ3.08m,管片厚度为0.23m,宽度1.2m。隧道内敷设一根管径D1016mm的天然气管道。

二、地质条件

穿越地层:据钻探揭露,场区内沉积物主要为第四系冲洪积黏性土、砂土、圆砾、卵石,下覆基岩以第三系泥质粉砂岩为主,管道穿越轴线段内地层由上而下可分为12个大层,西岸竖井处沉积物主要以第四系冲洪积黏性土、砂土为主,下覆基岩以第三系泥质粉砂岩为主,主要经过的地层为:①层素填土、⑦层粉质黏土、⑦–1层中砂、⑦–3层淤泥质黏土、⑧层砾砂。东岸竖井为盾构隧道接收井,该处沉积物主要以第四系冲洪积黏性土、砂土为主,下覆基岩以第三系泥质粉砂岩为主,沉井所经过的地层主要有:①层素填土、③层粉质黏土、④层细砂、⑤层粗砂、⑤–1层粉质黏土、⑥层粉砂、⑥–1层粗砂。盾构隧道主要在⑫层中等风化泥质粉砂岩中通过。各地层特征值如下:

①层素填土(Q_4^{ml}):灰黄色,稍湿,中密,主要成分为粉质黏土、粉细砂及少量的碎石,粉质黏土成软塑状,含少量建筑垃圾,粒径一般介于10~30mm,最大达50mm,含量约5%。岩土工程分级Ⅱ级,揭露层厚1.6~5.3m,层底标高为2.06~5.40m。该层主要分布在河岸两侧大堤处,为大堤及公路路基回填土。

②层粉砂(Q_4^{al+pl}):黄色,饱和,松散~稍密,主要矿物成分为石英、长石,见少量白云母碎片,粒径均一,级配不良,黏粒含量少于10%,含砾石颗粒,夹粗砂薄层,局部砾石含量较高,含量约40%。岩土工程分级Ⅱ级,揭露层厚2.50~7.50m,层底标高为–6.25~–14.98m。该层主要分布在河床内。

③层粉质黏土(Q_4^{al+pl}):黄褐色,可塑,黏性较好,含少量粉细砂,含量约15%,表

层含植物根，稍有光泽，摇振反应无，干强度中等，韧性中等，局部夹粉土。岩土工程分级Ⅱ级，揭露层厚0.5～6.2m，层底标高为0.67～8.01m。该层主要分布在河岸东侧及江心洲处，河岸西侧地表零星分布。

④层细砂(Q_4^{al+pl})：黄色，饱和，松散～稍密，主要矿物成分为石英、长石，见少量白云母碎片，粒径均一，级配不良，黏粒含量少于10%，含砾石颗粒，局部夹粗砂薄层。岩土工程分级Ⅱ级，揭露层厚1.00～9.30m，层底标高为-6.81～6.22m。该层主要分布在河岸东侧及江心洲处。

该层局部夹有透镜体：

④-1层黏土：灰褐～黄褐色，软塑，含植物腐殖质，稍有光泽，摇振反应无，干强度中等，韧性中等，仅在ZK17、ZK24号孔有揭露，揭露厚度分别为0.8m、1.4m。岩土工程分级Ⅰ级。

⑤层粗砂(Q_4^{al+pl})：灰黄～黄褐色，饱和，稍密～中密，砂质均匀，级配一般，主要矿物成分为石英、长石等，含少量云母碎片，局部含砾石及植物腐殖质，夹砾砂薄层，岩土工程分级Ⅱ级，揭露层厚1.50～12.30m，层底标高为-3.74～-15.28m。主要分布在河流东岸及河床江心洲处。

该层夹有透镜体：

⑤-1层粉质黏土：灰褐色，软塑，含植物腐殖质，稍有光泽，摇振反应无，干强度低，韧性低，仅在XK26、ZK14号孔有揭露，揭露厚度分别为0.9、1.0m。岩土工程分级Ⅰ级。

⑥层粉砂(Q_4^{al+pl})：黄褐色，饱和、稍密～中密，主要矿物成分为石英、长石，粒径较均一，级配不良，黏粒含量小于10%，局部含砾石，含量约30%，局部夹粗砂薄层。岩土工程分级Ⅱ级，揭露层厚2.20～12.50m，层底标高为-20.67～-9.44m。该层主要分布在河岸东侧及河床地段。

该层在河岸东侧有一夹层：

⑥-1层粗砂：灰黑色，湿，稍密～中密，砂质不均，颗粒不均一，级配较好，主要矿成分为石英、长石等，含砾石，砾径为2～5mm，含量约20%，局部砾石含量较高，达40%，黏粒含量约20%。该层在XK29、XK28、XK27、XK26、XK25、ZK22、ZK23、ZK24号孔有揭露，揭露厚度为2.7～9.7m。岩土工程分级Ⅱ级。

⑦层粉质黏土(Q_4^{al+pl})：灰黑～深灰色，局部为浅白灰色～灰色，可塑～硬塑，局部成软塑状，黏性较好，含腐殖物，切面光滑，摇振反应无，干强度较低，韧性高，局部夹黏土层及粉土层，含沙砾，含量约15%。岩土工程分级Ⅱ级，揭露层厚0.60～21.00m，层底标高为-7.69～-22.48m。除河岸东侧外，该层在整个场区均有分布。

该层在河岸西侧含3夹层：

⑦-1层中砂(Q_4^{al+pl})：灰白～褐黄色，稍密～中密，饱和，砂质较均匀，级配差，矿物成分为石英，黏粒含量为20%～40%，局部含砾石，含量约20%，一般粒径2～15mm。岩土工程分级Ⅱ级，揭露层厚0.90～7.60m，层底标高为-3.03～-8.48m。该层主要分布在河床西侧XK11、XK7、XK6、XK5、XK4、XK3、XK2、ZK01、ZK02号孔。

⑦-2层砾砂(Q_4^{al+pl})：黄色，饱和，稍密～中密，主要矿物成分为石英、长石及少

量云母等，含少量卵砾石，颗粒粒径不均匀，级配一般，黏粒含量在10%左右。岩土工程分级Ⅱ级，揭露层厚0.70～3.00m，层底标高为－14.42～－17.81m。该层主要分布在河床西侧XK08、XK07、XK06、ZK04、ZK03号孔。

⑦－3层淤泥质黏土（Q_4^{al+pl}）：灰黑色，软塑～流塑，土质不均，无摇振反应，切面粗糙，干强度低，韧性低，含大量植物腐殖质，有嗅味，夹细砂、淤泥质粉质黏土薄层，厚度0.5～3.0cm。岩土工程分级Ⅰ级，揭露层厚0.90～4.00m，层底标高为－5.60～－7.59m。该层主要分布在河床西侧竖井处XK03、XK02、XK01号孔。

⑧层砾砂（$Q3^{al+pl}$）：灰黄～灰白色，饱和，中密～密实，分选性差，主要矿物成分为石英、长石等，含云母碎片，粒径大于2mm的含量约45%，多呈棱角状，砾石粒径以10～20mm为主，含量约10%，含少量泥质，夹粗砂薄层，岩土工程分级Ⅱ级，揭露层厚0.90～6.20m，层底标高为－12.49～－20.35m。该层主要分布在河岸西侧及河床西侧。

该层夹有透镜体：

⑧－1层黏土：灰黑色，软塑，含植物腐殖质，稍有光泽，摇振反应无，干强度低，韧性低，仅在ZK05号孔有揭露，揭露厚度为2.1m。岩土工程分级Ⅰ级。

⑨层卵石（Q_3^{al+pl}）：杂色，中密～密实，饱和，母岩成分以灰岩、砂岩为主，粒径较均匀，一般粒径10～40mm，最大可见90mm，分选性差，骨架物颗粒形状以次圆状为主，含量约70%，中粗砂及砾砂充填，岩土工程分级为Ⅲ级，揭露层厚0.80～12.00m，层底标高为－17.24～－28.46m。该层主要分布在河床内及河流东岸。

该层夹有透镜体：

⑨－1层粉砂：灰褐色，饱和，中密～密实，主要矿物成分为石英、长石及少量云母等，含少量卵砾石，颗粒粒径不均匀，级配差，黏粒含量为10%左右。岩土工程分级Ⅱ级。仅在XK14、17、21、ZK05号孔有揭露，揭露厚度为2.1m。

⑩层全风化泥质粉砂岩（E）：棕红色，岩石结构已完全破坏，局部风化程度不均匀，大部以粉质黏土为主，呈可塑状，夹强风化泥质粉砂岩岩块，仅残余原岩外观及矿物成分，风化裂隙极发育。岩土工程分级为Ⅱ级，揭露层厚0.50～6.00m，层底标高为－15.78～－29.30m。该层在整个场区均有分布。

⑪层强风化泥质粉砂岩（E）：棕红色，砂状结构，块状构造，岩层倾角为5°～10°，岩体破碎，风化程度不均匀，岩质软，锤击易碎，岩石脱水后易产生龟裂纹而碎裂，岩芯以碎块～饼状为主，$RQD=0～30$不等。岩土工程分级为Ⅲ级，揭露层厚0.50～14.30m，层底标高为－16.99～－39.20m。该层在整个场区均有分布。

⑫层中等风化泥质粉砂岩（E）：棕红色，砂状结构，块状构造，岩层倾角为5°～10°，岩体较完整，风化程度不均匀，岩质软，锤击易碎，岩石脱水后易产生龟裂纹而碎裂，岩芯以柱状为主，局部成饼状，$RQD=30～70$不等。岩土工程分级为Ⅴ级。该层在整个场区均有分布，揭露最大厚度为35.80m，钻孔未揭穿。

三、设计方案

1. 隧道总体设计

根据穿越东西两岸地形地貌，西岸竖井位置在距大堤坡脚外241.8m处；东岸竖井位置在距大堤坡脚外213.8m处。

　　西岸竖井为盾构始发井，为圆形沉井，内径14m，深19.85m；东岸竖井为盾构接收井，采用圆形沉井，内径14m，深22.91m。盾构隧道内径3.08m，水平投影长度2233.8m（两竖井中心间距）。

　　总体布置为：始发井(井深19.85m) + 盾构隧道(20.34m水平段；水平投影长59.31m圆弧段，曲率半径1500m；水平长663.2m、坡度为3.957%的下坡段；水平投影长66.81m圆弧段，曲率半径1500m；水平长793.89m、坡度为0.5%的上坡段；水平投影长49.89m的圆弧段，曲率半径1500m；水平长485.97m、坡度为3.638%上坡段；水平投影长57.39m转弯段，曲率半径1500m；20.34m水平段) + 接收井(井深22.91m)。

　　本工程总体布置图见图4-8。

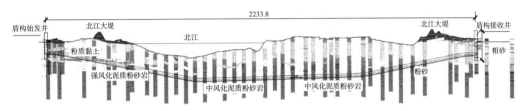

图4-8　西气东输二线北江盾构隧道穿越方案图

2. 两岸竖井设计

1）始发井

　　西岸竖井为始发井，该竖井作为组装盾构设备、出渣、运送环片、管道安装及施工人员上下之用。竖井内径为14m，井深为19.85m。始发井采用不排水法下沉方式施工，见图4-9。

2）接收井

　　东岸竖井为接收井，该竖井作为盾构拆卸、管道安装及施工人员上下之用。竖井内径为14m，井深为22.91m。接收井采用不排水方式施工，见图4-10。

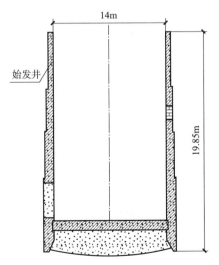

图4-9　西气东输二线北江盾构始发井方案图

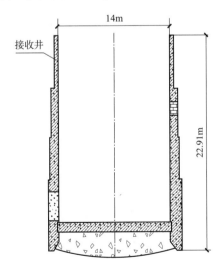

图4-10　西气东输二线北江盾构接收井方案图

3. 盾构隧道断面的确定

（1）盾构内径

根据隧道内管道安装、预留检修通道位置等要求，盾构隧道内径确定为 $\Phi 3.08\text{m}$。

（2）盾构环片

盾构隧道采用预制 C50 钢筋混凝土环片衬砌。圆环分为 6 块，环片宽度为 1200mm，厚度 230mm，采用螺栓连接。

4. 盾构工法及设备要求

该工程地质条件复杂，施工中采用泥水平衡盾构机。本工程穿越主要地层为粉质黏土、泥质粉砂岩、卵石、砂，地层复杂多变。选用的盾构设备具备了以下基本功能：

（1）能适应长距离掘进，且施工速度快；

（2）高压空气舱能满足人员进舱检修、排除故障；

（3）在 0.5MPa 水压力下正常工作的需求；

（4）卵石、岩石等的二次破碎功能；

（5）能及时冲洗刀盘；

（6）进、排浆管路满足掘进地层的要求，施工期间管路不会发生堵塞；

（7）同步注浆功能；

（8）充气密封系统；

（9）能适应隧道设计坡度4%的需要。

5. 管道安装设计

竖井内管道安装：管道通过竖井预留洞时，在管道外包裹 10mm 橡胶板，竖井内管道安装完毕后，钢管与预留洞间浇注 C25 混凝土，封堵混凝土与钢管外壁之间设置不小于净距20mm 的伸缩缝，并用沥青麻丝填缝。

盾构内管道安装，管道在盾构内焊接，混凝土垫层用 C25 混凝土，垫层混凝土厚700mm。平巷内设置管道支座，支座间距15m，靠近始发井、接收井壁处的两个支座间距分别为 10m 和 13m。支座与管道焊缝净距不小于 1m。穿越管道弹性敷设曲线段曲率半径为 $1500D$。竖井内管道安装详见图 4-11、图 4-12。

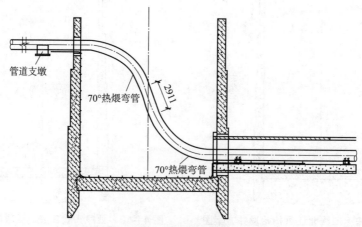

图 4-11 始发井管道安装图

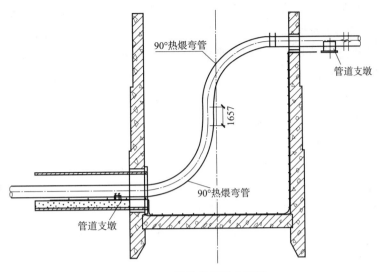

图 4 – 12　接收井管道安装图

四、现场施工问题及处理

北江穿越隧道采用泥水加压平衡盾构工法施工，水平穿越长度 2233.8m，实际穿越长度 2234.76m，由从德国海瑞克公司引进的 AVND3080AH 泥水加压平衡式盾构机承担掘进任务。

本工程的主要特点有：

(1) 本工程地质条件复杂，盾构穿越将经过：⑥层粉细砂、⑦层粉质黏土、⑧层砾砂、⑨层卵石、⑩层全风化泥质砂岩、⑪层强风化泥质砂岩、⑫层中等风化泥质砂岩等各种复杂地层。地质的复杂性增大了盾构始发和到达施工、多次穿越不同地层交界面掘进施工的难度和风险，提高了对盾构机设备适应性和盾构掘进技术控制的要求，并加速了盾构机配件的损耗。

(2) 本工程穿越位置整体岩石裂隙较发育，大部分呈中风化状，完整性稍差，局部夹有强风化岩。裂隙的存在会造成盾构机掘进过程中水压突然波动增加掘进控制难度和施工风险；风化岩层对刀具的磨损较大，换刀作业频繁，裂隙的存在导致局部地下水压大、水系无法隔绝，造成人员进舱作业困难、作业风险较大。

(3) 本工程隧道长度为 2233.8m，在小盾构施工领域属于长距离隧道穿越。随着隧道长度的增加，各种盾构材料的运输难度加大、运输效率降低，造成整体施工工效降低，必须增加电机车、注浆系统、管片存储系统等施工设备投入以保证施工工期。

(4) 本工程隧道两次穿越北江防洪大堤。由于大堤段覆盖层突然加厚，水土压力变化梯度较大，且大堤段的地表沉降控制要求严格，造成盾构施工难度加大。在施工过程中必须增加地表、隧道及盾构掘进的持续监测，并加强施工过程控制，增加必要的施工物资和应急物资，以防止出现大堤隆陷、管涌等风险，保证大堤及两岸居民安全。

(5) 本工程隧道在始发段和江心岛多次穿越居民区。由于当地居民区民房均为多层砖结构，结构强度较低、抗扰动性能较差，微量的地表隆陷都有可能造成民房结构受损甚至坍塌。在施工中加强了对地表持续监测和盾构施工控制，并在穿越居民区期间采取临时转移居民或将民房拆迁等必要的手段以保证居民人身财产安全。

（6）本工程盾构机出洞、进洞分别处于中砂～粉质黏土交界层和粉细砂层。在盾构机进、出洞作业时，存在洞门与盾构机外壳间隙处向隧道内涌水涌砂的风险，易造成竖井被淹、地表塌方等施工事故。在盾构机进、出洞时，采取必要的地质改良措施、水中进洞等辅助措施和安全可靠的施工手段以避免该类施工事故的发生。

由于施工准备较为充分，在施工过程总体较顺利，现场施工中主要经验如下：

（1）盾构始发地层为强透水砂层和粉质黏土地层，根据盾构机洞门密封和始发掘进特点至少需破除洞门900mm素混凝土，保证盾构机旋转刀盘时不破坏橡胶密封，由于始发地层特点，当破除一定厚度混凝土后洞门存在剪切破坏风险，给盾构始发掘进带来重大风险。结合以往工程经验，采用延长洞门结构。增加钢套筒始发掘进方案，在洞门处安装1000mm长钢套筒，事先将刀盘顶入钢套筒内，盾构机在钢套筒内旋转刀盘切削洞门混凝土，这样在保证不破除洞门混凝土时进行始发，保证始发安全。

（2）北岸竖井施工，由于本工程地层的特殊性，属于强透水砂层，应尽量避开汛期竖井施工，在北江主汛期前完成施工任务，施工中采用了空气吸泥不排水下沉施工和高压灌浆技术，为盾构进洞打下了坚实的基础。

（3）盾构掘进是从泥质砂岩开始的，但泥质砂岩掘进最大的难题就是糊刀，刀具偏磨，在刀盘舱和泥水舱形成大块黏泥，堵塞刀盘开口和筛板出渣孔，掘进速度缓慢。在施工中通过收集掘进参数，总结掘进规律，最终依靠调整循环浆液，添加扩散剂、降滤失水剂和正电胶干粉，调整掘进模式和掘进参数，成功完成了泥质砂岩掘进，有效抑制了糊刀和大块黏泥堵塞出渣口，掘进速度提升，成功保障了盾构穿越"红层"泥质砂岩。

（4）掘进在泥质砂岩与卵石层过渡段中，由于地处两种地层交界，无论从泥浆配比还是从盾构掘进技术方面，都存在非常大的难度。施工期间多次出现了卵石塌方、盾构机卡死刀盘情况，盾构掘进速度极慢。经过反复试验，通过优化浆液配比等措施，提高泥浆黏度和动切力，提高盾构机泥浆循环携渣的能力，使盾构重新开始缓慢掘进，保证掘进面稳定。

（5）盾构机在砂层和粉质黏土中掘进，为了保证刀盘的贯入度，要采用旁通循环掘进一段，当刀盘压力上升到掘进时的正常数值时切入工作循环，为了提高速度控制方式完全打到自动，掘进时速度起步要快，在此时保证掘进速度，控制掘进时间20min以内，及时和泥水分离联系，保证不会出现超挖、欠挖现象。

（6）施工过程中，刀具自身正常磨损，另外地质情况的变化，造成刀具磨损，人员需定期进入气压舱对刀具进行检查，并根据刀具磨损情况进行更换。

（7）在2233.8m的隧道掘进中，其中泥质砂岩掘进1350m，砂层穿越500m，卵石层掘进250m，黏土层掘进130m。在盾构出洞在砂层中进行，该地层透水性极强，盾构机顶部埋深15.1m，底部埋深18.2m。盾构在砂层贯通破除洞门时竖井两侧存在压力差，进入竖井后突然压力突变到零，地下水携带的流砂通过盾构开挖形成的"环形空间"大量进入接收竖井，易造成地面塌陷，因此，本工程采用水中进洞接收。在接收时要特别注意注浆封堵地下水，浆液配比、注浆压力、注浆量、注浆注意事项，盾构机水下停机位置，抽水排沙措施，洞门快速混凝土浇筑，盾构机拆除吊装等关键控制节点。

本工程施工主要完成时间节点如下：

(1)2010 年 12 月 18 日"三通一平"工作开始；

(2)2011 年 2 月 17 日始发竖井开工；

(3)2011 年 6 月 21 日始发井施工完毕；

(4)2011 年 7 月 23 日盾构机始发掘进；

(5)2012 年 1 月 1 日接收井正式开工；

(6)2012 年 7 月 4 日隧道贯通。

五、小结

北江盾构隧道穿越长度较长(2233.8m)，隧道主要穿越软岩层(泥质粉砂岩)，局部穿越卵石层，隧道施工总体较为顺利，施工的难点主要是卵石层的坍塌处理及砂岩层的糊刀处理。同时北江大堤对沉降要求较高，在施工中根据地质情况提前制定施工方案，精确计算盾构掘进面水土压力，加强地面沉降监测并及时反馈指导盾构施工，通过调节管片背注浆和盾构出渣量等措施将地表沉降严格控制在 5mm 之内，小于规范要求的 20mm 沉降量。

第四节 西气东输二线钱塘江盾构隧道

一、工程概况

钱塘江盾构穿越工程是西气东输二线南昌 – 上海支线控制性工程之一，在浙江省嘉兴市盐官镇和杭州市萧山区间，采用泥水加压平衡盾构工法穿越钱塘江。穿越处管道设计压力为 10MPa，管径 $\Phi1016mm$，设计盾构隧道穿越段水平长度为 3148m，南岸更改路由后长度为 2792m，内径为 3.08m，穿越地质主要为淤泥质粉质黏土、粉质黏土和粉砂层。

现场施工工地照片见图 4 – 13。

图 4 –13 钱塘江盾构工地

始发竖井位于钱塘江北岸嘉兴市盐官镇，为矩形结构，长22m，宽8m，深度18.5m，采用沉井法施工。

接收竖井位于钱塘江南岸杭州市萧山区，为圆形结构，内径14m，深度28.55m，采用沉井法施工。

2010年6月1日，盾构机吊装下井，2011年5月13日，盾构隧道洞门封闭，盾构机主机顺利吊装出井，钱塘江盾构工程提前46d顺利贯通，实现了全长2792m隧道掘进无刀具更换，创造了月平均掘进289.2m的"钱塘江速度"。该项目首次应用"水下破洞法"贯通，填补了中石油在软弱地层实现盾构隧道贯通技术领域的空白。该工程先后成功应用群众性技术创新64项，大幅降低劳动强度，提高施工效率。

地层竖井施工及砂层中盾构接收是本项目工程技术中的两个主要特点。

二、地质条件

1. 地层特征

依据钻探揭露及土体形成的地质时代、成因、岩性、物理力学性质等特性对场区的地层进行工程地质分层，自上而下共分为8个主要地层，分别描述如下：

①层素填土（Q_4^{ml}）：南岸主要成分为粉土，灰、灰黄色，湿、松散，无层理，均匀性较差；北岸以黏性土为主，灰、灰黄、灰褐色，软塑～可塑，无层理，均匀性一般，局部可见铁锰质氧化斑点。层厚1.40～7.50m，层底标高-0.87～7.30m。

②层粉质黏土（Q_4^{al}）：灰黄、灰色，可塑，稍有光滑，摇振反应无，干强度及韧性中等，含铁锰质浸染，夹粉土薄层，局部为黏土。层厚3.20～5.20m，层底标高0.72～1.95m。分布于钱塘江江北地表，分布较普遍。由于江北普遍种植农作物，其耕植土一般厚度为0.4～0.6m。

③层粉土（Q_4^{al}）：灰黄、灰色，中密～密实，湿，薄层状构造，一般单层厚度为0.2～5cm。无光泽，摇振反应迅速，干强度及韧性低，局部夹粉质黏土薄层。层厚2.80～14.80m，层底标高-12.70～-1.12m。本层主要分布于钱塘江江中河床浅部及江南浅部，江北缺失。

④层粉砂（Q_4^{al}）：暗绿灰色、灰色，饱和，稍密～中密，薄层状构造，一般单层厚0.5～5cm。砂质分选一般，局部相变为粉土，底部偶见黏性土微层理，土层均匀性略差。摇振反应迅速，刀切面粗糙，韧性低，干强度低。层厚3.10～15.80m，层底标高-17.80～-6.14m。本层分布于钱塘江江中及江南，江北岸缺失。

⑤层淤泥质粉质黏土（Q_4^{al}）：灰色，流塑，厚层状构造。黏塑性好，含少量黑色有机质斑点，土质均匀，局部易污手，底部一般可见少量贝壳碎片，局部见少量粉土小团块。切面光滑，韧性高，干强度高，无摇振反应。局部为淤泥质黏土；夹粉砂，单层厚0.2～10cm，具微层理，局部互层状。层厚1.00～22.00m，层底标高-27.21～-13.50m。本层场区普遍分布。

⑥层粉质黏土夹粉砂（Q_4^{al}）：灰绿～灰色，软塑～流塑，稍有光滑，摇振反应无，干强度及韧性中等，夹粉砂、粉土，单层厚0.5～20cm，具微层理。层厚1.70～19.90m，层

底标高 - 35.53 ~ -17.40m。本层场区普遍分布。

⑦层粉质黏土(Q_4^{al})：灰色，软塑~可塑，局部流塑，稍光滑，摇振反应无，韧性及干强度中等，局部为黏土，偶见粉砂薄层，层厚4.14~16.00m，层底标高 - 42.11 ~ -31.57m。本层场区普遍分布。

⑧层黏土(Q_4^{al})：灰色，可塑~软塑，土质均匀，光滑，摇振反应无，韧性及干强度高。揭露厚度1.4~24.85m，未揭穿。本层场区普遍分布。

2. 不良地质作用

据本穿越上游临近相关工程资料(上游160m为钱江公路过江隧道)，其工程在勘察过程中钻探发现有沼气呈气泡状逸出，有少量冒气现象，套管内可听见少量间歇性的水泡声，孔内水位较高，冒气现象不明显，当水位下降时，水泡声明显。

本工程与上游公路隧道工程穿越点相距160多米，地层条件相似，可能部分地段淤泥质地层含有沼气，储气量非常小。

三、设计方案

1. 总体设计

盾构机由北岸始发井出发，以2.8%的下坡前进598.4m(从始发井中心算起)，连接2099m的近水平段(0.3%的上坡)，再以2.8%的上坡前进94.5m(从到达井中心算起)，连接于南岸接收井，转角处采用1300m曲率半径的圆弧连接，隧道总水平长度(两竖井中心距)2791.7m。考虑两竖井内径部分，实际上隧道掘进净长度2791.9m。总体布置见图4-14。

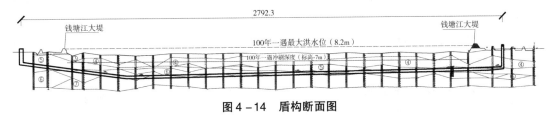

图4-14　盾构断面图

隧道穿越断面内大部分位于⑤层淤泥质粉质黏土、⑥层粉质黏土夹粉砂，局部位于③层粉土、④层粉砂层。

盾构隧道内径为Φ3.08m，管片厚度为0.23m，管片外径为Φ3.54m。隧道横断面内布管线为：D1016mm输气管道一根、通信光缆套管一根。

2. 始发竖井设计

北岸始发井考虑采用沉井法，矩形井壁，壁厚为1200~1000mm，封底为3000mm素混凝土，1500mm钢筋混凝土底板。考虑在盾构进洞段进行土体改良，拟采用深层搅拌桩法改良地基，土体改良断面8m×8m，土体改良长度11m。进洞段的地质改良应在沉井下沉到位后进行改良。

南岸竖井采用沉井法不排水开挖方式施工，沉井采用分节制作的形式，井筒及底板采用 C40P10 钢筋混凝土，井筒厚度按 1000mm、1200mm 和 1400mm 分级制作，钢筋混凝土底板厚 1000mm，封底混凝土厚 3800mm，接收井内径 Φ14m，深 28.55m（不包括防洪井圈）。考虑在盾构出洞段进行土体改良，拟采用三轴深层搅拌桩法改良地基，土体改良断面 13m×13m，土体改良长度 11m。出洞段的地质改良应在沉井下沉到位后进行改良。

图 4-15 始发井现场图

始发井作下放盾构设备输气管道、光缆，排渣出口，运送环片及上下人员之用。由于穿越距离较长，为缩短工期增加运输能力，根据设备要求将始发井定为矩形，长 22m，宽 8m，沉井井壁 18.5m，下沉深度 18m（始发竖井施工现场见图 4-15）。由于北岸始发井与邻近公路之间有一条小河相隔，施工过程中需要临时架设一座施工便桥。

接收井作为撤离盾构设备和管道安装用，也可作铺设管线及上下人员之用。接收井定为圆形，内径为 14m，深 28.55m（不包括防洪井圈）。

3. 老海塘加固设计

钱塘江穿越位置处北岸堤防内为明清老海塘，该海塘属于政府保护范围。考虑到盾构施工中可能对海塘沉降、抗滑稳定性等产生影响，为此对海塘盾构穿越的堤段采取工程防治措施。业主单位委托浙江省钱塘江管理局勘测设计院进行了专项设计，加固设计方案主要内容包括灌浆加固及抛填块石混合料。

老海塘内侧布有 3 排灌浆孔，排距为 1m，每排 40 孔，相邻孔距 1m，钻孔梅花形布置。抛石范围为隧道中心线上下游岸段各 30m。

4. 堤防及老海塘沉降监测设计

钱塘江管理局要求北岸堤防及鱼磷石塘（老海塘）的日最大沉降不超过 2mm，最终沉降量控制在 10mm 内，并要求施工期间进行第三方变形监测。业主单位委托浙江省钱塘江管理局勘测设计院进行堤防及鱼磷塘石沉降监测设计并实施监测。

堤身测点累计沉降量最大值为 12.6mm，共有 6 个测点累计沉降量达到 10mm，地基土体沉降基本稳定。堤身结构没有发生明显水平位移和产生裂缝现象。整个变形较小，未对堤身结构产生明显不利影响。

5. 开展并行隧道安全评估

西气东输二线钱塘江盾构穿越盾构隧道（直径 3.08m）与上游并行的钱江公路盾构隧道（直径 15m）相邻，走向大体平行，其中南岸井口间距 218m，北岸井口间距 254m，中间最小间距 160m。为了工程建设安全，避免工程施工及运营相互干扰影响，委托法利科瑞成（天津）安全技术有限公司对钱塘江管道隧道穿越工程开展风险评估，编制《西气东输二线上海支干线钱塘江盾构隧道穿越工程风险评估报告》。

安全评估从隧道的设计、施工、环境与健康以及运行风险方面辨识危险因素，并在此基础上依据类似案例以及相关规范，采用量化计算软件，开展了本工程的施工风险、邻近隧道工程相互影响风险、隧道施工对大堤稳定影响的风险、运营期天然气泄漏风险、管道隧道运营期沉船风险等重要风险场景的定量计算工作。评估结果认为通过采取一定工程措施后各种风险可控。

四、现场实施情况

1. 竖井施工

1）始发竖井不排水法下沉

始发竖井深度范围内地层以粉质黏土、淤泥质粉质黏土为主，地基土承载力低、含水量大、压缩性高，是典型的软土地层。沉井下沉中容易出现涌土、涌水等情况，沉井下沉中易偏斜，导致下沉困难。为避免该情况的出现，沉井下沉施工中采用不排水法下沉方案，并控制下沉速度，见图4-16。

图4-16　沉井带水下沉

2）水下素混凝土封底

沉井下沉过程中严格执行不排水下沉方案，直到竖井下沉就位，竖井就位也同样是发生涌土、涌水风险最高的时刻。为杜绝涌土、涌水的风险，竖井下沉就位后并没有将竖井内水抽出，因此封底采用潜水员在水下作业完成（图4-17）。

图4-17　沉井带水封底

2. 盾构进洞

接收井位置处地层以砂层为主，地下水位高。如何保证盾构进洞后盾构隧道与竖井壁之间缝隙封堵密实是整个盾构隧道掘进中最关键的一环，决定了盾构工程施工的成败。施工承包商从如下方面做了很多工作，保证盾构安全进洞。

1）接收端地层加固

接收端地层采用三轴搅拌桩进行加固，加固尺寸：长13m，宽13m，深11m。加固完成后取芯检查加固效果，达标后盾构机方可进洞，地层加固现场照片见图 4 - 18。

2）盾构机带水进洞

在盾构进洞前，向接收井内注水，靠竖井内的水压力平衡井外地层的水土压力，进而杜绝盾构进洞后涌水、涌沙现象的发生。盾构顺利进洞后，观测水位变化情况，以检验注浆效果。若缝隙有渗漏情况，则通过注浆加固等手段进一步处理，直到将该通道彻底封堵，带水进洞现场照片见图 4 - 19。

图 4 - 18　地层加固

图 4 - 19　盾构带水进洞

3）其他保证措施

安装洞门密封、安装橡胶充气密封。

盾构脱离洞门密封后，先利用竖井预埋的注浆管注浆。

拼装进洞前管片过程中同步压注改性泥浆，浆的凝固时间控制在 4 ~ 6h（掺入速凝剂），每一环注改性泥浆量以 2m³ 为宜。

勘探资料显示穿越轴线地层中有零星沼气，施工中通过如下特殊措施保证顺利掘进：

①24h 专人不间断多点监测控制措施；②强制 24h 不间断通风保障措施；③盾构铰接密封防渗漏调整；④盾尾密封事前处理与改进；⑤提高耐用寿命降低渗漏风险措施；⑥管片拼装注意事项；⑦防止在拼装过程中造成对管片密封的损害；⑧注浆孔渗漏水处理措施；⑨同步注浆质量保证措施。

五、工程难点及对策

1. 工程难点分析

（1）地质条件复杂，盾构施工难度大。隧道掘进位于河床下部，水文地质条件复杂，隧道穿越地层主要是淤泥质黏土夹粉砂、黏土、粉质黏土夹粉砂。在掘进过程中，须定期进行刀具磨损检查和更换，在高水压、自稳性差、强透水的地层中检查更换刀具必须保证人员的安全是关键控制难点之一。

（2）本隧道穿越长度 2792m，最大水压达 0.33MPa，淤泥质与粉砂层稳定性差，透水性强，盾尾密封耐用寿命与自防水问题，需要在隧道掘进期间更换盾尾密封，盾尾自防水是本项目安全掘进关键控制难点之二。

（3）盾构隧道掘进穿越钱塘江两岸大堤，北岸隧道从民房下部穿越通过。北岸穿越区域为淤泥质黏土夹粉砂，南岸为粉砂层。在盾构机穿越大堤及民房过程中，需采取有效措施，地表隆陷控制直接关系到大堤与民房的安全，确保大堤与当地居民生命、财产的安全，防止超挖欠挖是关键控制难点之三。

（4）穿越地层大部分为淤泥质，存在含有可燃气体的风险，气体检测与通风的有效性直接关系到人员生命安全是关键控制难点之四。

（5）隧道穿越地层为淤泥层、粉砂层，具有地层软弱、承载力低、受扰动易液化的特点，易造成盾构机掘进过程中机体下沉、控向困难是关键控制难点之五。

（6）盾构接收井贯通处于粉砂层地质，具有地下水位高、强渗透、富含水、地层松散易造成涌水涌砂、地面沉降等特大安全风险，确保安全顺利贯通是关键控制难点之六。

（7）隧道掘进长度2792m，在小盾构施工领域属于超长距离隧道，在施工后期，解决处理好隧道内运输、通风、排水、供排泥水等问题，确保安全施工与进度是关键控制难点之七。

（8）隧道掘进长度2792m，在小断面长距离隧道内单导线测量较难保证测量贯通精度。目前，项目所配备的陀螺仪、GPS测量仪缺乏实用经验，如何保证精确贯通是关键控制难点之八。

2. 工程难点应对方法

本工程为江底隧道，盾构需穿越淤泥质黏土夹粉砂、黏土、粉砂等地层，针对本工程存在软土地层、地下水压高等特点，结合盾构的施工经验，采用德国海瑞克公司生产的AVND3080AH泥水加压平衡式盾构机用于钱塘江盾构穿越工程的施工，性能满足工程要求。

（1）为防止在软土、黏性地层掘进中刀盘上形成泥饼，掘进受阻，盾构机配备软土刀盘及刀盘冲洗高压喷嘴，并在盾构机上增加了一台供浆泵，提高供浆压力和流量，加大对刀盘的冲洗效果。在施工中，使用低黏、低切、低密度、低失水泥浆，并添加石灰、聚丙酰胺等添加剂，降低泥浆黏度，减小摩阻。在增加土体流动性的同时，降低其黏着性，降低刀盘扭矩，防止土体附着于刀盘形成泥饼现象。

（2）AVND3080AH盾构机抗水压能力为0.5MPa，针对高水压地层掘进的特点，在盾尾设置四道钢丝密封刷。在掘进过程中，密封刷与管片背侧发生相对运动，摩擦导致密封刷不断磨损。掘进施工中应确保密封油脂充分充填盾尾间隙，使用油脂润滑密封刷与管片接触面。保证隧道圆度，减少管片背侧凸台，避免密封刷受力不均。严格控制掘进导向，使隧道变坡处平缓过渡。盾构机体轴线与隧道轴线吻合，保证密封刷与管片背侧均匀接触。必要时选用耐磨性、稠度、抗冲刷性及抗流失性更好的密封油脂。

根据海瑞克提供的设计图纸，同时借鉴大断面盾构施工的成功经验，盾构机配备盾尾紧急密封装置，在掘进过程中更换已损坏的盾尾内侧两道密封刷时确保施工安全。

（3）控制地表隆陷是对防洪大堤及民房安全的重要保证。在穿越区域布设沉降控制网，通过地表沉降监测信息反馈指导调整掘进参数。采用泥水加压平衡模式掘进，优化泥浆配比防止地层坍塌，严格控制开挖土量防止超欠挖。采用同步注浆或二次补强注浆及时充填开挖间隙，尽早实现管片对地层的支撑。一旦发现大堤及建筑物隆陷超过临界值，立即停止盾构掘进施工。在穿越区域采取注浆加固措施进行地质改良，提高地层稳定性。

（4）在穿越含可燃气体地层的掘进施工中，处理原则是"预防监测、多循环、快封堵"，防止其进入隧道。掘进过程中加强气体检测，一旦检测到沼气，立即停止施工，提高风机级数，加大通风量，及时置换隧道内气体，将沼气的体积浓度严格控制在临界值以下。同时，通过采取压注盾尾密封油脂，进行双液注浆等措施防止沼气进一步涌入隧道。隧道内严禁明火，防止因静电、明火等火源点引燃可燃性气体。

（5）在穿越软弱地层及地层交界面时，重点应保证开挖面的稳定。在交界段掘进时要放慢掘进速度，控制盾构姿态，使盾构机沿着隧道轴线掘进。注重对泥浆的质量进行检测，调整泥浆浓度和泥水压力。采用泥水气压平衡模式操作，降低泥水压力波动，有效防止掘进面地层坍塌。

（6）为避免盾构进洞时发生涌水涌砂事故，对盾构进洞段 16.5m×7m 范围的地层采用搅拌桩加固。桩长为 3.5～4.5m，盾构隧道中线上、下各 5m。搅拌桩桩径 500mm，桩中心距 300mm，桩身搭接 200mm。在盾构主机外壳与接收洞门的建筑空隙间安装防水密封圈。密封装置可防止盾构进、出洞时泥水外泄，使掘进面始终保持密闭。盾构贯通前，大量压注初凝时间短，凝结强度低的改性触变泥浆，使设备、管片与土体之间的间隙得以填充，同时固化土体。

（7）增加拖车部位的管片与砂浆的存储量。改变以往单次运输一环材料的方式，每次运输盾构掘进两环所需要的材料，节约运输时间。在竖井内设置双轨和道岔，配备两套运输设备交替运行，节约材料准备时间。严格执行机车操作规程，避免脱轨等情况延误物料运输。采用 SDF(D4)－No6.5 风机，配备 D700mm PVC 增强塑布正压通风管，根据风量、风压计算结果，在隧道内增加中继风机。

（8）在地面上建立 GPS 平面控制网和三等水准测量高程控制网，在两个竖井附近建立精密导线网，以保证对地面上平面及高程的控制。竖井联系测量采用全站仪，利用联系三角形法进行多次定向。隧道内采用四级地下导线测量，同时在地下导线上加测陀螺方位角。隧道内导线平均边长为 300m，并在每 600m 处布设陀螺仪观测点。使用 GNS－P 制导系统，即时计算盾构主机的位置及变化趋势，计算平滑纠偏曲线，使盾构机沿切向返回设计轴线。

六、经验及教训

1）成功经验

使用了两种新工法。在始发井施工中采用不排水下沉工法，消除了地层塌方的安全隐患，提高了下沉效率，确保了盾构掘进按期开工。贯通接收方面采用了水下接收技术，确保了盾构机在粉砂层的安全出洞，填补了我公司在该领域的又一项技术空白。

施工中技术革新。技术革新方面也取得了较大的成果，主要改进项目有以下几项：

（1）盾尾密封改造。通过盾尾钢密封集合橡胶密封和充气应急密封的改造，延长了盾尾密封使用寿命，首次实现了整个工程盾尾无渗漏，大大地改进了拼装作业环境，提高了拼装质量，消除了盾尾漏浆、漏气的安全隐患。

（2）刀盘格栅改造。针对淤泥质粉质黏土为主的软土地层特征，对刀盘出渣格栅进行改造，扩大刀盘开口率，增加出渣量，提高了掘进效率(图4-20)。

图4-20　刀盘格栅改造盾尾密封改造

(3)管道封堵器投入使用。突破传统封堵器的设计理念，成功研制出适合盾构自身特征的封堵器，并成功投入使用，提高了封堵效果，改善了作业环境和作业条件，使"无水"隧道成为可能。详见图4-21。

图4-21　管道封堵器管道支架

(4)管道支架设计。将焊接安装方式更改为组装方式，并采用挂钩形式固定水气管路，节约了材料，降低了施工成本和员工的作业强度。

(5)轨道整体安装技术。通过整体安装，提高了轨道安装功效，降低了员工作业风险和劳动强度。

2)教训

(1)接收竖井进度缓慢，影响整体施工进度

对南岸竖井开工日期预估不足，再加上征地协调困难，导致"机等竖井"情况的发生，严重地影响了整体工期计划。回顾以往项目进度影响因素多与竖井有关，有必要加强对竖井施工的关注，加大对竖井施工人力和财力的投入，提高竖井人员的技能水平和监管力度，避免类似竖井情况再次发生。

(2)施工工序仍有优化空间

本项目各施工工序得到了优化，隧道轨道调整、淤泥清理等工作都已经得到彻底解决，但各工序仍有优化的空间。比如排污管放在轨道旁边，备用气管可以在轨道的另一

边，这样可减小作业人员的作业强度，并且节约管道支架成本。另外就是一些革新项目、安装项目初期使用时缺少长远考虑，没有想到拆除要求。比如管道支架在拆除过程中下不去扳手，必须用气焊割除，这就违背了当初不用动火的设计要求。从这些小的环节中我们应该吸取教训，不断优化各工序，创新求实，确保盾构事业越做越好。

七、小结

钱塘江盾构隧道工程主要有两方面特点，其一为软土地区大面积矩形竖井施工，其二为盾构在砂层中进洞。由于始发竖井平面尺寸大，又处于软土地区，所以难度很大。施工中通过严密组织，克服了许多困难，最终顺利完成了始发井的施工。钱塘江盾构接收侧地层为砂层，地下水位高，进洞后涌水涌沙的风险高。承包商充分认识到该风险点的重要性，采取多重保障措施，最终顺利完工。钱塘江盾构工程在这两个特殊点上所积累的经验，为后续类似盾构工程的实施提供了宝贵经验。

第五节　长长吉松花江盾构穿越

一、工程概况

长岭—长春—吉化输气管道工程在吉林省吉林市城区西北部穿越第二松花江，采用盾构隧道方式穿越。盾构隧道水平长度 886.2m，盾构隧道内径为 $\Phi2.44m$，始发井内径为 14m，井深为 24.35m；接收井内径为 8.5m，井深为 31.35m。竖井均采用沉井工法施工。隧道内敷设一条管径 $D610mm$ 的输气管道和一条 $D355.6mm$ 成品油管道。

该隧道地处高纬度严寒地区，且始发井和接收井下沉均通过超大卵石等地层，在竖井施工过程中，产生了井壁冻结、下沉困难等难题，后采用了沉井下沉的各种辅助措施，完成了沉井下沉施工。该隧道施工主要创新点为：首次在高寒高纬度地区施工；首次在小型盾构机上应用钢桶始发装置；首次沉井穿越了 16m 厚的砂卵石；首次应用水下套管跟进钻孔技术；成功应用了配重助沉的方式。

二、地质条件

穿越地层：依据土体形成的地质时代、成因、岩性、物理力学性质等特性对管道穿越处的地层进行工程地质分层，自上而下共分为 10 个大层，1 个夹层，盾构隧道穿越的主要地层为强风化、中风化的安山岩、花岗岩。地层特征值如下：

①层素填土：黑褐色，稍湿，稍密，主要由黏性土、碎砖、石组成，层厚 1.0～3.2m。该层见于 2、3、4、5、6、15、18、21 号孔。

②层粉质黏土：可塑，灰黑色，含有机质，无摇振反应，稍有光滑，干强度中等，韧性中等层厚 1.0～7.8m。该层见于 2、3、4、5、6 号孔。

③层含砾粉质黏土：可塑，灰黑色，含有机质，无摇振反应，稍有光滑，干强度中等，韧性中等层厚 1.0 ~ 7.8m。该层见于 2、3、4、5、6 号孔。

④层细砂：灰黄色，饱和，中密，矿物成分主要为长石、石英，分选较差，含少量圆砾，含量约 15%，层厚 2.3 ~ 6.0m。该层见于 2、3、4、5、6、21、22 号孔。

⑤层中砂：灰黄色，饱和，中密，矿物成分主要为长石、石英，分选较差，含少量圆砾，含量约 15%，层厚 2.3 ~ 6.0m。该层见于 2、3、4、5、6、21、22 号孔。

⑥层卵石：灰黑色，饱和，密实，母岩成分为花岗岩、安山岩，一般砾径 15 ~ 50mm，含量约 50%，最大可见 10cm，分选中等，砂土充填。层厚 2 ~ 12.9m。该层场区内均有分布。

⑦层断层破碎带：穿越场区处于依兰—伊通深大断裂和松花江大断裂的交汇处，在该区基岩段形成断裂破碎带。该断裂破碎带受构造影响很严重，多数为破碎带、全强风化带，构造和风化解理密集，节理面及其组合杂乱，形成大量碎块体，多数呈"石夹土"或"土夹石"状。基本由以下三种岩性构成，且各种透镜体展布极不具规律性。

未固结的断层角砾和断层泥：由保持原岩特点的岩石碎块组成，角砾状构造，局部含断层泥。角砾胶结物为磨碎的岩屑、岩粉及岩石压溶物质和外源物质。角砾岩中的角砾形状多不规则，大小不一，杂乱无定向。角砾一般在 2mm 以上，最大 30mm，母岩为安山质凝灰岩，绝大部分为强风化，常见碳酸岩化和绿泥石化。岩石胶结较差，岩芯可见揉皱、扭曲现象，岩质极其酥松，手捏即碎。角砾及小碎块质较硬，手锤敲击易碎，表面见擦痕，该种岩石在此破碎带中占多数。

断层角砾岩：灰褐 ~ 灰黑色，是岩石因构造作用发生破碎所形成的角砾状岩石，角砾大小不等，具棱角，岩性与断层两侧岩石相同，并被成分相同的微细碎屑及后生作用水溶液中的物质所胶结。岩芯呈碎块状和柱状，质地坚硬。

⑧层花岗岩：浅肉红色，原岩为粗粒结构、块状构造，强风化，可见矿物成分为长石、石英和角闪石。岩芯呈沙砾状到碎块状。岩质酥松，手捏即碎。

⑨层压碎的粗安质火山角砾岩：灰褐 ~ 灰黑色，隐晶质结构，块状构造，可见矿物成分多为暗色矿物。强 ~ 中风化，受断层破碎带影响，岩芯呈碎块状，表部有锈面，岩块较坚硬，裂隙十分发育，取芯率很低。

⑩层压碎的粗安质火山角砾岩：灰褐 ~ 灰黑色，隐晶质结构，块状构造，可见矿物成分多为暗色矿物。微风化，岩芯呈块状，表部有锈面，岩块较坚硬，隐蔽裂隙发育。

三、设计方案

1. 隧道总体设计

本工程盾构隧道穿越的主要地层为强风化、中风化的安山岩、花岗岩。盾构隧道顶部距江底的最小距离为 15.4m。

穿越总体布置见图 4 - 22。

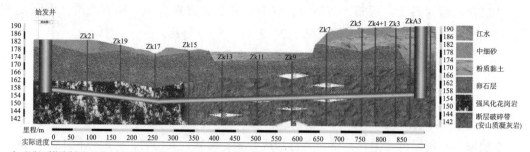

松花江盾构隧道穿越工程是长长吉管道重点控制性工程之一，位于吉林市区西北部，距吉林市约7km，是目前中石油在建盾构项目中最靠北的工程。
工程采用AVN2440DS泥水平衡盾构机穿越，盾构隧道穿越长度886m，隧道建成后将铺设一条管径610mm、压力6.3MPa的天然气管道。
本次穿越的主要地层为强风化的花岗岩和断层破碎带(安山质凝灰岩)。

图 4-22　长长吉松花江盾构隧道穿越图

隧道纵断面设计坡度为 0.71% 和 2.01% 变坡，中间设一个变坡点。变坡点曲率半径 1000m。盾构机及管道从始发井开始以 1.604% 的下向坡度前进，经过 265.3m 后进行变坡，然后按坡度为 0.71% 的上向坡前进 620.9m 后到达接收井。

本工程总体纵断面布置图见图 4-23。

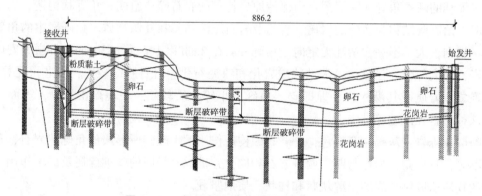

图 4-23　长长吉松花江盾构隧道穿越方案图

2. 两岸竖井设计

1）始发井

东岸始发井内径 14m，深 24.35m，采用沉井法施工，井筒壁厚为 800mm、1000mm、1200mm 分级设置。沉井施工采用排水开挖下沉。

2）接收井

西岸接收井内径 8.5m，深 31.35m，采用沉井法施工，井筒壁厚为 800mm、1000mm、1200mm 分级设置。沉井施工采用排水开挖下沉。

3. 盾构隧道断面的确定

考虑管道安装和通风等要求，采用内径 2.44m 的盾构隧道断面。根据本隧道的施工工艺，隧道衬砌采用钢筋混凝土环片（即 RC 环片）现场拼装衬砌。本隧道用于输送管道铺设，根据其地质条件及受力计算分析，隧道衬砌采用预制钢筋混凝土环片衬砌，衬砌环片分为 6 块，现场拼装，环片厚度 250mm。

4. 管道安装设计

两岸竖井内设置管道支撑。管道通过竖井预留洞时，在管道外包裹 10mm 橡胶板。竖井内管道安装完毕后，钢管与预留洞间浇注 C20 混凝土，并用沥青麻丝堵缝，洞口封堵混凝土抗渗等级为 S6。竖井内管道安装完成后，充水回填。

盾构内管道安装，两种管道在隧道内焊接，混凝土垫层用 C25 混凝土。平巷内设置管道支座并锚固于钢制马凳上，支座间距 8m，钢支座距离管道焊缝 1m 以上。

竖井及隧道内管道安装详见图 4-24~图 4-26。

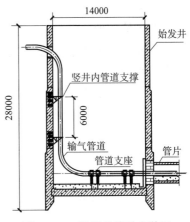

图 4-24　始发井管道安装图

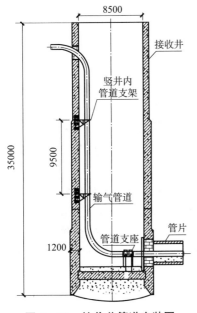

图 4-25　接收井管道安装图

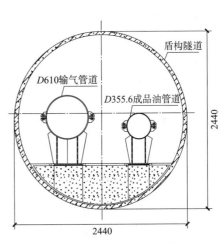

图 4-26　隧道内管道安装图

四、现场施工问题及处理

2009 年 7 月始发井开始施工，2010 年 2 月盾构机始发，2010 年 9 月盾构隧道主体施工完成，2010 年 10 月管道安装施工完成。隧道主体工期约 16 个月。

由于地质条件、施工环境等因素影响，竖井施工成为制约松花江盾构工程的瓶颈。

1）始发井施工

始发井采用很多新的工艺，解决了许多在以往竖井施工中没有遇见过的难题。

面对特殊地层出渣困难，采用了干挖下沉和淹水下沉的不同开挖方式的结合。

面对井壁寒冷天气冻结困难，采取了井壁大开挖、井壁蒸汽解冻法、井圈周围循环水解冻法等措施。解决了 -38° 的低温施工难题和井壁冻结现象。

面对不均匀地层和超大卵石地层下沉困难且易塌方等特点，采取了增加井壁自重、大开挖等措施。

面对不均匀地层等采取了地质补勘措施，更准确地揭露竖井地质条件。

在竖井施工过程中，先后尝试了井下排风除雾气、井壁压浆助沉、振动锤助沉法、深井降水、水下爆破助沉、伴热带防冻等新措施、新方法。投入了港机吊、电动卷扬机救援装置、吊车、挖掘机、桩机、液压抓斗等大量的设备设施，以及炸药、雷管等特殊物资。

经历了多次的塌方涌砂，始发井施工采取了沉井法竖井施工所能采用的各种技术措施。2010 年 2 月 9 日，始发竖井下沉到位。随后在低温环境下，进行了混凝土浇筑封底，完成了始发井施工。

2）接收井施工

接收井于 2009 年 8 月 1 日正式开工，2010 年 8 月底接收井完工。采取的主要措施如下：

鉴于施工区域与周边设施的特殊关系，采用砂垫层、素垫层、砖胎膜与刃脚包角的方法解决了不使用套井的沉井施工工法。

蒸汽解冻法成功解决了井壁与地层整个冻结的难题；先后成功应用了水下套管跟进技术在不成孔地层完成水下爆破。

气动潜孔锤水下破碎岩石和压渣爆破、潜水高压水冲扫等方法解决井下坚硬地层的破除开挖，带水开挖作业减少了易塌方地层的涌沙、塌方现象。

水下封底技术解决了在易塌方涌沙地层中同时面对水压力大封底困难的难题。

水平钻孔注浆法地质改良成功应用解决了不成孔地层下的短时间地质改良难题。

3）盾构隧道施工

盾构掘进穿越地层主要为强风化花岗岩、安山岩破碎带。地层自稳性良好，透水性小，无有毒、有害、易燃气体等有利因素。在此地层中掘进对刀具、刀盘、循环系统管理等磨损较为严重。其中地层中安山岩中夹有透镜体，易造成刀具偏磨等问题。掘进过程中，通过速度和掘进参数的控制，经历了大规模的换刀有 2 次，在掘进 675m 时，保障安全的情况下，实现了刀盘前方外部焊接刮刀刀座。

接收井在施工过程中，发生 3 次较大规模的塌方涌砂，造成了接收洞口外被约 30cm 厚度的卵石层填充。在接收阶段，严格制定、讨论方案可行性，同时采取了双密封洞门接收和水平注浆地质改良等方法，保证了盾构机的顺利出洞。

五、特殊环境下盾构设计及施工经验

（1）对于砂卵石和花岗岩、安山岩，刃脚踏面宽度 30cm 过宽，踏面反力过大，容易造成下沉困难。可以改成轨道加固的形式，即可减少踏面宽度，又能提高强度。

（2）对于砂卵石中的沉井，尽量取消套井施工。砂卵石中下沉，容易造成塌方，套井反而容易卡住沉井。

（3）在砂卵石下沉过程中，回填磨圆性好的豆沙石来代替原有的不规格砂卵石，将有利于沉井下沉。

（4）在砂卵石层中，采用空气幕减阻、触变泥浆减阻等方式效果不好，原因是砂卵石层间隙过大，无法使它们固定在井壁区域附近；粒径大于 20cm 以上的漂石，采用空气提升的方法效果不明显，因为空气提升的原理是混合体(水、气、渣)的密度比水轻，从而能携渣上升，卵石过大，无法上升出渣。

(5)在砂卵石层中施工降水井时，应采用反循环钻孔方式，可确保降水井的透水性。

六、小结

松花江盾构穿越是在高纬度严寒地区完成的盾构隧道工程，针对特殊的环境条件，在竖井及盾构隧道施工过程中，采用了许多新工艺和方法，为今后类似盾构工程的设计和施工提供了借鉴和参考。

第六节　西气东输二线抚河盾构穿越

一、工程概况

西气东输二线抚河盾构穿越工程，是南昌—上海支干线重点控制性工程，位于江西省南昌市，自西向东穿越南昌县黄马乡饶坊村(西岸)和进贤县温圳镇谭溪村(东岸)之间抚河河段。

现场施工场地图见图4-27。

图4-27　西气东输二线抚河盾构穿越工程始发场地全貌

工程采用德国海瑞克 AVN244ODS 盾构机承担掘进任务。盾构隧道全长 1069.25m，内径 2.44m，管片厚度 0.25m，抗压强度 C50，抗渗等级 P12。隧道穿越地质主要为强风化粉砂岩、强风化泥灰岩、中等风化碎裂石英岩、中等风化白云岩，掘进过程中也经历黏泥、上软下硬、溶洞等复杂地质。隧道建成后，铺设 D1016mm 管道一条，设计压力 10MPa。

始发竖井位于南昌县黄马乡饶坊村，为圆形结构，内径 10m，深度 27.89m，采用逆作法施工。井下设置长度 5m 的工作隧道，断面尺寸 5.5m×5m。

接收竖井位于进贤县温圳谭溪村，为圆形结构，内径 10m，深度 35.78m，采用沉井

法 + 钻爆法施工。井下设置长度5m的工作隧道，断面尺寸5.5m×5m。

2011年7月16日，盾构主机吊装下井（图4-28），2012年4月2日，盾构隧道贯通。

图4-28　盾构始发吊装

盾构掘进至196m时，遇到黏土地层，每2环进舱清理刀盘内黏土，并检查刀具情况，及时更换磨损的刀具。在掘进421m时，由于地层上软下硬，造成盾构机"卡壳"，通过采取盾构机外部爆破开挖的方式成功脱困。在479~928m过程中，先后7次遇到溶洞，通过注浆改良等措施，艰难通过溶洞地段。隧道贯通前200m为中等风化白云岩，强度最高达122MPa，刀具磨损严重，掘进进度慢。

项目部坚持稳中求胜，持续改进。攻克上软下硬岩石地层，7次穿越溶洞。通过技术创新和精细管理，制定各种适应特殊地质施工的掘进参数、特制刀具等措施，确保了盾构机稳步前行。项目部用最短的时间攻克了抚河穿越这项被外籍专家认为不可能完成的任务。

二、地质条件

据本次钻探揭露，场区内沉积物主要为第四系冲洪积黏性土、砂土、砾砂，下伏白垩系泥质粉砂岩及石炭系黄龙组泥灰岩、碎裂石英岩和白云岩，由上而下共分为9个工程地质层，其中①~⑤层为第四系冲洪积覆盖层；⑥层为属白垩系上统南雄群组上部（K_2^{n3}）泥质粉砂岩、粉砂质泥岩，按其风化程度又分3个亚层（全风化、强风化和中等风化）；⑦~⑨层为石炭系黄龙组（C_2^h），⑦层为泥灰岩，按其风化程度又分2个亚层（强风化和中等风化），⑧层为中等风化碎裂石英岩，⑨层为中等风化白云岩。现分述如下（其中RQD按为Φ108mm或Φ89mm统计结果，仅供参考）：

①层素填土（Q_4^{ml}）：黄褐色，湿，松散，以粗砂及粉质黏土为主。主要分布在东岸大堤外侧的ZK14、ZK28、ZK30、ZK31、ZK33、ZK36、B5、B15和BZK31号孔处。该层土厚度0.80~5.20m，平均2.80m。土层具中压缩性，土石等级为Ⅰ级。

②层粉质黏土(Q_4^{al+pl})：棕黄、深黄色，可塑，稍有光泽，干强度及韧性中等，土质不均匀，含粉砂岩岩粒，粒径1~3mm，含量约20%，胶结紧密，表层为耕土，主要分布于东岸。该层土顶板埋深0.00~1.50m、平均0.31m；顶板高程22.69~24.66m，平均24.28m；厚度1.85~7.30m，平均4.64m。土层具中压缩性，土石等级为Ⅱ级。

③-1层粗砂(Q_4^{al+pl})：灰黄、棕黄色，松散~稍密，砂粒矿物成分主要为石英颗粒及少量云母、角闪石等，颗粒级配良好，粒径2~20mm，含量约30%，主要分布于东侧的ZK9~ZK16、ZK26~ZK36、B2~B6、B11~B15和BZK30、BZK31号孔。该层土顶板埋深0.00~7.30m，平均3.00m；顶板高程17.02~24.06m，平均20.48m；厚度4.10~17.60m，平均11.85m。土石等级为Ⅱ级。

③-2层砾砂(Q_4^{al+pl})：灰黄、棕黄色，松散~稍密，砂粒矿物成分主要为石英颗粒及少量云母、角闪石等，颗粒级配良好，粒径2~20mm含量约30%，局部颗粒较大，含量40%~60%，20~80mm含量约10%，场区分布范围极广，在场区西侧大堤的西岸及东侧大堤的东岸缺失。该层土顶板埋深0.00~22.10m，平均10.09m；顶板高程3.43~17.96m，平均11.11m；厚度1.60~16.50m，平均7.74m。土石等级为Ⅱ级。

③-3层粉质黏土(Q_4^{al+pl})：棕黄、深黄色、灰白色，可塑~硬塑，稍有光泽，干强度及韧性中等，土质不均匀，主要呈透镜体状分布于③层砾砂中。该层土厚度0.65~4.90m，平均2.30m。土层具中压缩性，土石等级为Ⅱ级。

④层卵石(Q_4^{al+pl})：杂色，中密，颗粒呈亚圆形，母岩成分以花岗岩类为主，粒径20~30mm，最大达70mm，充填砾砂约30%，仅揭露于河床内的ZK15、ZK16、ZK30、ZK33、ZK34和B15号孔处。该层土顶板埋深17.00~30.10m，平均22.24m；顶板高程-3.92~7.64m，平均3.31m；厚度0.50~3.00m，平均1.74m。土石等级为Ⅲ级。

⑤层粉质黏土(Q_3^{dl})：棕黄色，可塑~硬塑，稍有光泽，捻面粗糙，有明显砂感，干强度及韧性低，轻折易碎呈散土状，含大量砂岩碎石，分布于西岸的ZK1~ZK6、ZK17~ZK22、B7~B10及B1号孔。该层土顶板埋深0.00~4.20m，平均0.78m；顶板高程12.40~35.94m，平均25.04m；厚度2.40~9.40m，平均5.95m。土层具中压缩性，土石等级为Ⅱ级。

⑤-1层粉质黏土(Q_3^{pr})：灰色，流塑，稍有光泽，捻面粗糙，有明显砂感，局部砂富集，干强度及韧性中等，分布于西侧大堤西侧B1和B7~B10孔处。该层土顶板埋深8.00~9.40m，平均8.87m；顶板高程16.40~16.96m，平均16.79m；厚度2.10~3.80m，平均2.84m。土层具高压缩性，土石等级为Ⅰ级。

管道穿越地段位于黎川—南昌大断裂与丰城—婺源深断裂交界地段，黎川—南昌大断裂近南北走向，推测该断裂在管线西段近西岸大堤水域（ZK21与ZK23，ZK4与ZK7附近通过），丰城—婺源深断裂近东西走向，下伏基岩为砖红色白垩系泥质粉砂岩（白垩系红层）及石炭系黄龙组泥灰岩、碎裂石英岩和白云岩，石炭系与上部白垩系呈不整合接触。

⑥层白垩系泥质粉砂岩：砖红色，泥质砂状结构，层状构造，泥、钙质胶结，矿物成分以长石、石英为主，黏土矿物及云母次之，主要分布于场区西岸及近西岸水域。据其风化程度不同可分为3个亚层：

⑥-1层全风化粉砂岩(K_2^{n3})：原岩结构已经完全破坏，岩芯呈砂土状，手捏易碎，

含少量的碎块，粒径约 1～10mm，最大直径达 20mm，泥质含量较高，局部风化为粉质黏土。该层顶板埋深 2.40～12.40m，平均 7.54m；顶板高程 5.80～31.92m，平均 17.08m；厚度 0.50～4.00m，平均 2.18m。土石等级为Ⅲ级。

⑥-2 层强风化粉砂岩（K_2^{n3}）：矿物成分以长石、石英为主，黏土矿物及云母次之，泥、钙质胶结，泥质粉粒结构，厚层状构造。钻进较快，钻探取芯破碎，多呈碎块状，局部呈短柱状，碎块直径 2～5cm，短柱柱长 10～15cm，锤敲击声哑，无回弹，裂隙很发育，$RQD = 0～30$，岩体质量等级很差。B1 孔 28.35～33.85m 石英含量较高，且含少量角砾，角砾成分为灰岩。该层顶板埋深 5.90～15.20m，平均 9.39m；顶板高程 10.60～28.94m，平均 19.11m；厚度 6.50～24.30m，平均 14.78m。土石等级为Ⅲ级。

⑥-3 层中等风化粉砂岩（K_2^{n3}）：矿物成分以长石、石英为主，黏土矿物及云母次之，泥、钙质胶结，泥质粉粒结构，厚层状构造。钻进进尺平稳，稍快，岩芯多呈碎块状，局部呈短柱状，碎块直径 2～5cm，短柱柱长 10～15cm，最长达 30cm，呈柱状，少量块状，锤击声不清脆，稍有回弹，稍用力可击碎，局部黏粒富集，久置具崩解开裂特征，裂隙很发育，$RQD = 0～60$，岩体质量等级很差。该层顶板埋深 17.90～33.85m，平均 23.92m；顶板高程 -8.05～18.04m，平均 4.78m；厚度 4.00～16.15m，平均 9.92m。土石等级为Ⅴ级。

⑦-1 层强风化泥灰岩（C_2^h）：灰色、紫灰色，泥灰质结构，层状构造，主要成分为黏土矿物（含量 70%～75%）、粉砂质碎屑及云母、褐铁矿、磁铁矿，局部夹黑色炭质页岩。钻进平稳，稍快，岩芯极其破碎，呈碎块状、碎屑状，$RQD = 0$；局部（ZK22 号孔 18.5～21.0m）呈短柱状、柱状，柱长在 10～35cm 之间，手掰易碎，裂隙很发育，$RQD = 50$。该层顶板埋深 7.80～12.00m、平均 10.43m；顶板高程 4.63～9.37m、平均 6.58m；厚度 2.60～16.20m、平均 10.09m，主要分布于河床内近西岸侧的 ZK5～ZK8 和 ZK22～ZK24 号孔处。土石等级为Ⅲ级。

⑦-2 层中等风化泥灰岩（C_2^h）：灰色、紫灰色，泥灰质结构，层状构造，主要成分为黏土矿物（含量 70%～75%）、粉砂质碎屑及云母、褐铁矿、磁铁矿。钻进平稳，稍快，岩芯呈柱状，柱长在 10～50cm 之间，个别达 80cm，$RQD = 40～75$；局部（ZK24 号和 ZK25 孔 22.8～24.8m）呈碎块状，裂隙很发育，$RQD = 0～10$。该层顶板埋深 10.00～20.00m，平均 15.66m；顶板高程 -2.83～7.90m，平均 2.09m；厚度 1.50～14.80m，平均 7.24m，主要分布于河床内近西岸侧的 ZK7～ZK9、ZK24～ZK25 号孔处。土石等级为Ⅴ级。

⑧层中等风化碎裂石英岩（C_2^h）：紫红色，变余砂状结构，块状构造，主要成分为石英、长石碎屑，常见绢云母化及褐铁矿。钻进平稳，稍快，岩芯多呈柱状，柱长在 10～40cm 之间，个别呈碎块状，裂隙发育，$RQD = 30～65$。主要分布于河床内近西岸侧的 ZK7～ZK9、ZK23～ZK25 号孔处。ZK5 号的 23.6～27.0m、ZK6 的 24.0～29.9m、ZK7 的 21.5～24.0m、ZK22 号孔 25.2～29.2m 处和 B2 孔内的 33.20～45.60m 处，岩芯呈碎块状，裂隙很发育，$RQD = 0$。该层顶板埋深 20.70～33.20m，平均 24.00m；顶板高程 -14.13～-4.33m，平均 -6.56m；厚度 6.00～24.70m，平均 11.58m，土石等级为Ⅵ级。

⑨A 层中等风化石英砂岩（C_2^h）：灰青色、灰色杂灰白色，砂状～砾状结构，块状构

造，岩石中的碎屑主要成分为石英、硅质碎屑，零星可见长石、铁质及云母颗粒，多呈次棱角、次浑圆状，偶见棱角状。岩石中胶结物主要为碳酸盐及少量白云石、方解石。进尺较快，岩芯破碎～极破碎，呈碎块状及少量短柱状。该层顶板埋深 33.20m；顶板高程 -14.13m；厚度 12.40m。该层主要在 B2 孔中揭露，土石等级为Ⅸ级。

⑨层中等风化白云岩（C_2^h）：灰白色、青灰色、杂紫红色，矿物成分主要为白云石，细晶质结构，层状构造。钻进平稳，稍快，取芯完整，呈柱状、长柱状，一般柱长在 10～50cm 之间，最长达 80cm，锤击声清脆，有回弹，用力可击碎，有少量风化裂隙，方解石脉充填，质硬，$RQD = 60～90$。该层顶板埋深 17.20～32.40m、平均 22.46m；顶板高程 -8.89～4.99m、平均 0.75m；厚度 1.20～20.20m（未揭穿），主要分布于东岸及河床内近东岸侧的 ZK10～ZK16、ZK26～ZK36、B3～B6、B11～B15 以及 B2 号孔 14.70～33.20m、45.60～50.00m 处。土石等级为Ⅹ级。

三、河势洪评结论

抚河为鄱阳湖水系主要河流之一，发源于武夷山脉西麓广昌县驿前乡的血木岭，纳广昌、南丰、南城、金溪、抚州、临川、进贤、南昌等地支流后汇入鄱阳湖，全长 312km，流域面积 1.58 万 km²。一般称主支盱江为上游，盱江至抚州为中游，中游自南城至抚州有疏山、廖坊两处火成岩坝段，以下为逐步开展的平原或丘陵；抚州以下为下游，两岸为冲积台地，田畴广阔。过柴埠口，抚河进入赣抚平原。至箭江口，抚河分为东、西两支：东支为主流，经梁家渡下泄，由青岚湖入鄱阳湖；西支分而为三，水系略显混乱，大部分经向塘、午阳回归主流，经整治后西支仅在大水年分洪，一般年份独流入湖。勘察区上游李家渡水文站年均径流总量为 139.5 亿 m³，实测最大流量 8490m³/s。

抚河流域为雨洪式河流，洪水由暴雨形成，出现的季节特性与暴雨出现的季节特性相同。抚河下游一次洪水过程一般为 5～7d。

1957 年、1959 年江西省水利规划设计院曾先后对抚河进行过历史洪水调查；1964 年上海院对抚河历史洪水进行了重点复查。其中调查到的最大历史洪水为 1876 年洪水，经推算李家渡站洪峰流量为 14500m³/s，该洪水为自 1876 年至今最大的一场洪水，由此推得洪水重现期为 126 年，本设计采用 120 年；调查到的次大历史洪水为 1912 年，相应洪峰流量为 12650m³/s。多数时期水流平缓。穿越段抚河河道基本顺直，河床宽缓，现水流速度较慢，但在洪水季节，在该段河流流速增大；河床覆盖层厚度一般在 3.5～20.0m，最深达 31.7m。因此河流纵向上稳定性较好。

工程所处河道为微弯型河道，在防洪设计洪水条件下，水流漫滩，主泓变化趋势不明显。河道偏窄，在设计洪水条件下流速较大，工程断面上游约 1.5km 的局部束窄段最大流速可达 4.5m/s 以上。由拟建工程附近流场可见，在防洪设计流量条件下，工程附近局部区域流态平缓，河道主流区流速略大，流态基本稳定。

四、设计方案

1. 隧道总体布置

根据穿越东西两岸地形地貌，西岸竖井位置在距大堤坡脚外 90m 处；东岸竖井位置在距大堤坡脚外100m处。

1）隧道穿越轴线布置

西岸竖井为盾构始发井，东岸竖井为盾构接收井。

盾构机由西岸始发井出发，以3.00%的下坡前进630m，再平坡前进214.75m，然后以3.90%的上坡前进202.50m，连接于东岸接收井，转角处采用2000m曲率半径的圆弧连接，隧道总水平长度（两竖井中心距）1069.25m。

总体布置见图4-29。

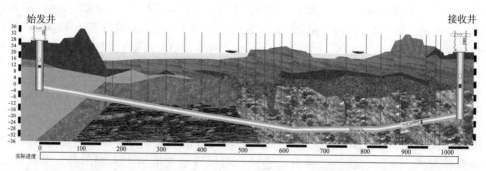

图4-29 抚河盾构隧道穿越方案图

2）西岸始发井

西岸竖井布置在大堤和水塘、小土包之间的平坦地面作为井口位置，井深27.89m，内径10m；井下沿盾构轴线向东再开凿5m工作隧道，隧道面尺寸为5.5m×5m（高），断面形式为直墙圆拱式。

施工方根据现场踏勘情况，选择合理位置作为施工临时场地。但盾构始发井平整后的场区地坪高程不小于26.00m，施工方应采取措施使井口工作面能抵御20年一遇的洪水水位。

3）东岸接收井

东岸竖井布置在大堤和鳖塘之间的高坎平坦地面作为井口位置，井深35.78m，内径10m。

施工方根据现场踏勘情况，选择合理位置作为施工临时场地。但竖井平整后的场区地坪高程不小于26.00m。

2. 隧道断面设计

隧道盾构内径：由于盾构隧道长度较长，输气管道直径大，为$D1016mm$，需要较大的安装空间；同时考虑预留检修通道位置，盾构内径为$\Phi2.44m$。

隧道衬砌盾构环片壁厚：盾构隧道采用C50钢筋混凝土环片衬砌。环片厚度250mm。

3. 隧道穿越工法

本工程盾构隧道采用泥水加压平衡盾构法施工工艺。

本工程矿山法隧道适于地质条件较好、围岩强度高的情况，工作隧道掘进采用光面爆破，不允许有欠挖。

五、施工方案

1. 竖井施工工艺

1）始发井

始发竖井采用逆作法施工，前期深井降水，初期支护采用锚喷支护，下部岩层开挖采用爆破施工。所需施工工艺较多，且部分施工工艺工程量小，如锚喷支护、工作隧道施工等。

始发竖井施工工艺流程图见图 4-30。

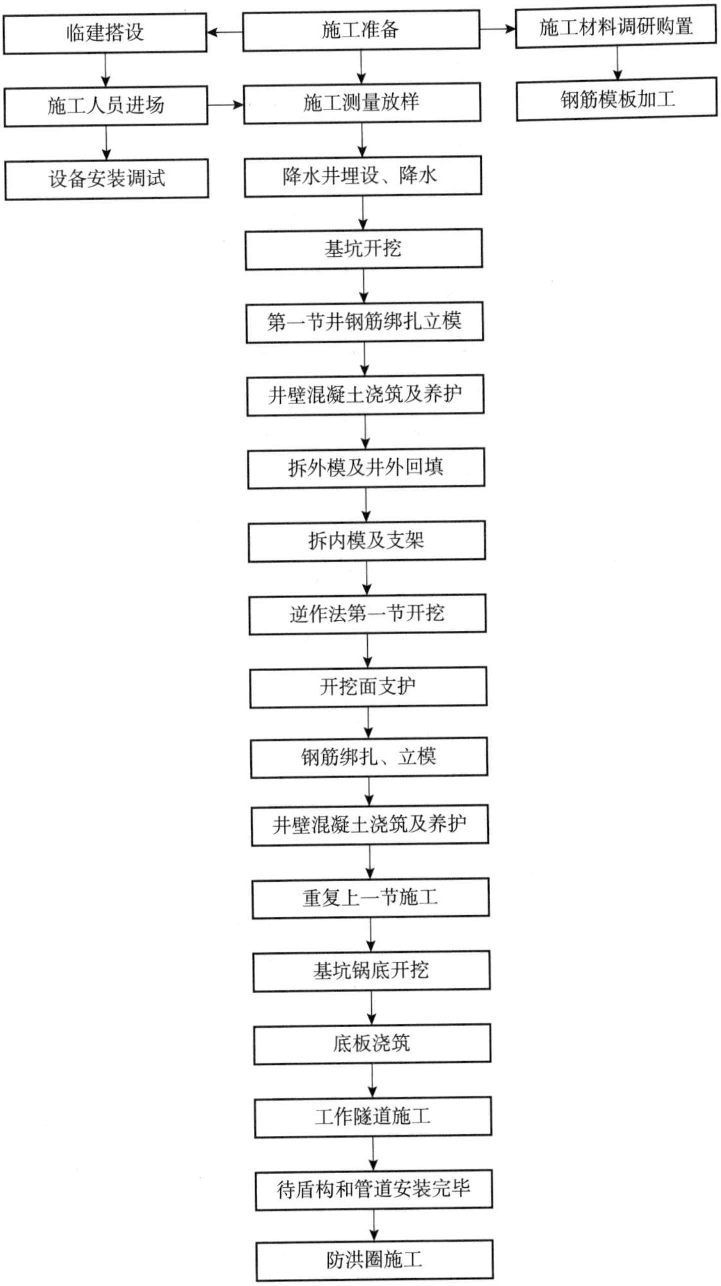

```
临建搭设 ←──── 施工准备 ────→ 施工材料调研购置
   │              │                    │
   ↓              ↓                    ↓
施工人员进场 ──→ 施工测量放样      钢筋模板加工
   │              │
   ↓              ↓
设备安装调试    降水井埋设、降水
                  │
                  ↓
              基坑开挖
                  │
                  ↓
          第一节井钢筋绑扎立模
                  │
                  ↓
          井壁混凝土浇筑及养护
                  │
                  ↓
          拆外模及井外回填
                  │
                  ↓
            拆内模及支架
                  │
                  ↓
          逆作法第一节开挖
                  │
                  ↓
            开挖面支护
                  │
                  ↓
          钢筋绑扎、立模
                  │
                  ↓
          井壁混凝土浇筑及养护
                  │
                  ↓
          重复上一节施工
                  │
                  ↓
            基坑锅底开挖
                  │
                  ↓
              底板浇筑
                  │
                  ↓
            工作隧道施工
                  │
                  ↓
        待盾构和管道安装完毕
                  │
                  ↓
              防洪圈施工
```

图 4-30　始发竖井施工工艺流程图

2）接收井

接收竖井采用上部沉井、下部矿山法施工。

接收竖井施工工艺流程图见图 4 - 31。

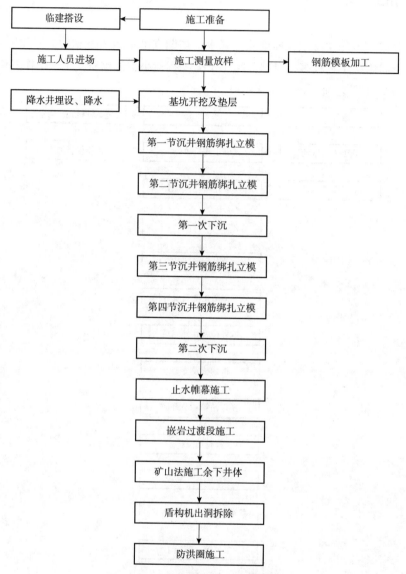

图 4 - 31　接收竖井施工工艺流程图

2. 盾构施工工艺

1）盾构始发

盾构始发的主要内容包括：设置盾构始发基座、盾构机组装就位调试、安装洞门密封、组装临时管片和反力架、盾构机试运转、凿除洞门、盾构机贯入作业面加压和掘进等。本工程盾构由西岸始发井始发，始发流程见图 4 - 32。

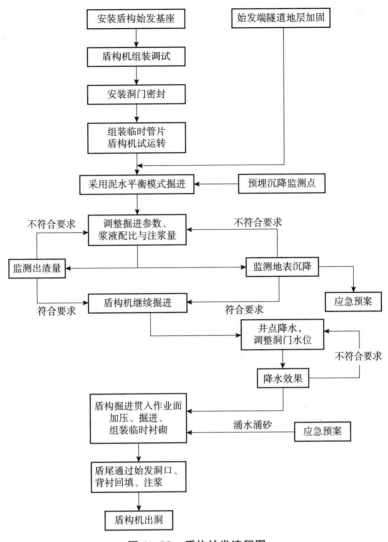

图 4-32　盾构始发流程图

2）盾构掘进

试掘进：盾构始发段 0~50m 作为掘进试验段。通过试验段掘进掌握盾构机掘进参数的控制。

正常掘进：盾构正常掘进主要控制掘进姿态、管片拼装、泥水循环、背填注浆等环节。保证盾构隧道偏差控制在限值范围内，管片错台量在规范要求内，泥水循环能够有效维持开挖面稳定，背填注浆能够固定隧道等。

隧道贯通：隧道贯通地质为白云岩，岩体较完整，围岩稳定性较好，透水量小，贯通不使用洞门密封装置。贯通过程划分为两个阶段并制定出相应控制措施。第一阶段为贯通准备期，即距洞门 100~20m 的掘进；第二阶段为贯通控制期，即距洞门 20~0m 的掘进。贯通掘进时，主要从以下几个方面进行控制。

（1）泥水压力

泥水压力设置较静态地层压力高 0.2bar，有效控制地层压力。

（2）掘进速度

在保证泥水压力的情况下，将掘进速度控制在 15mm/min 左右。

（3）推进力

在保证泥水压力和掘进速度的情况下，尽量降低推进力。

（4）刀盘转速

该阶段刀盘采用低转速掘进，控制在 2~3r/min。

（5）补浆封水

在距离隧道贯通 20m 时，进行补浆止水，防止隧道后部的地下水通过管片与地层的间隙流到掘进面。

在贯通前 5m，重复补浆封水一次，确保贯通过程中无后方隧道外壁地层来水。

（6）姿态控制

进洞前，盾构机姿态偏差若小于贯通偏差要求，尽量保持导向油缸行程，避免大幅度调整。

（7）管片拼装

本阶段隧道掘进过程中，在拼装管片时，由熟练拼装手进行快速拼装，最后两环拼装时，提前在拖车内储存两环管片，提高拼装速度。盾构进洞后，推进油缸所产生的推力大幅度降低，对拼装质量会产生较大影响，因此，拼装后及时紧固管片螺栓到位，特别是环与环间的连接螺栓。

六、现场事故情况及处理

2011 年 9 月 23 日，盾构机体在岩层掘进时，发生盾构机体卡壳。经过分析，盾构机体卡壳主要是由于盾构机正处于较硬地层交界面导致机体控制困难、盾构机测量系统故障导致盾构机姿态调整过快、盾构机第二节和第三节主机钢性连接导致盾构机无法通过开挖空间等三个原因相互叠加，最终导致盾构机机体被卡死。

采用人工从刀盘进入盾构机体外部，通过风镐和微爆的方法，清理盾构机体外局部岩石（图 4-33）。

2011 年 10 月 28 日，经过 12d 的人工开挖解困，通过增加 4 个千斤顶，成功完成了盾构机体解卡。

图 4-33　处理盾构机外侧岩石

七、小结

西气东输二线上海支干线温圳抚河盾构穿越区域位于抚河冲积地带，地质变化多样，盾构穿越经过强风化粉砂岩、强风化泥灰岩、中等风化碎裂石英岩、中等风化白云岩等多种地层，多次穿越不同地层交界面，掘进施工风险高、难度大。经过温圳抚河穿越，积累了以下的经验：

（1）当在不同地质的交界面掘进时，通过采取加强地质预测、盾构机姿态控制、刀具保护和检测等一系列措施克服盾构机姿态控制困难等问题；

（2）白云岩属高硬岩地层，需对刀具配置进行改善，在刀圈顶部和刀刃处采用圆弧过渡，以提高岩石贯入度和降低磨损；

（3）采用盾构机外围"微爆破"新工艺，对盾构机进行开挖解困，有效解决盾构机卡壳问题。

第七节　中俄东线嫩江盾构穿越

一、工程概况

中俄东线在黑龙江大庆市肇源县、吉林省松原市前郭县穿越嫩江，穿越位置通过肇源沿江湿地自然保护区（实验区）。嫩江穿越总水平长度为10304.3m，嫩江穿越分为四部分，分别为嫩江北岸大堤顶管穿越、嫩江主河道盾构穿越、嫩江南岸滩地段开挖穿越、嫩江老马圈后沟及南岸大堤定向钻穿越（图4－34）。

嫩江主河道采用盾构隧道穿越方式，北岸竖井为始发井，竖井内径14m，深23.5m；南岸竖井为接收井，竖井内径为12.5m，深24m。盾构隧道内径为3.08m，水平长度为1224.7m（两竖井中心距）。

穿越处管道设计压力为12MPa，输送温度为45℃，地区等级为一级。穿越段钢管为D1422×30.8mm X80M 直缝埋弧焊钢管，防腐采用3LPE 加强级外防腐层。

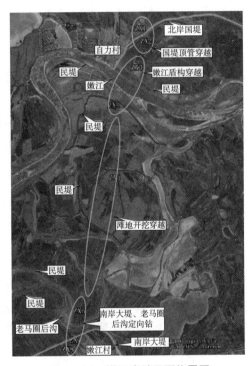

图4－34　嫩江穿越平面位置图

二、自然条件

1. 地形地貌

嫩江穿越位于吉林省和黑龙江省交界的嫩江流域上，地处松嫩平原，地形平坦开阔。管道穿越处河道较宽，水流平缓，呈扇形分布，主河道在滩地内蜿蜒曲折。主河道南北两岸均为江漫滩，南岸其间沼泽遍布，地表植被多为芦苇和水稻，存在多处路基较高的村路（土堤）；左岸地势高，平坦开阔，地表植被为玉米及少量水稻。

嫩江轴线穿越两处国堤和多处民堤，其中最外侧南、北岸堤防为嫩江两道主要防洪大堤,堤坝整齐,堤顶路面宽度均超过10m,堤防等级均为Ⅱ级。嫩江主河道两侧的堤防为民堤,主河道两侧民堤之间宽度约为970m,土堤高度不大且不完整。靠近南岸的老马圈后沟河道两侧堤防为民堤,堤间距宽约330m,土堤规模较完整,堤顶路面宽度约5m。北岸外侧国堤为养身地大堤,距离嫩江主河道约1500m。南岸外侧国堤为平凤大堤,距离嫩江主河道约7400m,两岸国堤间总长度约9700m,总穿越长度为10304m。

图4-35 嫩江穿越主河道断面照片

嫩江穿越主河道河面宽度约400m,河槽宽度约481m,常年水深约10m。主河道两侧大堤宽度约990m。穿越段河道较为顺直,地貌为典型的冲积型河谷平原,河堤两侧平坦开阔。

现场地形地貌见图4-35~图4-37。

图4-36 嫩江北岸国堤(养生地大堤)照片

图4-37 嫩江南岸国堤(平凤大堤)照片

2. 地质条件

根据现场钻探、原位测试及室内试验成果可知:场地内地层主要由第四系全新统冲积层(Q_4^{al})及中更新统(Q_2^{pl+al})大清沟组组成。结合地层形成的地质时代、成因、岩性、物理力学性质等特性,该穿越段地层共划分为6个工程地质层及9个亚层。

①层粉质黏土(Q_4^{al}):黄褐色~灰黑色,软塑~可塑,局部流塑,切面稍光滑,韧性、干强度中等,表层0.5m为耕植土,其含少量植物根系。局部夹粉土、粉砂薄层。该层场区内普遍分布,层厚1.30~8.90m,层底标高116.90~125.86m。普氏分级为Ⅱ级。

该层有3亚层:

①-1层素填土(Q_4^{ml}):素填土,黄褐色,松散,稍湿,以黏性土为主,含少量粉砂。该层主要见于江堤及钻孔325,层厚1.00m,层底标高128.25m。普氏分级为Ⅰ级。

①-2层粉土(Q_4^{al}):灰色,湿~饱和,松散,无光泽,韧性、干强度低,含粉砂。该层仅见于钻孔303,层厚1.80m,层底标高119.67m。普氏分级为Ⅰ级。

①-3层粉砂(Q_4^{al}):灰黑色,湿~饱和,松散,主要矿物成分为石英、长石。黏粒含量低,颗粒级配不良。该层仅见于钻孔308、320、322,层厚1.00~4.90m,层底标高119.20~123.85m。普氏分级为Ⅰ级。

②层粉砂（Q_4^{al}）：灰黑色，湿～饱和，松散～稍密，主要矿物成分为石英、长石。黏粒含量低，颗粒级配不良。局部夹粉质黏土薄层。该层场区内普分布遍，层厚 1.60～12.80m，层底标高 109.36～121.89m。普氏分级为Ⅰ级。

该层有 2 个亚层：

②-1 层粉质黏土（Q_4^{al}）：灰黑色，软塑～可塑，稍有光泽，韧性中等。局部夹粉砂、粉土薄层。该层见于钻孔 323、326、327、328、706、707、709，层厚 0.90～2.50m，层底标高 115.04～120.69m。普氏分级为Ⅱ级。

②-2 层粉质黏土（Q_4^{al}）：灰黑色，软塑～可塑，稍有光泽，干强度、韧性中等。局部夹粉砂、粉土薄层。该层仅见于钻孔 707、709，层厚 1.40m，层底标高 111.05～111.12m。普氏分级为Ⅱ级。

③层粉细砂（Q_4^{al}）：灰黑色，饱和，中密，主要矿物成分为石英、长石。黏粒含量低，颗粒级配不良。该层主要见于钻孔 301、302、324～328，层厚 1.30～3.30m，层底标高 106.40～112.64m。普氏分级为Ⅰ级。

④层粉质黏土（Q_4^{al}）：灰黑色，可塑，含少量有机质。无摇振反应，稍有光滑，干强度中等，韧性中等。局部夹粉土、粉砂薄层。该层场区内普分布遍，层厚 1.00～11.70m，层底标高 97.19～110.84m。普氏分级为Ⅱ级。

该层有 1 个亚层：

④-1 层粉砂（Q_4^{al}）：灰黑色，饱和，中密，主要矿物成分为石英、长石。颗粒级配不良。该层场区内普遍分布，层厚 0.90～7.70m，层底标高 101.90～109.69m。普氏分级为Ⅱ级。

⑤层黏土（Q_4^{al}）：灰黑色，硬塑，含少量有机质。无摇振反应，切面光滑，韧性、干强度高。局部为粉质黏土、粉细砂薄层。该层场区内普遍分布，层厚 1.50～18.90m，层底标高 84.21～103.14m。普氏分级为Ⅱ级。

该层有 1 个亚层：

⑤-1 层粉细砂（Q_4^{al}）：灰黑色，饱和，密实，主要矿物成分为石英、长石。颗粒级配不良。该层主要见于钻孔 304、318、320、322、325、327，层厚 0.80～3.00m，层底标高 85.71～104.55m。普氏分级为Ⅱ级。

⑥层粉细砂：灰黑色，饱和，密实，主要矿物成分为石英、长石。颗粒级配不良。该层场区内普遍分布，揭露厚度 1.10～10.93m，未揭穿。普氏分级为Ⅱ级。

该层有 2 个亚层：

⑥-1 层黏土（Q_4^{al}）：灰黑色，硬塑，含少量有机质。无摇振反应，切面光滑，韧性、干强度高。局部为粉质黏土、粉细砂薄层。该层场区内普遍分布，层厚 0.80～7.10m，层底标高 80.44～90.93m。普氏分级为Ⅱ级。

⑥-2 层粉质黏土（Q_4^{al}）：灰黑色，硬塑，含少量有机质。无摇振反应，稍有光滑，干强度中等，韧性中等。该层仅见于钻孔 303～306、308，层厚 1.50～2.90m，层底标高 82.10～83.27m。普氏分级为Ⅱ级。

三、盾构设计方案

1. 隧道穿越层位的选择

隧道埋深的确定考虑以下要求：

(1)《油气输送管道穿越工程设计规范》(GB 50423—2013)规定"水域盾构、顶管法隧道上部所需覆土层的厚度，应根据工程地质、水文地质条件、设备类型因素决定，应大于 2 倍隧道外径，且低于设计冲刷线以下 1.5 倍隧道外径。"

(2)《油气管道水域隧道技术规定》规定"盾构法隧道、顶管法隧道最小覆土厚度不宜小于 3 倍隧道外径。最小埋深应大于冲刷线下 1.5 倍隧道外径，并应满足隧道抗漂浮要求。"

确定隧道顶在设计冲刷线以下 13.5m，河道内隧道顶最高标高为 106.8m。盾构隧道主要在④粉质黏土、④－1 粉砂、⑤粉质黏土层中通过。

2. 两岸竖井位置的选择

嫩江穿越主河道民堤北岸为黑龙江省肇源自力村，距离村边约 820m，主要为耕地，场地平坦，地势开阔。

嫩江穿越主河道民堤南岸为吉林省松原嫩江村，主要为水田、鱼塘及水坑等，为嫩江湿地，交通较差，场地平坦，地势开阔。

两岸地层均为粉砂及粉质黏土层，北岸距离村边较近，交通方便，便于盾构相关设备进场，且场地平坦，因此，始发井设置于民堤北岸，接受井设置于民堤南岸。

由于主河道两侧为民堤，河道管理部门无具体要求，因此，北岸作为始发井，竖井中心距北岸民堤背水侧堤脚 102m，南岸作为接收井，竖井距南岸民堤背水侧堤脚 101.5m。

3. 两岸竖井深度的确定

嫩江北岸竖井地层分别为：①粉质黏土(层厚 5.6m)、②粉砂(层厚 10.6m)、④粉质黏土(层厚 5.4m)。

嫩江南岸竖井地层分别为：①粉质黏土(层厚 3.7m)、②粉砂(层厚 4.3m)、②－1 粉质黏土(层厚 1m)、②粉砂(层厚 8.3m)、④粉质黏土(层厚 8.4m)。

通过地层分析，考虑到隧道最低点的埋深和盾构适应纵坡的能力，盾构可选择在粉砂或者粉质黏土层中进、出洞。盾构隧道对地层适应性强，本着降低竖井深度，减小工程投资的原则，始发及接收竖井底选择在粉质黏土层，北岸始发井深度为 23.5m，南岸接收井深度为 24m。

4. 两岸竖井内径的确定

始发竖井作为组装盾构设备、出渣、运送环片、管道安装及施工人员上下之用；接收竖井作为撤离盾构设备、铺设管线及上下人员之用。为保证焊接质量，本工程干线 D1422mm 管道采用全自动焊接，推荐始发井采用 14m，接收井采用 12.5m。

5. 隧道总体布置

北岸作为始发井，竖井中心距北岸民堤背水侧堤脚 102m，南岸作为接收井，竖井距南岸民堤背水侧堤脚 101.5m。始发井井内径 14m，深 23.5m，接收井内径 12.5m，深

24m。盾构隧道水平长度全长 1224.7m(竖井中心距)。

盾构隧道由北岸竖井出发，水平掘进 50m 后，以 17.4‰的下坡前进 545.4m，再以 16.9‰的上坡前进 564.8m，连接 50m 的水平段，到达南岸竖井，转角处均采用 2133m 曲率半径的圆弧。

根据上述要求，确定隧道顶在设计冲刷线以下 13.5m，河道内隧道顶最高标高为 106.8m。盾构隧道主要在④粉质黏土、④-1 粉砂、⑤粉质黏土层中通过。

盾构隧道内径为 3.08m，衬砌环片分 6 块，厚度为 230mm，宽度为 1200mm。

6. 竖井设计

嫩江北岸竖井地层分别为：①粉质黏土(层厚 5.6m)、②粉砂(层厚 10.6m)、④粉质黏土(层厚 5.4m)。

嫩江南岸竖井地层分别为：①粉质黏土(层厚 3.7m)、②粉砂(层厚 4.3m)、②-1 粉质黏土(层厚 1m)、④粉质黏土(层厚 8.4m)。

两岸竖井处地层分布平稳，无不良地质情况。构造断层不发育，区域构造较稳定；由于地下水埋藏较浅，黏性土自稳能力较差，易发生坍塌，局部有流土、涌水现象；通过抽水试验可知，竖井处地下水水量较大，且砂土松散，渗透性较强，易发生管涌及大量涌水现象。

根据地质情况，地下连续墙法和沉井法在技术上均是可行的。沉井法造价较低，虽然在沉井制作、接高及下沉时易出现不均匀下沉及突沉现象，但是可以通过施工严格要求进行控制，推荐采用不排水下沉施工方法作为竖井的施工工法。

7. 盾构断面设计

考虑管道在竖井内组对、焊接、防腐、检测，本隧道内径采用 3.08m。

3.08m 内径盾构隧道内管道布置图见图 4-38。

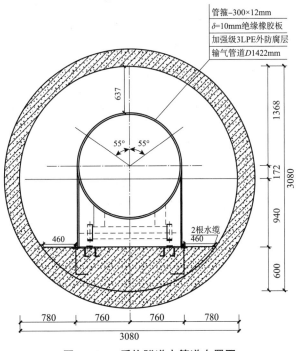

图 4-38 盾构隧道内管道布置图

8. 衬砌结构设计

隧道衬砌采用钢筋混凝土环片（即 RC 环片）现场拼装衬砌，衬砌环片分为 6 块，环片的宽度为 1200mm，环片与环片之间的连接采用专用螺栓连接，环片厚度为 230mm。

9. 场地设计

由于两岸竖井均位于嫩江河道滩地内，南、北岸的竖井施工场地应采取抬高场区地面高程或在场区四周设置临时防洪堤等方法，保证施工场区能够在汛期抵御内涝，正常施工（图 4-39、图 4-40）。

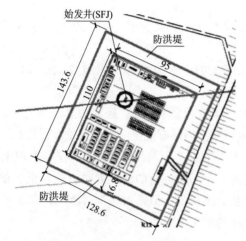

图 4-39　北岸始发场地防洪堤平面图　　图 4-40　南岸接收场地防洪堤平面图

1）始发井侧场地（北岸）施工期防洪措施

沿施工场地四周修筑 1 圈防洪堤，防洪堤设计防洪标准为 20 年一遇洪水，防洪堤堤顶标高设计高于 20 年一遇洪水水位 0.5m。大堤高度为 4.9m，坡比 1:2，底层宽度 16.8m，顶层宽度 2m，沿场地四周修筑 1 圈。

2）接收井侧场地（南岸）施工期防洪措施

沿施工场地四周修筑 1 圈防洪堤，防洪堤设计防洪标准为 20 年一遇洪水，防洪堤堤顶标高设计高于 20 年一遇洪水水位 0.5m。大堤高度为 4.4m，坡比 1:2，底层宽度 16.8m，顶层宽度 2m，沿场地四周修筑 1 圈。

10. 管道安装设计

竖井内分别设置补偿器进行温度补偿，考虑到管材常用母管长度及运输超限的规定，两岸竖井内分别设置 2 个 65°（$R = 5D$）热煨弯管作为补偿器，弯头中间用直管段连接（图 4-41、图 4-42）。

管道安装完成后，对两岸竖井进行回填处理。首先竖井内管道周围包裹 200mm 厚的袋装橡胶颗粒，橡胶颗粒采用再生橡胶进行加工。竖井底板往上 3m 范围采用细土回填，其余部分采用原状土回填，回填土最大粒径不大于 50mm。

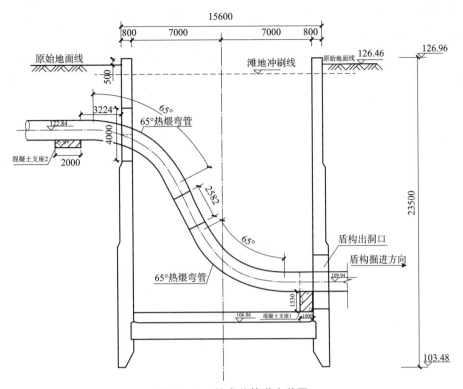

图 4-41　始发井管道安装图

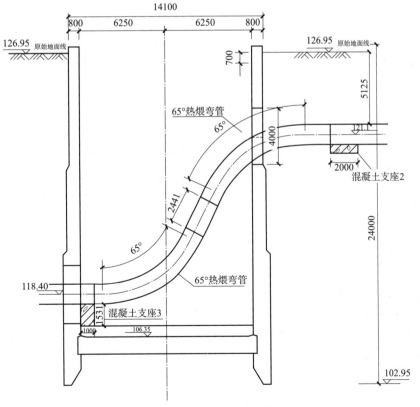

图 4-42　接收井管道安装图

对于盾构隧道平巷段，在管道安装前，先在底面铺设 600mm 厚混凝土垫层底板，为防止混凝土开裂，在表面配置防裂钢筋。垫层上敷设 22kg/m 轻型钢轨，钢轨中心距 1180mm，钢轨通过预埋件固定于 C25 混凝土底板上。在管道上每隔 28m 设置 1 套发送小车，管道安装时，管道在始发竖井内焊接、防腐、检测合格后，通过接收井内的牵引设备将管道沿着钢轨牵引到位。具体施工流程如下：

1）始发井内管道焊接

盾构隧道内管道采用全自动焊接方式。根据盾构竖井、隧道尺寸和全自动管道焊接特点，拟采用始发竖井内管道安装（图 4 – 43），接收竖井卷扬拽管就位的施工方案进行管道安装施工。

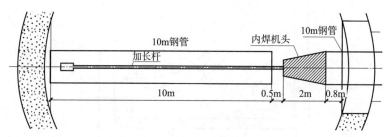

图 4 – 43　始发井内管道焊接布置

2）接收井管道牵引

接收井内管道牵引设备安装就位后，对轨道和发送小车轮涂抹润滑油，保证其润滑效果，减少拖动阻力。启动牵引卷扬机开始牵引，牵引过程中，要注意牵引管段的平稳向前运行，同时采取防止小车脱轨的施工措施。为防止管道回拖过程中，始发井侧管道由于重力下滑，施工时需设置有效刹车装置，避免管道下滑产生安全事故。

管道末端牵引至隧道进口区域后，停止牵引，并将下一根钢管吊装就位，与该段管道进行组对焊接、检测、防腐补口完成后，再开始本段管道的牵引作业，依次类推，直到整段管道牵引完成。

3）隧道内封堵方案

管道发送就位后，在隧道内安装"U"形管箍支座，对管道进行固定，防止隧道内充水后管道漂浮（图 4 – 38）。然后在隧道进、出洞口各 50m 平巷段充填沙袋。

隧道内管道安装完成后，采用钢制密封装置（防水套管）对竖井和隧道口交叉处进行防水密封。

四、小结

中俄东线嫩江主河道盾构穿越是嫩江穿越的一部分，嫩江整个穿越分为顶管、盾构、定向钻、开挖四个部分，这是在一条河流穿越中首次采用了四种穿越工法的穿越。四种工法有针对性地穿过了河流的不同部分，巧妙而科学地穿越了嫩江，节省了工期，降低了造价，为类似工程穿越提供了经验。

第八节　中俄东线辽河 1 盾构穿越

一、工程概况

中俄东线天然气管道工程(长岭—永清)在辽宁省沈阳市新民市采用盾构方案穿越辽河1。北岸大堤北侧竖井为始发井,竖井内径 16m,深 24.9m;南岸大堤外侧竖井为接收井,竖井内径为 12.5m,深 12.18m。盾构隧道由北岸竖井出发,以 1.4‰上坡前进 1568.1m,然后以 $R=4000m$ 的曲率半径上坡 154.3m,再以 4% 的坡度上坡前进 83.3m,到达南岸竖井。盾构隧道内径为 3.08m,盾构隧道水平长度为 1820m(两竖井中心距)。穿越段钢管为 $D1422 \times 25.7mm$ X80M 直缝埋弧焊钢管。

辽河盾构初始方案为两端均为 20 多米深的竖井,原隧道长度为 1670m,按照常规盾构隧道进行设计,管道在始发竖井内焊接、补口、检测等完成一系列工序后,由接收竖井中的卷扬设备回拖管道至隧道内。

根据中俄东线过境段黑龙江盾构及北段嫩江盾构管道安装实施皆采用管道在竖井内焊接发送的施工方案,安装工效为 3 口/48h。根据上述工效,辽河 1 盾构隧道穿越工程管道安装结束时间为 2020 年 11 月份,根据测算,当时难以满足业主提出的 2020 年 10 月份具备投产条件的要求。

为提高管道安装效率,项目组经过研究讨论,采用了管道在接收侧地面焊接的方案,加长了隧道长度 150m,但是减小了接收竖井深度至 12m 左右,管道在地面焊接完成后,在推管机和卷扬机的驱动下,通过小车和轨道将管道托运到预定位置。该安装方案效率大增,最高时能达到 100m/d,实现了预期目标。

二、地质条件

盾构穿越主要通过中砂及粉质黏土层,地层相对简单。

③层中砂(Q_4^{al+pl}):灰褐色、饱和、中密~密实、颗粒级配差,主要矿物成分以石英、长石为主,砂质较均匀,局部粉细砂薄层。层厚 3.00~16.50m,层底标高 14.77~20.34m。该层在场区内普遍存在;土石等级为Ⅱ级。

④层粉质黏土(Q_4^{al+pl}):黄褐色、可塑~硬塑、含锈染色,偶见钙质结核。切面稍有光泽,无摇振反应,干强度中等,韧性中等。层厚 8.00~27.70m,层底标高 −9.03~6.77m。该层在场区普遍分布,钻孔未揭穿该层。土石等级为Ⅱ级。

在接收侧竖井外设置一基坑,通过基坑将隧道与地面联系起来。基坑深度 3~7.7m 不等,基坑深度范围内地层以中砂为主,地下水位在地面下 2m。

③层中砂(Q_4^{al+pl}):灰褐色、饱和、中密~密实、颗粒级配差,主要矿物成分以石英、长石为主,砂质较均匀,局部粉细砂薄层。层厚 3.00~16.50m,层底标高 14.77~20.34m。该层在场区内普遍存在;土石等级为Ⅱ级。

三、管道安装设计方案

(1)加大盾构隧道接收侧坡度,减小深井深度及基坑坡度(图4-44)。

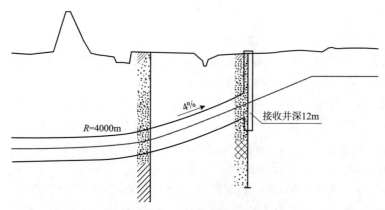

图4-44　隧道接收侧坡度及埋深

盾构隧道通过大堤后,以4%大坡率到达接收井。考虑到管道安装需要在接收井外开挖基坑,因此尽量增大了隧道长度。接收井中心距辽河大堤外堤脚242.3m,以减小接收井深度。接收井深度12m,盾构机到达接收井前确保有1倍隧道直径的覆土深度。

(2)根据现场地形地物实际情况,合理确定地面焊接范围(图4-45)。

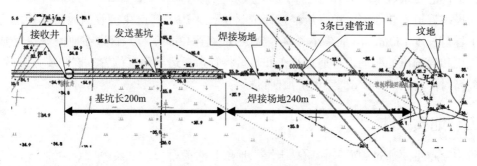

图4-45　作业场地布置

在接收井外侧440m位置处有一大片坟地,因此管道焊接可用作业场地总长约440m。其中基坑长度200m,基坑底宽度为4.5m,基坑底板采用C25混凝土进行硬化,厚度0.2m。基坑纵向坡度为4%,与盾构隧道纵向坡度一致,便于管道安装。焊接场地240m。在焊接场地范围内有哈沈、铁大复线、铁锦三处运营中管道,考虑保护措施。

(3)从接收井到始发井,隧道纵断面整体下坡,便于管道回拖(图4-46)。

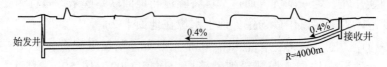

图4-46　隧道纵断面设计

管道在接收侧地面组对焊接、检测、补口完成后在推管机驱动下向隧道内逐步发送,直到完成隧道内全部管道安装。为减小发送过程中阻力，设计中将隧道纵断面设置成下坡形式。

变坡点位置处采用大曲率半径转弯，便于管道回拖(图4－47)。

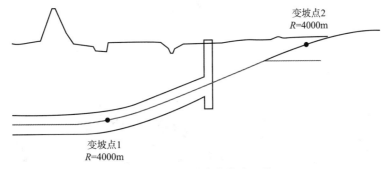

图4－47　变坡点大曲率设计

管道安装过程中有两处边坡点，其1是地面与基坑交接处，其2为隧道内不同坡度连接位置。考虑到小车易脱轨、发送阻力等因素，该两处边坡点皆采用4000m曲率半径。

(5)接收竖井两侧开洞，打通安装通道。

以往盾构隧道管道安装在竖井或隧道内焊接，因此仅在隧道与竖井交接处开洞即能满足盾构施工及管道安装要求。改为地面焊接安装后，需要在接收井与基坑交接处再开洞，以满足管道安装要求。基坑与竖井交接处开洞尺寸为3m(高)×2.3m(宽)，满足施工需要。

(6)接收基坑降水设计，实现基坑内作业面干燥。

此基坑连接竖井与地面，施工中人员需在基坑内工作。基坑采用钢板桩支护，该位置处地下水位在地面下2m。为防止基坑进水，基坑四周布置了井点降水，将地下水位降到坑底下，以保持基坑内干燥。

四、现场实施情况

1. 现场实施方案介绍

现场接收竖井外清理后可用的焊接施工场地长440m，其中竖井外基坑内110m铺设轨道，后330m采用跟一般线路相同的土堆撑布管、焊接。

管道焊接作业现场照片见图4－48、图4－49。

图4－48　管道发送

图4－49　管道地面焊接

接收井基坑外布置推管机，始发井内设置卷扬机。发送的动力主要靠接收侧的推管机，始发竖井内的卷扬机主要起到牵引导向作用。管道焊接、检测、防腐完成后，通过推管机推动地面上管道整体前进。在焊口9与焊口10之间有个小基坑，用于安放小车。在推管机的作用下，当管道行进到需要安放小车的位置后，在此基坑内完成小车安装。后续推管机重新工作，新安放的小车前进直到落到铺设的轨道上（图4-50）。

为防止轨道变形，现场在两根轨道间用一个钢筋进行了支撑，防止轨道侧向变形（图4-51）。现场采用钢筋直径18mm，间距1m。

图4-50　小车安放

图4-51　轨道加固

辽河1盾构全长1820m，采用全自动焊接流水作业，历时34d完成管道安装，管道安装最高速度100m/d。经测算，该方案比传统管道方案节省工期53d，且焊接质量更容易保证。

2. 现场实施中遇到的困难

（1）轨道平整度差。轨道平整度差是由垫层平整度及轨道安装等原因共同造成的，轨

图4-52　轨道下面垫片

道平整度差增加了回拖难度（推管机推力忽大忽小可能瞬间变化几十吨），并容易出现滚轮悬空、部分轨道变形等问题。

为了将轨道尽量调平，现场采用在轨道下垫小钢板的方式来调整轨道平整度（图4-52）。此方法有一定作用，但不能从根本上解决平整度问题，且费时费力，工效低下。

（2）小车滚轮悬空。小车悬空后对管道安装及后续运营至少有如下三方面不利影响：①小车容易脱轨；②轨道受力增大；③管道受力产生变化，支座间距由20m变为了40m。小车悬空本质上也是由轨道不平整造成的，轨道不平整主要根源在垫层平整度（图4-53）。管道就位后，需要人工将悬空空间垫死，以免改变管道运营中受力状态。

（3）小车脱轨。管道安装过程中小车脱离轨道，施工方通过千斤顶等手段将小

图4-53　小车滚轮脱轨

车再扶正到轨道上，继续发送。

五、小结

(1)将轨道型号适当放大。虽然现有轨道能满足正常情况下使用要求，但施工中情况错综复杂，在特殊情况下轨道会存在变形情况，此时修复轨道的难度很大。考虑到轨道本身成本不高，可适当增大轨道尺寸。

(2)垫层平整度目前成为该工法管道安装成败的一个重要因素，决定了后续轨道偏差。因此垫层浇筑中要注意控制偏差，浇筑后的垫层偏差满足验收标准。

(3)后续应优化小车结构，加强小车与轨道接触连接，减少施工中脱轨次数，进一步提高安装效率。

(4)该盾构隧道内管道安装方法是国内首次应用，拓宽了隧道内管道安装思路，在两侧有焊接作业场地的情况下能大幅提高安装效率，是一次有益尝试。

第九节　某项目过境段盾构穿越

一、工程概况

1. 项目概况

某盾构穿越工程穿越中俄两国国界，穿越方案均需取得中俄双方的同意，是某项目的控制性工程。中俄双方于2014年12月就穿越位置达成一致。

穿越处管道设计压力为12MPa，穿越段直管段钢管为$D1422 \times 30.8$mm X80M直缝埋弧焊钢管；管道外防腐层采用聚乙烯三层复合结构(3LPE)加强级防腐层，热煨弯管外防腐采用双层熔结环氧粉末喷涂；隧道内管道的焊口补口采用带配套底漆的辐射交联聚乙烯热收缩带补口；直管段内壁涂敷无溶剂环氧内减阻涂层。

盾构穿越采用主管线及备用管线两条盾构隧道，两条盾构隧道中心线间距为50m，主隧道和备用隧道设计方案一致，水平长度1139m(竖井中心距)，内径$\Phi 2.44$m；始发竖井位于中国侧，深度21m，内径$\Phi 14$m；接收竖井位于俄国侧，深度26m，内径$\Phi 10$m。隧道埋设于100年一遇的冲刷线下4.5m，盾构隧道顶部高程为109.34m，盾构隧道穿越层位主要选择在强、中等风化流纹岩、安山岩内。

2. 主管道与备用管道间距的确定

根据俄方规范 CΠ 36.13330.2012《干线天然气管道》规定：平行敷设的水下管道中间的距离，对于直径超过1000mm的输气管道，应不小于50m。

中国方面，由于中国没有关于备用管道的相关规定，仅对穿越管段与公路桥梁、铁路桥梁、水下隧道并行敷设的最小距离有相关要求，根据《油气输送管道穿越工程设计规范》(GB 50423—2013)第3.3.7条的规定：当采用隧道穿越时，隧道的埋深及边缘至墩台的距离不应影响桥梁墩台的安全；管道隧道与公路隧道、铁路隧道净距不宜小于30m。参照以上规定，两个隧道净距宜大于30m。

按照设计及建设协议，当两国的规范、标准不一致时，执行较严格的标准。经中俄双方同意，采用俄方标准的规定，选定备用管道穿越断面平行于主管道穿越断面，轴线位于主管道下游50m位置处。

二、地质条件

根据钻探揭露及现场调查，勘察深度内地层主要为第四系全新统洪积（Q_4^{al}）粉质黏土、卵石及白垩系的英安岩、流纹岩。依据土质特征和物理力学性质，将穿越场区地层自上而下共划分为5个工程地质层，从上而下分别描述如下：

①层粉质黏土（Q_4^{al}）：黄色，软塑~可塑，近地表0.4m为耕土，局部含细砂。主要发育在河流两侧阶地。一般层厚1.0~5.0m，层底标高121.90~126.57m。

②层卵石（Q_4^{pl}）：杂色，中密~密实，饱和，一般粒径2~8cm，最大粒径约10cm。骨架物颗粒含量65%~90%，砾砂充填。该层场区内普遍发育，一般层厚2.0~8.0m，层底标高115.47~120.50m。

该层存在1个夹层：

②-1层圆砾（Q_4^{al}）：杂色，中密~密实，饱和，一般粒径0.2~2cm，最大粒径约4cm。骨架物颗粒含量65%~80%，砂土充填。该层仅见于BH102钻孔，层厚6.8m，层底标高118.30m。

③层全风化流纹岩（J）：灰色，结构完全被破坏，岩芯大部分为砂土状，局部可见少量碎块状岩块。一般层厚2.5~7.0m，层底标高106.20~116.90m。

③-1层中等风化流纹岩残留体（J）：灰色，斑状、流纹结构，结构被部分破坏，节理裂隙较发育，岩芯较破碎，RQD值为0~25。该层仅见于BH202钻孔。层厚5.00m，层底标高113.20m。

④层强风化流纹岩（J）：灰色，结构大部分被破坏，岩芯大部分呈碎块状，局部为短柱状，岩质坚硬。完整性差，RQD值为0。该层场区内普遍发育，一般层厚2.0~12.8m，层底标高102.20~115.16m。

该层存在1个夹层：

④-1层强风化珍珠岩（J）：灰黑色，斑状结构，基质为玻璃质，有珍珠裂开，斑晶部分由斜长石、黑云母组成，结构部分破坏，岩心呈碎块状，RQD值为0。该层仅见于BH203、BH402钻孔，层厚2.5~5.5m，层底标高112.90~113.07m。

⑤层中等风化流纹岩（J）：灰色，斑状、流纹结构，结构被部分破坏，岩芯大多呈短柱状，局部呈长柱状，部分地段岩体破碎。岩石完整性变化较大，RQD值为0~90。局部岩质较软，手可掰碎。该层场区内普遍发育，揭露厚度18.0~48.0m，未揭穿。部分钻孔见英安质熔结凝灰角砾熔岩。

该层存在1个夹层：

⑤-1层中等风化珍珠岩（J）：灰黑色，斑状结构，基质为玻璃质，有珍珠裂开，斑晶部分由斜长石、黑云母组成，结构部分破坏，岩心呈短柱状、碎块状，RQD值为0~50。该层仅见于BH203、BH402钻孔，层厚22.5~44.8m，部分钻孔未揭穿。

三、设计方案

1. 隧道总体设计

盾构隧道水平长度1139m(竖井中心距)。盾构隧道轴线由南岸竖井出发,以40‰的下坡前进162m,再以20‰的下坡前进88m,然后水平掘进707m,再以20‰的上坡前进88m,然后以40‰的上坡前进94m,到达北岸竖井,转角处均采用2200m曲率半径的圆弧(图4-54)。主管道隧道与备用管道隧道设计参数相同。

50 100 150 200 250 300 400 450 500 550 600 650 700 750 800 850 900 950 1000 1050 1100

黑龙江盾构穿越工程是中俄东线过境段重要控制性工程,是一项跨国工程,始发井位于黑龙江省黑河市,接收井位于俄罗斯边境布拉戈维申斯克市。工程采用泥水平衡盾构工法穿越,修建2条隧道,一备一用,单条隧道全长1139m,内径2.44m。始发井内径14m,深度21m;接收井内径10m,深度26m。

图4-54 曲线轴线盾构隧道纵断面

河床最低点处冲止高程为113.84m,该点隧道顶部高程为109.34m,隧道顶部位于冲刷线下4.5m(不小于1.5倍隧道外径)。

2. 竖井设计

始发竖井的主要功能为组装盾构设备,盾构始发,出渣,运送环片,管道组对、焊接、补口及检测检验。接收井的主要功能为撤离盾构设备、铺设竖井内管道补偿器、设置卷扬设备牵引管道。根据中俄双方相关谈判协议,确定中方境内始发竖井内径为14m,俄方境内接收竖井内径为10m。

基于地质条件、安全可靠性及穿越特殊性考虑,推荐竖井采用地下连续墙工艺。

3. 隧道内径的确定

考虑管道在竖井内组对、焊接、防腐、检测,$D2440mm$ 隧道内径可满足管道回拖空间要求;且根据《油气输送管道工程水域顶管法隧道穿越设计规范》(SY/T 7022),"隧道内直径可根据管道直径与穿越长度综合确定,单管布置时,隧道内直径应大于管道外直径1m",即 $D1422mm$ 管道可采用隧道内径2.44m。根据双方协议,确定穿越隧道内径为2.4m。因此,穿越主、备盾构隧道的内直径均采用2.44m。

4. 盾构机的选型推荐

结合本工程地层岩性及水文条件,采用德国海瑞克 AVN2400DS 泥水加压平衡盾构机,盾构机掘进过程中,刀盘转动切削下来的渣土在刀盘腔内与泥浆混合(其中部分大块渣土须首先破碎),然后通过排浆泵排出隧道。泥浆泵均为变频调速控制,可适应于变化的地层条件并平衡流速。AVN2440DS 盾构机掘进速度 0 ~ 100mm/min，泥水循环流量 0 ~ 400m³/h。其主要参数见图 4 - 55。

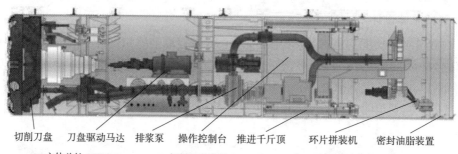

切削刀盘　刀盘驱动马达　排浆泵　操作控制台　推进千斤顶　环片拼装机　密封油脂装置

- 主体总长:13800mm
- 刀盘最大扭矩:780kN·m
- 拖车总长:56300mm
- 总推力:9650kN
- 环片内径:2440mm

- 切削刀盘直径:3187mm
- 刀盘最大转速:8.8r/min
- 最大工作水压:0.75MPa
- 环片形式:六片梯形插装式
- 环片外径:2940mm

- 最大掘削硬度:150MPa
- 最小转弯半径:1000m
- 推进油缸数量:12个
- 环片厚度:250mm
- 设备总动力:780kW

图 4 - 55　盾构机主要参数

5. 环片设计

环片的厚度(δ)是根据隧道直径大小、埋深、承受荷载情况、衬砌结构构造、材质、衬砌所受的施工荷载(主要是盾构千斤顶的顶力)大小等因素来确定。工程实践经验总结证明，环片厚度(δ)可按下列经验公式试算：环片厚度(δ) = (0.04 ~ 0.06)倍隧道外径，在工程实践中，小型盾构隧道衬砌环片厚度一般为 200 ~ 250mm，本设计取 250mm。

根据盾构机设备要求，隧道衬砌采用钢筋混凝土环片(即 RC 环片)现场拼装衬砌，衬砌环片分为 6 块，环片的宽度为 1200mm，环片与环片之间的连接采用专用螺栓连接，衬垫、榫式接缝。

6. 场地布置

本项目为中俄双方共有的国际工程，两岸需要设置封闭区，方便两岸施工材料及人员的过境，并防止闲杂人员进入。南岸中方始发场地封闭区总面积约为 25796m²。

北岸俄方接收场地封闭区总面积约为 27000m²。

7. 管道安装

穿越工程管道安装分为竖井内管道安装和隧道内管道安装。两岸竖井内分别设置补偿器进行温度补偿，考虑到管材常用母管长度及运输超限的规定，两岸竖井内分别设置 2 个 65°、弯曲半径为 5D 热煨弯头作为补偿器，2 个弯头中间采用不小于 1.5m 直管段连接。

对于盾构隧道段，隧道地面铺设 300mm 厚 C20 混凝土底板，底板上敷设轻型钢轨。在管道上每隔 28m 设置 1 套滚轮支座，管道安装时，管道在始发竖井内焊接、防腐补口、检测合格后，通过接收井内的牵引设备将管道沿着钢轨牵引到位。管道安装完成后，隧道在长期渗水状态下会逐渐充满水，为防止管道上浮刮伤防腐层，管道上部安装 3 个滚轮。竖井内管道周围采用细土袋进行保护，其余部分采用原状土回填。

管道安装详见图 4 - 56 ~ 图 4 - 58。

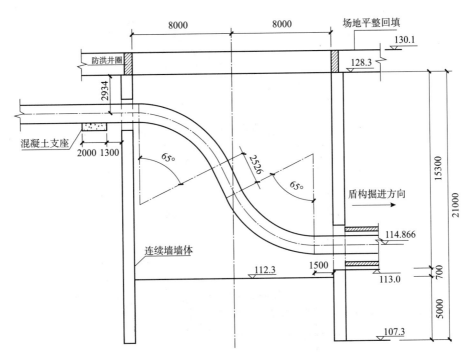

图 4-56 始发井管道安装图

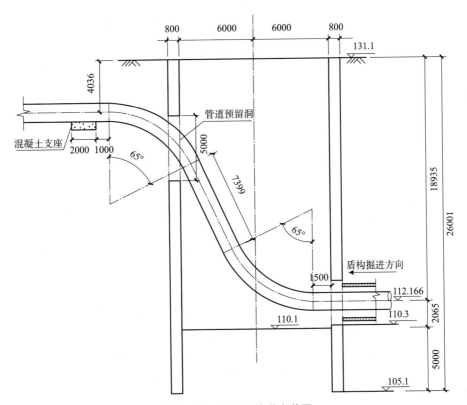

图 4-57 接收井管道安装图

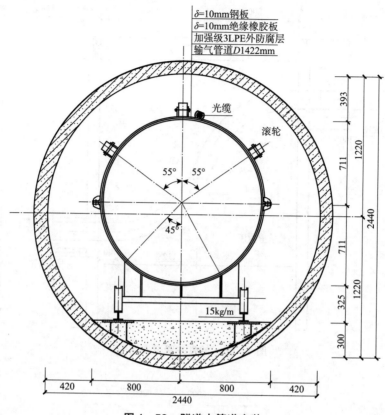

图 4-58 隧道内管道安装

四、施工方案

1. 主要施工方案

（1）进场前，先进行施工准备，编制各项施工方案并办理相关手续；

（2）具备开工条件时，中方和俄方封闭区同期进行建设；

（3）中方封闭区、生活生产区场建、主隧道和备用隧道的始发竖井施工，以及管片预制工作同期进行；

（4）俄方封闭区、生活生产区场建同期进行，全部完成后，进行主隧道和备用隧道接收竖井施工；

（5）主隧道始发井完工后，即开始主隧道盾构施工；

（6）主隧道贯通后，开始进行主隧道管道安装、试压干燥和回填；

（7）盾构机检修完成后，即开始备用隧道盾构施工；

（8）备用隧道贯通后，开始进行备用隧道管道安装、试压干燥和回填；

（9）上述工作全部完成后，开始进行临时设施拆除、设备物资退场、地貌恢复、生态恢复等收尾工作。

施工流程图见图 4-59。

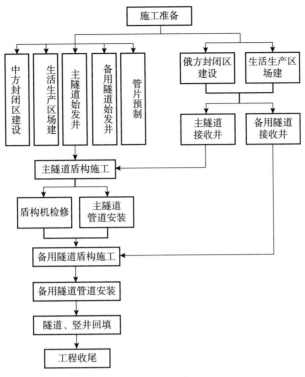

图4-59 施工流程图

2. 施工工期

工程总工期为2015年1月1日至2018年9月20日，共计1359d。盾构穿越工期计划表见表4-1。

表4-1 盾构穿越工期计划表

序号	活动	开始时间	完成时间	工期/d	工期/月	备注
1	基础数据收集	2015-1-1	2015-7-31		7.0	
2	工程勘察	2015-1-1	2015-7-31		7.0	
3	工程设计文件编制	2015-1-16	2016-3-31		14.7	
3.1	穿越方案的技术经济研究	2015-1-16	2015-8-31		7.6	
3.2	业主批准穿越方案	2015-6-16	2015-9-15		3.0	
3.3	为穿越方案工程设计选择承包商（包括合同签订）	2015-8-11	2015-10-15		2.2	
3.4	穿越的工程设计开发	2015-8-15	2015-11-30		3.6	
3.5	双方审核穿越工程设计和成本预算	2015-10-16	2015-12-31		2.5	

续表

序号	活动	开始时间	完成时间	工期/d	工期/月	备注
3.6	中方获得穿越工程设计和成本预算批复	2016 – 1 – 1	2016 – 2 – 28		1.9	
3.7	中方确定 EPC 承包单位并签订合同	2016 – 1 – 1	2016 – 1 – 31		1.0	
3.8	开展详细设计和施工前准备	2016 – 2 – 1	2016 – 8 – 15		6.5	
3.9	编制跨境段中俄部分的基本技术方案	2015 – 5 – 16	2015 – 8 – 17		3.1	
3.10	双方业主商定跨境段中俄部分基本技术方案批准	2015 – 8 – 16	2015 – 9 – 30		1.5	
3.11	基于审核通过的 FEED 方案，俄方需要编制报俄罗斯国家审核的设计文件	2016 – 1 – 1	2016 – 3 – 31		3.0	
4	俄气公司对穿越设计文件进行评审	2016 – 4 – 1	2016 – 5 – 30		2.0	
5	俄罗斯对设计文件进行国家级评审	2016 – 4 – 1	2016 – 5 – 30		2.0	
6	俄气对设计文件进行核准	2016 – 6 – 1	2016 – 6 – 30		1.0	
7	俄方签署穿越 EPC 承包合同	2016 – 1 – 1	2016 – 7 – 1		6.1	合同签订与否，限制工程施工
8	穿越建设	2016 – 3 – 20	2017 – 12 – 17	638	21.3	
8.1	封闭区建设	2016 – 3 – 20	2016 – 6 – 30	103	3.4	
8.1.1	中方封闭区建设	2016 – 3 – 20	2016 – 6 – 30	103	3.4	施工关键工期
8.1.2	中方场地建设	2016 – 3 – 20	2016 – 6 – 30	103	3.4	
8.1.3	俄方封闭区建设	2016 – 3 – 20	2016 – 6 – 30	103	3.4	
8.1.4	俄方场地建设	2016 – 3 – 20	2016 – 6 – 30	103	3.4	
8.2	管片预制	2016 – 4 – 19	2017 – 9 – 6	293	9.8	管片须在 2016 年 4 月份开始生产，此前必须完成图纸审核。管片预制最多每天可生产 10 环，2016 年需完成主隧道 1127 环和备用隧道 200 环管片
8.2.1	试生产 100 环	2016 – 4 – 19	2016 – 5 – 18	30	1.0	

续表

序号	活动	开始时间	完成时间	工期/d	工期/月	备注
8.2.2	第一阶段(1250环)	2016－5－19	2016－10－18	153	5.1	
8.2.3	第二阶段(904环)	2017－5－20	2017－9－6	110	3.7	
8.3	竖井施工	2016－5－1	2017－10－31	549	18.3	
8.3.1	中方始发井施工(主隧道)	2016－5－1	2016－10－25	178	5.9	中方始发井为施工关键工期,竖井施工前需完成图纸审核批准
8.3.2	中方始发井施工(备用隧道)	2016－5－1	2016－10－25	178	5.9	
8.3.3	俄方接收井施工(主隧道)	2016－7－1	2017－1－27	211	7.0	
8.3.4	俄方接收井施工(备用隧道)	2017－4－1	2017－10－31	214	7.1	
8.4	穿越盾构方案施工(主隧道)	2016－10－26	2017－4－28	185	6.2	
8.4.1	盾构始发(100m)	2016－10－26	2016－11－24	30		施工关键工期
8.4.2	盾构正常掘进(1000m)	2016－11－25	2017－4－8	135		施工关键工期
8.4.3	盾构贯通及附属设备拆除	2017－4－9	2017－4－28	20		施工关键工期
8.4.4	盾构机检测维修运回始发场	2017－4－29	2017－6－27	60	2.0	施工关键工期
8.5	穿越盾构方案施工(备用隧道)	2017－7－1	2017－12－17	169	5.6	
8.5.1	盾构始发(100m)	2017－7－1	2017－7－30	30		施工关键工期
8.5.2	盾构正常掘进(1000m)	2017－7－31	2017－11－27	120		施工关键工期
8.5.3	盾构贯通及附属设备拆除	2017－11－28	2017－12－17	20		施工关键工期
8.5.4	盾构机检测维修运回始发场	2017－5－1	2017－5－31	31	1.0	施工关键工期
9	穿越隧道段管道焊接	2017－4－29	2018－8－20	284	9.5	
9.1	隧道段管道焊接、试压、清扫(主隧道)	2017－4－29	2017－9－17	142	4.7	
9.1.1	隧道安装	2017－4－29	2017－8－10	104	4.2	
9.1.2	第一阶段试压、清扫	2017－8－11	2017－9－2	23		
9.1.3	竖井回填	2017－9－3	2017－9－17	15	0.5	

序号	活动	开始时间	完成时间	工期/d	工期/月	备注
9.2	穿越隧道段管道焊接、试压、清扫(备用隧道)	2018 - 4 - 1	2018 - 8 - 20	142	4.7	
9.2.1	隧道安装	2018 - 4 - 1	2018 - 7 - 13	104	4.2	施工关键工期
9.2.2	第一阶段试压	2018 - 7 - 14	2018 - 8 - 5	23		施工关键工期
9.2.3	竖井回填	2018 - 8 - 6	2018 - 8 - 20	15	0.5	施工关键工期
10	具备站间试压、调试条件	2017 - 8 - 10				
11	撤场及地貌生态恢复	2018 - 8 - 21	2018 - 9 - 20	31	1.0	
12	工程建设总工期	2015 - 1 - 1	2018 - 9 - 20	1359	45.3	

五、小结

中俄某河流为中俄界河，穿越一半在俄罗斯、一半在中国，建设必须符合两个国家的要求，建设标准必须遵循双方较严格的一方，由于俄国家的标准体系及建设习惯完全不一致，导致双方谈判异常艰难。

1. 盾构穿越中俄双方主要谈判情况

2014 年 11 月，双方对穿越轴线进行了确认。

2014 年 12 月，廊坊会议，双方一致认为定向钻方案风险大，不再考虑定向钻方案。

2015 年 3 月，上海会议，双方对江底断层进行了论证，确定江底断层为非活动性断层；双方就开挖方案中施工季节问题、环保问题等问题进行了深入讨论，同意不再考虑开挖方案。

2015 年 3 月底，在上海谈判中，双方一致认为隧道方案为最合理的过江方案。

2015 年 8 月，北京大兴会议，确定隧道内径 2.4m。

2015 年 9 月，黑河会议，确定了如下参数：冲刷包络线、竖井位置坐标、隧道埋深（冲刷线下 4.5m）、隧道曲率半径（2200m）、竖井直径（始发井直径 14m、接收井直径 10m）、热煨弯管曲率半径（5D）。

2015 年 9 月，俄罗斯圣彼得堡会议，确定穿越采用盾构法。

2015 年 10 月，俄罗斯萨拉托夫会议，确定 FEED 任务书，确定主要技术参数及国境点坐标。

2015 年 12 月，北京会议，确定了中俄双方投资分担比例，确定双方技术标准有分歧时原则上采用较严格标准。确定了 FEED 设计合同价格。中方向俄罗斯业主提供了 FEED 文件 A 版，俄方承诺 2016 年 2 月 20 日前提出审查意见。

2016 年 3 月，俄罗斯托木斯克会议，双方就 FEED 技术问题基本达成共识，确定采用俄罗斯 K65 管材。

2016 年 4 月，北京会议，确定管道竖井采用原状土回填，确定隧道内不充水，两岸设置绝缘接头。

2. 俄方提出的主要技术意见及执行情况

(1)根据达成的关于在跨境段使用俄罗斯产钢管协议和按照《干线天然气管道工程项目的设计、施工和运行的专门技术条件》，必须使用强度等级 K65 的管子。根据专用技术条件中的计算方法，对于 B 级压力 11.8MPa 的管段，管子壁厚应为 33.4mm。

采纳情况：该条意见采纳，盾构穿越段采用俄罗斯管材，强度等级 K65，钢管壁厚 33.4mm。

(2)俄方要求竖井进行回填。

采纳情况：该条意见采纳，竖井采用原开挖土回填，管道周围包裹柔性可变形材料。

(3)隧道内不填充，保持干燥。

采纳情况：该条意见采纳。隧道内不充水，在隧道两端采用柔性防水套管密封，防止竖井内渗水进入隧道。

(4)没有研究微生物腐蚀保护方案，此类腐蚀会在充水隧道中(死水条件下)，在运行过程中产生。

采纳情况：没采纳，管道 3LPE 防腐层与石油沥青防腐层有本质的区别，其性能远远优于石油沥青防腐层，从 3LPE 防腐层的应用经验和 PE 聚合物材料本身性能而言，二者均有优异的耐微生物腐蚀性。

(5)盾构与设计方案的允许偏差 ±100mm。按照俄联邦标准文件为 ±50mm。

采纳情况：没采纳，按照隧道轴线 ±50mm 施工偏差控制，将引起施工工效降低，从而延长工期，经与俄方谈判，隧道轴线施工偏差按照中方标准 ±100mm 控制。

(6)管道试压方案采用俄方标准。

采纳情况：采纳。

俄方标准：根据俄罗斯国家标准《干线管道设计规范》(ГОСТ Р 55989)第 14 节(表19)对管道试压详细规定三阶段试压：液态试压法第一阶段，1.5 倍工作压力，持续时间 6h；液态试压法第二阶段，1.25 倍工作压力，持续时间 12h；液态试压法第三阶段，1.1 倍工作压力，持续时间 24h。

中方标准：根据中国国家标准《油气输送管道穿越工程设计规范》(GB 50423)第 8.2 节：水域大中型穿越管段应单独进行试压，试压前应进行清管、测径。穿越管段应分强度试压和严密性试压两阶段进行，严密性试压应在强度试压合格后进行。在稳压时间内压降不大于试验压力的 1% 为合格。试压介质应采用无腐蚀性洁净水；试压时环境温度不宜低于 5℃，否则应采取防冻措施。强度试验压力不应小于设计压力的 1.5 倍，稳压时间不应少于 4h，试压时的环向应力不宜大于钢管屈服强度的 90%。严密性试验压力不应低于设计压力，稳压时间不应少于 24h。

在 2016 年 3 月俄罗斯托木斯克技术谈判会议上，俄方明确管道试压方案如下：强度试验先采用 1.5 倍设计压力即 18MPa，稳压时间 12h。然后压力降到 1.25 倍设计压力 (15MPa)，稳压时间 12h。压力再降到 1.1 倍设计压力(13.2MPa)，稳压时间 24h。最后进行严密性试验，试验压力为设计压力(12MPa)，稳压时间为 24h。

设计关于管道试压最终采用俄罗斯标准，即采用中俄双方更为严格的技术标准。

（7）管道内检测采用俄罗斯标准。

俄方标准：管道内检测允许凹陷量为 6mm。

中方标准：管道内检测允许凹陷量为管道外径的 2%。

根据 2016 年 3 月在俄罗斯托木斯克市举办的中俄双方设计技术谈判会议成果，中俄双方同意穿越段管道内检测允许凹陷为 6mm，中国侧竖井到首站的中方线路段执行中国标准，即管道内检测允许凹陷量为管道外径的 2%（28.4mm）。

（8）管道应力校核除了按 ASME B31.8 外，还应按俄罗斯专门技术条件进行校核。

采纳情况：采纳。已按照 ASME 31.8 和俄罗斯专门技术条件进行强度校核。

（9）没有指出运行过程中对管道腐蚀研究间隔期及其范围。

采纳情况：采纳。管道运行期间宜每隔两年进行一次本段管道防腐层绝缘电阻率的检测。防腐层绝缘电阻率检测结果应符合 GOST P 51164 中的规定。

（10）关于盾构隧道施工工艺，应标出隧道掘进时供必要检查刀具状态和必要维修所需的拟定距离。

采纳情况：采纳。

（11）刀具更换，单条隧道地层为强～全风化岩石层 284m，中～微风化岩石层 625m，破碎带及破碎地层 230m，因地层主要为岩层，且容易出现上软下硬地层，刀具容易发生损坏，根据以往工程经验，本工程中较软地层刀具更换频率在 250m/次左右，长 514m，更换 2.05 次；本工程的其他岩层刀具更换频率约在 80～120m/次，长 625m，按 90m/次计，共 6.94 次，总计为 9 次。

刀具及地层检查，为保障掘进的正常运转，需对刀具和地层定期检查，一般软土质地层中，平均 50m 检查 1 次。

3. 盾构穿越与国内已建盾构工程在初步设计阶段的设计深度对比

3.1 盾构 FEED 与国内初步设计文件构成对比

俄罗斯 FEED 设计的文件构成与国内初步设计有很大不同，盾构 FEED 设计文件目录是由俄方规定的。

俄罗斯 FEED 设计与国内初步设计文件目录对比列表见表 4-2。

表 4-2　俄罗斯 FEED 设计与国内初步设计文件目录对比列表

中国初步设计	俄罗斯 FEED 对应章节	备注
1 前言	无	
2 设计依据	1.45 设计依据	放在说明书最后
2.1 相关协议及会议纪要	1.45.1 相关协议及会议纪要	
2.2 勘察测量资料及各种专项评价	1.45.2 勘察测量资料及各种专项评价	
2.3 中国法律法规	1.45.3 中国法律法规	
2.4 中国主要标准、规范	1.45.4 中国主要标准、规范	
2.5 俄罗斯主要法规及标准	1.45.5 俄罗斯主要法规及标准	

中国初步设计	俄罗斯 FEED 对应章节	备注
3 设计范围	无	
4 工程概况	1.10.1 概况	
4.1 管道工程	1.10.1 概况	
4.2 盾构工程	1.10.2 盾构工程	
4.3 阀室工程	1.10.3 阀室工程	
4.4 通信	1.10.4 通信	
4.5 防腐	1.10.5 阴极保护 1.40.1 管道防腐	
5 穿越位置确定	无	FEED 未进行穿越位置方案比选
5.1 穿越位置选择原则		
5.2 穿越位置的确定		
5.3 主管道与备用管道间距的确定	1.10.2 盾构工程	本工程取 50m
6 场区勘察	1.1 穿越处的地形、地质、水文、气象和气候条件	放在说明书开头
6.1 穿越处地形地貌	1.1.1. 穿越处地形地貌	
6.2 气象和气候条件	1.1.2. 气象和气候条件	
6.3 水文条件	1.1.3. 水文条件	
6.4 水文地质条件	1.1.5 水文地质条件	
6.5 场区地震效应	1.2.1. 场区地震效应	
6.6 不良地质作用及特殊性岩土	1.2.2. 不良地质作用及特殊性岩土	
6.7 地层岩性	1.3.1 地层岩性	
6.8 岩石物理力学性质	1.3.2 岩石物理力学性质	
6.9 水土腐蚀性分析	1.4. 地下水对地下管道的材料和结构的腐蚀性	
7 穿跨越方案的确定	无直接对应章节	FEED 最终文件未进行盾构、顶管方案比选。中俄谈判过程中进行了大量的技术谈判及方案论证，未反映到最终 FEED 文件中。
7.1 穿跨越方案选择原则		
7.2 穿跨越方案的可行性分析		
7.3 盾构隧道方案设计		
7.4 顶管隧道方案设计		

中国初步设计	俄罗斯 FEED 对应章节	备注
7.5 穿越方案的确定		
8 盾构隧道穿越设计		
8.1 工程等级	无	
8.2 主要材料	1.19 混凝土和钢材等级、材料清单	
8.3 隧道总体布置	1.18.1 两岸竖井内径的确定 1.18.2 隧道的结构空间 1.20.1 隧道埋设深度 1.20.2 穿越层位的选择	
8.4 盾构穿越设备选择	1.5.1 设备掘进性能参数 1.5.2 控制系统 1.5.3 管片拼装 1.5.4 气锁系统及气锁室配置 1.5.5 泥水处理系统	
8.5 竖井设计	1.13.1 始发井设计 1.13.2 接收井设计	
8.6 隧道设计	1.13.3 隧道设计	
8.7 渣场	1.22.5 渣场布置	
8.8 场地布置及处理	1.22.6 场地布置及处理	
8.9 与线路段连接	1.10.7 与中方线路段连接	
9 管道安装设计	1.36 补偿器设计	
9.1 管道跨距确定	1.38.2 隧道内管道跨距确定	
9.2 管道应力计算	1.36.1 管道应力计算	
9.3 管道牵引进入隧道曲线段后状态	1.36.2 管道牵引进入隧道曲线段后状态	
9.4 管道抗漂浮验算	1.36.3 管道抗漂浮验算	
10 穿越用管		
10.1 管材选用原则	1.37.1 壁厚计算	
10.2 钢管壁厚计算	1.37.1 壁厚计算	
10.3 管道刚度校核	1.37.2 管道刚度校核	
10.4 管道抗震校核	1.12 管道抗震校核	
10.5 管材及弯管关键性能指标确定	见管材技术规格书 GP – 00 – GI00 – PL – SP – 001 GP – 00 – GI00 – PL – SP – 002	
10.6 供管方案分析	1.37.1 壁厚计算	
11 管道防腐与阴极保护		

续表

中国初步设计	俄罗斯 FEED 对应章节	备注
11.1 管道防腐	1.40.1 管道防腐	
11.2 阴极保护	1.40.2 管道阴极保护系统	
11.3 防腐层完整性检测	1.40.6 防腐层完整性评价	
12 焊接与检验	1.10.6 焊接及检验	
12.1 焊接工艺的确定		
12.2 焊接检验		
13 清管、测径与试压	1.10.8 管道试压、干燥	
13.1 清管		
13.2 测径		
13.3 试压		
13.4 干燥		
14 管道内检测	1.39 管道内检测方法描述 详见专题 GP－00－GI00－CR－RP－002	
14.1 工程检测范围		
14.2 检测阶段		
14.3 内检测器参数		
14.4 检测器通过能力分析		
14.5 检测器速度及压差分析		
15 通信	描述光纤通信电缆（FOCL）主缆及备用缆沿隧道安装的技术方案	
15.1 工程概况	1.41.1 概况	
15.2 光缆敷设方式	1.41.2 光缆敷设方式	
15.3 光缆敷设位置	1.41.3 光缆敷设位置	
15.4 材料选型	1.41.6 保护钢管及硅芯管 1.41.7 光缆	
16 安防措施	1.35 安全系统	
16.1 风险部位等级划分	1.35.1 风险部位等级划分	
16.2 安全防范要求	1.35.2 人力防范 1.35.3 实体防范	
17 施工方案		
17.1 穿越管道施工流程	1.25 穿越管道建设施工流程	
17.2 施工工期	1.27 施工工期	

中国初步设计	俄罗斯 FEED 对应章节	备注
17.3 竖井施工	1.8.1 地下连续墙施工技术要求 1.8.2 地下连续墙施工工艺	
17.4 盾构隧道施工	1.8.3 盾构隧道施工技术要求 1.8.4 盾构隧道施工工艺	
17.5 隧道内管道安装	1.25.2 管道安装施工工艺	
17.6 管道清管测径、试压、干燥方案		
17.7 施工风险应急预案	1.8 施工、风险识别及应急预案	
17.8 设备的数量、型号及选型	1.6.1 中方设备数量和型号及选型依据 1.6.2 俄方设备数量和型号及选型依据	
17.9 封闭区	1.22.6 场地布置及处理 1.44.2 封闭区施工	
17.10 主要施工机具、车辆、供电、供水及通信	1.23.1 施工机具 1.23.2 供水 1.23.5 通信 1.30 关于电力供应的主要规定，用电安全	
17.11 后勤保障及能源设施位置	1.44.1 后勤保障及能源设施位置	
17.12 施工人员需求、办公设施	1.26 论述施工人员需求、住宿和福利设施	
17.13 消防	1.29 在施工和安装过程中消防措施	
17.14 电力供应	1.30 关于电力供应的主要规定，用电安全	
17.15 井下作业的通风、冷热空气供给	1.31 井下作业的通风、冷热空气供给计算及运输方案	
17.16 设备材料运输	1.22 设备和材料的运输流程，卸货场地和码头，中转站和临时进场道路	
17.17 质量验收标准	1.45.4 中国主要标准、规范	
18 合规性分析		
18.1 穿越位置的合规性	1.11 管道中心到居民点、建构筑物（桥、路）的安全距离论证	
18.2 对相关评价报告的响应	无	

中国初步设计	俄罗斯 FEED 对应章节	备注
19 主要工程量	1.46 主要工程量	
20 问题与建议	无	
21 附件	无	中方初步设计附了中俄谈判会议纪要

俄罗斯的 FEED 文件深度与中国的初步设计对比情况如下：

(1)俄罗斯 FEED 与国内初步设计内容上基本相似，初步设计有的内容，俄罗斯 FEED 基本上都有对应章节。

(2)两者在内容编写顺序上有很大不同，国内初步设计逻辑性比较清楚，从设计依据、工程概况、穿越位置确定、穿跨越方案确定、盾构隧道穿越设计、管道安装设计、管道防腐与阴极保护、焊接检验、试压、施工方案、合规性分析等，到主要工程量、问题与建议、附件，条理性强。而俄罗斯 FEED 是按照俄方提供的文件目录，填鸭式的补充内容，相同的内容在多个章节同时出现。

(3)俄罗斯 FEED 对施工流程、施工工艺、施工设备比较关注，甚至需要具体到详细的设备数量、型号、劳动力需求量。

(4)俄罗斯 FEED 对环境保护比较关注，需要提供施工产生的废泥浆数量及处理措施、施工期噪声防治措施、废水防治措施、废弃物防护措施(生活、生产垃圾)、野生动植物保护应对措施、风景名胜区的生态保护措施等。

(5)俄罗斯 FEED 对施工工人比较关怀，专门一个章节需要论述施工人员需求、住宿和福利设施，俄方对 FEED 意见专门提到需要考虑体育活动场地，其面积为 $9m \times 32m$。

(6)俄罗斯 FEED 对施工场地布置比较关注，需要提供场地布置图，包括生产区、生活区、道路、各种临时设施等。

(7)俄罗斯 FEED 对临建设施比较关注，细到封闭区围栏、道路、临时码头、联检部门设施搭建、检查设备安装、现场安防系统、挡土墙和护坡建设等，FEED 设计都需要描述其建设方案。

(8)俄罗斯 FEED 需要提供施工招标说明，而国内初步设计不需要。

4. 俄罗斯盾构 FEED 与国内初步设计深度对比

(1)国内初步设计比较注重方案比选，穿越位置和穿越方案进行了多方案比选，也是初步设计评审不可缺少的重要内容。俄罗斯 FEED 设计在过程中进行了多轮技术谈判及方案论证，但最终 FEED 设计文件不需要提供详细的比选过程，只需描述清楚推荐的设计方案即可。

(2)俄罗斯 FEED 更关注各个环节的施工方案，包括施工流程、施工工艺、设备配置(具体到设备数量、型号)、劳动力需求计划、施工用水、用电、物资存储等。国内初步设计对施工方案的描述比较粗略，几句话带过。

(3)俄罗斯 FEED 更关注环境保护，需要计算竖井、盾构施工产生的废泥浆数量，据此配置泥水处理系统；需要详细计算施工产生各种生产垃圾、生活垃圾，并提出应对措施。

（4）俄罗斯FEED更关注施工场地布置，需要提供场地布置图，基本达到施工组织设计的深度。

（5）俄罗斯FEED在临建设施设计做得更细，简单的文字描述方案还不行，需要提供设计图。如挡土墙、临时道路、临时码头都应有设计图纸。

（6）俄罗斯FEED需要提供施工招标说明。

（7）俄罗斯FEED对竖井工程投资的控制更为严格。根据中国规范，圆形竖井结构计算宜采用竖向弹性地基梁法，当有可靠经验时，也可采用空间结构分析方法进行整体分析（考虑空间效应）。俄方要求接收竖井必须采用整体计算，算的配筋偏小、经济；按弹性地基梁法算的配筋偏大，不过初步设计阶段没必要算得太细，工程有很大不确定性，初设概算工程量适当大点也是有利的。

5. 建设程序对比

（1）项目报批程序：俄罗斯FEED设计除了需要获得公司级评审及许可外，还需要报国家批准（俄罗斯联邦）。中国初步设计仅需要报集团公司批准，不需要履行国家报批程序。

（2）项目评价要求：根据国内建设程序，项目前期需要进行环境影响评价、水土保持方案评价、安全评价、地质灾害危险性评估、压覆矿产资源评估、防洪评价等。俄罗斯FEED设计不需要进行上述评价。

6. 盾构穿越与国内已建盾构工程在施工图设计阶段的设计深度对比

中方完成盾构施工图设计后，发给俄方业主审查，俄方比较认可中方做的盾构施工图设计，经俄气设计院和俄罗斯国家技术监督局审查，俄方给了三条意见：

（1）补充说明混凝土和钢筋的中国标号与俄罗斯标准的对比情况；

（2）在中方侧始发井内增设一根不锈钢排气管，排气管规格为$D102 \times 5mm$，排气管一端伸入隧道内管道与环片的空间内，沿隧道环片与管道外壁间的间隙（后浇筑混凝土）穿过竖井，沿竖井内井壁伸出地面。

（3）为保证顺利排气，接收井内管道周围包裹的橡胶颗粒孔隙率不小于30%。

可以认为，盾构的施工图与俄方的设计深度基本一致。

第十节　中俄东线长江盾构穿越

一、工程概况

1. 项目概况

中俄东线长江盾构穿越工程为中俄东线的控制性工程，从江苏南通和常熟穿越长江，工程等级为大型，穿越段管道水平长度为10324m，盾构隧道穿越水平长度为10226m（北岸竖井中心—南岸竖井中心），隧道平面设置三个曲线段，纵向设置六个曲线段，曲率半径均为3000m。

穿越位置见图4-60。

盾构隧道外径 $\Phi7.6m$，隧道内径 $\Phi6.8m$，为目前国内油气管道最大直径盾构隧道。盾构隧道内敷设3根管道，均采用 $D1422×32.1mm$ X80M 直缝埋弧焊钢管，设计压力为 10MPa，输送温度为 $0.8~20.9℃$，地区等级为三级，管道焊接均采用自动焊工艺。管道防腐采用常温型加强级 3LPE 外防腐层，补口采用黏弹体+压敏胶型热收缩带。

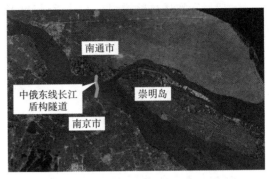

图4-60　中俄东线长江穿越位置图

北岸工作井为始发竖井，内衬净尺寸为 26m×14m 方形井，竖井开挖深度为28.2m，采用地下连续墙+环梁内衬的叠合结构。南岸工作井为接收竖井，内衬内径 16m 圆形井，竖井开挖深度为29.6m，采用地下连续墙+环梁内衬的叠合结构。竖井设置防洪井圈，防洪井圈上方设置井盖。

长江盾构隧道采用填充泡沫混凝土运营方式，竖井内管道弯头处设置应变监测系统，竖井内设置泄漏检测系统，竖井外设置视频监控系统，并设置永久性值班室。

2. 工程特点

本工程由于受规划限制，盾构穿越水平长度达10.226km，为目前国内外一次掘进距离最长的盾构隧道；穿越地层松散、透水性强；隧道承受的水压高、最大水压达0.73MPa；穿越长江大堤、常熟海轮锚地、长江主航道、长江刀鲚水产种质资源保护区核心区；隧道内敷设3根 $D1422mm$ 管道。设计施工难度大，具有"重、长、高、险、难"五大特点。

重——长江盾构穿越是中俄东线永清—上海段的控制性工程，是中俄东线的咽喉工程，隧道内布置3根 $D1422mm$ 管道，是重要的能源通道，其重要性极高。

长——软土地层单向掘进10.226km的盾构隧道，为国内外首例工程。

高——长江水深大、冲刷深度大，盾构隧道穿越承受0.73MPa高水压。

险——长江穿越面临高水压换刀、长距离掘进、深大竖井降水、长距离穿越沼气地层、环境敏感区等诸多风险。

难——穿越新江海河港池、常熟港海轮锚地、长江主航道、常熟港专用航道、长江刀鲚水产种质资源保护区核心区、白茆塘航道等诸多重要区域，设计、施工难度大。

3. 技术创新

由于本工程的"重、长、高、险、难"五大特点，设计施工技术难度大，以下技术方案没有先例可循：

(1)超长距离高水压盾构隧道设计；

(2)超长距离盾构设备技术要求；

(3)超长距离盾构隧道施工；

(4)3 根 $D1422mm$ 管道隧道内安装方案；

(5)超长距离盾构隧道设计与管道设计的衔接；

(6)超长距离盾构隧道内 3 根 $D1422mm$ 管道抢修方案；

(7)泡沫混凝土的性能参数设计及施工方案。

鉴于本工程的特点，设计必须突破常规，进行技术创新，以保证管道穿越的安全。在可研和初设阶段经过广泛深入的技术调研、反复的技术论证、多次大型专家评审会的审查后，本工程首次在油气管道领域应用了以下新技术、新工艺。

1) MJS 超高压旋喷桩工艺

南岸竖井所处地层主要为粉砂、粉细砂、中粗砂，地层透水性较大，为有效降低开挖降水对周边环境、长江大堤的影响，对竖井底板以下 10m 深范围土层、地下连续墙接缝处采用了 MJS 超高压旋喷桩工艺进行土层加固，大大降低地质改良后土层的渗透系数，有效控制竖井开挖后的出水量。本工程首次在油气管道盾构工程中使用 MJS 工艺，以提高工程质量和安全。

2) 管片接缝多道防水结构

本工程是目前长江上穿越距离最长的隧道工程，最深处水压值 0.73MPa，也是目前国内中型断面盾构隧道中水压最大的，对管片接缝防水提出了很大的挑战。本工程首次采用两道弹性密封垫 + 最外侧的海绵橡胶条 + 内侧嵌缝的接缝防水结构。

3) 智能巡检机器人

本工程在运营期间采用防爆型智能巡检机器人作为巡检和抢险设备，在隧道抢修时可以检测隧道内环境状况，以便后续抢修作业。巡检人员能够通过控制机器人进行巡检，查看机器人采集的信息，掌控隧道内的状态，能够在减轻巡检人员的工作负担和安全风险的基础上，提升巡检频次和巡检质量，推进管道的智能化建设。

4) 分布式光纤泄漏监测系统

本工程首次在盾构隧道内采用光纤法泄漏监测技术，是国际上公认的有应用前景的长输管道泄漏监测解决方案，天然气管道出现泄漏后，通过管道表面周围的泡沫混凝土形成温度梯度，通过对沿光纤温度场进行分析可以确定发生泄漏的部位。

5) 泡沫混凝土

本工程运营期间，采用泡沫混凝土填充，填充高度至管道顶面 0.5m，隧道建成后不用维修与检修。填充后管道运营安全、稳定、风险低，对隧道结构的影响比充水要小。

二、工程建设条件

1. 穿越环境敏感区和航道、锚地情况

1) 环境敏感区

本工程穿越长江刀鲚国家级水产种质资源保护区核心区。

2) 穿越航道现状

本工程穿越长江主航道、常熟港专用航道、新江海河港池、白茆河，其主要情况如下：

（1）长江主航道

工程所在河段为白茆沙水道，位于长江南通天生港—长江口，航道等级为Ⅰ-（1）级，航道维护类别为一类航道维护，航标配布类别为一类航标配布，最小航道维护尺度为12.5m×500m×1500m（水深×航宽×弯曲半径）。

（2）常熟港专用航道

常熟港区专用航道是在2006年2月22日由亚太专用航道、华润专用航道及常熟电厂专用航道升级改造后，统一称为常熟港专用航道，位于通州沙水道末端右侧及白茆小沙夹槽内。

现常熟港专用航道长16.5km，设计水深为12.5m（当地理论基准面以下，数据由常熟市交通局提供），除桥区外航道宽度为250m，苏通桥区专用航道宽度为200m，桥区航段长度为1.8km。

（3）新江海河

目前，新江海河为内河Ⅳ级航道，通航船舶吨级较小，船舶流量不大。

（4）白茆河

白茆塘属太湖流域阳澄水系，是苏州市阳澄区主要的通江引排河道之一。全长40.7km，底宽67m，现阶段为内河Ⅶ级航道，通航船舶吨级较小。

3）穿越锚地现状

工程穿越常熟港海轮锚地，该锚地用于停靠海轮，平面尺寸为4800m×700m，其位置在江白北12#黑浮—桥2#黑浮北侧。

2. 工程水文

本项目开展了河道演变分析、二维水沙数学模型计算、潮流泥沙物理模型计算、深槽稳定性分析，分别得到了河演包络线、数模计算综合包络线、物模试验综合包络线、局部河段物模包络线，并且考虑到未来来水来沙条件变化因素，得到了冲刷综合包络线（图4-61）。

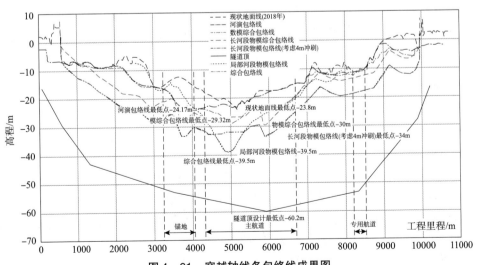

图4-61 穿越轴线各包络线成果图

3. 地质条件

穿越段地层岩性主要为第四系全新统（Q_4）及晚更新统（Q_3）地层，勘探深度内自上而下共分7层，各地层特征分述如下：

①层淤泥质土（Q_4^{al}）：灰黑色，流塑，含植物腐殖质，局部可闻到腥臭气味，土质不均匀，该层主要为河道淤积形成。层厚1.40～24.00m，层底标高－33.03～－7.63m，土石等级为Ⅰ级。该层主要分布在新江海河段、锚地段、主航道、主航道与专用航道之间段、专用航道段、白茆河段。

②层粉土（Q_4^{al}）：灰黄色，很湿，稍密～中密，局部表层覆盖0.3m耕植土，土质均匀性一般。层厚2.40～14.00m，层底标高－20.86～－2.58m，土石等级为Ⅰ～Ⅱ级。该层主要分布在北岸陆地穿越段、新江海河段、白茆河段、南岸陆地穿越段等。

③层淤泥质土（Q_4^{al}）：灰褐色，流塑～软塑，以淤泥质粉质黏土为主，含植物腐殖质，局部可闻到腥臭气味，土质均匀性一般。层厚2.60～24.40m，层底标高－30.21～－3.77m，土石等级为Ⅰ级。该层主要分布在新江海河、白茆河段、南岸陆地段。

④层粉质黏土（Q_4^{al}）：灰色，软塑～可塑，土质不均匀，局部夹黏土薄层。层厚2.20～21.00m，层底标高－32.21～－12.44m，土石等级为Ⅰ～Ⅱ级。该层主要分布在北岸陆地段、专用航道、白茆河段，且零星分布于主航道与专用航道之间段。

⑤层粉土（Q_4^{al}）：灰色，很湿，中密～密实，土质不均匀，局部夹粉砂、黏性土薄层。层厚2.40～30.00m，层底标高－53.93～－15.95m，土石等级为Ⅱ级。该层主要分布在北岸陆地段、新江海河段、锚地段、主航道与专用航道之间段、专用航道段、白茆河段、南岸路地段。

⑥层粉质黏土（Q_4^{al}）：灰褐色，软塑～可塑，含少量有机质，有机质含量约为2%～4%，局部夹粉砂、粉土或黏土薄层，土质均匀性一般。层厚2.00～37.60m，层底标高－60.96～－21.16m，土石等级为Ⅰ～Ⅱ级。该层（除南岸陆地段）在拟穿越区域均有分布。

⑦层粉砂（Q_3^{al}）：青灰色，饱和，密实，级配良，分选性一般，局部夹细砂、中砂薄层，砂质较均匀性。最大揭露厚度为34.00m，未揭穿，土石等级为Ⅱ级。该层在拟穿越区域普遍分布。

三、盾构隧道设计方案

1. 盾构隧道设计标准

（1）设计使用年限：隧道主体结构100年。

（2）设计洪水标准：按100年一遇设计，按300年一遇校核。

（3）盾构穿越结构安全等级为一级，结构重要性系数取1.1。

（4）抗震设防标准：按地震基本烈度为7度、地震动峰值加速度为0.13g设防。按地震动峰值加速度0.15g进行校核。抗震设防类别为乙类，抗震等级为四级。

（5）环境作用等级：管片与工作井井壁Ⅰ－C，内部结构Ⅰ－B。

（6）防水设计标准：防水等级二级。

（7）变形控制标准：圆形衬砌结构计算直径变形不大于 0.3%D（D 为隧道外径）。

（8）裂缝控制标准：隧道结构与工作井主体结构最大允许裂缝开展宽度 0.2mm。

（9）抗漂验算：隧道抗浮设计系数不得小于 1.15。

2. 隧道总体设计

始发井位于北岸，竖井中心距北岸大堤背水侧堤脚 340m，开挖深度 28.2m。接收井位于南岸，竖井中心距南岸大堤背水侧堤脚 150m，开挖深度 29.6m。盾构隧道水平长度 10226m（竖井中心距），主要在粉质黏土、粉细砂、粉砂层中通过。隧道最低点顶部高程为 -60.2m，隧道最低点处隧道顶埋深约为 42.5m，位于冲刷线包络线下约 26.3m。

1）盾构隧道平面布置

盾构由北岸竖井出发，水平掘进 285m 后，采用曲线掘进 1118m、平面 21°转角，穿过海新重工场区，进入新江海河河道，继续直线前进 1153m，采用曲线掘进 1191m、平面 23°转角，穿出新江海河河道进入长江河道，直线前进 3150m，采用曲线掘进 3227m、平面 62°转角，进入白茆河口，直线掘进 103m 到达接收井（图 4-62）。

盾构掘进的平面曲率半径均为 3000m。

图 4-62 长江盾构隧道穿越平面图

2）盾构隧道竖向布置

由北岸竖井出发，水平掘进 65m 后，以 2.474% 的下坡前进 501.4m，变坡度以 1.886% 的下坡前进 774.1m，再变坡度以 0.457% 的下坡前进 2187.8m，以 0.3% 的下坡前进 2386.0m，再以 0.3% 的上坡前进 2386.0m，再以 1.58% 的上坡前进 1601.7m，再以 3.5636% 的上坡前进 316.7m 到达南岸竖井，转角处曲率半径均为 3000m（约 2100D，D 为穿越管段外径，见图 4-63）。

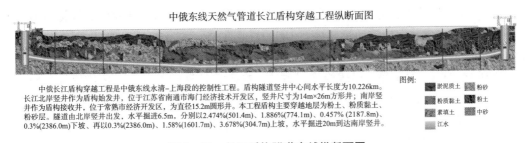

中俄长江盾构穿越工程是中俄东线永清-上海段的控制性工程。盾构隧道竖井中心间水平长度为10.226km。长江北岸竖井作为盾构始发井，位于江苏省南通市海门经济技术开发区，竖井尺寸为14m×26m方形井；南岸竖井作为盾构接收井，位于常熟市经济开发区，为直径15.2m圆形井。本工程盾构主要穿越地层为粉土、粉质黏土、粉砂层。隧道由北岸竖井出发，水平掘进6.5m，分别以2.474%（501.4m）、1.886%（774.1m）、0.457%（2187.8m）、0.3%（2386.0m）下坡，再以0.3%（2386.0m）、1.58%（1601.7m）、3.678%（304.7m）上坡，水平掘进20m到达南岸竖井。

图 4-63 长江盾构隧道穿越纵断面图

3）盾构隧道横断面布置

长江盾构隧道内敷设 3 根 D1422mm 管道，隧道直径与隧道内管道布置需满足以下要求：

（1）管道考虑在隧道内自动焊接，管道周围空间需满足焊接空间的需要，管道周围净空不小于 600mm；

（2）考虑隧道内空间有限，管径大，为规避隧道内管道移位带来的安全风险，管道的布置按一次安装就位考虑；

（3）管道布置需要考虑管道安装施工运输的需要，预留不小于1000mm的运输轨道宽度，管道布置满足抢修需要。

综合以上需求，确定隧道内径为6.8m，能够满足管道运输、一次就位安装、自动焊接和抢修空间要求。管道布置见图4-64。

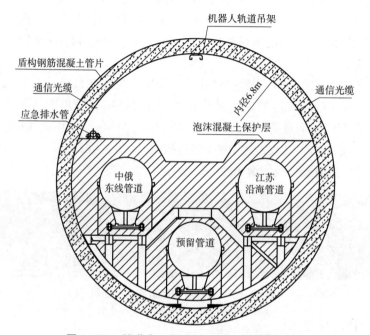

图4-64　隧道内3根D1422mm管道布置图

4）穿越纵断面的关键因素

长江盾构穿越新江海河港池、常熟海轮锚地、长江主航道，隧道埋深需满足抛锚、通航、河道冲刷的要求。

（1）锚地评价要求

《中俄东线天然气管道工程（南段）长江盾构隧道穿越工程与常熟海轮锚地影响专项研究报告》的结论"常熟海轮锚地远期规划18000TEU集装箱船所配备的35.5t霍尔锚在考虑100年一遇的冲刷深度下，贯入深度达到16.31m，在考虑300年一遇的冲刷深度下，贯入深度达到16.91m。本工程采用盾构施工方式，在上述计算的基础上，还应增加一定的安全富裕深度，建议增加埋深不少于5m，考虑到常熟海轮锚地的远期规划，建议中俄东线江苏段长江盾构隧道穿越工程隧道穿越锚地部分埋深不小于泥面以下21.91m"。

（2）航道评价要求

《中俄东线天然气管道项目隧道穿越工程航道通航条件影响评价报告》的结论"长江隧道工程所在河段的长江主航道底标高规划与现状一致。在河床演变、数学模型和应急抛锚入土试验研究专题的基础上，经综合分析表明，拟建隧道所在各航道考虑航道设计水深、极限冲刷以及应急抛锚入土深度等情况下，隧道顶面高程布置仍有较大富余量，隧道在各航道处顶部设置合理，满足规范要求"。

（3）防洪评价冲刷深度要求

根据防洪评价分析成果，建议的综合包络线最低点标高为 -34m。

（4）河演报告建议

工程河段河床演变较为复杂，根据历年地形测图，穿越断面上游 5km 内自 2006 年起形成 -59.4m 的冲刷坑，并逐渐刷深、下移，范围扩大，至 2018 年已近 -67.8m（穿越断面上游 4.9km），且在原冲刷坑下游约 1km 又形成一个 -56.9m 冲刷坑（穿越断面上游 3.1km）。考虑到冲刷坑有进一步下移至穿越断面的可能，为确保工程安全，建议工程设计隧道顶标高按不高于 -53m 考虑。因工程处深槽尚未形成，根据历年深泓平面摆动范围确定深槽可能出现位置，并考虑可能出现深槽的宽度，综合确定隧道顶标高不高于 -53m 的设计范围，水平里程（k3 +528）~（k8 +300），长度约 4.77km。

（5）深槽稳定性专题成果

根据深槽稳定性专题成果，在 300 年一遇最不利的工况条件下，-30m 深槽将发展至工程穿越断面，工程穿越断面最深点达到 -39.5m，-30m 深槽范围位于主航道内、锚地范围以外区域。工程断面未形成其他冲刷坑。

（6）规范要求

《油气管道穿越工程设计规范》GB 50423 规定的"隧道上部覆土厚度不应小于 2 倍隧道外径，且隧道埋深应低于设计冲刷线下 1.5 倍隧道外径，堤脚下隧道埋深不小于 3.0 倍隧道外径"的要求，隧道外径约 7.6m，隧道埋深应低于设计冲刷线下 11.4m，低于堤脚下 22.8m，隧道顶覆土厚度不小于 15.2m。

（7）穿越地层

穿越场区主要地层为第四系冲～海积地层，主要为粉质黏土、粉土、粉砂、中砂、粗砂等地层，均适宜盾构隧道穿越。结合隧道穿越深度要求，选择盾构隧道主要在⑤粉土、⑥粉质黏土、⑦粉砂层中通过。

5）纵断面控制点

长江盾构穿越长江江堤、新江海河航道、常熟海轮锚地、长江主航道、常熟港专用航道、白茆塘航道，隧道埋深需满足抛锚、通航、河道冲刷的要求，隧道关键控制点的隧道覆土厚度和相关要求见表 4 - 3。

表 4 - 3 长江盾构穿越控制点列表

控制点位置	里程/m	隧道顶标高/m	覆土厚度/m	冲刷包络线下覆土厚度/m	备注
隧道最低点	5914.0	-60.2	42.5	26.3	隧道底最大水压为72.57m
河床最低点	5169.4	-57.9	34.1	21.8	满足规范要求：ㄱ1. 覆土厚度不小于5.2m；2. 冲刷线下覆土厚度大于11.4m
物模综合冲刷包络线最低点	5892.1	-60.1	42.3	26.1	
深槽包络线最低点	4934.5	-57.2	35.8	17.7	

控制点位置	里程/m	隧道顶标高/m	覆土厚度/m	冲刷包络线下覆土厚度/m	备注
常熟港海轮锚地区域冲刷包络线最低点	3726.8	-53.6	40.8	20.5	满足锚地影响评价的要求：隧道穿越锚地部分埋深不小于泥面以下21.91m
常熟港海轮锚地区域覆土最小处	3249.7	-50.7	36.1	25.3	
长江主航道区域隧道顶覆土最小处(河床最低点)	5169.4	-57.9	34.1	21.8	满足隧道顶面高程均低于规划航道底标高 -14.1m 以下，且富裕深度4m的要求
常熟港专用航道隧道顶覆土最小处	8512.8	-49.6	38.6	31.7	满足隧道顶面高程均低于规划航道底标高 -14.1m 以下，且富裕深度4m的要求
新江海河航道河段隧道顶覆土最小处	684.1	-30.6	22.8	22.3	满足隧道顶面高程均低于规划航道底标高 -9.95m 以下，且富裕深度4m的要求
白茆塘航道河段隧道顶覆土最小处	9901.5	-27.7	23.8	18.5	满足隧道顶面高程均低于规划航道底标高 -3.5m 以下，且富裕深度4m的要求
长江北岸大堤堤脚	406.0	-24.4	28.0		满足规范规定：堤脚下覆土厚度不小于22.8m
长江南岸大堤堤脚	10056.0	-22.0	23.1		
历年深泓平面摆动范围	3528~8300	-53m			满足河演报告要求

3. 北岸工作井设计

北岸工作井基坑平面尺寸 30.8m×18.8m(长度×宽度)，基坑深度 28.2m。根据场地的地质条件、工程特点和围护结构计算结果，确定北岸工作井采用58m深、1.2m厚地下连续墙作为围护结构，采用逆作法施工，地连墙与主体结构内衬墙形成叠合墙结构，共同受力。基坑设置五层现浇钢筋砼水平框架 + 内支撑，地连墙采用 H 型钢接头。

为确保地连墙止水效果，在地连墙外侧设置一圈封闭的塑性砼墙止水帷幕，深约38.2m，插入坑底以下约10m。对竖井底板以下10m深范围内土层采用 $\Phi850@600mm$ 超深三轴水泥搅拌桩进行坑底加固，加固平面范围为塑性墙止水帷幕内边缘。

盾构机从北岸工作井始发，掘进至南岸工作井吊出。北岸盾构始发端头主要位于③层淤泥质粉质黏土、④层粉质黏土、④-2层粉砂、⑤层粉土中。端头加固采用外包0.8m厚塑性混凝土地连墙 + $\Phi850@600mm$ 三轴搅拌桩加固措施，搅拌桩与地墙之间空隙采用 $\Phi800$ 旋喷桩填充，搭接不小于300mm。搅拌桩加固区纵向长度18.0m，加固宽度13.6m，加固深度为盾构隧道顶、底边缘外不小于3m 的范围。搅拌桩与旋喷桩28d 无侧限抗压强度不小于 1.0MPa，渗透系数 $k \leqslant 1 \times 10^{-7} cm/s$。

北岸工作井效果图见图 4－65、图 4－66。

图 4－65　北岸竖井平面效果图

图 4－66　北岸竖井剖面效果图

地下连续墙施工完成后，竖井内由上至下逐层开挖土体，并逐层现浇钢筋混凝土支撑和内衬墙作为竖井的支撑系统，支撑和内衬墙强度等级经过养护增长到设计强度等级的80%以上时方可向下继续开挖土体。支撑和内衬墙通过钢筋接驳器与地下连续墙钢筋网连接，使支撑、内衬墙与地连墙形成整体结构，以增加竖井结构的整体刚度。

地下连续墙盾构进、出洞部分需要凿除。为保证盾构始发安全，必须先行施工完成盾构始发端头加固区同降水降到洞门以下 1m，才允许盾构始发。

4. 南岸工作井设计

南岸工作井基坑平面尺寸为 Φ19.6m 的圆形井，净尺寸为 Φ15.2m，基坑开挖深度29.6m。根据场地的地质条件、工程特点和围护结构计算结果，确定南岸工作井采用 59.6m深、1.2m 厚地下连续墙作为围护结构，采用逆作法施工，地连墙与主体结构内衬墙形成叠合墙结构，共同受力。基坑设置五层现浇钢筋砼水平内支撑，地连墙采用 H 型钢接头。

地连墙共分为 8 个槽段，施工时先施工一期槽段，再施工二期槽段。同期槽段施工时，应采用跳打间隔施工。

为确保地连墙止水效果，对竖井底板以下 10.385m 深范围内土层采用 MJS 超高压旋喷桩 Φ2000@1300 进行坑底加固，加固平面范围为地连墙内边缘。

南岸工作井效果图见图 4－67。

南岸盾构接收端头主要位于④－1 层粉砂、④层粉质黏土、⑤－1 层粉砂中。端头加固采用外包 0.8m 厚塑性混凝土地连墙＋超高压旋喷桩(MJS)加固措施。旋

图 4－67　南岸竖井效果图

喷桩加固区纵向长度 15.0m，加固宽度 13.6m，加固深度为盾构隧道顶、底边缘外不小于3m 的范围。旋喷桩 28d 无侧限抗压强度不小于 1.0MPa，渗透系数 $k \leqslant 1 \times 10^{-7}$cm/s。

地下连续墙施工完成后，竖井内由上至下逐层开挖土体，并逐层现浇钢筋混凝土支撑和内衬墙作为竖井的支撑系统，支撑和内衬墙强度等级经过养护增长到设计强度等级的80%以上时方可向下继续开挖土体。支撑和内衬墙通过钢筋接驳器与地下连续墙钢筋网连接，使支撑、内衬墙与地连墙形成整体结构，以增加竖井结构的整体刚度。

地下连续墙盾构进出洞部分需要凿除。为保证盾构接收安全，必须先行施工完成盾构接收端头加固区和降水降到洞门以下1m，才允许盾构接收。

5. 管片设计

1）盾构隧道采用平板型单层钢筋混凝土管片衬砌，衬砌环的基本设计参数见表4-4。

表4-4　衬砌环设计参数表

项目	特征
衬砌环直径	外径Φ7600mm，内径Φ6800mm
衬砌环分块	6块
衬砌厚度	400mm
衬砌环宽	1500mm（平均）
衬砌环形式	通用楔形环
楔形量	36mm（双面楔形）
拼装方式	错缝拼装
接触面构造	环缝接触面设凹凸榫，纵缝不设凹凸榫
管片连接形式	弯螺栓连接

2）管片分块

衬砌环采用"5+1"分块模式，即由一块封顶块K、两块邻接块B和三块标准块A构成，衬砌环分块及管片的编号见表4-5。

表4-5　衬砌环设计参数表

管片环　衬砌	封顶块	邻接块		标准块		
楔形环	K-N	B1-N	B2-N	A1-N	A2-N	A3-N

注：字母"N"表示衬砌环的模具套数编号。

3）管片连接

衬砌环的接缝连接采用弯螺栓连接，包括16个环缝连接螺栓和12个纵缝连接螺栓。

4）变形缝设计

竖井结构与区间盾构隧道结构刚度上存在较大差异，在进、出洞口段采取地层加固措施的基础上，在始发端穿过加固区的第一环设置1道变形缝以及接收端即将达到加固区的第一环设置1道变形缝。

6. 渣场设计

本工程隧道共计开挖土方量540400m³（实方），其中北岸竖井出渣约26202m³（实方），平巷出渣约500284m³（实方），南岸竖井出渣约13914m³（实方）。

河运弃渣的方法：在盾构场地设置控制室及自动高压水枪装置，预埋注浆及清水管道，将渣土用水按1∶4的比例稀释，用泵将水渣混合物注入管道，运输到停靠在临时码头的运输船上。运输船按批准的航线航行到事先设置的临时码头，将渣土稀释后通过管道运输到指定的弃浆点，水经过三级沉淀池沉淀，经过检测达到排放标准后外排。

四、管道安装设计方案

1. 竖井内管道安装

盾构隧道管道安装分为竖井内管道安装和隧道内管道安装。

本工程竖井较深,两岸竖井内分别设置90°补偿器进行温度补偿:

对 $D1422mm$ 管道,考虑到管材常用母管长度及运输超限的规定,两岸竖井内分别设置 65°$(R=5D)$ 热煨弯管及 25°$(R=5D)$ 热煨弯管组成90°补偿器,弯头中间用直管段连接。

本工程竖井内管道作为补偿器,在管道运营期间 $D1422mm$ 管道最大轴向变形约 60mm,在地震荷载工况下管道最大轴向变形约 180mm。应保证管道有足够的变形空间。故竖井内管道安装完成后,在两岸竖井内设置混凝土横梁及纵梁作为竖井内管道支撑,管道在混凝土梁上沿轴线方向可自由变形,其余方向固定在横梁上。北岸始发井及南岸接收井管道安装见图4−68~图4−70。

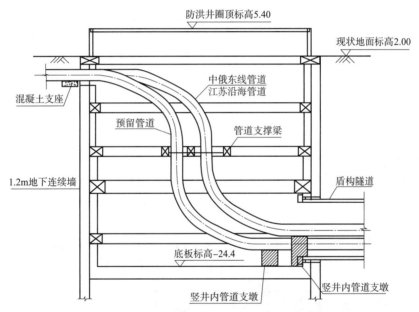

图4−68 北岸始发竖井内管道安装示意图

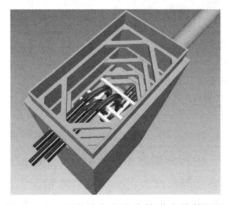

图4−69 北岸始发竖井内管道安装效果图

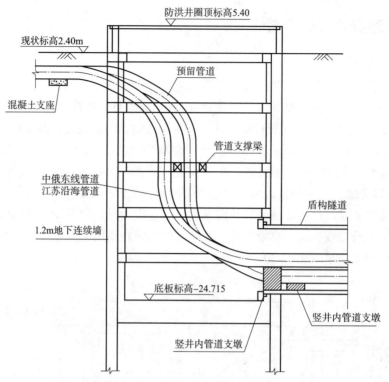

图4-70 南岸接收竖井内管道安装示意图

2. 隧道平巷段管道安装方案

本工程隧道平面曲线段为3段，曲线段总长度约5.53km。曲线段 $D1422mm$ 管道采用"直管段+小角度冷弯管+直管段"方式。

图4-71 平巷管道安装三维图

隧道平巷内设置钢架支撑，管道布置于钢架支撑上，其中管道A布置于钢架下部，管道B及管道C布置于钢架上部。管道采用18m加长管，管道小车支座间距9m。管道采用管道支座小车安装就位后，直接进行焊接、检测、防腐补口等作业。管道安装完成后，轨道小车作为管道支座留至隧道内，3根管道安装全部完成后，采用泡沫混凝土回填。

平巷年内管道布置见图4-71。

五、专题研究

本工程由于受规划限制，盾构穿越水平长度达10.226km，为目前国内外一次掘进距离最长的盾构隧道，并且面临穿越长江大堤、常熟港海轮锚、长江主航道、水产种质资源保护区核心区、白茆口湿地保护区，面临穿越高水压、含沼气软土地层，超长距离管道安装等多项重难点，设计针对性地开展了 10 个专题研究，专题主要包含以下研究内容。

1. 超长距离盾构施工关键技术及沼气地层安全影响专题

长江盾构隧道一次掘进距离 10.226km，穿越主要地层为粉质黏土、粉细砂、粉砂层，且部分地层含沼气，穿越最大水压为 0.73MPa。超长距离掘进还面临主轴设计使用寿命、刀盘和刀具的磨损、高水压多次更换刀具、密封件的磨损等高风险。

穿越地层中存在沼气层分布。竖井地连墙施工时，地层的沼气释放，可能造成槽壁塌方、渗水和漏水，直接影响地连墙的施工质量和施工进度；在盾构掘进中，由于沼气释放，可能造成开挖面失稳；沼气易从盾尾间隙进入隧道内，聚集到一定浓度，可能引起爆炸。解决沼气地层对盾构隧道施工质量和安全的影响是本项目的重点。

本专题研究中重点分析了沼气地层施工中存在的安全风险，在此充分识别风险的基础上，结合油气管道隧道施工工艺特点，推荐了沼气地层竖井施工、盾构隧道施工、隧道内管道安装、管道运营期间的应对措施。

本专题研究针对超长距离盾构施工的关键技术进行了深入的分析，并推荐了关键工序施工方案。

(1) 对盾构隧道施工运输、盾构施工效率进行研究，推荐采用电机车双轨运输。

(2) 对隧道内通风进行研究，根据隧道内施工人员数量、隧道内降温需求、隧道内最小风速、隧道内沼气涌出、消除沼气聚集所需的通风量，确定通风方式为压入式通风，并通过阻力计算，推荐隧道通风方式为 2 根 1500mm 通风管路。

(3) 对超长距离盾构施工测量进行研究，推荐地面控制网布设方式为卫星定位控制网 (GPS 控制网) 测量和精密导线检测；地面高程控制网检测主要为城市一、二等水准网检测。为提高联系测量精度，提出铅垂线 (钢丝) + 陀螺经纬仪组合定向测量和联系三角形法测量两种测量方案。结合中俄东线超长距离特点和隧道断面形式，确定盾构始发井、接收井、隧道加密控制点及中线、隧道断面等部位的测量方法。针对隧道贯通关键控制点，进行了 GPS 测量、常规控制测量、竖井定向测量、隧道内导线误差引起的横向贯通误差分析和隧道高程贯通中误差分析，确定了误差控制方式。

(4) 对常压刀盘换刀和带压换刀两种换刀方式进行研究，推荐本工程不同区域的换刀方式，并对盾构设备提出具备常压换刀和带压换刀的功能。

2. 长江盾构穿越工程超长距离盾构设备专题

本专题研究了盾构机设备针对沼气的配置、盾构机高水压换刀配置、长距离泥水环流系统、主轴承密封系统、刀盘刀具配置、盾尾密封刷结构等问题，提出以下技术方案。

1) 盾构机设备针对沼气的配置

盾构机需配置有害气体监控系统，在盾构机各关键部位安装监控探头，采用防爆设备，采用气动风机。

2) 高水压换刀配置

本工程地质以淤泥质土、粉质黏土、粉土、粉细砂及中砂等地层为主，透水性强，水压高达 7.3bar，远超常规进舱作业压力的上限，且穿越距离长，盾构机刀具磨损并进行带压进舱换刀作业不可避免。

针对该工程特点，采用盾构机常压刀盘设计，盾构机具备常压换刀和带压换刀的功能，以满足工程需要。

3）长距离泥水环流系统

针对长距离泥水盾构隧道施工，在隧道内部设置一定数量的中继平台，安装供排浆泵、电压力补偿柜等设备，确定中继平台安装数量和安装位置。充分考虑不同地层对环流系统的影响，环流系统预留一定的富余压力。

4）主轴承密封系统

本工程一次掘进距离长、地层水压大、透水性强、地质松散且富含沼气等特征，存在主轴承及密封磨损失效导致工程失败的风险。

为有效消减主轴承密封磨损失效带来风险，从设计方案优化、主轴承密封润滑自动平衡系统的应用、轴套磨损面调整、主轴承密封设计为可更换结构等方面采取措施。

5）刀盘刀具配置

本工程穿越地质复杂及长距离高水压盾构掘进，对盾构机刀盘和刀具的配置需满足高水压与长距离掘进的要求。刀具选用抗形变、耐磨损的材料和结构，刀具配备大的耐磨合金块，最大程度增加耐磨性，并对刀盘刀具配置进行优化设计，刀盘同轨迹配备合理的刀具数量。刀盘面板可采用全断面耐磨保护网格和边缘焊接硬质合金块来提高刀盘耐磨性。齿刀、贝壳刀、切刀多层次刀高设计，减小刀具磨损，保留第一梯度刀具的破岩能力。

6）盾尾密封刷结构配置

尾密密封设置不少于4道钢丝刷、1道钢板束、1道应急充气密封，至少2道可进行更换。并需在盾尾壳体设计中新增聚氨酯注入孔，并预留冷冻管路，同时保留气囊式应急密封。

盾构设备现场图见图4-72。

图4-72　实际设备图

3. 长江选址论证专题

长江宏观选址范围从江苏常州至崇明岛，对东线、西线、中线三个宏观路由进行比选（图4-73）。

综合比较三个方案，推荐中线方案。中线方案线路总长稍长，但新建管道长度最短，到泰兴后，可利用已建管道输气到角直，远期 LNG 增量时，LNG 气量可利用南通过江管道直接过江，俄气、LNG 改为双气源，靖江、南通双过江点作为联络线，适应性最好，且东台—泰兴段已完成相关核准工作，利于项目进展。

　　在宏观路由确定后，跟当地政府进行协调，由于地处长三角经济发达地区，过江位置极其稀缺性，长江两岸码头、地方规划密集，经过多方努力协调，历时四年最终确定长江穿越位置，在江苏南通与南京穿越长江，盾构穿越长度达 10.226km。

图 4-73　长江穿越宏观路由比选图

4. 盾构管片设计专题

　　本专题分别采用均质圆环法、梁－弹簧模型计算管片内力，同时采用有限元模型对隧道纵向差异沉降下管片内力及接缝变形进行计算，同时基于反应位移法和时程分析法的抗震计算分析表明，管片结构、螺栓受力均能满足要求。

　　本工程防水采用两道弹性密封垫、最外侧的海绵橡胶条以及内侧嵌缝四个方面，弹性密封垫材质为三元乙丙橡胶，初步确定截面形式，后续进行防水的试验确定。弹性密封垫加工成棱角分明的框形橡胶圈，将橡胶圈套在四周有沟槽的管片上。要求在接缝张开 8mm、错位 15mm 条件下，设计使用年限内能够抵抗 0.8MPa 的水压。密封垫防水压力及耐久性应开展相关试验进行测试。

　　按照 100 年设计使用寿命，对螺栓、密封材料、隧道内钢构件提出防腐措施。

5. 抗震专题

　　本专题采用资料调研和数值模拟等手段，对盾构隧道所在地层，以及盾构隧道横断面、纵向和竖井的地震响应特征进行研究。

　　隧道横断面地震响应特征研究结果表明：在考虑不同填充物对结构受力和变形的影响时，通过对三个断面的计算和讨论发现，当隧道采用充泡沫混凝土的方法时，管片结构的内力值显著低于其他方案。盾构隧道内选用填充泡沫混凝土的方式对于隧道结构及管道横断面方向内力与变形的控制更有利。

　　隧道纵断面地震响应特征研究结果表明，在设防地震作用下和罕遇地震作用下，考虑隧道在是否填充泡沫混凝土两种方案下的动力响应特征，得出以下结论：

　　从隧道内力结果来看，隧道在罕遇地震作用下的内力远大于隧道在设防地震作用下的内力，由于隧道填充泡沫混凝土之后隧道结构整体性更好，盾构隧道内选用填充泡沫混凝土的方式对于隧道结构纵断面方向内力与变形的控制更有利。

　　通过对南岸与北岸两个竖井分别在设防与罕遇地震下的动力响应结果分析，得出以下结论：

　　(1) 从位移结果来看，竖井和隧道在罕遇地震作用下的位移比其在设防地震作用下大 40%~50%，在设防地震作用下，竖井的最大位移一般位于竖井顶部，隧道的最大位移一般位于隧道顶部附近，而在罕遇地震作用下，竖井的最大位移一般位于竖井底部，隧道的最大位移位于隧道底部与竖井连接处。

（2）从应力结果来看，南岸竖井与隧道在罕遇地震作用下的应力比其在设防地震作用下大 1～2 倍，北岸竖井与隧道在罕遇地震作用下的应力比其在设防地震作用下大 4～5 倍。而竖井和隧道分别在设防地震与罕遇地震作用下的最大应力的分布位置基本相同，竖井与隧道的最大应力均位于竖井与隧道的连接处。应当对隧道与竖井连接处进行加强处理。

6. 超长距离管道安装设计专题

长江盾构工程穿越长度 10.226km，隧道内采用自动焊安装 3 根 $D1422mm$ 管道，管道因温差影响将产生变形和应力的变化，随着盾构穿越管段距离增加，管道的应力和变形相应增大。对超长距离管道变形和应力控制是本工程的重难点。

本专题对管道架空方案及泡沫混凝土填充方案的管道应力进行对比分析，采用泡沫混凝土方案后，正常运营工况管道最大当量应力均为 222MPa，满足规范要求；由于泡沫混凝土对管道的约束作用，管道最大轴向变形由 1500mm 减小至 5mm，管道变形大大减小。从管道应力应变角度，采用泡沫混凝土方案优势较为明显。

考虑今后管网运营，管道运营温度存在超过目前运营温度范围 0.8～20.9℃ 的可能性，本专题通过对隧道内不同温差下管道应力及变形进行分析对比，得出了隧道内管道空置、隧道内管道充水、隧道内管道填充泡沫混凝土三种工况下管道允许运营温度范围。采用泡沫混凝土填充，管道允许运营温度为 -30～30℃，对管道运营温度区间适应性更强；而隧道内空置和充水的管道允许运营温度分别为 -15～24℃ 和 -15～21℃，对管道运营温度区间要求更为苛刻。

综合以上因素，确定隧道采用泡沫混凝土填充方案进行安装。

对泡沫混凝土填充方案的管道应力分析：管道应力符合《油气输送管道穿越工程设计规范》（GB 50423—2013）要求。正常运营工况（不考虑地震荷载），升温时管道最大轴向变形为 5mm，管道最大侧向变形为 9mm；降温时管道最大轴向变形为 4mm，管道最大侧向变形为 2.8mm；升温时管道轴向变形相对较大。

7. 超长距离管道安装施工专题

长江盾构工程穿越长度 10.226km，隧道内采用自动焊安装 3 根 $D1422mm$ 管道，空间受限，施工难度大。超长距离盾构隧道内管道安装施工是本项目的难点。

本专题对管道施工的主要施工方案和施工保证措施进行了研究，施工方案主要包括平巷管道施工方案、竖井管道施工方案、地面管道施工方案、试压扫线施工方案等。

通过研究，推荐以下管道安装方案：管道焊接采用自动焊方式，采用 18m 加长管从始发井下管，从接收井方向布置至隧道中部后，从隧道中部分别向始发井及接收井方向进行管道安装。三条 1422mm 管道分 2 批次施工，先安装底部的 1422mm-A 管道，然后安装隧道两侧的 1422mm-B、C 管道，管道均为运输就位后安装，避免移动就位。竖井内的整体 S 管道，在地面预制待隧道内管道安装完成后，进行整体吊装安装竖井内管道。

8. 抢修专题

长江盾构隧道为超长隧道，为保证运营期的安全，本专题根据工程情况，结合目前管道出现的抢修案例，结合目前抢维修队伍实际情况，进行了作业方式的研究和分析，初步确定了抢修作业任务的范围，结合抢修操作原理和工序，从运行检测及监测手段和措施到抢修恢复，进行了抢修作业程序的设计工作。主要设计方案如下：

（1）运行监测检测技术措施。本报告针对本工程特点，开展运行及抢修作业所需监测检测技术方案。

（2）抢修作业通风设计。针对监测和检测结果，确定在需要人员进行隧道内确认，开展相关作业的前提下，开展相关通风作业设计，满足隧道内开展人员作业、设备运行等的需要。

（3）抢修作业电力设计。电力设计主要针对隧道内应急状态下照明、地面通风设备的用电需要等开展相关设计方案。

（4）抢修通信方案。根据抢修作业中需要的通信需求，开展相关通信方案设计。

（5）抢修与恢复。包括设备、材料运送方式，作业点开挖，防腐层剥离，支架选择，补强作业，填埋和开挖等设计方案。

9. 泡沫混凝土填充专题

本专题对泡沫混凝土性能、施工工艺、对管道防腐的影响、填充施工、质量检验和验收进行研究。

隧道填充泡沫混凝土的优势是无需设置永久通风、照明、排水、检测措施，管道处于混凝土内部封闭环境，有利于管道防腐；可使竖井深度减小，大大降低竖井施工的难度和工程费用；隧道内管道运营时，约束了管道位移，避免了管道与支架、隧道壁的碰撞。充填泡沫混凝土主要劣势为施工工期较长，相比较充水运营方案，增加了3个月工期，工程造价增加2000万。

对于填充材料，国外大都采用泡沫混凝土填充，主要基于泡沫混凝土施工对防腐层基本没有损伤，其质量较轻，性能稳定，对管道有较大的约束，又较普通混凝土施工方便，造价相对较低。

隧道充填泡沫混凝土方案相比较传统的充水运营，管道在封闭的混凝土中，事故出现的概率更低，运营更可靠，并且避免了管道位移，应急工况的排水量也较小，工程费用较低。基于以上因素，推荐长江盾构隧道采用填充泡沫混凝土运营的方式。

10. 管道焊接及无损检测专题

本专题首先分析了中俄东线（黑河—长岭）自动焊焊缝质量，据此确定了中俄东线长江盾构穿越焊接及检测设计要求，并提出了焊接及检测的质量控制要求。

经过中俄东线（黑河—长岭）X80管道工程实施情况进行调查，其环焊缝力学性能稳定，强化环焊缝无损检测要求，针对不同焊接接头明确了不同的检测要求，现场环焊缝质量得到有效保障。考虑到本工程管径大，结合北段实施情况，主管线焊接均推荐选用自动焊接方式，返修焊采用手工电弧焊焊接方式。

裂纹焊口应从管线上切除，重新焊接，出现其他焊接缺陷时应予以返修，但根部焊缝缺陷不允许返修，应采用割口处理。同时金口中存在根部未熔合者按照Ⅳ级缺陷处理，质量分级满足《油气管道无损检测技术规定》和《石油天然气钢质管道无损检测》（SY/T 4109）最新版要求。如果所有缺陷总长度小于焊接接头周长的1/6时，可修补焊接接头，反之，则应切掉焊接接头。一次性返修长度不得超过300mm。同一部位的缺陷仅允许进行一次返修，若一次返修不合格，焊接接头必须割口。

六、小结

中俄东线(永清—上海)长江盾构穿越是中俄东线的控制性工程,是连通长江南、北两岸的重要通道,对中俄东线的建设和管网互联互通具有重要意义。由于穿越位于长江中下游地区经济发达地区,过江通道及其稀缺,为了与当地规划协调发展,长江盾构穿越水平长度达 10.226km,成为目前国内外单向掘进距离最长的盾构隧道,也是首条采用隧道内全自动焊方式敷设 3 根 $D1422$mm 管道的工程,隧道承受的最大水压达 0.73MPa,穿越长江大堤、常熟海轮锚地、长江主航道、长江刀鲚水产种质资源保护区核心区等重要区域。该工程的设计面临长距离、高水压、隧道内大口径管道全自动焊接等多项技术难题,设计中进行了多方案比选优化,并开展了多项专题研究和试验研究,进行了多项技术创新,可以说本工程的设计促进了管道盾构设计的技术进步。

1. 设计亮点

1)盾构穿越技术达到国内外先进水平

长江盾构穿越为特长距离盾构隧道,水域单向掘进达 10.226km,为目前国内外软土地层水域独头掘进距离最长的盾构隧道,穿越水域最高水压达 0.73MPa。通过采用了先进的盾构常压换刀技术大大降低了长距离盾构掘进换刀的风险,本工程也为国内外首例 10m 直径以下常压换刀盾构,突破了常压换刀只应用于大直径盾构的技术限制,盾构穿越技术居国内外先进水平。

2)管片接缝多道防水结构,为工程运营提供有力保障

本工程受长江水下地形的影响,穿越最深处盾构隧道水压值达 0.73MPa,是目前国内中型断面盾构隧道中水压最大的,对管片接缝防水提出了很大的挑战。

以往电力、油气管道、管廊盾构隧道,由于其一般埋深在 20m 左右,直径多在 5m 以内,抗水压设计不超过 0.5MPa,因此多采用单侧单道防水方案,比如西气东输钱塘江盾构、北江盾构、中卫黄河盾构、长江盾构、南京污水管道隧道、河北曹妃甸管廊隧道等。本工程首次采用两道弹性密封垫 + 最外侧的海绵橡胶条 + 内侧嵌缝的接缝防水结构。

本工程首次应用该防水结构,有效地提高了防水效果,满足了本工程高水压、可抢修的防水,在接缝张开 8mm、错位 15mm 条件下,设计使用年限内能够抵抗 0.8MPa 的水压。

3)隧道内 3 条 $D1422$mm 全自动焊接管道安装,创油气管道行业国内隧道内管道安装纪录

为提高管道的本质安全,需对隧道内 3 根 $D1422$mm 管道采用全自动焊接。本工程为首次在隧道内采用全自动焊接、安装 3 根 $D1422$ 管道,创造了油气管道行业隧道内管道安装纪录。

为满足隧道受限空间内管道全自动焊接的需求和减小管道二次应力对环焊缝的影响,首次采用了隧道内钢结构支承管道的安装方案。先在隧道内安装预制钢结构支架,钢架上铺设运输轨道,采用特制的运管小车进行运管、布管,实现隧道内快速布管、直接就位,为后续管道焊接创造条件。钢架横、纵梁等杆件布置及尺寸设计均需考虑管道全自动焊接作业空间的需要。施工设计中针对管道全自动焊接特点,对钢架的形式及布置进行了设计优化,确保管道全自动焊接空间的需要。

4)18m 加长管的应用,提高管道本质安全

由于隧道内安装 3 根 $D1422$mm 管道，如何提高隧道内管道的本质安全，根据近年来油气长输管道现场事故的经验教训，管道焊口的质量是管道安全的薄弱点。

设计中为了提高管道本质安全，最大限度地缩短管道安装工期、降低工程费用，对"双联管 + 单管"和 18m 加长管详细方案进行了比选，详细论证了各方案的优劣势。最终推荐采用 18m 加长管，与采用双联管方案相比，管道环焊缝数量减少了 1/3，提高了管道自身的安全，工程直接费用减少了 1100 万元。

5）隧道内填充泡沫混凝土，提高运营安全

目前油气管道隧道采用的运营方式一般有空置运营、充水运营、填充氮气运营、水泥沙浆/泡沫混凝土填充运营等。

由于本工程隧道长度达 10.23km，隧道内无法设置管道补偿，只能在两端竖井进行竖向管道补偿。从减小管道位移和竖井深度考虑，最终推荐采用隧道内填充泡沫混凝土运营。泡沫混凝土轻质、抗震性能好，对管道有较大的约束，造价相对较低，并且泡沫混凝土可以泵送，施工方便。隧道充填泡沫混凝土方案相比较传统的充水运营，管道在封闭的混凝土中，事故出现的概率更低，运营更可靠，避免了管道位移。

隧道内管道安装施工完毕后，隧道内下部约 2/3 空间采用泡沫混凝土填充，施工图中针对管道抗浮、管道与泡沫混凝土侧向抗压、施工时流动性等要求，提出了泡沫混凝土密度、强度、流动性等关键指标，本工程为国内首次在盾构隧道内采用泡沫混凝土的填充技术。

6）超长距离隧道内管道应力分析

中俄长江穿越长度达 10.23km，在超长距离内如何解决管道由于温度引起的变形及应力问题，是本工程管道安装方案的难点。由于隧道内无法安装补偿器，在本工程前期设计中，对隧道内架空敷设（利用两岸竖井内管道作为补偿器）、隧道内泡沫混凝土填充方案进行了详细的管道应力分析，考虑到采用架空敷设存在管道轴向变形过大的问题，采用泡沫混凝土可以对管道轴向、侧向进行有效的约束。在施工图阶段，根据泡沫混凝土的应力应变曲线、泡沫混凝土与管道的黏结力现场试验等数据，对泡沫混凝土填充状态下的管道应力、变形进行了进一步论证核算，保证了管道在运营状态下的安全。

7）曲线段多根冷弯管连续安装

本工程管道平面曲线段为 3 段，总长 5.53km。曲线段管道采用"直管段 + 小角度冷弯管 + 直管段"方式，冷弯管角度为 1°，冷弯管角度制作精度为 ±0.1°，在施工图设计中，针对连续小角度管道安装的难点，对现场测量及加工设备精度、加工实验的要求、现场钢结构及轨道施工误差等提出要求，减小冷弯管安装难度。

8）管道支座小车的设计

施工图设计中，始终秉承管道本质安全的理念，为在管道安装施工时尽量避免管道二次吊装，降低管道应力水平，设计时采用管道小车作为管道运输工具，并在管道焊接施工时，管道小车直接就位作为管道支撑，无需二次吊装下管。

9）隧道内智能巡检轨道机器人、竖井内弯管应力应变监测、光纤预警系统等智能设备的应用

为提高隧道内管道智能化运营水平，隧道内设置智能巡检轨道机器人系统。该系统能够在减轻运维人员的工作负担和安全风险的基础上，提升巡检频次和巡检质量，推进管道的智能化建设。

针对隧道竖井内弯管为整个长江穿越管道的应力应变集中部位，设置竖井内弯管应力应变监测系统。应变监测采用振弦式应变传感器技术测量，监控弯管内变形情况。

在隧道穿越段设置 1 套光纤预警系统，作为管道泄露监测的补充手段。利用仪表专业紧贴管道敷设的泄漏检测光缆中的 1 芯光纤作为分布式传感器，实时监测管道泄露引起的振动情况。

2. 经验总结

1）管道安装设计中充分考虑施工的可实施性

长江隧道内径 6.8m，隧道内布置 3 根 $D1422mm$ 管道，且布置钢架支撑，隧道内空间极为有限，在管道安装施工期间，隧道内还需布置通风、电力、焊接、运输等各种施工机具、人员，在管道安装设计时应充分利用隧道内的有效空间，确保管道安装施工的安全、高效。

2）超长距离隧道内管道安装设计应充分考虑施工运输

在超长距离隧道内进行管道安装，管道及施工设备的运输经常是整个施工的瓶颈，影响整体施工的工期。针对长江 10.23km 长的管道安装，隧道内布置了 5 条轨道，分别用于管道运输、施工设备及人员运输、龙门架局部运输等，提高了施工作业的效率及安全性。

3）竖井降水设计安全可靠

本工程竖井距离长江主江堤较近，北岸竖井距离长江大堤约 340m，南岸竖井距离长江大堤约 150m，且地层渗透性好、地下水位高。为实现竖井无水开挖，减小对周边环境的影响，设计阶段进行了专门的降水专项设计，进行了疏干、减压井设计，采用国际主流渗流分析软件 Modflow 进行减压降水效果预测，分析坑内降水对长江主江堤的影响，确保竖井坑内降水对长江主江堤的影响在安全许可范围之内。

4）管片设计与试验紧密结合，有效保证工程安全

长江盾构隧道穿越长度约 10.23km，隧道内径 6.8m，盾构机头直径 7.9m，为目前国内一次掘进距离最长的盾构隧道，由于地层复杂，水压高，长江盾构穿越环片受力大，地层富含沼气，沼气对管片力学性能亦没有成熟的经验可循，管片的结构、构造、配筋均需要通过精确的模拟和实验，以达到安全、可靠的目的。在国家管网集团建设项目管理分公司的领导下，开展了中俄长江盾构隧道管片结构优化及有害气体地层对管片结构力学性能影响研究，设计与管片课题试验单位同济大学、西南交通大学相互配合，各自发挥自身最大优势，在满足施工总体进度的前提下，有效地保证了课题各项研究内容顺利推进，并将科研成果应用到管片施工设计图中，有效地指导了管片配筋、接缝螺栓设计，保证了管片施工图设计的合理、可行。

第十一节　中俄东线沂河盾构穿越

一、工程概况

中俄东线天然气管道工程（永清—上海）在山东省临沂市兰山区白沙埠镇穿越沂河，采用盾构穿越方案，是中俄东线的控制性工程。

沂河盾构穿越工程等级为大型。盾构隧道外径为 3.54m，内径 3.08m，管片厚度

0.23m，宽1.2m，盾构隧道穿越水平长度1653.5m（两岸竖井中心距）。东岸（左岸）竖井为始发井，内径14m，竖井开挖深度为29.53m；西岸（右岸）竖井为接收井，内径9m，竖井开挖深度为9.92m。两岸竖井均采用沉井法施工。

二、地质条件

1. 地形地貌

沂河穿越位置位于临沂市白沙埠镇新河村南侧。场地地形稍有起伏，地貌单元属河谷平原地貌。穿越处两岸有较完整的大堤，均下宽上窄。西侧大堤高约3.0m，堤顶宽约15m。东岸大堤高度约1.2m，堤顶宽约19.0m。场区地层稳定，不存在泥石流、崩塌、滑坡等不良地质作用。两岸岸坡外侧及滩地为农田，地形平坦，地势开阔。拟建管线北侧15~30m为奥德燃气管道，南侧约20m为高压输电线路，南侧约56m为日东输油管道。穿越位置附近地形地貌见图4-74。

图4-74 沂河穿越场地概况

2. 河道演变趋势及水文参数

沂河原名沂水，是山东省淮河流域最大的山洪河道，是临沂市最大的河流，沂河基本呈南北走向，源于淄博市沂源县与新泰市交界处黑山交岭的龙子峪，向东南经新泰市、沂源县、临沂市沂水、沂南、河东、兰山、罗庄、苍山、郯城8个县（区）于郯城县吴道口入江苏省境内，经新沂河入黄海，全长333km，总流域面积为11820km²，其中山东境内长287.5km，流域面积10772km²。沂河在山东境内的流域面积中，山区面积占46.1%，丘陵面积占26.52%，平原面积占27.38%。沂河流域地理坐标东经117°25′~118°42′，北纬34°23′~36°20′。沂河上游为山丘区河道，河床切割深、比降陡，洪水源短流急；下游为平原性河道，比降平缓，河床宽浅，主流游荡。

沂河下游古时为泗河，泗河入淮河，公元1194年黄河夺淮，沂河隧无正规入海通道。1953年江苏省开挖了新沂河，沂河洪水经骆马湖入新沂河，东流于燕尾港入黄海。新中国成立前沂河洪水泛滥，河床游荡，决口四溢，洪涝灾害经常发生，有"十年河东变河西"之说。历史上，受生产力条件的限制，沂河人为影响较小，涨水冲刷，落水淤积，河道以冲淤交替发生的自然演变为主，总的表现为上游河道冲刷，河床切割降低，粒质粗化，下游河道河床淤积抬高，河床粒质渐细。

新中国成立后导沭整沂工程的建设，使沂河堤防逐年加固，上游大中型水库工程的建设，减少了洪水来量，河道逐渐稳定，但主流弯曲顶冲，岸滩坍塌，造成许多险工、险段。近期沂河临沂城区段河床泥沙运动，在1985年以前受人为影响很小，河道非汛期来水流量小、流速低，河床泥沙淤积量大于冲刷量，河床淤高，河段水深减小而产生壅水；河道汛期来水流量大、流速高，河床泥沙冲刷量大于淤积量，河床发生冲刷下降，河床泥沙运动处于冲淤交替发生的变化状态，但总的来看河床泥沙淤积大于冲刷，河床平均高程有逐年抬高的趋势。1985年以后，由于大量采挖河砂，对河床泥沙运动产生较大影响，河床平均底高程有逐年下降的趋势。因此研究沂河临沂城区段河床泥沙运动，应以1985年以前有关资料为据。根据1965—1974年沂河河道断面测量资料对比分析，沂河自大庄桥至省界130km河段范围内，沿程有冲有淤，冲淤相抵净淤量为64.5万 m³，河槽10年间平均淤高不到5mm，处于相对平衡状态。由于大量采砂，主河槽下切，随着该河段河床覆盖砂层的消失，河床大部分已经岩石裸露，此外主管部门管理力度的加大，基本实现了有序采砂，因此近期主槽下切的趋势得到有效控制。

由于沂河上游大中型水库的修建，以及上游水土保持工程的不断实施，使沂河的上游来砂量减少，加之河道整体采砂，河道总体的淤积情况有较大的减弱。随着沂河上游河道治理工程的建设，河道受人为控制影响程度越来越高，因此该河段经过一定时间自然调节，加上人为合理的控制采砂活动将能够形成动态的稳定河床。

管道穿越处位于沂河中上游，为山洪河段，河床切割深、比降陡，洪水源短流急。沂河河道冲淤主要受制于水砂状态和边界条件。边界条件包括河床形态、颗粒组成和局部侵蚀基面等。沂河上游部分地段岸边基岩出露，滩地岸坡较为稳定，河道平常下泄水流均为下游灌溉和城市用水，用水量较小，水流流量较小。河道仅在沂河出现大洪水时才泄洪，行洪时间较短。因此评价认为该河段河势稳定性较好，近期不会发生大的变化。

工程水文参数：

根据防洪评价报告，拟建管线在沂河穿越段附近主河槽100年一遇最大洪水时洪峰流量为13721.8m³/s，最高洪水位为83.86m，冲刷深度为4.49m（冲止高程为66.81m）。冲刷计算成果见表4-6。

表4-6　沂河冲刷计算成果表

项目	频率	$Q/(m^3/s)$	水位/m	河底高程/m	h_p/m	冲刷深/m	冲刷线高程/m
河槽	5%	9833.9	82.74	71.3	14.67	3.23	68.07
	1%	13721.8	83.86	71.3	17.05	4.49	66.81

3. 地层岩性

根据现场钻探、原位测试及室内试验成果，勘察深度内地层主要为第四系全新统冲洪积（Q_4^{al+pl}）粉质黏土、冲洪积（Q_4^{al+pl}）砾砂；下伏基岩为第三系泥岩、沙砾岩。依据岩土体形成的地质时代、成因、地层岩性、物理力学性质的不同将勘探深度内地层自上而下划分为5个工程地质层。各层土岩性特征及埋藏条件分述如下：

盾构穿越段：

①层粉质黏土：浅灰色，可塑，土质较均匀，含有少量砾石颗粒，切面稍有光泽，干强度及韧性中等。该层在本场地局部有分布，层厚为0.60~5.20m，层底深度为0.60~5.20m，层底高程为82.40~71.50m。

该层有一个夹层：

①－1层粉土：黄褐色，稍湿，稍密，土质均匀，含铁锰氧化物，近地表50cm为耕土，含大量植物根系。该层主要见于BK1钻孔及竖井区SJ1～SJ4钻孔。层厚为1.40～2.80m，层底高程为74.73～80.97m。

②层砾砂：黄褐色，密实，主要成分为石英及长石，含有少量圆砾，最大粒径约为20～30mm，砾石含量28.7%～45.5%。该层在本场地均有分布，层厚为1.60～11.00m，层底深度为1.80～12.00m，层底高程为64.27～75.30m。

该层有4个亚层：

②－1层细砂：黄褐色，稍密～中密，主要成分为石英及长石，砂质不均，含有少量砾石。该层仅见于SJ2～SJ4钻孔，层厚为3.00～4.20m，层底高程为77.03～77.97m。

②－2层中砂：黄褐色，中密，主要成分为石英及长石，砂质不均，含有少量砾石。该层主要仅于BK1、BK2、SJ1钻孔，层厚为0.80～10.20m，层底高程为68.89～73.93m。

②－3层粗砂：黄褐色，中密～密实，主要成分为石英及长石，砂质不均，含有少量砾石，砾石含量7.1%～21.3%。该层仅见于SJ1～SJ4钻孔，层厚为3.30～10.00m，层底高程为64.21～73.88m。

②－4层粉质黏土：黄褐色，硬塑，土质较均匀，含铁锰结核。该层仅见于BK1、BK2钻孔。最大揭露厚度6.50m，未揭穿。

③层圆砾：黄褐色，密实，含有少量卵石，最大粒径约为40～50mm，一般粒径约为30mm，主要填充物为粗砾砂。该层在本场地普遍分布，层厚为4.20～8.20m，层底高程为61.80～70.10m。

④层全风化粉砂质泥岩：棕红色，岩芯呈砂土状，含有少量砾石颗粒，易钻进。该层仅见于YH20、YH23、YH29钻孔，层厚为0.50～0.80m，层底高程为64.30～62.19m。

⑤层中风化粉砂质泥岩：棕红色，岩芯呈柱状，粉砂泥状结构，RQD约为40～70，钻进困难。岩块单轴抗压强度值为0.05～5.47MPa。该层在本场地均有分布，未揭穿。

该层有1个亚层：

⑤－1层中风化角砾岩：浅灰色～棕红色，岩心破碎，角砾状构造，采取率低，RQD约为10～20。岩块单轴抗压强度值为3.18～21.10MPa。该层在本场地局部有分布，层厚为0.80～9.70m，层底深度为13.00～44.00m，层底高程为61.50～36.50m。

盾构始发竖井处：

①－1层粉土：黄褐色，稍湿，稍密，土质均匀，含铁锰氧化物，近地表50cm为耕土，含大量植物根系。该层在竖井区普遍分布，层厚为2.00～2.80m，层底高程为80.21～80.97m。

②层砾砂：黄褐色，中密～密实，主要成分为石英及长石，含有少量圆砾，最大粒径约为20～30mm，砾石含量28.7%～45.5%。该层主要见于SJ2～SJ4钻孔，层厚为2.60～9.20m，层底高程为64.27～64.68m。

该层有3个夹层：

②－1层细砂：黄褐色，稍密～中密，主要成分为石英及长石，砂质不均，含有少量砾石。该层主要见于SJ2～SJ4钻孔，层厚为3.00～4.20m，层底高程为77.03～77.97m。

②－2层中砂：黄褐色，中密，主要成分为石英及长石，砂质不均，含有少量砾石。该层仅见于SJ1钻孔，层厚为7.70m，层底高程为72.51m。

②-3 层粗砂：黄褐色，中密~密实，主要成分为石英及长石，砂质不均，含有少量砾石，砾石含量 7.1%~21.3%。该层主普遍见于竖井区，层厚为 3.00~10.00m，层底高程为 64.21~73.88m。

⑤层中风化粉砂质泥岩：棕红色，岩芯呈柱状，粉砂泥状结构，RQD 约为 40~70，钻进困难。岩块单轴抗压强度值为 0.05~5.47MPa。局部可见沙砾岩薄层，岩质坚硬。该层在本场地均有分布，未揭穿。

⑤-1 层中风化角砾岩：浅灰色~棕红色，岩心破碎，少量呈短柱状，角砾状构造，采取率低，RQD 约为 10~20。岩块单轴抗压强度值为 3.18~21.10MPa。该层在竖井区均有分布，层厚为 0.80~1.80m，层底高程为 57.01~60.97m。

三、盾构设计方案

1. 设计条件及标准

沂河穿越处水面宽约 357m，两堤间距 1111m，河水深度约 2.2m。根据《油气输送管道穿越工程设计规范》(GB 50423—2013)3.3.4 条款要求，本次穿越工程等级为大型，设计洪水频率为 1%(100 年一遇)。

(1)结构安全等级：一级。

(2)防水等级：盾构隧道二级；竖井结构三级。

(3)隧道结构承受水压：22.6m。

(4)主体结构设计使用年限为 100 年。

2. 隧道总体设计

根据穿越东西两岸地形地貌、交通条件、管道安装、河床形态等多方面因素，本工程隧道穿越平面轴线为直线，东岸为始发井，内径 14m，深 29.53m；西岸为接收井，内径 9m，深 9.92m。

东岸竖井始发后，水平掘进 1210.7m，经过曲率半径为 2500m 的曲线段（长度 109.9m），继续以 4.4% 向上的坡度继续掘进 321.4m 后，到达西岸接收井。东岸始发井距离大堤背水侧坡脚约 114.2m；西岸接收井距离大堤背水侧坡脚约 275.9m。

沂河穿越河道内盾构隧道最小埋深为 10.11m，设计冲刷线以下盾构隧道最小埋深为 5.52m。盾构隧道主要在中风化粉砂质泥岩层中通过，埋深满足《油气管道穿越工程设计规范》GB 50423 规定的"隧道上部覆土厚度不应小于 2 倍隧道外径(7.08m)，且隧道埋深应低于设计冲刷线下 1.5 倍隧道外径(5.31m)"的要求。

1)盾构断面

为确保管道布设、吊装等要求，本隧道内径为 3.08m。

2)盾构环片壁厚

盾构隧道采用 C50 钢筋混凝土环片衬砌，环片厚度 230mm。隧道衬砌采用钢筋混凝土环片(即 RC 环片)现场拼装衬砌，衬砌环片分为 6 块，环片的宽度为 1200mm，环片与环片之间的连接采用专用螺栓连接。

3)盾构环片壁后注浆

盾构隧道施工过程中，在环片拼装的同时，应进行同步壁后注浆，应保证有足够的浆液填充管片与地层之间的空隙。注浆材料为 M7.5 水泥沙浆，同步注浆后，为保证管片与岩壁间的空隙充填密实性，必要时宜补充以二次注浆或多次补注浆，使注浆体充填均匀，形成稳定的防水层，达到加强隧道衬砌的防水目的。

3. 竖井设计

沂河穿越西北侧毗邻新河村，东侧毗邻新兴村，两岸岸坡外侧及滩地为农田，地形平坦，地势开阔。从地质条件上看，两岸竖井处的地层均主要为粉质黏土、砾砂、圆砾和中风化粉砂质泥岩。

从穿越处沂河两岸的地形地貌情况分析，西岸场地为农田，地形开阔，可以作为管道焊接的场地，因此，选择东岸作为始发井，西岸布置接收井及管道安装发送基坑。

1）东岸始发井

始发竖井处地层主要为①层粉质黏土、②层砾砂、③层圆砾、⑤层中风化粉砂质泥岩、⑤-1 层中风化角砾岩，地质条件较好，考虑到隧道最低点的埋深、盾构机适应纵坡的能力和竖井内管道安装的空间需求，本着降低竖井深度，减小施工风险及工程投资的原则，确定始发井深度为 29.53m。

2）西岸接收井

接收竖井处地层主要为①层粉质黏土、②层砾砂、③层圆砾，地质条件较好，考虑到隧道最低点的埋深、盾构机适应纵坡的能力和竖井内管道安装的空间需求，本着降低竖井深度，减小施工风险及工程投资的原则，确定接收井深度为 9.92m。

沂河两岸竖井采用圆形沉井法制作，竖井所处地层主要为粉质黏土、砾砂、圆砾及粉砂质泥岩，考虑到穿越地层为透水地层，为防止下沉过程中发生管涌等风险，且穿越位置附近存在已建管线，对地面沉降控制要求较高，故建议采用不排水法下沉。

始发井下沉至第二、三、四节时，对井壁背部进行泥浆套减阻，以降低井壁与地层之间的摩擦力，井壁预埋留设注浆管路，下沉就位后采用 M7.5 水泥沙浆对井壁润滑泥浆进行置换。

始发井⑤-1 层中风化角砾岩岩石强度相对较大，施工时应考虑相关破岩措施及费用。

3）结构设计

（1）始发井

本工程东岸始发井内径 14m，深 29.53m。

沉井井壁采用 C40 混凝土（地面拆除段 1.5m 采用 C30）结构，考虑到竖井下沉的稳定性以及井底埋深大、土压力偏大等情况，竖井井壁为变截面，井壁厚度从上而下依次为 800mm、1000mm 和 1200mm。

带水下沉到达设计标高后，用 C25 素混凝土水下封底，封底厚度 1.9m，素混凝土封底完成后浇筑 1.4m 厚 C40 钢筋混凝土底板。

考虑到施工完毕后对竖井进行回填，且对地上及地面以下 1m 的井段进行拆除，对该部位井段采用 C30 素混凝土结构。始发井无须设置防洪井圈及井盖。

（2）接收井

本工程西岸接收井内径 9m，深 9.92m。

沉井井壁采用 C40 混凝土（地面拆除段 1.5m 采用 C30）结构，井壁厚度为 800mm。带水下沉到达设计标高后，竖井井底开挖成锅底状，采用 C25 素混凝土水下封底，封底厚度

1.5m，素混凝土封底完成后浇筑 0.5m 厚 C40 钢筋混凝土底板。

考虑到施工完毕后对竖井进行回填，且对地上及地面以下 1m 的井段进行拆除，对该部位井段采用 C30 素混凝土结构。接收井无须设置防洪井圈及井盖。

4）场区防洪

竖井完工后，在竖井底部设集水坑，作为竖井内的排水。为防止竖井外积水汇入竖井内，在基坑周围根据情况设置截水沟，施工期间，竖井顶部高出地面不小于 0.5m。

四、管道安装设计方案

1. 竖井内管道安装

始发竖井内设置热煨弯头作为补偿器进行温度补偿，弯头中间用直管段连接，管道安装过程中应采取临时支撑措施。接收井内管道以 4.4% 坡度穿出竖井井壁进入管道安装发送基坑，接收井内底部浇筑 C25 素混凝土垫层，与隧道内底板顺接，坡度保持不变，以便于管道安装。管道安装完成后，对两岸竖井进行回填处理。竖井内管道周围 200mm 采用袋装细土回填，其余部分采用袋装原状土回填，回填土最大粒径不大于 50mm。始发竖井管道安装见图 4-75~图 4-77。

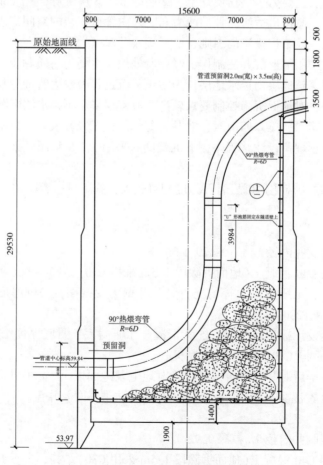

图 4-75　始发竖井内管道安装图

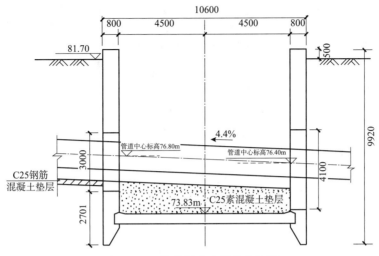

图 4 - 76　接收竖井内管道安装图

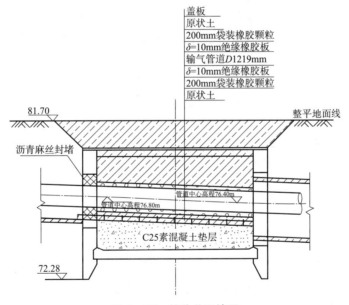

图 4 - 77　接收井回填图

2. 隧道内管道安装

对于盾构隧道平巷段，在管道安装前，先在底面铺设 600mm 厚混凝土垫层底板，为防止混凝土开裂，在表面配置防裂钢筋。垫层上敷设 30kg/m 轻型钢轨，钢轨中心距 900mm，钢轨通过预埋件固定于 C25 混凝土底板上。在管道上每隔 24m 设置 1 套发送小车，管道安装时，管道在接收井一侧的地面进行组对、焊接，通过牵引设备将管道牵引至基坑内防腐、检测合格后，再采用始发井内的牵引设备及接收端的推管设备将管道沿着基坑及隧道内钢轨牵引到位，对轨道和发送小车轮涂抹润滑油，保证其润滑效果，减少拖动阻力。启动牵引卷扬机开始牵引，牵引过程中，要注意牵引管段的平稳向前运行，同时采取防止小车脱轨的施工措施。始发井内卷扬机钢丝绳额定拉力应至少达到 1000kN。同时，为确保管道顺利安装到位，在接收端设置推管机设备，推管机最大推力应达到500tf。为防止管道回拖过程中，接收井一侧管道由于重力下滑，施工时需设置有效刹车装置，避免管道下滑产生安全事故。地面预制焊接回拖场地与奥德燃气，日照—濮阳—洛阳原油管道及日东输油管道临近，施工前需对已建管道进行探测，确定其埋深及具体位置，浇筑混凝土底板及铺设轨道前，应采取埋设防护钢板等措施，对已建管道进行保护，重型施工机械车辆设备经过已建管道位置应采取有效的保护措施，并在与已建管道交叉位置处设置施工警示牌，确保施工过程中已建管道安全，且施工前具体的施工组织方案需征得已建管道权属部门同意。管道发送就位后，在隧道内安装"U"形管箍支座，对管道进行固定，防止运行期隧道内管道漂浮。

隧道管道安装完毕，清管试压试验合格后，对始发井侧隧道洞口进行封堵，封堵完成后，自接收井侧隧道洞口进行充水，当隧道内水位高程达到75m标高时停止充水，并对接收井侧洞门进行封堵。

3. 管道安装发送基坑设计

在接收竖井一侧设置管道安装发送基坑，主要地层为粉质黏土层，基坑采取钢板桩与开挖结合的形式进行施工，基坑两侧施工平台宽8m，基坑最大挖深约为6.5m，基坑出接收井后以4.4%上坡前进70.7m，然后以$R=2500m$曲率半径上坡110.5m后返平与一般线路段连接。基坑钢板桩采用拉森钢板桩Ⅳ型进行支护，当基坑深度小于3m时，直接采取放坡开挖方式，开挖放坡坡比为1:1.5，基坑钢板桩支护段长度约为73.5m。基坑底宽度为4.5m，基坑底板采用C25混凝土进行硬化，厚度0.25m，浇筑混凝土垫层前，应先铺设250mm厚的碎石，并对地层进行夯实处理，地基承载力不小于200kPa，确保管道安装回拖施工过程中发送基坑不会出现地面沉降、发送轨道偏斜等问题，混凝土底板需按照设计曲线平滑浇筑，以便于管道顺利安装回拖就位。接收端基坑管道安装曲线段存在一处小型沟渠，管道安装施工时，需将此处小型沟渠进行开挖处理，并设置临时导水涵管，上部回填原状土后施作基坑及底板。管道安装完成后，采用开挖方式穿越该小型沟渠，管顶埋深位于沟渠底部以下2.5m，并在河床铺设石笼护底，石笼防护范围为管道轴线两侧5m，护底长度15m，石笼厚度为1m，避免后期沟渠清淤等施工破坏管道。本基坑支护结构仅作为临时支护结构，在管道安装完成并覆土回填后方可拔除，但应考虑拔桩对周边环境的影响，控制钢板桩拔除速度，并进行地貌恢复，需满足环保部门及河道管理部门要求。基坑回填过程中应加强对管道的保护，管道周围0.5m范围内采用细土回填，其余部分采用原状土回填，分层回填压实，压实系数不得低于0.85。本工程基坑采用钢板桩+钢腰梁+横撑的加固体系，以保证基坑开挖的稳定性，钢板桩采用拉森钢板桩Ⅳ型，桩长12m，在出接收竖井处钢板桩嵌固深度为5.85m，随着基坑深度逐渐减小，钢板桩嵌入地层深度逐渐增大。钢支撑及腰梁均采用HW300×300×10×15型钢，钢材均采用Q345级，焊条采用E43型。

考虑到地下水位季节性波动，发送基坑在施工前应制定详细的降水方案，发送基坑拟采用深井管井降水方案，沿基坑长边管井间距5m，管井距离基坑边缘2m，均匀布置，共计20个。地下水位需降到基坑底部以下0.5m位置处。深井管井的井径为300mm，井管采用长度分别为8m；下部设置滤管，滤管长度不小于2m，直径250mm，井管外滤料采用磨圆度好的硬质岩石石料。为避免基坑内施工受到影响，在基坑内设置盲沟，将基坑内渗水进行明排处理。

五、防洪影响补偿工程专项设计

1. 堤防防渗方案

沂河穿越处堤防防渗处理采用高压旋喷注浆法。

(1)防渗墙位置：防渗墙布置于堤顶上，距迎水侧堤肩1m处。

(2)防渗处理范围和长度：对管道穿堤处沿隧道轴线上、下游各20m范围内的左右岸现状堤防采用高压旋喷成墙截渗处理，防渗处理总长度为80m，其中左堤40m、右堤40m。

(3)防渗墙设计：左岸防渗墙顶高于100年一遇洪水位0.5m，墙顶高程为84.69m，墙底高程至不透水层以下1m，墙底高程为64.85m。右岸防渗墙顶高程平现状堤顶，墙顶高程为83.93m，墙底高程至不透水层以下1m，墙底高程为66.16m。

(4)主要设计指标：高压喷射孔径1.2m，孔距1.1m，最小成墙厚度0.48m，采用42.5级普通硅酸盐水泥，水灰比1:1～0.6:1(施工前应进行试验确定施工参数，达到要求后按试验参数施工)，成墙渗透系数$K \times 10 - 7(1 < K < 10)$，抗压强度$R28$不小于2.0MPa。

2. 堤防压密注浆

(1)压密注浆范围和平面积压密注浆范围为：沿隧道轴线上下游各10m范围内，两侧至迎、背水侧堤脚外5m。

(2)压密注浆设计：压密注浆呈梅花形布置，孔径为90mm，孔距为2.0m，排距为1.5m，与管道轴线平行布置，有效注浆范围为管道上、下游各10m，共20m，堤防迎水侧堤脚5m至背水侧堤脚5m的范围。注浆深度自现状堤防或地面高程注浆到不透水层以下1m。

(3)主要设计指标：压密注浆浆液使用42.5普通硅酸盐水泥浆和粉质黏土，水泥与黏土的配比为1:3.5，浆液容重不小于$16kN/m^3$，注浆压力为0.3～0.5MPa。拆除注浆管路后，将管路上部的注浆孔用黏土封堵严实。

(4)隧道周边设计方案：为确保盾构隧道穿越处堤防加固效果，同时保证高喷造孔不破坏管道，管道穿越处堤防加固方案如下：

①高压旋喷灌浆孔布孔时要求管道穿越处南北向相邻两孔中心线与输气管道中心线重合。在高压旋喷桩与输气管道交界处顺管道方向加布两排高压定喷灌浆孔，灌浆时每排定喷方向朝向输气管道。

②为确保灌浆孔造孔不影响管道安全，管道穿越处正上方3排高压旋喷灌浆孔打设深度至输气管道上方2m，其余均打至不透水层1m。管道外壁距灌浆孔的水平距离最短为1.0m。沿管道的两排高压定喷灌浆孔灌浆深度为管道下方2m至管道上方2m，高度为7.5m，定喷灌浆宽度为5.5m。

六、小结

沂河盾构为管网公司成立后正式立项的小断面盾构项目，该盾构隧道内管道安装方法是继辽河盾构之后地面全自动焊接的又一次尝试，本工程在总结辽河盾构经验教训的基础上，进一步优化了设计方案。

第五章　直接铺管穿越工程

直接铺管法是德国海瑞克公司2006年开发的一种集顶管和定向钻技术于一身的非开挖敷管方法。2007年，随着国际首条直接铺管项目在德国WORMS(沃尔姆斯市)成功穿越莱茵河，标志着大口径直接铺管法投入应用。2016年直接铺管法及设备引入中国，西气东输镇江改线工程(管径1016mm，长度280m)及陕京四线输气管道工程(管径1219mm，长度464.1m)中直接铺管法的成功应用，无疑为直接铺管法在大口径管道工程中的推广应用提供了宝贵的经验。

无定河穿越是一个典型的直接铺管穿越，此处针对该穿越做一介绍，由于直接铺管法为新工艺，此处对主要施工工艺进行介绍，供大家参考。

一、工程概况

无定河穿越是陕京四线的控制性工程之一，采用直接铺管，两侧岸坡采用开挖方式，设计范围内线路水平长度为1029m，其中直接铺管穿越水平长度为464.1m，一般线路段水平长度为564.9m。

无定河穿越处设计压力为12MPa，管径为Φ1219mm，直接铺管段穿越段壁厚26.4mm，一般线路段壁厚22mm，管材采用X80M直缝埋弧焊钢管，地区等级为一级。防腐层采用三层PE高温型加强级防腐层，直接铺管段补口采用辐射交联聚乙烯热收缩带+环氧玻璃钢外护层。

二、河流概况及水文参数

无定河位于陕西省北部，属黄河的一级支流，因其含泥沙很多，常常改道而得名(图5-1)。无定河的名字始见于唐代，无定河流入鄂尔多斯境内后又称沙拉乌苏河、萨拉乌苏河或乌苏河。

图5-1　无定河地形地貌

无定河上源红柳河，发源于定边县东南长春梁东麓，经靖边县、内蒙古的巴图湾进入横山县，自西而东流经横山县境北部，在雷龙湾、鲍渠、三石磕处有较大的拐弯，依次接纳南北向的黑河、酒房沟、芦河、沙坪沟、黑木头河、柿子沟、盐子沟、马湖峪沟和北南向的大二石磕河、浪木河、方河、畔家河等支流，从朱家沟出境经榆林、米脂、绥德、清涧，在清涧县河口村注入黄河，是榆林市境内一条最大的内陆河，无定河全长约490km，流域面积约30000km²。年径流量1.53×10⁹m³，夏秋两季径流量占65%以上。无定河北岸是毛乌素沙漠，南岸是黄土沟壑区，水土流失严重，河水含沙量大，多年平均含沙量144kg/m³，而平均每年输入黄河的泥沙达2.23×10⁸t（图5-2）。

始发井

接收井

图5-2　无定河现场照片

穿越断面上游约28km处建有巴图湾水库，该水库始建于1972年，完建交付使用于1975年，是一座以发电为主，兼顾防洪、灌溉、水产养殖、生态等综合利用的大（二）型水利枢纽工程。坝址以上集水面积为4743km²，原设计洪水标准为50年一遇，校核洪水标准为500年一遇。

无定河流域洪水主要产生于沟口以上山区，洪水主要由暴雨形成。由于山区暴雨强度大，雨量集中，又有多条河流汇入无定河，且山区多属小流域，植被较差，流域坡度陡，河道调蓄能力弱，从而造成洪水峰高量小、陡涨陡落、历时短（一般不超过24h）、来势凶猛的特点。穿越断面控制流域面积5607km²，水库坝址到穿越断面区间面积为864km²，其中产流面积为199km²，按水库下泄最大流量与区间洪峰遭遇考虑防洪最不利情况（表5-1）。

表5-1　管道穿越断面设计洪水标准最低冲刷线成果

项目	P%	断面深泓点	自然冲深	一般冲深	总冲深
无定河（主槽）	1%	1075.20	1	3.35	4.35
无定河（左滩）	1%	1078.60	0	2.50	2.50

三、地层特征

地层主要由第四系全新统冲洪积（Q_4^{al+pl}）细砂组成。将场区勘察深度内地层划分为2层，自上而下描述如下：

①层细砂（Q_4^{al+pl}）：黄褐色～灰褐色，松散～稍密，稍湿～饱和，主要成分为长石、石英及暗色矿物，含少量腐殖质，局部夹黑褐色粉砂和黄褐色粉土层，偶尔含零星砾石。层厚1.8～6.3m，层底高程1073.06～1082.81m，主要分布于河床内。普氏分级为Ⅱ级，土石等级为Ⅱ级。

②层细砂(Q_4^{al+pl})：黄褐色，中密~密实，湿~饱和，主要成分为长石、石英及暗色矿物，局部夹黄灰色粉砂。最大揭露厚度28.2m，未揭穿，该层分布于河床内。该层于2#、3#、4#钻孔内见包含物，成分为卵石，一般砾径10~20mm，最大可见60mm，含量约10%。普氏分级为Ⅱ级，土石等级为Ⅱ级。

四、设计方案

1. 工程等级

根据初步设计，并参考《油气输送管道穿越工程设计规范》(GB 50423—2013)，穿越工程等级定为大型，设计洪水频率为1%(100年一遇)。

2. 平面布置

直接铺管始发位于无定河北岸，接收基坑位于无定河南岸，基坑中心距离南岸坡脚约19m，北岸作为管道组焊场地。为满足直接铺管机始发需要，北侧始发基坑为23.7m×6.5m，始发端深度为3m。南侧基坑主要满足直接铺管机接收和管道安装需要，基坑尺寸为9.5m×4.5m，深度为13m。

光缆套管采用定向钻方式单独穿越，位于天然气管道下游(东侧)8m位置处穿越。

3. 穿越地层选择

根据冲刷深度，选择在②层细砂层中穿越，管底高程为1067.47m，管顶距离最低冲刷线2.16m，满足冲刷线以下1.5倍设备外径要求(设备外径1.3m)。

4. 穿越曲线设计

借鉴国外工程经验和设备能力，综合考虑穿越处的地质条件，冲刷深度，勘探线位置，穿越的入土角、出土角、曲率半径等因素，设置入土角为6°，出土角为0°。穿越水平长度为421.1m，穿越管道实长423.1m。

详见图5-3。考虑管道受力和直接铺管机设备能力，穿越管段的曲率半径为1500D(D为穿越管段外径：1219mm)，即为1825.5m。

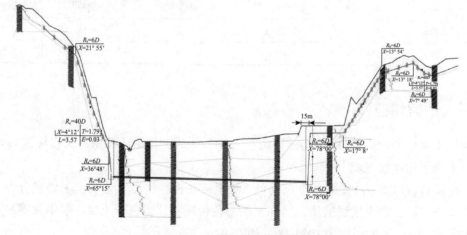

图5-3 无定河直接顶管穿越纵断面图

5. 推管机选型

推管机推力主要为克服直接铺管机掘进迎面阻力、管壁与岩土之间的摩阻力、管道与泥浆之间的黏滞力以及管道屈曲产生的摩阻力。

根据计算和国外相关工程案例，计算推力为200tf左右，考虑到本工程是首次实施，推管机应具备一定推力的安全储备，推管机的推力不应小于500tf。

6. 掘进机头选型

根据陕京四线输气管道管径要求，选择设备外径为1.3m的掘进机头，根据地层勘测成果，穿越地层主要为细砂层，掘进机头应选择泥水平衡式，并配置相应的刀盘，机头扭矩不应小于120kN/m。

7. 始发基坑

始发基坑尺寸为23.7m×6.5m，深度为3m，主要为直接铺管机始发和掘进需要，采用放坡开挖方式，考虑顶管机始发需要，在基坑前端(始发位置)和两侧设置钢板桩或钢板支护，基坑开挖前应做好降水工作，降水方式宜采用井点降水，地下水位应降至基坑底1m以下，如遇大雨天气，应采取措施进行排水，确保开挖过程中基坑内无水。

施工完成后，钢板桩应拆除并回收。

8. 接收基坑

接收基坑尺寸为9.5m×4.5m，深度为13m，主要为直接铺管机接收和管道安装需要，采用放坡开挖+钢板桩支护方式，基坑开挖前应做好降水工作，降水方式宜采用井点降水，地下水位应降至基坑底1m以下，以确保开挖过程中基坑内无渗水。

施工完成后，冲刷线以上的钢板桩应拆除并回收。

直接铺管机头到达接收基坑前应完成接收基坑施工，根据直接铺管机头到达位置在钢板桩相应位置开洞，机头进洞时要做好防止涌水涌沙的措施。

五、施工方案

1. 施工关键工序

施工的关键工序：始发井场地四通一平→管道预制→始发井制作施工→地面设备安装→井内设备设施安装→管道内设备设施安装→设备联机调试→管道穿越→接收井制作施工→设备接收、拆除→地貌恢复。

关键线路工程施工的同时，需注意协调安排各项附属设施和临时性辅助工序等工作。

2. 总体施工工序

总体施工工序见图5-4。

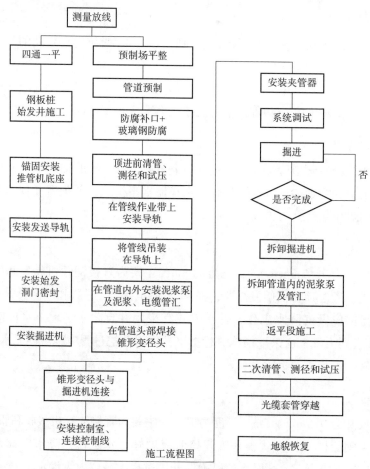

图 5-4　施工流程图

3. 施工工期计划

本工程总工期计划 90d，施工工期计划见表 5-2。

表 5-2　工期计划表

序号	施工内容	开始时间	完成时间	工期/d	备注
1	四通一平	2016/10/29	2016/11/12	15	场地平整、通水、通路、通电、通网
2	出发井制作	2016/11/13	2016/11/23	10	包括打桩、开挖、支护、地锚、封底等，同时进行管道焊接预制
3	管道焊接预制试压	2016/11/8	2016/11/28	20	预制场地平整、组焊、防腐、试压等
4	设备安装、调试	2016/11/23	2016/12/2	10	包括洞门、油缸、导轨、主机以及其他地面配套设备
5	管道设施安装	2016/11/29	2016/12/13	15	包含滚轮安装、管道内设施安装

序号	施工内容	开始时间	完成时间	工期/d	备注
6	管道穿越	2016/12/14	2016/12/23	10	包括顶进423m和同步润滑注浆
7	接收井制作	2016/12/24	2017/1/7	15	包括打桩、开挖、支护、封底等
8	设备接收、拆除	2017/1/8	2017/1/14	7	包括主机拆除吊装和管道内设施拆除
9	光缆套管穿越	2017/1/15	2017/1/20	7	包括光缆套管钢管钻进和钢套管内穿光缆管
10	地貌恢复	2017/1/20	2017/01/25	6	始发和接收竖井回填、沉淀池泥浆外运和回填
11	合计		90d		

注：管道预制安装与始发井、设备安装、调试同步施工。

4. 始发井制作

由于管道夹紧器吊入始发井时呈打开状态时宽度为4.5m，考虑到安装过程中人员在管道夹紧器四周工作便利，每侧应至少保留1m的作业空间，因此始发井宽度为6.5m。

始发井的长度一方面需与推管机的最长长度相适应（包括控制扭矩的防翻转装置约为14.5m），另一方面还需考虑推管机到始发井壁的最小距离。距离长短取决于所选择的入土角度，以及始发时第一步选择安装的掘进机最大设计组件。始发井的长度为23.7m。

管道入土点深度为3.1m，加上预留洞门密封的安装空间300mm，因此始发井的开挖深度应为3.4m。

始发井采用15m长Ⅲ型拉森钢板桩加2道内支撑进行基坑支护，钢板桩之间采用400mm H型钢围檩进行连接，400mm H型钢进行内支撑，第1道支撑距地面1500mm（图5-5）。

图5-5 始发井图

5. 推管机底座固定

1) 地锚的设置

地锚的强度必须满足推管机工作时产生的向后的推力和前地脚螺栓向上的倾覆力。另外在施工过程中有可能出现卡刀盘现象，一旦出现卡刀盘，推管机需要抱住管道向后拖拉，因此地锚需要承受向下的压力和后地脚螺栓向上的倾覆力。因此，地锚的浇筑需同时考虑推管时和向后拖管时两个方向的受力状况。水平作用力可通过始发井壁或与垂直地锚相连的钢结构框架承担(图5-6)。

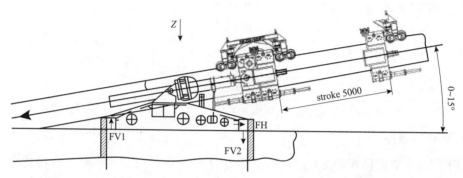

图5-6　推管机推管受力示意图

地锚采用成型钢结构形式埋设于始发井底部，地锚尺寸为：长6m×宽2.4m×深2m；地锚四周浇注0.5m深C20混凝土。

2) 推管机底座固定

推管机的底座分为左右两个主要部分，需安装和固定在始发井底部的地锚上。底座的每个部分可单独用吊机吊入始发井进行安装(图5-7)。

在底座两个主要部分的每一侧有不同的孔，通过这些孔可将底座在垂直和水平方向上进行固定(图5-8)。

图5-7　单侧底座及推进油缸

图5-8　垂直方向上固定底座

图 5-9 钢结构框架环绕底座
连接在垂直地锚上

水平固定主要是在底座四周用一个钢结构框架进行固定。该框架同时也被再次固定在垂直地锚上，从而使整个系统形成了一定的刚度。本项目使用钢板桩配合 H 型钢框架进行固定油缸底座，并通过斜支撑与井壁钢板桩进行固定连接，保证油缸支座在水平和垂直两个方向上固定牢固(图 5-9)。

底座的两个主要部分与始发台架相连，随后推管机被放在台架上，并使用液压调整到所需的入土角。

6. 安装发送轨道和防翻转装置

由于掘进机需呈一定入土角度放置在洞门密封前，因此台架也需安装在同样的入土角度上。然后再将掘进机吊放在台架上(图 5-10)，并将管道焊接在掘进机尾部，推管机的管夹夹住管道，并以相应角度将管道推入地层。

将发送台架吊入井内，放置在两推进油缸底座之间，根据入土角度，调整台架底部的液压油缸，使台架倾斜角度与推进油缸角度一致，即与掘进机、管道保持一致的角度。当掘进机放置在台架上时，必须保证掘进机与推管机的推进油缸平行(图 5-11、图 5-12)。

图 5-10 井内发送台架

图 5-11 通过台架油缸调整台架角度

图 5-12 台架可调整到入土角度

掘进和管道推进过程中，刀盘旋转会受到地层的反作用力，掘进机和管道会向与刀盘旋转相反的方向发生一定的旋转，通过防翻转装置可防止推管机的夹紧器与管道/掘进机一起产生翻滚。防翻转装置(图 5-13)一端固定在台架上，另一端固定在一个特殊的轴承上(图 5-14、图 5-15)，该轴承根据所需的高度依入土角度而定。

图 5 – 13　防翻转装置

(a)台架上的固定点　　　　　　　　(b)地锚的固定点

图 5 – 14　防翻转装置的固定点

图 5 – 15　防翻转装置锚固在特定的轴承上

7. 地面管道滚轮架安装

将预制好的管道焊接在掘进机的尾部，并保证预制管道的摆放位置与顶进方向的轴线一致，不得产生弯曲或剪切力。为了避免对管道防腐层的破坏，同时减小摩擦力，降低推管机负荷，因此在顶进过程中需要将预制管道安装在滚轮架上向前移动。

无定河穿越预制管道 440m，每 20 ~ 30m 之间安装一个重型滚轮（图 5 – 16 ~ 图 5 – 18），共需要安装 20 个滚轮架。第 1 个滚轮设置于防翻转装置后 5m 左右，以支撑夹管器安装后的载重；第 2 个滚轮设置于坡脚处。安装滚轮时，应提前将滚轮架与 20mm 厚度钢板及槽钢固定，防止施工中由于管道重力对滚轮架造成影响。

第2个滚轮

第1个滚轮

图 5 – 16　前 2 个滚轮位置图

图 5-17 管道滚轮架

图 5-18 用支架油缸吊起管道或建造一个斜坡将管道垫高

8. 安装掘进机

掘进机的安装采用分段吊装下井组装就位，连接后整体始发的方式进行。

1）设备吊装

掘进机共分 4 段，采用 50tf 吊车先进行前 3 段的组装，再将传输段(4#主机)与预制管道连接后整体与前 3 段进行机械连接（图 5-19~图 5-21）。

图 5-19 掘进机 1 号下井就位　　　　图 5-20 掘进机 2 号主机下井就位安装

2）设备连接

设备连接包括主机外部插接和内部管路、线缆连接（图 5-22、图 5-23）。

图 5-21　传输段(4#)主机与　　　　图 5-22　人员通过开口进入掘进机连接管路和线缆
　　　　　　主管道对接

图 5-23　掘进机安装、连接完成

3)安装洞门密封

洞门密封应牢固安装在始发井的入土处，作用是在掘进过程中，阻止环向空隙的水、沙土、泥浆外漏，以确保环向空隙内有足够的泥浆来支持孔壁的稳定性和润滑管道(图5-24、图5-25)。

图 5-24　洞门密封安装实物图

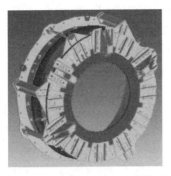

图 5 – 25 洞门密封"U"形橡胶结构

4）安装泥浆循环及管路系统

泥浆循环系统由泥水分离装置及固控设备进、排浆泵，管路、阀门等组成（图 5 – 26 ~ 图 5 – 29）。

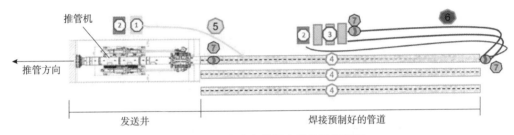

图 5 – 26 泥水分离装置安装位置示意图

1—控制室；2—发电机组；3—泥水分离和润滑注浆站；4—焊接预制好的管道；
5—数据及供电电缆；6—泥浆管路和膨润土润滑管路（连接于泥水分离站）；7—供排浆泵

图 5 – 27 泥水分离装置和润滑注浆站相邻安装　　　**图 5 – 28 泥水分离出渣**

图 5 – 29 管道末端安装排浆泵

直铺管法的泥浆系统采用与盾构的预筛和定向钻的固控设备相结合的工艺。为节约管路、线缆和泵的数量，泥水分离装置应安装在距离始发井 200m 左右的位置。润滑注浆站则设置在泥水分离装置旁边，以节约膨润土软管。

为了便于管道内的管路和电缆安装和回收，管道内安装带有滚轮的管道支架。同时支架上带有两条轨道，将管道支架紧密连接(图 5 - 30 ~ 图 5 - 32)。

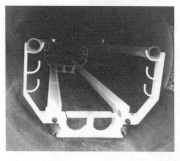

图 5 - 30　管道支架安装实景图

图 5 - 31　管道内管路安装

图 5 - 32　管道外管路和线缆安装

在管道顶进过程中，为了不使安装在预制管道末端的软管遭到损坏或接头松开，可使用轮式装载机或挖掘机将三根软管提起并随着管道一起移动(图 5 - 33)。

图 5 - 33　移动软管

5）安装管道夹紧器

推管机夹管器采用42″的夹具，重25t。安装时采用吊车吊起，将夹具上的液压闭合油缸启动，开口油缸打开夹具，夹住管道（图5-34）。

图5-34　安装夹紧器

9. 掘进施工

掘进前，先将洞门内侧钢板切割成直径1.4m的圆孔（掘进机直径1.3m），割除时注意保护洞门密封的橡胶板不受到损坏。将掘进机顶入至外侧钢板时，用吊车将洞门处的钢板拔除（图5-35）。

将前50m作为始发掘进段。通过始发段掘进，熟练掌握地层掘进参数的控制；测试地表隆沉、地中位移等。在开始掘进时应使刀盘慢速旋转，且要正、反向交替旋转，使掘进机姿态平稳。出洞后，泥水压力设定值应略小于理论值且掘进速度不宜过快。当主机进入洞门后，及时检查橡胶密封的位置是否将洞门封堵严实，以防洞口漏水漏浆。在掘进过程中，应根据地表的监测信息对泥水压力设定值以及掘进速度等施工参数及时进行调整。

图5-35　主机掘进

出洞过程中，掘进机操作必须掌握以下操作要点：

（1）全面检查出洞前的准备工作，包括机械设备状态、材料供应情况、基座及顶管机头状态；

（2）全面检查掘进机联机运行时各部分运行情况，如发现在异常情况立即着手检查，进行必要的检修，直至排除故障；

（3）严格控制泥水压力，防止压力过大毁坏洞门密封圈；

（4）出洞时推力要小，推进速度要慢，刀盘转速适当降低，要让刀盘在每一断面切削时间长些，以使刀盘正面阻力均匀，从而保持顶管机的正确位置和正常状态；

（5）出洞过程中要勤测量，甚至跟踪测量，指导出洞方向的控制，确保轴线位置准确；

（6）在初期掘进时，要保持掘进面和设备处土体的稳定，尽量减少对土体的扰动，保持作业面周围土体稳定，以减少地面沉降，降低施工对周围环境的影响。

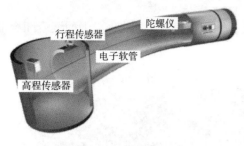

图 5－36　陀螺导向系统

标注：行程传感器　陀螺仪　电子软管　高程传感器

自动测量采用顶管机最新的陀螺导向自动测量系统（图 5－36），将设计顶进路线参数预先输入计算机，在推进过程中跟踪测量，将测量参数实时传递到计算机自动处理，比较实际顶进路线与设计路线，并将处理结果以直观方式反馈到顶管操作台。

自动测量需与人工测量紧密结合。隧道内支导线人工测量高程及方位、坐标每倒休进行一次，根据测量结果对隧道内控制点及自动测量进行校正。由地面向隧道进行的传递测量在隧道顶进开始后 50m、100m、曲线隧道前、曲线顶进后、出洞 100m 前进行 5 次，以避免由于人工移动全站仪时造成的自动测量产生误差，提高隧道贯通精度。人工测量应根据施工实际情况适当提高测量频率。

六、重难点及措施

1. 大坡度施工

直铺管穿越入土角 6°（10.5%），为主管线内管路、线缆和设备安装带来了很大困难。随着安装的管路、线缆距离延长，重量变大，管路和线缆整体下滑的风险不断增大。

解决措施：

（1）利用大吨位电动葫芦（5～10t），配合挖掘机和铲车，进行管路和线缆安装；

（2）在安装距离过半，即超过 200m 时，加装钢丝绳，在管路和线缆中间位置加强拉力。

2. 大落差施工

本次直铺管施工山上管道最大落差达到了 37m，这为测量系统高程测量、泥浆循环、刀盘前方泥水压力控制提出了更高的要求。

应对措施：

（1）在管道中间位置，与 P2.1 距离 200m 安装中继泵 P2.2，在管尾安装 P2.3，进行排浆接力；

（2）将规格 4.1bar 的测量高程传感器更换为规格 10bar 的高程传感器。

3. 浅覆土施工

直铺管穿越轴线管道最浅覆土位置，埋深 2～3m，控制非常低的泥浆压力困难，特别是在大落差的情况下更困难，容易造成地面冒浆。

应对措施：

（1）利用供浆管路下喷嘴进行掘进，控制更低的供浆压力；

（2）提高各排浆泵转速，尽量降低刀盘仓压力。

4. 高水位施工

接收井施工位置，地下水位高，基坑开挖 2.5m 即见地下水，为后续竖井施工带来了一定困难。

解决措施：

利用基坑周围制作的 17 口降水井，施工期间连续降水，必要时井内配置水泵排水。

管井位于基坑开挖边界外 2m，深度 25m，间距 8m，过滤器进水部分长度 2m。管井数量为 17 口（15 口为降水井，2 口为观测井），采用水泵排水，水泵位于自然地面下 15m 处，排水能力不小于 86m³/d，基坑设计涌水量 1031m³/d。

5. 冬季施工

对于直接铺管工法，需要利用泥水、泥浆、液压等流体类介质进行施工，当温度达到零下 5℃后，含水介质易结冰，特别是长时间低于零下 5℃，甚至温度达到零下 10℃，冰冻现象将大量出现。当有设备设施有结冰现象时，流体将出现流速下降、压力上升缓慢、设备运转故障等问题，而且对设备设施造成极大危害，后果可能造成设备报废，影响施工。

解决措施：

（1）随时关注天气预报，包括近 3d、5d、7d，甚至 15d 的气温情况，为施工提供参考。特别是要关注近 3d 的天气情况，因为随着天数的增加，气象预报还是存在一定的误差；

（2）现场的流体类管路，进行了伴热带缠绕和保温棉包裹处理，箱体内安装加热棒；

（3）除必要的工序外，避免停机，使流体能够持续流动，维持温度，防止结冻，或者定时启动流体设备，使流体流动起来。

6. 消减全断面砂层顶进抱死的措施

针对本工程穿越地层处于全断面细砂层等特点，结合顶管的施工经验，采用德国海瑞克公司生产的 AVN1000XC 泥水平衡式直接顶管机完成无定河穿越施工。

针对该项目细砂层的实际情况，拟采用以下可行措施：

1）采用先进的施工设备

投入到本项目的是德国制造 AVN1000XC 泥水平衡直接顶管机，顶管机的设计理念，是根据油气管道穿越江河各种复杂地层而专门设计制造，机头、导向系统、泥水系统、润滑系统和控制系统等关键系统均配置世界最为先进的技术，同时该顶管机在国内首次配置海瑞克最先进的自动注浆润滑装置，满足 0.5MPa 高水压下各种复杂地层的掘进施工。

2）采用同步润滑注浆减阻和循环泥浆携渣

采用同步润滑注浆减阻，循环泥浆携渣和护壁（图 5-37、图 5-38），保证管道顶进中不发生抱死现象。

图 5-37 洞门上方泥浆罐

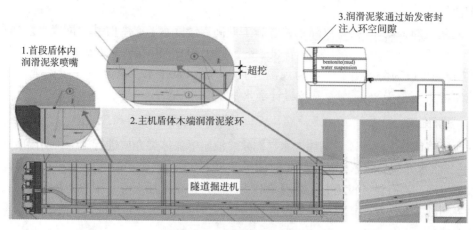

图 5-38　润滑注浆示意图

通过主机注浆孔，不间断向地层注入润滑泥浆，使管道外壁形成一层有效的泥浆套，使周围的泥土、沙子、岩屑等悬浮在泥浆中，防止管道与地层接触或降低管道摩擦力。此外，可以在出发井洞门上方放置泥浆罐并通过管路与洞门密封的阀门相连，利用泥浆自重流入地层。

在掘进过程中，循环泥浆可以通过刀盘的开口进入地层，部分泥浆也会渗入地层或流向后方，同样起到了润滑作用。

配置了制浆机、储浆箱、注浆泵等润滑泥浆设备（图 5-39），保证管道外壁的润滑效果。

图 5-39　润滑泥浆系统（制浆机、储浆罐、注浆泵等）

3）设备顶进具备连续性

设备前期准备完成后，一旦开始顶进作业，无需停机，可以连续进行顶进作业，减少因为停机时间过长造成管道"抱死"发生。

将预制焊接好的管道下方垫滚轮架，滚轮架底座放置在预埋好的钢板上，固定牢固，尤其是在山顶处的滚轮架和在山脚下的滚轮架要与地基焊接牢固，防止侧翻和移位，保证管道在滚轮架上顺利滑行。

第六章　水下钻爆穿越工程

采用钻爆隧道方式穿越河流，一般要求地质条件为较完整、稳定的岩石层，否则施工造价和风险将大大增加。基于地层条件的原因，水下钻爆隧道的穿越，在长输管道河流穿越中并不多见。

西气东输三线九龙江钻爆隧道穿越采用了"竖井＋平巷＋竖井"方案，是典型的水下隧道方案。

一、工程概况

西气东输三线天然气管道东段干线(吉安－福州)工程在福建省漳州市芗城区浦南镇穿越九龙江，采用水下钻爆隧道方案，钻爆隧道主体水平长度为1095.1m，采用"竖井＋平巷＋竖井"方案，隧道洞身采用直墙圆拱断面，净断面尺寸为3.0m×3.0m。西岸竖井采用"地下连续墙＋钻爆法"施工，西岸竖井深度33m；东岸竖井采用地下连续墙方式施工，西岸竖井深度39.1m。隧道内敷设一条$D1016mm$天然气管道。

九龙江钻爆隧道穿越工程因涉及城镇规划区、环境敏感点、复杂地质(长距离穿越差异风化明显的花岗岩地层、不规则分布球状风化体)等难点，在可行性研究、初步设计阶段调整了两次穿越位置；隧道开工后，及时处理了施工中因突发地质灾害引发的突水、涌砂问题，使隧道得以安全贯通，也为后续类似工程积累了丰富的经验。

二、地质条件

根据现场钻探、原位测试及室内试验成果可知：场地内地层主要由第四系全新统冲、洪积层(Q_4^{al+pl})，第四系残积层(Q_4^{el})及燕山期晚期侵入岩(γ_5^3)组成，局部地段表部分布有少量人工填土(Q^{ml})。结合地层形成的地质时代、成因、岩性、物理力学性质等特性，场区的地层可分为9个工程地质层，4个夹层。描述如下：

①素填土(Q^{ml})：灰黄，松散～稍密，稍湿，上部以砂、卵石为主，下部以黏性土为主，未经系统压实，堆填时间较短。该层除主河槽及漫滩外，其余钻孔均有揭露，层厚0.60～3.70m。

②中砂(Q_4^{al+pl})：灰黄色，松散～中密，稍湿～饱和，颗粒级配不良，颗粒形状以次棱角状为主，主要矿物成分为石英、长石，含云母及贝壳等生物碎屑，局部含少量砾石及黏土团块，黏粒含量小于10%。该层主要分布在西岸河漫滩附近，JLJ13及JLJ14处也有零星分布，层厚1.30～14.40m，层底标高－6.32～－6.98m。

③粉质黏土(Q_4^{al+pl})：黄褐色，可塑，夹有少量铁锰质浸染物，韧性及干强度中等，

稍光滑，无摇振反应，局部夹粉土及黏土薄层。该层主要分布于西岸大堤两侧，层厚 $1.00 \sim 9.30\text{m}$，层底标高 $-1.45 \sim 9.51\text{m}$。本层有一夹层：

③-1 粉土（Q_4^{al+pl}）：灰黄色，稍湿~很湿，稍密~中密，局部夹粉砂薄层，摇振反应中等，无光泽反应，干强度低。该层主要分布于西岸大堤两侧，层厚 $1.00 \sim 3.50\text{m}$。

④卵石（Q_4^{al+pl}）：中密~密实，局部松散，颗粒级配不良，骨架颗粒呈次棱角形~亚圆形，一般粒径 $20 \sim 80\text{mm}$，质量百分含量 $55\% \sim 90\%$，可见最大粒径约 200mm，母岩成分以石英岩、花岗岩、砂岩为主，中等~微风化，中、粗砂及圆砾充填，无胶结性。该层除东岸剥蚀残丘外，其余地段均有揭露，层厚 $3.00 \sim 14.00\text{m}$，层底标高 $-11.73 \sim 1.64\text{m}$。本层有一夹层：

④-1 粗砂（Q_4^{al+pl}）：青灰、灰白色，中密~密实，饱和，颗粒级配不良，颗粒形状以亚圆形为主，主要矿物成分为石英、长石，粒径 $5 \sim 20\text{mm}$，颗粒含量为 $2\% \sim 20\%$。该层主要分布于西岸阶地，BK1、BK3、JLJ02、JLJ03 孔有揭露，层厚 $2.80 \sim 4.40\text{m}$，层底标高 $-5.45 \sim -0.42\text{m}$。

⑤砂质粉质黏土（Q_4^{el}）：浅灰黄色、灰白色，为花岗岩风化形成，可塑~硬塑，局部呈坚硬，韧性较好，干强度较高，无摇振反应，切面稍光滑，夹有少量石英砂，砾粒含量为 $0.5\% \sim 4.3\%$。该层主要分布于东岸剥蚀残丘，西岸大堤附近两侧平缓地段也有揭露，层厚 $0.90 \sim 18.60\text{m}$，层底标高为 $-17.61 \sim 5.43\text{m}$。

⑥全风化花岗岩（γ_5^3）：浅黄、灰白色，岩芯呈砂土状，组织结构已基本破坏，长石等矿物已风化成土状。岩体极破碎，$RQD = 0$。该层大部分钻孔有揭露，层厚 $2.40 \sim 16.20\text{m}$，层底标高为 $-21.43 \sim -6.47\text{m}$。该层有一夹层：

⑥-1 孤石（花岗岩球状风化体）：微风化，灰白色，岩芯呈柱状，柱长 $15 \sim 70\text{cm}$，岩质新鲜、坚硬，中粒花岗结构，块状构造，矿物成分以石英、长石为主，节理裂隙不发育，岩体较完整，$RQD = 90 \sim 98$。该层仅见于 JLJ05 钻孔，揭露厚度 3.20m。

⑦强风化花岗岩（γ_5^3）：浅灰黄、灰白色，岩芯呈砂土状，组织结构已大部分破坏，长石未完全风化，风化不均，局部钻孔底部该层呈碎块状，岩体极破碎，$RQD = 0$。该层除 BK2、JLJ05、JLJ11、JLJ20 ~ JLJ21 钻孔外，各孔均有揭露，揭露厚度 $0.30 \sim 63.30\text{m}$，JLJ16-1、JLJ18、JLJ18-1 及 JLJ19 钻孔未揭穿。该层有一夹层：

⑦-1 孤石（花岗岩球状风化体）：中~微风化孤石，岩芯多呈短柱~长柱状，柱长 $5 \sim 100\text{cm}$，较新鲜、较硬，中粒花岗结构，块状构造，矿物成分以石英、长石为主，局部节理裂隙较发育，倾角以近垂直为主，岩体较破碎~较完整，$RQD = 75 \sim 100$。该层零星分布于 BK3、JLJ13、JLJ16，在 JLJ19 钻孔大量揭露，揭露孤石厚度一般 $0.4 \sim 2.9\text{m}$。

⑧中等风化花岗岩（γ_5^3）：灰白色，暗色矿物呈灰黑色，岩芯多呈碎块~短柱状，中粒花岗结构，块状构造，矿物成分以石英、长石为主，节理裂隙发育，倾角以近垂直为主，岩体较破碎，$RQD = 10 \sim 85$ 为主。岩体纵波波速在 $2350 \sim 2450\text{m/s}$ 之间（JLJ15 孔）。该层除 JLJ05、JLJ13、JLJ14、JLJ18 ~ JLJ21 孔外，其他孔均有揭露，层厚 $0.40 \sim 5.30\text{m}$，层底标高 $-48.62 \sim -5.18\text{m}$。

⑨微风化花岗岩（γ_5^3）：灰白色，暗色矿物呈灰黑色，岩芯呈 $5 \sim 50\text{cm}$ 柱状、$50 \sim 263\text{cm}$ 长柱状，岩质新鲜、坚硬，中粒花岗结构，块状构造，矿物成分以石英、长石为主，节理裂隙不发育，局部见有 $60° \sim 80°$ 裂隙，裂隙长度 $0.50 \sim 9.00\text{m}$。岩体完整~较完

整，$RQD = 60 \sim 100$。岩体纵波波速在 3326 ～ 4959m/s 之间（JLJ04、JLJ11、JLJ15）。该层除 JLJ18 ～ JLJ21 孔外，其余各孔均有揭露，揭露厚度 10.05 ～ 54.70m，未揭穿。

三、设计方案

1. 隧道总体设计

九龙江隧道穿越采用"竖井 + 平巷 + 竖井"方案。其中西岸竖井中心进口距离大堤约 110m；东岸竖井中心距离岸坡边约 176.1m。平巷道位于微风化花岗岩及强风化花岗岩中。

隧道顶距离河床底最小深度为 31.4m，距离设计冲刷线下 25.9m，纵向坡度分别为 8.12%（223.3m）、1.55%（638.4m）、7.33%（233.3m）。

本工程总体布置图见图 6 - 1。

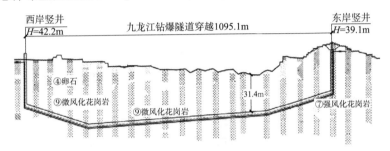

图 6 - 1　西三线东段九龙江钻爆隧道穿越方案图

2. 两岸竖井设计

西岸竖井：根据两岸地质情况，西岸地层依次主要为：③层粉质黏土、④层卵石、⑥层全风化花岗、⑦层强风化花岗岩、⑧层中风化花岗岩、⑨层微风化花岗岩。上部黏土至强风化花岗岩层可采用地下连续墙法（逆作法）施工，竖井内径 9m，壁厚为 1000mm，竖井深度 33m，在连续墙施作完成后，浇筑钢筋混凝土竖井衬砌，壁厚 600mm；下部微风化花岗岩层可采用钻爆法施工，竖井内径 9m，竖井深度 14.7m，壁厚为 600mm，竖井井底开挖成锅底状，C20 素混凝土浇筑，浇筑厚度 1 ～ 3m，素混凝土浇筑完成后采用 1000mm 厚钢筋混凝土结构封底。西岸竖井深度共计 42.2m。

东岸竖井：地层由上至下依次为：①层素填土、③层粉质黏土、⑤层含砂质粉质黏土、⑥层全风化花岗、⑦层强风化花岗岩。因竖井位于缓丘，考虑采取削坡方式降低竖井工程量，削坡深度 6m；竖井采用地下连续墙法（逆作法）施工，竖井内径 9m，壁厚为 1000mm，在连续墙施作完成后，浇筑钢筋混凝土竖井衬砌，壁厚 600mm，竖井深度 39.1m。

3. 钻爆隧道断面的确定

根据管道安装相关需要，隧道断面采用 3.0m × 3.0m 直墙半圆弧形断面，详见图 6 - 2。

4. 衬砌结构设计

隧道衬砌采用复合式衬砌，主要支护参数为：

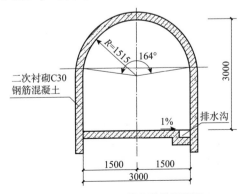

图 6 - 2　九龙江钻爆隧道断面图

Ⅲ级围岩初期支护：采用C20锚喷混凝土，厚度为60mm，设置$\Phi22$水泥沙浆锚杆（或树脂锚杆），锚杆长度为2m，间距1.3m，呈梅花形布置，全断面设置$\Phi6.0$钢筋网，间距250mm×250mm。二次衬砌支护：拱墙采用素混凝土结构，混凝土强度等级为C30，直墙、半圆拱厚度为250mm；底板采用素混凝土结构，混凝土强度等级为C30，厚250mm。

Ⅳ级围岩初期支护：采用C20锚喷混凝土，厚度为100mm，设置$\Phi22$水泥沙浆锚杆（或树脂锚杆），锚杆长度为2m，间距1.2m，呈梅花形布置，全断面设置$\Phi6.0$钢筋网，间距250mm×250mm。二次衬砌支护：采用钢筋混凝土结构，混凝土强度等级为C30，直墙、半圆拱厚度为250mm；底板采用钢筋混凝土结构，混凝土强度等级为C30，厚250mm。

Ⅴ级围岩初期支护：采用C20锚喷混凝土，厚度为120mm，设置$\Phi22$水泥沙浆锚杆（或树脂锚杆），锚杆长度为2.5m，间距1.0m，呈梅花形布置，全断面设置$\Phi6.0$钢筋网，间距200mm×200mm。超前支护采用超前小导管+钢格栅。二次衬砌支护：钢筋混凝土结构，混凝土强度等级为C30，直墙、半圆拱厚度为250mm；底板采用钢筋混凝土结构，混凝土强度等级为C30，厚250mm。

混凝土抗渗等级为P12，隧道防水等级为四级。

5. 管道安装设计

竖井内管道安装：竖井内管道作为穿越段整体管道进行补偿计算，竖井内管道安装根据竖井深度在井壁上设置钢支架，管道固定在钢支架上，竖井内管道安装共有7道不锈钢桁架，不锈钢桁架与竖井壁的预埋件固定（图6-3、图6-4）。

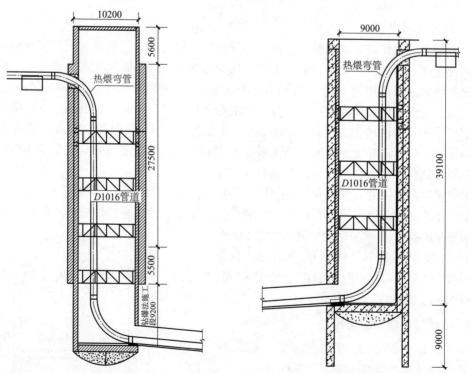

图6-3　九龙江钻爆隧道西岸竖井管道安装图　　图6-4　九龙江钻爆隧道东岸竖井管道安装图

平巷段管道安装：隧道内管道均安装在带钢滑动支座的钢筋混凝土支墩上（图6-5），

支墩间距18m，要求支墩离管道焊缝间距大于1m。管墩顶面设预埋件，管道采用管卡固定，管道安装构件需进行防腐处理。竖井外管道采用固定墩进行固定后，再与一般线路连接。

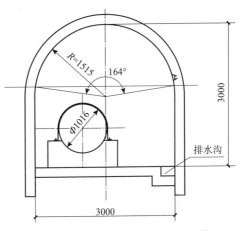

图6-5　九龙江钻爆隧道内管道安装图

四、主要设计施工难点及解决措施

1. 隧道东岸竖井涌水涌砂及处理

1）涌水涌砂情况及原因分析

东岸竖井采用地下连续墙法（逆作法）施工，主要为全～强风化花岗岩，竖井内径9m，深度39.1m。竖井深度大，岩层强度高，对施工工期控制要求高。

东岸竖井在地下连续墙施工完成，开挖至基坑底部时，底部发生涌水涌砂，最高流砂面至6.3m，涌砂量约450m³。竖井底部涌砂的原因为地连墙底部地层为强风化花岗岩，地层软硬不均，流砂层存在承压性。随着竖井的开挖，流砂层上层覆盖弱透水的强风化花岗岩变薄，无法抵抗底部流砂层的压力，发生涌砂（现场图见图6-6、图6-7）。

图6-6　井底涌砂

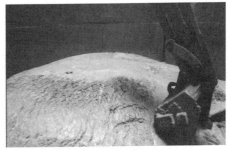

图6-7　井底浇筑混凝土反压

2）处理措施

经比较分析，决定采用竖井外侧注浆堵水＋内侧注浆加固的方案。

外侧注浆堵水：

（1）布孔：沿竖井边缘每隔2m布一注浆孔，共布2排，呈梅花状布孔（图6-8）；

（2）孔深：内、外两侧按梅花形打眼布孔，孔距2m，内侧一排孔依次按孔深43～49m布设，外侧一排孔依次按43～52m布设。

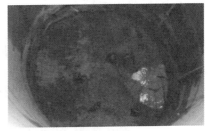

图6-8　竖井周边地表注浆加固及竖井封底设计图

竖井内注浆加固：在竖井内打孔进行竖井底注浆加固。首先在竖井顶部采用型钢搭设施工平台，从平台上布设钻机向底部打孔。钻孔布设间距2m，梅花形布置，孔深48m。

采用上述方案后，涌水涌砂现象得到控制，对竖井进行素混凝土封底并浇筑钢筋混凝土底板(图6-8)。

2. 东岸强风化花岗岩段施工

隧道通过东岸强风化花岗岩约140m，该段岩体极破碎，并存在球状风化体。施工过程中曾发生涌水涌砂(图6-9)，现场揭示隧道依然存在股状流水，受地层影响施工组织困难、进度缓慢，隧道涌水量平均达到80m³/h。

图6-9　隧道内现场涌水涌砂及岩芯照片

针对上述情况，增加了如下解决措施：

(1)超前钻孔探水。采用超前水平钻孔和地表钻孔相结合的方式，探明掌子面前方围岩变化情况。

(2)施作地表止水帷幕注浆。钻孔沿隧道轴线两侧对称布设，每侧布设2排，呈梅花形，注浆范围控制在地表以下4m，底板以下2m。

(3)地表降水。东岸平巷轴向方向洞身两侧对称布置降水井，降水井距隧道边线2m，纵向间距5~8m。降水过程中采用水位计检测降水效果，降水水位在底板以下1m。

(4)超前小导管全断面注浆。加强超前支护，采取隧道边拱墙全环超前小导管注浆支护，超前小导管采用$D42 \times 4mm$无缝钢管，每循环施作，$L = 3.0m$，间距200mm(环) × 600mm(纵)，搭接长度不小于2m，环向支护范围拱顶至边墙底。通过以上措施，有效了保证了施工的顺利进行。

(5)施作临时仰拱，尽快形成封闭受力结构。

五、主要设计施工经验

(1)水下钻爆隧道方案的确定。本穿越主要穿越花岗岩层，岩层风化程度不均，微风化、中风化、强风化、全风化等均通过，且勘察过程中存在球状风化体。目前穿越方式主要有开挖、定向钻、钻爆隧道、盾构隧道等方案。其中定向钻难以长距离穿越风化花岗岩，盾构隧道遇到球状风化体易卡阻，钻爆隧道方案是较为经济可行的方案，但钻爆隧道方案在强风化花岗岩中的施工速度较慢。

(2)竖井采用连续墙施工工艺施工。地下连续墙作为围护结构，具有墙体刚度大、整体性好、结构和地基变形小、适用各种工程地质条件、对周围环境及地下管线的影响小、施工振动少、噪声低等优点。东岸竖井地层主要为强风化花岗岩层，深度将近40m，厚度为1000mm。由于花岗岩抗压强度较高，开槽较慢，平均施工进度为0.3~0.5m，但成槽稳定性较好。实践证明，采用连续墙竖井支护工艺对于管道穿河工程具有一定的优势。

（3）钻爆隧道断面尺寸。根据相关规范要求，隧道断面的确定主要考虑到管道直径的布置要求，并满足管道安装、维护、检修所需空间要求。该隧道管道直径为$D1016mm$，断面为3.0m×3.0m，隧道施工过程中的常采用的出渣机械40装载机的高度在3.2m以上，难以适应施工机械的出渣要求，导致出渣困难，影响施工效率，建议适当增加隧道高度，至少隧道断面在3.2m×3.8m以上，提高施工功效及安全性。

（4）钻爆隧道竖井尺寸。根据规范要求，目前$D1016mm$隧道断面，两岸竖井推荐最小直径为9.0m，该断面偏小，一方面影响隧道出渣，同时管道长度一般为12m，隧道管道焊接施工需要吊装入平巷内，竖井内需要施工盲洞或者增加马头门，而竖井底部为受力薄弱地段。建议隧道竖井尺寸最小增加至12m，满足施工出渣及管道安装的要求。

（5）钻爆隧道在强风化花岗岩内的设计施工。该隧道在强风化花岗岩段通过长度约140m，由于水压较高，在施工过程中曾经发生了涌水涌砂。为保证施工安全，在隧道施工中采用了如下措施：采用全断面小导管注浆、地表降水、加密钢拱架支护等措施，有效防止了塌方及涌水涌砂的发生，但极大地影响了工效，该段施工进度约0.3~0.5m/d，施工工期约9个月，极大地制约了整个工期，因此，在水下钻爆隧道设计中，要充分估计软弱围岩段的施工工期，并在施工过程中合理组织施工工序。

（6）Ⅲ级围岩的复合式衬砌设计。西岸平巷段主要为微风化花岗岩，围岩等级为Ⅲ级，根据穿越规范，原设计采用了复合式衬砌，初支采用锚喷混凝土，二次衬砌采用素混凝土。根据现场施工过程中围岩揭露情况，Ⅱ级、Ⅲ级围岩在基本无渗水条件下，可调整为锚喷衬砌，减小了隧道施工工程量。因此，在后续的小断面隧道设计中，可视围岩渗水情况，对Ⅲ级围岩采用锚喷设计。

六、小结

九龙江隧道主要穿越微风化花岗岩层，局部穿越强风化花岗岩层，在强风化花岗岩层中具有遇水强度迅速降低、球状风化体较多且分布不规律的特点，发生了竖井和局部平巷段涌水涌砂，工程进度受到一定影响。

花岗岩差异风化特点导致花岗岩地质进行隧道施工具有较大的风险性，是隧道建设领域长期存在的难题。在今后类似的工程施工中有必要针对花岗岩地质非开挖穿越技术进行进一步深入研究。

参考文献

[1]李永明. 水平定向钻技术在油气输送管道工程中的研究与应用[J]. 山东化工, 2019, 48(24): 2.

[2]王淑霞. 油气长输管道河流穿越风险分析[J]. 油气田地面工程, 2008, 27(7): 54 – 54.

[3]杨刚. 油气管道定向穿越施工中钻杆的分析与应用研究[D]. 西安石油大学, 2014.

[4]郭书太. 黄河定向钻穿越事故分析[J]. 油气储运, 1998, 17(011): 32 – 35.

[5]先智伟. 大型油气管道水下穿越事故及其防护[J]. 天然气与石油, 2002, 20(002): 7 – 9.

[6]杨国晖, 刘运生, 周剑琴, 等. 兰成原油管道工程石亭江穿越断管原因分析及教训[J]. 中国化工贸易, 2017, 9(015): 248.

[7]王其磊, 孙海峰, 屠言辉. 石亭江水平定向钻穿越施工技术浅析[J]. 非开挖技术, 2014(4 期): 11 – 15.

[8]史兴全. 论西气东输管道定向钻穿越施工技术[J]. 石油工程建设, 2005(02): 56 – 58.

[9]铁明亮, 马晓成, 郭君, 等. 如东长江超长距离定向钻穿越设计[J]. 地质科技情报, 2016, v.35; No.167(02): 100 – 104.

[10]梁桂海, 唐勇, 吴永峰, 等. 环氧玻璃钢外防护层技术在长江定向钻穿越中的应用[J]. 石油工业技术监督, 2014(8).

[11]吴益泉, 冒乃兵, 王一鸣. 3300m 长江定向钻穿越弹性敷设漂管施工[J]. 油气储运, 2014, 33(5): 556 – 558.

[12]陈兴明, 王丙奎. 长距离、岩石层输气管道长江定向钻穿越施工技术[J]. 科技创新导报, 2010(15): 51 – 51.

[13]夏于飞, 史占华, 陈亚军. 卵石层地质条件下定向钻穿越工艺与设备优化[J]. 油气储运, 2011(04): 269 – 272.

[14]张广伟, 吕明纪, 张瑶琴. 水平定向钻穿越黄河施工新工艺[J]. 建筑机械化, 2004, 25(008): 33 – 33.

[15]郭清泉. 惠宁线黄河定向钻穿越复杂地层的施工控制措施[J]. 非开挖技术.

[16]郭清泉. 锦郑线黄河定向钻穿越技术应用简析[J]. 非开挖技术, 2014(2): 42 – 45.

[17]王毓民. 油气管道穿越大型河流设计技术进步简述[J]. 天然气与石油, 1996(03): 1 – 12.

[18]王海涛. 油气管道工程穿越方式优选[J]. 建筑界, 2014, 000(001): P.140 – 141.

[19]陈磊. 石油天然气埋地长输管道大开挖穿越大型河流高渗层设计方案研究[J]. 管理学家, 2013, 000(010): 244 – 244, 245.

[20]刘志军. 西气东输二线沙河穿越工程完工[J]. 焊管, 2010(11): 61 – 61.

[21]尤伟星, 刘刚. 九龙江小断面隧道涌砂施工方案的模拟分析[J]. 油气储运, 2017(5).

[22]杨建中, 李春锋, 王春波, 等. 油气输送管道直铺管技术与应用[J]. 管道技术与设备, 2019, No.158(04): 44 – 47.

[23]刘雪梅, 谭明星, 李祁宇, 等. 直接铺管法在砂质地层大口径管道中的应用[J]. 天然气与石油, 2018, 36(03): 12 – 15 + 22.

[24]王乐, 常喜平. 直接铺管施工技术与应用[J]. 非开挖技术(6): 6.

[25]刘小林, 王乐, 祁永春, 等. 直接铺管施工技术研究——以陕京四线无定河穿越工程为例[J]. 石油天然气学报, 2018, 40(2): 76 – 79.

[26]黄朝炜. 直接铺管法的推力评估[J]. 非开挖技术, 2019(2): 54 – 57.

[27]张建喜, 李书箭, 王永军, 等. 西二线钱塘江圆形小断面盾构隧道内大口径管道安装施工工法[J]. 石油天然气学报, 2012, 34(04X): 304 – 308.

[28] 曹会清，寇宝庆，冉洽闻，等．小断面盾构隧道内大口径管道曲线敷设技术[J]．油气储运，40(4)：5．

[29] 田艳玲，张宝强，黄琳，等．岩石地层大口径长距离管道顶管施工影响因素[J]．油气储运，2012，31(008)：612－614．

[30] 庞鑫峰．西二线南昌—上海支干线河流顶管穿越工程[J]．油气田地面工程，2014(8)：108－108．

[31] 张爽，李默，陈海雨，等．西气东输二线遂川江顶管穿越施工监测[J]．油气储运，2012，31(11)：861－864．

[32] 刘庆新，李默，吕洪丹，等．岩石地层大口径长距离管道顶管施工技术[J]．石油工程建设，2014，40(1)：38－41．

[33] 苏卫锋，杨威，程梦鹏．西气东输二线长河顶管隧道始发井涌水处理[C]//Cipc 中国国际石油天然气管道会议．2011．

[34] 叶隆长．油气长输管道顶管穿越施工技术[J]．建材世界，2020，v.41；No.211(06)：73－76．

[35] 张宝强，焦如义，刘艳利，等．西二线复杂地质河流顶管工程实践[J]．油气储运，2013，32(001)：97－100．

[36] 殷焕召．油气管道顶管施工工程风险评价研究[J]．安全、健康和环境，2015(2)：6－49．

[37] 黄鑫，于德军，张铁，等．油气管道长距离穿越水压地层施工方式分析对比及优选[J]．石油天然气学报，2013，35(05X)：318－321．

[38] 王民．顶管隧道在西二线东段工程中的应用[C]//中国管道完整性管理技术大会．中国石油学会，石油工业标准化技术委员会油气储运专标委，NACE 沈阳分会，《油气储运》杂志社，2014．

[39] 张宝强，焦如义，袁会赟，等．大口径长输油气管道非开挖穿越的适应性[J]．油气储运，2012，31(011)：871－873．

[40] 刘小林，郅永强，高国庆，等．长输油气管道岩石顶管隧道施工风险分析与应对措施[J]．石油天然气学报，2018，40(2)：59－62．

[41] 韩峰．顶管在油气管道穿越工程中的应用[J]．城市建设理论研究：电子版，2013(21)．

[42] 赵建祖．关于对天然气穿越黄河工程的施工探讨[C]//2017 中国燃气运营与安全研讨会论文集．2017．

[43] 翟永山．大粒径卵砾石地层中穿越黄河长距离顶管成套施工技术[C]//中国土木工程学会年会．2012．

[44] 王利波．"西气东输"郑州黄河顶管工程[J]．建设机械技术与管理，2005，18(6)：24－28．

[45] 徐佳乐．小直径长距离过江盾构机的选型研究[J]．隧道与轨道交通，2019，No.126(S2)：105－108．

[46] 范昌彬，赵雪峰，郝立钊，等．盾构隧道贯通风险防范措施研究[J]．石油天然气学报，2018(3)：51－55．

[47] 刘广仁，常喜平，寇宝庆，等．盾构法施工中砂层进洞段降水设计与施工[J]．石油工程建设，2012(01)：36－38．

[48] 刘广仁，张磊，张焕杰，等．复杂地层中泥水盾构掘进技术[J]．施工技术，2011(20)：40－43．

[49] 王乐，张焕杰，杜伟．西二线九江盾构设备进洞技术研究[J]．天然气与石油，2011，29(006)：76－79．

[50] 耿云鹏．盾构隧道洞口段预加固技术的应用[J]．山西建筑，2010，36(036)：323－325．

[51] 龙世华，刘俊峰．油气管道穿越长江的方法探讨[J]．石油规划设计，2006，17(6)：27－29．

[52] 史航．西气东输工程管道通过长江方案研究[D]．天津大学，2004．

[53] 王平化．川气东送管道武汉长江穿越方案研究[D]．中国石油大学(北京)，2011．

[54] 卫波，汤学峰．西气东输管道工程通过长江的技术方案——盾构施工法[J]．石油工程建设，2001．

[55] 苏卫锋，王贵涛，张磊，等．西气东输三线长江盾构管道支座防腐方式研究[C]//中国地质大学；住房和城乡建设部．中国地质大学；住房和城乡建设部，2015．

[56] 常喜平，刘小林，王乐，等．浅析盾构法隧道二次注浆技术——以金陵石化南京长江盾构工程为例

[J]. 石油天然气学报，2018，40（2）：6-10.

[57] 苏卫锋，王贵涛，张磊. 西三线长江盾构断层带分析与风险应对措施[J]. 油气储运，2016（3）：336-338，342 共 4 页.

[58] 李兆鹏，李龙，那兴林，等. 水平定向钻大口径扩孔钻具打捞浅析[J]. 非开挖技术，2018（6）：14-18.

[59] 李顺来，朱立志，任素青. 大口径管道定向钻穿越中钻杆断裂原因及预防措施[J]. 石油工程建设，2003（04）：5-47.

[60] 胡延江，许乃迪，于楠. 复合定向钻穿越技术在工程中的应用[J]. 广东化工，2016，43（012）：136-136.

[61] 杨福武. 对长距离天然气管道定向钻穿越岩石层施工工艺的探讨[J]. 中国设备工程，2017，000（020）：89-90.

[62] 李银平. 定向钻穿越在管道工程中的应用[J]. 化工管理，2017，000（021）：209，211.

[63] 张宝强，江勇，曹永利，等. 水平定向钻管道穿越技术的最新发展[J]. 油气储运，2017，36（005）：558-562.

[64] 陈周，冉永红，尤伟星，等. 大口径管道定向钻穿越复杂地层的设计与施工[J]. 油气储运，2012，31（1）：33-35.

[65] 曾志华，杨威，马红昕，等. 大口径管道定向钻对穿工程设计优化与施工[J]. 油气储运，2011（07）：542-544.

[66] 刘志田. 大口径长距离定向钻穿越设计要点探讨[J]. 科技创新导报，2010（05）：49-49.

[67] 天工. 西气东输管道工程长江定向钻穿越再创世界新纪录[J]. 天然气工业，2013，33（6）：90-90.

[68] 闫相祯. 超长距离复杂地层定向钻穿越工程技术研究[C]//2010 年海峡两岸材料破坏/断裂学术会议暨第十届破坏科学研讨会/第八届全国 MTS 材料试验学术会议论文集. 2010.

[69] 阎庆华，孙玉杰，付超，等. 长输管道河流穿跨越方案选择[J]. 石油工程建设，2011，37（003）：1-5.

[70] 张杰，周朝霞，叶文建，等. 回拖浮力平衡技术在水平定向钻工程中的应用[J]. 油气储运，2011，30（008）：619-620，633.

[71] 屠言辉，苗冀清，徐树枫. 水平定向钻穿越施工中的对接技术[J]. 石油工程建设，2011，37（005）：26-30.

[72] REN Wenming，任文明，ZHAN Shengwen，等. 水下油气管道盾构穿越中俄标准主要差异分析[C]// 中国石油学会. 中国石油学会，2017.

[73] 赵倩维. 油气管道定向钻穿越勘察设计及主要施工技术[J]. 化工管理，2016，000（035）：271.

[74] 高秋玲，何金平，张振国. 定向钻穿越常见的施工问题处理及工程事故预防[J]. 天津科技，2020，v. 47；No. 392（05）：45-48.

[75] 辛亚. 油气管道定向钻穿越设计及主要施工技术[J]. 化学工程与装备，2020，No. 278（03）：168-169.

[76] 李永明. 水平定向钻技术在油气输送管道工程中的研究与应用[J]. 山东化工，2019，48（24）：2.

[77] 江海洋，王淑英，许泽星，等. 管道穿越山地河段冲刷深度计算方法的比较研究[J]. 山地学报，2019，037（003）：462-467.

[78] 段建设. 长输管线在高原油区穿越施工工法的思考[J]. 中国建设信息化，2006，000（03X）：37-38.

[79] 蒲明，李育天，孙骥姝. 中俄东线天然气管道工程前期工作关键点及创新成果[J]. 油气储运，2020，v. 39；No. 376（04）：17-24.

[80] 天工. 西气东输管道工程长江定向钻穿越再创世界新纪录[J]. 天然气工业，2013，33（6）：90-90.

[81] 吴益泉，吕桂明，徐良奎，等. 3300m 长江天然气管道穿越工程难点及技术创新[J]. 天然气工业，2014，34（004）：105-110.

[82] SY/T 6968—2013，油气输送管道工程水平定向钻穿越设计规范[S].

[83] GB 50423—2013，油气输送管道穿越工程设计规范[S].

[84] 潘家华. 我国油气管道用钢及焊管的发展方向[J]. 宝钢技术，1998.